机械工业出版社高职高专土建类“十二五”规划教材

建筑结构

（下册）

第2版

主　编　王　娜　邵英秀
副主编　张　毅
参　编（以姓氏笔画为序）
付国永　吴　恒　邢海霞
金　萃　魏俊亚

机械工业出版社

建筑结构是建筑工程技术专业的一门专业核心课程，它涉及混凝土结构、砌体结构、钢结构和建筑结构抗震等基础知识。下册主要内容包括：砌体材料及其基本力学性能，砌体结构构件的承载力计算，混合结构房屋墙、柱设计，过梁、挑梁、墙梁、圈梁，建筑钢材，钢结构设计方法，钢结构的连接，钢结构受弯构件，轴心受力构件和拉弯、压弯构件，钢屋盖。

本书可作为高职高专院校土建类专业及其他成人高校相应专业教材，也可作为相关工程技术人员的参考用书。

图书在版编目（CIP）数据

建筑结构．下册/王娜，邵英秀主编．—2版．—北京：机械工业出版社，2013.10（2018.7重印）

机械工业出版社高职高专土建类“十二五”规划教材

ISBN 978-7-111-44820-4

Ⅰ.①建…　Ⅱ.①王…②邵…　Ⅲ.①建筑结构—高等职业教育—教材
Ⅳ.①TU3

中国版本图书馆CIP数据核字（2013）第272846号

机械工业出版社（北京市百万庄大街22号　邮政编码100037）
策划编辑：张荣荣　责任编辑：张荣荣
版式设计：霍永明　责任校对：申春香
封面设计：张　静　责任印制：常天培
北京铭成印刷有限公司印刷
2018年7月第2版第2次印刷
184mm×260mm·17.25印张·427千字
标准书号：ISBN 978-7-111-44820-4
定价：38.00元

凡购本书，如有缺页、倒页、脱页，由本社发行部调换

电话服务	网络服务
社服务中心：(010) 88361066	教材网：http://www.cmpedu.com
销售一部：(010) 68326294	机工官网：http://www.cmpbook.com
销售二部：(010) 88379649	机工官博：http://weibo.com/cmp1952
读者购书热线：(010) 88379203	**封面无防伪标均为盗版**

第 2 版序

近年来，随着国家经济建设的迅速发展，建设工程的发展规模不断扩大，建设速度不断加快，对具备高等职业技能的建筑类人才需求也随之不断加大。2008 年，我们通过深入调查，组织了全国三十余所高职高专院校的一批优秀教师，编写出版了本套教材。

本套教材以《高等职业教育土建类专业教育标准和培养方案》为纲，编写中注重培养学生的实践能力，基础理论贯彻"实用为主、必需和够用为度"的原则，基本知识采用广而不深、点到为止的编写方法，基本技能贯穿教学的始终。在教材的编写过程中，力求文字叙述简明扼要、通俗易懂。本套教材结合了专业建设、课程建设和教学改革成果，在广泛调查和研讨的基础上进行规划和编写，在编写中紧密结合职业要求，力争能满足高职高专教学需要并推动高职高专土建类专业的教材建设。

本套教材出版后，经过四年的教学实践和行业的迅速发展，吸收了广大师生、读者的反馈意见，并按照国家最新颁布的标准、规范进行了修订。第 2 版教材强调理论与实践的紧密结合，突出职业特色，实用性、实操性强，重点突出，通俗易懂，配备了教学课件，适于高职高专院校、成人高校及二级职业技术院校、继续教育学院和民办高校的土建类专业使用，也可作为相关从业人员的培训教材。

由于时间仓促，也限于我们的水平，书中疏漏甚至错误之处在所难免，殷切希望能得到专家和广大读者的指正，以便修改和完善。

本教材编审委员会

第2版前言

《建筑结构》是一门综合性很强的专业课程，它涉及混凝土结构、砌体结构、钢结构和建筑结构抗震等基础知识。

《建筑结构》（下册）第2版是在第1版的基础上修订而成的。依照现行建筑结构设计系列规范《砌体结构设计规范》（GB 50003—2011）、《建筑抗震设计规范》（GB 50011—2010）等对本书相关的内容进行了修订，将建筑抗震基本知识移到了上册，仅保留了砌体结构的抗震构造知识。

根据高职教育着重培养学生实践技能的目标，本教材编写注重理论与实践的结合，对所介绍公式的来源与推导不作过多叙述，着重介绍公式的意义以及如何利用公式解决实际问题，从工程的角度培养学生对结构设计原理和构造要求的理解，以提高学生综合应用基础知识的能力。

本教材以现行规范和标准为主要依据，注重理论概念的准确性和工程实践的系统性，尽量反映新技术的应用。各章体例均分为本章要点、章节小结、思考题与习题四部分，以便于学生自学。

本书第2版由石家庄职业技术学院王娜、邵英秀任主编。第2版修订工作由王娜负责。

由于编者水平有限，书中错误和不妥之处在所难免，敬请读者指正。

编　者

目　录

第 1 章　砌体材料及其基本力学性能

本章要点

本章叙述了砌体结构的优缺点、砌体的种类、组成砌体的材料及其强度等级与设计要求，以及砌体受压、受拉、受弯、受剪的性能和主要影响因素，并给出了砌体在各种受力条件下的强度计算公式。最后，简单介绍了砌体的弹性模量、剪变模量、线膨胀系数和收缩率等。本章应使学生了解砌体结构的优缺点，掌握砌体的种类、组成砌体的材料及其强度等级与设计要求，重点掌握砌体受压破坏的全过程，深刻理解影响砌体抗压强度的主要因素，并能正确选用砌体的各种强度值。

1.1　概述

砌体结构是指以砖、石或各种砌块为块材，用砂浆砌筑而成的结构。

砌体结构的使用在我国具有悠久的历史，两千多年前砖瓦材料在我国就已经普及，如举世闻名的“秦砖汉瓦”。隋代李春建造的河北赵州桥，是世界上最早建造的空腹式单孔圆石拱桥。还有举世闻名的万里长城及用砖建造的河南登封嵩岳寺塔、西安的大雁塔等。随着新材料、新技术和新结构的不断研制和使用以及砌体结构计算理论和计算方法的逐步完善，砌体结构得到了很大发展，取得了显著的成就。特别是为了不破坏耕地和占用农田，开发了硅酸盐砌块、混凝土空心砌块代替粘土砖作为墙体材料，既符合国家可持续发展的方针政策，也是我国墙体材料改革的有效途径之一。

砌体结构一般用于工业与民用建筑的内外墙、柱、基础及过梁等。砌体结构之所以被广泛应用，是由于它具有以下优点：

（1）材料来源广泛。砌体的原材料粘土、砂、石为天然材料，分布极广，取材方便；且砌体块材的制作工艺简单，易于生产。

（2）性能优良。砌体隔声、隔热、耐火性能好，故砌体在用作承重结构的同时还可起到围护、保温、隔断等作用。

（3）施工简单。砌筑砌体结构无需支模、养护，在严寒地区冬季可采用冻结法施工；且施工工具简单，工艺易于掌握。

（4）费用低廉。可大量节约木材、钢材及水泥，造价较低。

砌体结构也有一些明显的缺点：抗压强度比块材低，抗拉、抗弯、抗剪强度更低，因而抗震性能差；因强度较低，砌体结构墙、柱截面尺寸较大，材料用量较多，因而结构自重大；因采用手工方式砌筑，生产效率较低，运输、搬运材料时的损耗也大；占用农田，采用粘土制砖，要占用大量农田，不但严重影响农业生产，也会破坏生态平衡。

1.2 砌体材料及砌体力学性能

1.2.1 砌体的种类

砌体可按照所用材料、砌法以及在结构中所起作用等方面的不同进行分类。按照所用材料不同砌体可分为砖砌体、砌块砌体及石砌体；按砌体中有无配筋可分为无筋砌体与配筋砌体；按实心与否可分为实心砌体与空斗砌体；按在结构中所起的作用不同可分为承重砌体与自承重砌体等。

1. 砖砌体

由砖和砂浆砌筑而成的砌体称为砖砌体。在房屋建筑中，砖砌体常用于一般单层和多层工业与民用建筑的内外墙、柱、基础等承重结构，以及多高层建筑的围护墙与隔墙等自承重结构。标准砌筑的实心墙体厚度常为240mm（一砖）、370mm（一砖半）、490mm（二砖）、620mm（二砖半）、740mm（三砖）等。有时为节省材料，墙厚可不按半砖长而按1/4砖长的倍数设计，即砌筑成所需的180mm、300mm、420mm等厚度的墙体。常用的砌筑方法有一顺一丁（砖长面与墙长度方向平行的则为顺砖，砖短面与墙长度方向平行的则为丁砖）、梅花丁或三顺一丁，如图1-1所示。

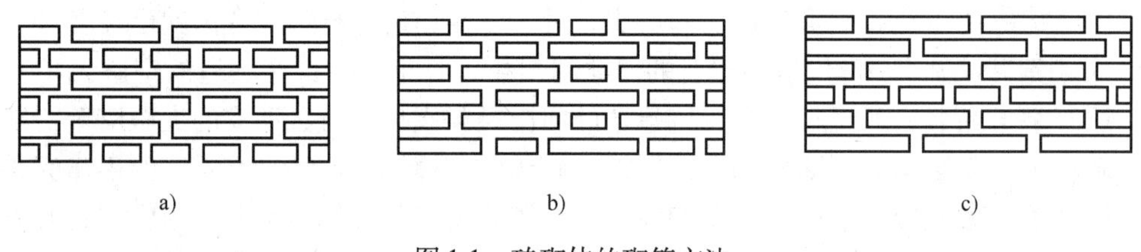

图1-1 砖砌体的砌筑方法
a）一顺一丁 b）梅花丁 c）三顺一丁

2. 砌块砌体

由砌块和砂浆砌筑而成的砌体称为砌块砌体，目前国内外常用的砌块砌体以混凝土空心砌块砌体为主，其中包括以普通混凝土为块材的普通混凝土空心砌块砌体和以轻骨料混凝土为块材的轻骨料混凝土空心砌块砌体。砌块按尺寸大小的不同分为小型、中型和大型三种。主要用于住宅、办公楼及学校等以及一般工业建筑的承重墙或围护墙。

3. 石砌体

由天然石材和砂浆（或混凝土）砌筑而成的砌体称为石砌体。用于石砌体块材的石材分为毛石和料石两种。根据石材的分类，石砌体又可分为料石砌体、毛石砌体和毛石混凝土砌体等。用石材建造的砌体结构物具有很高的抗压强度和良好的耐磨性、耐久性，且石砌体表面经加工后较美观且富有装饰性。此外，石砌体中的石材资源分布广，蕴藏量丰富，便于就地取材，生产成本低，故古今中外在修建城垣、桥梁、房屋、道路和水利等工程中多有应用。如用料石砌体砌筑房屋建筑上部结构、石拱桥、储液池等建筑物，用毛石砌体砌筑基础、堤坝、城墙和挡土墙等。

4. 配筋砌体

为提高砌体强度、减少其截面尺寸、增加砌体结构（或构件）的整体性，可在砌体中配置网状钢筋或钢筋混凝土，即采用配筋砌体。配筋砌体可分为配筋砖砌体和配筋砌块砌体，其中配筋砖砌体又可分为网状配筋砖砌体、组合砖砌体(砖砌体与钢筋混凝土面层或钢筋砂浆面组合而成)，配筋砌块砌体又可分为均匀配筋砌块砌体、集中配筋砌块砌体以及均匀集中配筋砌块砌体。

1.2.2 砌体材料及其强度

1. 砖

砌体结构常用的砖有烧结普通砖、烧结多孔砖、非烧结硅酸盐砖和混凝土砖等。普通砖及多孔砖是由粘土、页岩等为主要材料焙烧而成的。非烧结硅酸盐砖是用硅酸盐材料加压成型并经高压釜蒸养而成的。混凝土砖是以水泥为胶结材料，以砂、石等为主要骨料，加水搅拌、成型、养护制成的一种多孔砖或实心砖。普通砖、蒸压砖和混凝土砖具有全国统一的规格，其尺寸为 240mm × 115mm × 53mm。多孔砖的主要规格有：240mm × 190mm × 90mm、240mm × 115mm × 90mm、190mm × 190mm × 90mm 等，孔洞率一般不少于 25%，如图 1-2 所示。

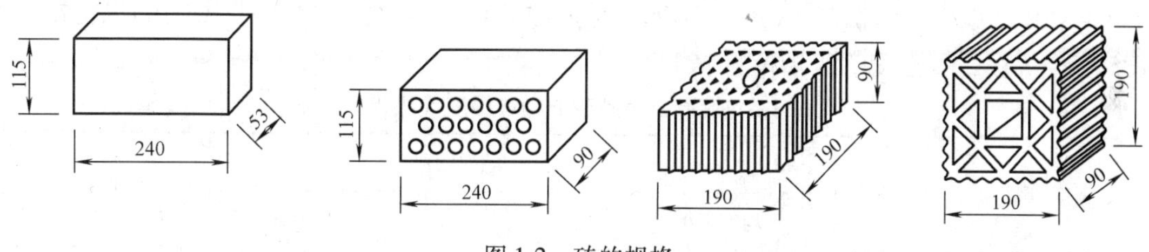

图 1-2　砖的规格

砖的强度等级是根据受压试件(把锯开的两个“半砖”上下叠置，中间用强度较高的砂浆铺缝，上下用强度较高的砂浆抹平)测得的抗压强度(以 N/mm^2 或 MPa 计)来划分的。《砌体结构设计规范》(GB 50003—2011)规定，砖的强度等级划分为 MU30、MU25、MU20、MU15 和 MU10 五级，其中 MU 表示砌体中的块体(Masonry Unit)，其后数字表示块体的抗压强度平均值，单位为 MPa。烧结普通砖和烧结多孔砖的强度等级指标分别见表 1-1 和表 1-2。

表 1-1　烧结普通砖强度等级指标　(单位：MPa)

强度等级	抗压强度平均值≥	变异系数 $\delta \leqslant 0.21$ 抗压强度标准值 f_k ≥	变异系数 $\delta \leqslant 0.21$ 单块最小抗压强度值 f_{min} ≥
MU30	30.0	22.0	25.0
MU25	25.0	18.0	22.0
MU20	20.0	14.0	16.0
MU15	15.0	10.0	12.0
MU10	10.0	6.5	7.5

表 1-2　烧结多孔砖强度等级指标

强度等级	抗压强度/MPa	
	平均值不小于	单块最小值不小于
MU30	30.0	22.0
MU25	25.0	18.0
MU20	20.0	14.0
MU15	15.0	10.0
MU10	10.0	6.5

2. 砌块

砌块一般指混凝土空心砌块、加气混凝土砌块及硅酸盐实心砌块。此外，还有用粘土、煤矸石等为原料，经焙烧而制成的烧结空心砌块。砌块按尺寸大小可分为小型、中型和大型三种，我国通常把砌块高度为180～350mm的称为小型砌块，高度为360～900mm的称为中型砌块，高度大于900mm的称为大型砌块。我国目前在承重墙体材料中使用最为普遍的是混凝土小型空心砌块，它是由普通混凝土或轻骨料混凝土制成，主要规格尺寸为390mm×190mm×190mm、390mm×240mm×190mm，空心率一般在25%～50%，一般简称为混凝土砌块或砌块，如图1-3所示。

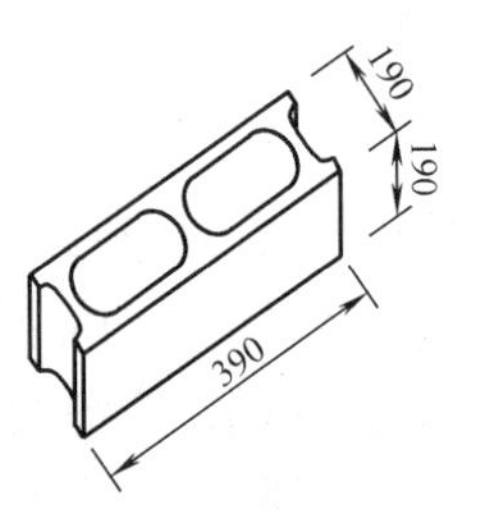

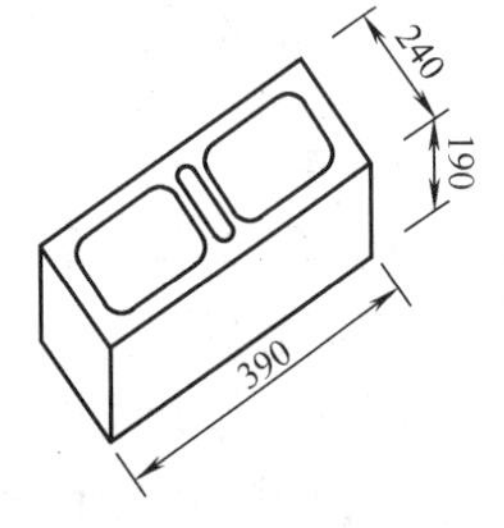

图1-3　砌块材料

混凝土空心砌块的强度等级是根据标准试验方法，按毛截面面积计算的极限抗压强度值来划分的。《砌体结构设计规范》(GB 50003—2011)规定，混凝土小型空心砌块的强度等级为MU20、MU15、MU10、MU7.5和MU5五个等级，其强度等级指标见表1-3。

表1-3　混凝土小型空心砌块强度等级指标　（单位:MPa）

强度等级	砌块抗压强度	
	平均值不小于	单块最小值不小于
MU20	20.0	16.0
MU15	15.0	12.0
MU10	10.0	8.0
MU7.5	7.5	6.0
MU5	5.0	4.0

3. 石材

石材主要来源于重质岩石和轻质岩石。天然石材分为料石和毛石两种。料石按其加工后外形的规则程度又分为细料石、半细料石、粗料石和毛料石。《砌体结构设计规范》(GB 50003—2011)规定，石材的强度等级分为MU100、MU80、MU60、MU50、MU40、MU30和MU20七级。

4. 砌筑砂浆

将砖、石、砌块等块材粘结成砌体的砂浆称为砌筑砂浆，它由胶结料、细骨料和水配制而成，为改善其性能，常在其中添加掺入料和外加剂。砂浆的作用是将砌体中的单个块体连成整体，并抹平块体表面，从而促使其表面均匀受力，同时填满块体间的缝隙，减少砌体的透气性，提高砌体的保温性能和抗冻性能。

（1）普通砂浆的分类。普通砂浆有水泥砂浆、混合砂浆和非水泥砂浆三种类型。

1）水泥砂浆是由水泥、砂子和水搅拌而成，其强度高，耐久性好，但和易性差，一般用于对强度有较高要求的砌体。

2）混合砂浆是在水泥砂浆中掺入适量的塑化剂，如水泥石灰砂浆、水泥粘土砂浆等。

这种砂浆具有一定的强度和耐久性，且和易性和保水性较好，是一般墙体中常用的砂浆类型。

3）非水泥砂浆有石灰砂浆、粘土砂浆和石膏砂浆。这类砂浆强度不高，有些耐久性也不够好，故只能用在受力小的砌体或简易建筑和临时性建筑中。

（2）砂浆的强度等级。砂浆的强度等级是根据其试块的抗压强度确定的，试验时应采用同类块体为砂浆试块底模，由边长为70.7mm 的立方体标准试块，在温度为15～25℃环境下硬化、龄期28d(石膏砂浆为7d)的抗压强度来确定。普通砌筑砂浆的强度等级分为 M15、M10、M7.5、M5 和 M2.5。其中 M 表示砂浆(Mortar)，其后数字表示砂浆的强度大小(单位为 MPa)。蒸压灰砂普通砖和蒸压粉煤灰普通砖砌体采用的专用砌筑砂浆强度等级为 Ms15、Ms10、Ms7.5、Ms5.0。混凝土普通砖、混凝土多孔砖、混凝土小型空心砌块砌筑砂浆的强度等级用 Mb 标记(b 表示 block)，以区别于其他砌筑砂浆，其强度等级分为 Mb20、Mb15、Mb10、Mb7.5 和 Mb5 五级。

（3）砂浆的性能要求。为满足工程质量和施工要求，砂浆除应具有足够的强度外，还应具有较好的和易性和保水性。和易性好，则便于砌筑、保证砌筑质量和提高施工工效；保水性好，则不致在存放、运输过程中出现明显的泌水、分层和离析，以保证砌筑质量。水泥砂浆的和易性和保水性不如混合砂浆好，在砌筑墙体、柱时，除有防水要求外，一般采用混合砂浆。

1.2.3 砌体的力学性能

1. 砌体的受压性能

（1）砌体的受压破坏特征。试验研究表明，砌体轴心受压从加载直到破坏，按照裂缝的出现、发展和最终破坏，大致经历以下三个阶段：

第一阶段：从砌体受压开始，当压力增大至50%～70%的破坏荷载时，砌体内出现第一条(批)裂缝。对于砖砌体，在此阶段，单块砖内产生细小裂缝，且多数情况下裂缝约有数条，但一般均不穿过砂浆层，如果不再增加压力，单块砖内的裂缝也不会继续发展，如图1-4a 所示。对于混凝土小型空心砌块，在此阶段，砌体内通常只产生一条细小裂缝，但裂缝往往在单个块体的高度内贯通。

第二阶段：随着荷载的增加，当压力增大至80%～90%的破坏荷载时，单个块体内的裂缝将不断发展，裂缝沿着竖向灰缝通过若干皮砖或砌块，并逐渐在砌体内连接成一段段较连续的裂缝。此时荷载即使不再增加，裂缝仍会继续发展，砌体已临近破坏，在工程实践中可视为其处于十分危险的状态，如图1-4b 所示。

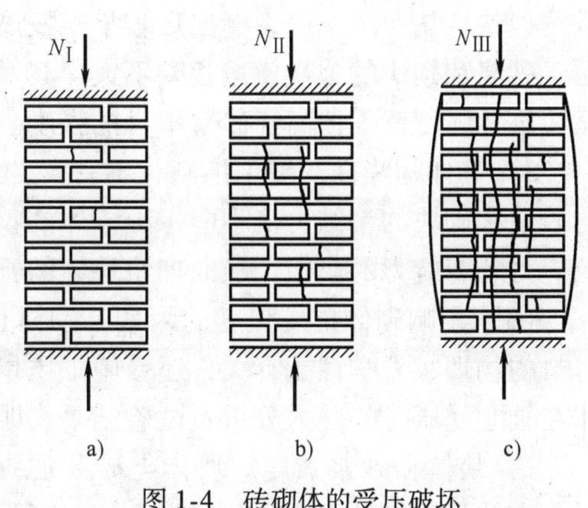

图1-4　砖砌体的受压破坏

第三阶段：随着荷载的继续增加，则砌体中的裂缝迅速延伸、宽度扩展，连续的竖向贯通裂缝把砌体分割形成小柱体，砌体个别块体材料可能被压碎或小柱体失稳，从而导致整个砌体的破坏，如图1-4c 所示。

（2）砌体的受压应力状态。砌体是由块体与砂浆粘结而成，砌体在压力作用下，其强度取决于砌体中块体和砂浆的受力状态，这是与单一匀质材料的受压强度不同的。在砌体试验时，测得的砌体强度远低于块体的抗压强度，这是因其砌体中单个块体所处的复杂应力状态所造成的，其复杂应力状态可用砌体本身的性质加以说明。

1）由于砌体中的块体材料本身的形状不完全规则平整、灰缝的厚度不一且不一定均匀饱满，故使得单个块体材料在砌体内受压不均匀，且在受压的同时还处于受弯和受剪状态，如图 1-5 所示。由于砌体中的块体的抗弯和抗剪的能力一般都较差，故砌体内第一批裂缝出现在单个块体材料内，这是因单个块体材料受弯、受剪所引起的。

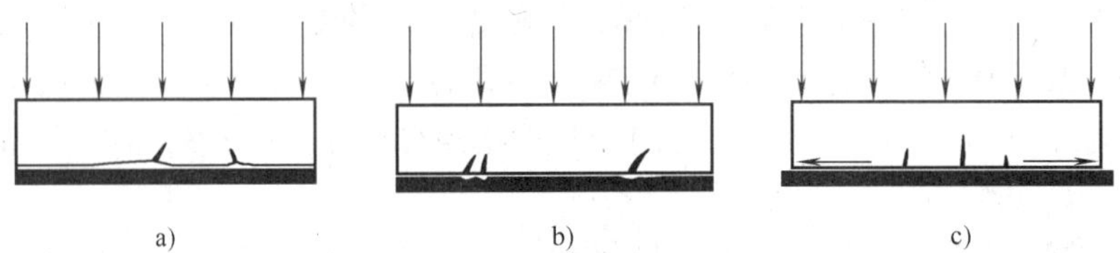

图 1-5．砌体中单个块体的受压状态

a）块体表面不规整　b）砂浆表面不平　c）砂浆变形

2）砌体内的块体材料可视为作用在弹性地基上的梁，砂浆可视为这一弹性地基。当砌体受压时，由于砌块与砂浆的弹性模量及横向变形系数不同，砌体中块体材料的弹性模量一般均比强度等级低的砂浆的弹性模量大。而砂浆强度越低，砂浆弹性模量与块体材料的弹性模量差值越大时，块体和砂浆在同一压力作用下其变形的差值越大，即在砌体受压时块体的横向变形将小于砂浆的横向变形，但由于砌体中砂浆的硬化粘结，块体材料和砂浆间存在切向粘结力，在此粘结力作用下，块体将约束砂浆的横向变形，而砂浆则有使块体横向变形增加的趋势，并由此在块体内产生拉应力，故单个块体在砌体中处于压、弯、剪及拉的复合应力状态，其抗压强度降低；相反，砂浆的横向变形由于块体的约束而减小，因而砂浆处于三向受压状态，抗压强度提高。由于块体与砂浆的相互作用，使得砌体的抗压强度比相应块体材料的强度要低很多，而当用较低强度等级的砂浆砌筑砌体时，砌体的抗压强度却接近或超过砂浆本身的强度，甚至刚砌筑好的砌体，砂浆强度为零时也能承受一定荷载，这与砌块和砂浆的相互作用有关。对于用较低强度等级砂浆砌筑的砌体，由于砌块内附加拉应力产生早且发展快，从而砌块内裂缝出现较早，发展也较快。对于用较高强度等级砂浆砌筑的砌体，由于砂浆和砌块的弹性模量相差不大，其横向变形也相差不大，故两者之间的相互作用不明显，砌体强度就不能高于砂浆本身的强度。

3）砌体的竖向灰缝不饱满、不密实，易在竖向灰缝上产生应力集中，同时竖向灰缝内的砂浆和砌块的粘结力也不能保证砌体的整体性。因此，在竖向灰缝上的单个块体内将产生拉应力和剪应力的集中，从而加快块体的开裂，引起砌体强度的降低。

（3）影响砌体抗压强度的因素。砌体是一种复合材料，其抗压性能不仅与块体和砂浆材料的物理、力学性能有关，还受施工质量以及试验方法等多种因素的影响。通过对各种砌体在轴心受压时的受力分析及试验结果表明，影响砌体抗压强度的主要因素有以下几个：

1）块体和砂浆强度。块体与砂浆的强度等级是确定砌体强度最主要的因素。一般来说，砌体强度将随块体和砂浆强度的提高而增高，且单个块体的抗压强度在某种程度上决定了砌体的抗压强度，块体抗压强度高时，砌体的抗压强度也较高，但砌体的抗压强度并不会与块体和砂浆强度等级的提高同比例增高。对于砌体结构中所用砂浆，其强度等级越高，砂浆的横向变形越小，砌体的抗压强度也将有所提高。

2）砂浆的性能。除了强度以外，砂浆的保水性、流动性和变形能力均对砌体的抗压强度有影响。砂浆的流动性大，保水性好时，容易铺成厚度均匀和密实性良好的灰缝，可降低单个块体内的弯、剪应力，从而提高砌体强度。砂浆弹性模量的大小及砂浆的变形性能对砌体强度亦具有较大的影响。当块体强度不变时，砂浆的弹性模量决定其变形率，砂浆强度等级越低，变形越大，块体受到的拉应力与剪应力就越大，砌体强度也就越低。而砂浆的弹性模量越大，其变形率越小，相应砌体的抗压强度也越高。

3）块体的尺寸、几何形状与灰缝的厚度。块体的尺寸、几何形状及表面的平整程度对砌体的抗压强度的影响也较为明显。砌体中块体高度增大，其块体的抗弯、抗剪及抗拉能力增大，抗压强度提高；砌体中块体的长度增加时，块体在砌体中引起的弯、剪应力也较大，其抗压强度降低。因此，砌体强度随块体高度的增大而加大，随块体长度的增大而降低。而当块体的形状越规则，表面越平整时，块体的受弯、受剪作用越小，故而砌体的抗压强度可得到提高。砂浆灰缝的作用在于将上层砌体传下来的压力均匀地传到下层去。灰缝厚，容易铺砌均匀，对改善单块砖的受力性能有利，但砂浆横向变形的不利影响也相应增大。灰缝薄，虽然砂浆横向变形的不利影响可大大降低，但难以保证灰缝的均匀与密实性，使单块块体处于弯剪作用明显的不利受力状态，严重影响砌体的强度。因此，应控制灰缝的厚度，使其处于既容易铺砌均匀密实，厚度又尽可能薄的状态。实践证明，对于砖和小型砌块砌体，灰缝厚度应控制在 8 ~ 12mm，对于料石砌体，一般不宜大于 20mm。

4）砌筑质量。砌筑质量的影响因素有多种，砌体砌筑时水平灰缝的饱满度、水平灰缝厚度、块体材料的含水率以及组砌方法等关系着砌体质量的优劣。砂浆铺砌饱满、均匀，可改善块体在砌体中的受力性能，使之较均匀地受压，从而提高砌体抗压强度；反之，则使砌体强度降低。《砌体结构工程施工质量验收规范》（GB 50203—2011）规定，砖墙水平灰缝的砂浆饱满程度不得低于 80%，砖柱水平灰缝和竖向灰缝的砂浆饱满程度不得低于 90%。砌体的组砌方法对砌体的强度和整体性的影响也很明显。工程中常采用的一顺一丁、梅花丁和三顺一丁法砌筑的砖砌体，整体性好，砌体抗压强度可以得到保证。

砌体的抗压强度除以上一些影响因素外，还与砌体的龄期和抗压试验方法等因素有关。因砂浆强度随龄期增长而提高，故砌体的强度亦随龄期增长而提高，但在龄期超过 28d 后，强度增长缓慢。砌体抗压时试件的尺寸、形状和加载方式的不同，其所得的抗压强度也不同。

（4）砌体抗压强度计算公式。全面正确地反映影响砌体抗压强度的各种因素，建立一个相关关系式，从而准确计算出砌体抗压强度是相当困难的。因此，《砌体结构设计规范》(GB 50003—2011)给出了一个适用于各类砌体抗压平均强度的通用表达式：

$$f_m = k_1 f_1^{\alpha}(1 + 0.07 f_2) k_2 \tag{1-1}$$

式中 f_m——砌体轴心抗压强度平均值(MPa)；

f_1——块体的抗压强度平均值(MPa)；

f_2——砂浆的抗压强度平均值(MPa)；

k_1——与块体类别及砌体类别有关的参数，对于砖砌体，$k_1 = 0.78$；

k_2——砂浆强度影响的修正参数，对于砖砌体，当 $f_2 < 1$ 时，$k_2 = 0.6 + 0.4 f_2$；

α——与块体类别及砌体类别有关的参数，对于砖砌体，$\alpha=0.5$。其他砌体（石、砌块等）的参数可参照《砌体结构设计规范》（GB 50003—2011）。

2. 砌体的受拉、受弯和受剪性能

在实际工程中，因砌体具有良好的抗压性能，故多将砌体用作承受压力的墙、柱等构件。与砌体的抗压强度相比，砌体的轴心抗拉、弯曲抗拉以及抗剪强度低得多。但有时也用砌体来承受轴心拉力、弯矩和剪力，如砖砌的圆形水池、承受土壤侧压力的挡土墙以及拱或砖过梁支座处承受水平推力的砌体等。

（1）砌体的受拉性能。砌体轴心受拉时，依据拉力作用于砌体的方向，有三种破坏形态。当轴心拉力与砌体水平灰缝平行时，砌体可能沿灰缝Ⅰ-Ⅰ齿状截面（或阶梯形截面）破坏，即为砌体沿齿状灰缝截面轴心受拉破坏，如图1-6a所示。在同样的拉力作用下，砌体也可能沿块体和竖向灰缝Ⅱ-Ⅱ较为整齐的截面破坏，即为砌体沿块体（及灰缝）截面的轴心受拉破坏，如图1-6a所示。当轴心拉力与砌体的水平灰缝垂直时，砌体可能沿Ⅲ-Ⅲ通缝截面破坏，即为砌体沿水平通缝截面轴心受拉破坏，如图1-6b所示。

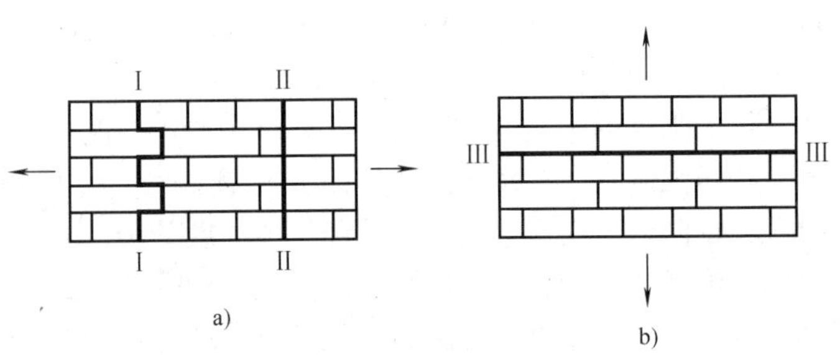

图1-6　砌体轴心受拉破坏形态

砌体的抗拉强度主要取决于块材与砂浆连接面的粘结强度，由于块材和砂浆的粘结强度主要取决于砂浆强度等级，所以砌体的轴心抗拉强度可由砂浆的强度等级来确定。

《砌体结构设计规范》（GB 50003—2011）规定砌体沿齿缝截面破坏的轴心抗拉强度平均值计算公式为

$$f_{t,m}=k_3\sqrt{f_2} \tag{1-2}$$

式中　$f_{t,m}$——砌体轴心抗拉强度平均值（MPa）；

f_2——砂浆的抗压强度平均值（MPa）；

k_3——与块体类别有关的参数，对于普通砖、多孔砖砌体，$k_3=0.141$。

（2）砌体的受弯性能。砌体结构弯曲受拉时，按其弯曲拉应力使砌体截面破坏的特征，同样存在三种破坏形态，即沿齿缝截面受弯破坏、沿块体与竖向灰缝截面受弯破坏以及沿通缝截面受弯破坏。沿齿缝和通缝截面的受弯破坏与砂浆的强度有关。

砌体沿齿缝和通缝截面的弯曲抗拉强度，可按下式计算

$$f_{tm,m}=k_4\sqrt{f_2} \tag{1-3}$$

式中　$f_{tm,m}$——砌体弯曲抗拉强度平均值（MPa）；

k_4——与块体类别有关的参数，对于普通砖、多孔砖砌体沿齿缝时，$k_4=0.250$；沿通缝时，$k_4=0.125$。

（3）砌体的受剪性能。砌体在剪力作用下的破坏，均为沿灰缝的破坏，故单纯受剪时砌体的抗剪强度主要取决于水平灰缝中砂浆及砂浆与块体的粘结强度。

《砌体结构设计规范》（GB 50003—2011）规定砌体的抗剪强度平均值计算公式为

$$f_{v,m}=k_5\sqrt{f_2} \tag{1-4}$$

式中 $f_{v,m}$——砌体抗剪强度平均值(MPa);

k_5——与块体类别有关的参数，对于普通砖、多孔砖砌体，$k_5=0.125$。

3. 砌体的强度设计值

砌体的强度设计值是在承载能力极限状态设计时采用的强度值，可按下式计算

$$f=\frac{f_k}{\gamma_f} \tag{1-5}$$

式中 f——砌体的强度设计值；

γ_f——砌体结构的材料分项性能系数，一般情况下，宜按施工控制等级为B级考虑，取 $\gamma_f=1.6$；当为C级时，取 $\gamma_f=1.8$。

施工质量控制等级为B级、龄期为28d，以毛截面计算的各类砌体的抗压强度设计值、轴心抗拉强度设计值、弯曲抗拉强度设计值及抗剪强度设计值可查表1-4~表1-10。当施工质量控制等级为C级时，表中数值应乘以1.6/1.8=0.89的系数；当施工质量控制等级为A级时，可将表中数值乘以1.05的系数。

表1-4 烧结普通砖和烧结多孔砖砌体的抗压强度设计值 (单位:MPa)

砖强度等级	砂浆强度等级					砂浆强度
	M15	M10	M7.5	M5	M2.5	0
MU30	3.94	3.27	2.93	2.59	2.26	1.15
MU25	3.60	2.98	2.68	2.37	2.06	1.05
MU20	3.22	2.67	2.39	2.12	1.84	0.94
MU15	2.79	2.31	2.07	1.83	1.60	0.82
MU10	—	1.89	1.69	1.50	1.30	0.67

表1-5 蒸压灰砂砖和粉煤灰普通砖砌体的抗压强度设计值 (单位:MPa)

砖强度等级	砂浆强度等级				砂浆强度
	M15	M10	M7.5	M5	0
MU25	3.60	2.98	2.68	2.37	1.05
MU20	3.22	2.67	2.39	2.12	0.94
MU15	2.79	2.31	2.07	1.83	0.82

表1-6 单排孔混凝土和轻骨料混凝土砌块对孔砌筑砌体的抗压强度设计值 (单位:MPa)

砌块强度等级	砂浆强度等级					砂浆强度
	Mb20	Mb15	Mb10	Mb7.5	Mb5	0
MU20	6.30	5.68	4.95	4.44	3.94	2.33
MU15	—	4.61	4.02	3.61	3.20	1.89
MU10	—	—	2.79	2.50	2.22	1.31
MU7.5	—	—	—	1.93	1.71	1.01
MU5	—	—	—	—	1.19	0.70

注：1. 对独立柱或厚度为双排组砌的砌块砌体，应按表中数值乘以0.7。

2. 对T形截面墙体、柱，应按表中数值乘以0.85。

表 1-7 双排孔或多排孔轻骨料混凝土砌块砌体的抗压强度设计值 （单位：MPa）

砌块强度等级	砂浆强度等级			砂浆强度
	Mb10	Mb7.5	Mb5	0
MU10	3.08	2.76	2.45	1.44
MU7.5	—	2.13	1.88	1.12
MU5	—	—	1.31	0.78
MU3.5	—	—	0.95	0.56

注：1. 表中的砌块为火山渣、浮石和陶粒轻骨料混凝土砌块。
2. 对厚度方向为双排组砌的轻骨料混凝土砌块砌体的抗压强度设计值，应按表中数值乘以 0.8。

表 1-8 毛料石砌体的抗压强度设计值 （单位：MPa）

毛料石强度等级	砂浆强度等级			砂浆强度
	M7.5	M5	M2.5	0
MU100	5.42	4.80	4.18	2.13
MU80	4.85	4.29	3.73	1.91
MU60	4.20	3.71	3.23	1.65
MU50	3.83	3.39	2.95	1.51
MU40	3.43	3.04	2.64	1.35
MU30	2.97	2.63	2.29	1.17
MU20	2.42	2.15	1.87	0.95

注：对下列各类料石砌体，应按表中数值分别乘以以下系数：
细料石砌体为 1.4；粗料石砌体为 1.2；干砌勾缝石砌体为 0.8。

表 1-9 毛石砌体的抗压强度设计值 （单位：MPa）

毛石强度等级	砂浆强度等级			砂浆强度
	M7.5	M5	M2.5	0
MU100	1.27	1.12	0.98	0.34
MU80	1.13	1.00	0.87	0.30
MU60	0.98	0.87	0.76	0.26
MU50	0.90	0.80	0.69	0.23
MU40	0.80	0.71	0.62	0.21
MU30	0.69	0.61	0.53	0.18
MU20	0.56	0.51	0.44	0.15

表 1-10 砌体沿灰缝截面破坏时的轴心抗拉强度设计值、弯曲抗拉强度设计值和抗剪强度设计值 （单位：MPa）

强度类别	破坏特征	砌体种类	≥M10	M7.5	M5	M2.5
轴心抗拉	沿齿缝	烧结普通砖、烧结多孔砖	0.19	0.16	0.13	0.09
		混凝土普通砖、混凝土多孔砖	0.19	0.16	0.13	—
		蒸压灰砂砖、蒸压粉煤灰砖	0.12	0.10	0.08	0.06
		混凝土砌块	0.09	0.08	0.07	—
		毛石	—	0.07	0.06	0.04
弯曲抗拉	沿齿缝	烧结普通砖、烧结多孔砖	0.33	0.29	0.23	0.17
		混凝土普通砖、混凝土多孔砖	0.33	0.29	0.23	—
		蒸压灰砂砖、蒸压粉煤灰砖	0.24	0.20	0.16	—
		混凝土砌块	0.11	0.09	0.08	—
		毛石	—	0.11	0.09	0.07
	沿通缝	烧结普通砖、烧结多孔砖	0.17	0.14	0.11	0.08
		混凝土普通砖、混凝土多孔砖	0.17	0.14	0.11	—
		蒸压灰砂砖、蒸压粉煤灰砖	0.12	0.10	0.08	—
		混凝土砌块	0.08	0.06	0.05	—
抗剪	烧结普通砖、烧结多孔砖		0.17	0.14	0.11	0.08
	混凝土普通砖、混凝土多孔砖		0.17	0.14	0.11	—
	蒸压灰砂砖、蒸压粉煤灰砖		0.12	0.10	0.08	—
	混凝土砌块		0.09	0.08	0.06	—
	毛石		—	0.19	0.16	0.11

注：1. 对于用形状规则的块体砌筑的砌体，当搭接长度与块体高度的比值小于 1 时，其轴心抗拉强度设计值和弯曲抗拉强度设计值应按表中数值乘以搭接长度与块体高度比值后采用。

2. 表中数值是依据普通砂浆砌筑的砌体确定，采用经研究性试验且通过技术鉴定的专用砂浆砌筑的蒸压灰砂砖、蒸压粉煤灰砖砌体，其抗剪强度设计值按相应普通砂浆强度等级砌筑的烧结普通砖砌体采用。

3. 对混凝土普通砖、混凝土多孔砖、混凝土和轻骨料混凝土砌块砌体，表中的砂浆强度等级分别为≥Mb10、Mb7.5 及 Mb5。

单排孔混凝土砌块对孔砌筑时，灌孔砌体的抗压强度设计值和抗剪强度设计值分别按下式计算：

$$f_g = f + 0.6\alpha f_c \quad (1\text{-}6)$$

$$f_{vg} = 0.20 f_g^{0.55} \quad (1\text{-}7)$$

式中 f_g——灌孔砌体的抗压强度设计值，不应大于未灌孔砌体抗压强度设计值的 2 倍；

f——未灌孔砌体的抗压强度设计值，按表 1-6 采用；

f_c——灌孔混凝土的轴心抗压强度设计值；

α——砌块砌体中灌孔混凝土面积与砌体毛面积的比值，$\alpha = \delta\rho$；

δ——混凝土砌块的孔洞率；

ρ——混凝土砌块砌体的灌孔率，为截面灌孔混凝土面积和截面孔洞面积的比值，ρ 不应小于33%；

f_{vg}——灌孔砌体的抗剪强度设计值。

灌孔混凝土的强度等级用符号“Cb”表示，其强度指标等同于对应的混凝土强度等级C。砌块砌体中灌孔混凝土的强度等级不应低于Cb20，也不宜低于1.5倍的块体强度等级。

1.2.4 砌体的变形性能

1. 砌体的弹性模量

砌体为弹塑性材料，随应力增大，塑性变形在变形(总量)中所占比例增大。试验表明，砌体受压后的变形由空隙的压缩变形、块体的压缩变形和砂浆层的压缩变形三部分组成，其中砂浆层的压缩是主要部分。《砌体结构设计规范》(GB 50003—2011)按砂浆强度等级、砌体种类给出了各种砌体的弹性模量值，见表1-11。

表1-11　砌体的弹性模量

砌体种类	砂浆强度等级			
	≥M10	M7.5	M5	M2.5
烧结普通砖、烧结多孔砖砌体	1600f	1600f	1600f	1390f
混凝土普通砖、混凝土多孔砖砌体	1600f	1600f	1600f	—
蒸压灰砂普通砖、蒸压粉煤灰普通砖砌体	1060f	1060f	1060f	—
非灌孔混凝土砌块砌体	1700f	1600f	1500f	—
粗料石、毛料石、毛石砌体	—	5650	4000	2250
细料石砌体	—	17000	12000	6750

注：1. f为砌体的抗压强度设计值。

2. 轻骨料混凝土砌块砌体的弹性模量，可按表中混凝土砌块砌体的弹性模量采用。

单排孔且对孔砌筑的混凝土砌块灌孔砌体的弹性模量，应按下列公式计算

$$E = 2000f_g \tag{1-8}$$

式中 f_g——灌孔砌体的抗压强度设计值。

2. 砌体的剪变模量

砌体的剪变模量 G 是根据砌体的泊松比 υ，按材料力学公式 $G = E/2(1+\upsilon)$ 计算的。由于砖砌体泊松比 υ 一般取0.15，砌块砌体一般取0.3，故 $G = (0.43 \sim 0.38)E$。通常取各类砌体的 $G = 0.4E$；对地震荷载作用下各类砌体，取 $G = 0.3E$。

3. 砌体的线膨胀系数和收缩率

温度变化时，砌体将产生热胀冷缩变形。当这种变形受到约束时，砌体内将产生附加内力，而当此内力达到一定程度时，附加内力将造成砌体结构开裂和裂缝的扩展。为计算和控制附加内力，避免裂缝的形成和开展，要用到砌体的温度线膨胀系数，此系数与砌体种类有关，《砌体结构设计规范》(GB 50003—2011)规定的各类砌体的线膨胀系数见表1-12。

表 1-12　砌体的线膨胀系数和收缩率

砌 体 类 别	线膨胀系数/(10^{-6}℃$^{-1}$)	收缩率/(mm/m)
烧结粘土砖砌体	5	-0.1
蒸压灰砂普通砖、蒸压粉煤灰普通砖砌体	8	-0.2
混凝土砌块砌体、混凝土普通砖、混凝土多孔砖	10	-0.2
轻骨料混凝土砌块砌体	10	-0.3
料石和毛石砌体	8	—

注：表中的收缩率系由达到收缩允许标准的块体砌筑 28d 的砌体收缩率，当地方有可靠的砌体收缩试验数据时，亦可采用当地的试验数据。

本 章 小 结

本章主要讲述了以下几个方面的内容：

（1）砌体结构有着独到的特点。其主要优点有：易就地取材，造价低，耐火性好，且具有良好的保温、隔热性能，操作简单、快捷，具有广泛的应用范围。主要缺点有：自重大，抗弯、抗拉性能很差，强度较低，因此限制了其在某些场合下的应用。

（2）砌体是由块体和砂浆组砌而成的整体结构，本章较为系统地介绍了砌体的种类、组成砌体的材料及其强度等级。在砌体结构设计时，应根据不同情况合理地选用不同的砌体种类和组成砌体材料的强度等级。

（3）砌体主要用作受压构件，故砌体轴心抗压强度是砌体最重要的力学性能。应了解砌体轴心受压的破坏过程——单个块体先裂、裂缝贯穿若干皮块体、形成独立小柱后失稳破坏，以及影响砌体抗压强度的主要因素。

（4）砌体受压破坏是以单个块体先裂开始，推迟单个块体先裂，则可推迟形成独立小柱的破坏，故提高砌体的抗压强度可通过推迟单个块体先裂为突破口。砌体在轴心受压时，其内单个块体处于拉、压、弯、剪复合应力状态，是单个块体先裂的主要原因，而改善这种复杂应力状态和提高砌体对这种应力状态的承受能力，是提高砌体抗压强度的有效途径。

（5）砌体的轴心抗拉、弯曲抗拉和抗剪强度主要与砂浆和块体的强度等级有关，砂浆强度等级的高低也与这几种受力破坏的形式密切相关；而砌体的弹性模量、剪变模量、线胀系数和收缩率等都与砌体的变形性能、抗剪计算等密切相关。

思考题与习题

1. 在砌体结构中，块体和砂浆的作用各是什么？砌体对所用块体和砂浆各有何基本要求？
2. 砌体结构的优缺点是什么？砌体的种类有哪些？
3. 选择砌体结构所用材料时，应注意哪些事项？
4. 试述砌体轴心受压时的破坏特征。
5. 试析影响砌体抗压强度的主要因素。
6. 试述砌体受压强度远小于块体的强度等级，而又大于砂浆强度(砂浆强度等级较小时)的原因。
7. 试述砌体轴心受拉和弯曲受拉的破坏形态。

第2章　砌体结构构件的承载力计算

本 章 要 点

本章重点介绍砌体结构承载能力极限状态设计表达式和受压构件和局部受压承载力计算，简单介绍轴心受拉、受弯、受剪构件的承载力计算公式。受压构件按压力作用位置的不同，分为轴心受压和偏心受压构件；其承载力计算公式是在考虑高厚比β和轴向力偏心距e对其影响后确定的。局部受压分为局部均匀受压和梁端支承处砌体局部受压两类。砌体在局部压力作用下，其抗压强度将有所提高，为满足砌体局部受压承载力的要求，有时需要在梁端设置刚性垫块或垫梁。

2.1　砌体结构设计方法

2.1.1　砌体结构设计方法的概念

砌体结构设计的原则和方法与钢筋混凝土结构及其他结构一样，是根据现行的国家标准《建筑结构可靠度设计统一标准》(GB 50068—2001)，采用以概率理论为基础的极限状态设计方法，以可靠指标来度量结构构件的可靠度，采用分项系数的设计表达式进行结构设计计算的。对于以永久荷载为主的破坏形态属于脆性破坏的砌体结构构件应注意以下几点：

(1) 计算荷载效应时应考虑不同的永久荷载系数和可变荷载系数的设计表达式进行不利组合。

(2) 确定抗力的表达式中，所用的材料性能分项系数，不仅与材料、试验给出的构件抗力统计参数等有关，还与施工质量有关。

(3) 通过一定的构造措施确保结构的可靠度。

2.1.2　砌体结构设计的表达式

1. 砌体结构按承载能力极限状态设计时的最不利组合

$$\gamma_0(1.2S_{Gk}+1.4\gamma_L S_{Q1k}+\gamma_L\sum_{i=2}^{n}\gamma_{Qi}\psi_{ci}S_{Qik})\leqslant R(f,a_k,\cdots) \tag{2-1}$$

$$\gamma_0(1.35S_{Gk}+1.4\gamma_L\sum_{i=1}^{n}\psi_{ci}S_{Qik})\leqslant R(f,a_k,\cdots) \tag{2-2}$$

式中　γ_0——结构重要性系数，对安全等级为一、二、三级及相应使用年限为50年以上、50年、1~50年的结构构件，γ_0分别取1.1、1.0和0.9；

S_{Gk}、S_{Q1k}、S_{Qik}——永久荷载、在基本组合中起控制作用的第一个可变荷载和第i个可变荷载的标准值效应；

ψ_{ci}——第i个可变荷载的组合值系数，除风荷载取0.6外，一般情况下取0.7；

γ_L——结构构件的抗力模型不定性系数。对静力设计，考虑结构设计使用年限的荷载调整系数，设计使用年限为50年，取1.0；设计使用年限为100年，取1.1。

γ_{Qi}——第i个可变荷载的分项系数；

$R(\cdot)$——结构构件的抗力函数，f_m、f_k、f分别为砌体的强度平均值、强度标准值、强度设计值，$f=\dfrac{f_k}{\gamma_f}$，$f_k=f_m-1.645\sigma_f$；γ_f为砌体结构的材料性能分项系数，由施工质量控制等级区分取值，一般情况按B级考虑，取$\gamma_f=1.6$；σ_f为砌体强度的标准差；a_k为几何参数的标准值。

2. 砌体结构按正常使用极限状态设计表达式

$$S_{Gk}+S_{Q1k}+\sum_{i=2}^{n}\psi_{ci}S_{Qik}\leqslant R(f,a_k,\cdots) \tag{2-3}$$

$$S_{Gk}+\sum_{i=1}^{n}\psi_{ci}S_{Qik}\leqslant R(f,a_k,\cdots) \tag{2-4}$$

3. 验算砌体结构作为刚体的整体稳定性时(倾覆、滑移、漂浮等)的设计表达式

$$\gamma_0(1.2S_{G2k}+1.4\gamma_L S_{Q1k}+\gamma_L\sum_{i=2}^{n}S_{Qik})\leqslant 0.8S_{G1k} \tag{2-5}$$

$$\gamma_0(1.35S_{G2k}+1.4\gamma_L\sum_{i=1}^{n}\psi_{ci}S_{Qik})\leqslant 0.8S_{G1k} \tag{2-6}$$

式中　S_{G1k}——起有利作用的永久荷载标准值的效应；

S_{G2k}——起不利作用的永久荷载标准值的效应。

在进行砌体结构设计时，遇到以下情况的各种砌体，其砌体强度设计值应乘以相应的调整系数γ_a：

(1) 对无筋砌体构件的截面面积A小于$0.3m^2$时，γ_a为其截面面积的数值(单位为m^2)加0.7，即$\gamma_a=A$㊀$+0.7$；对配筋砌体构件，当其中砌体截面面积A小于$0.2m^2$时，γ_a为其截面面积的数值(单位为m^2)加0.8，即$\gamma_a=A+0.8$。

(2) 当砌体用强度等级小于M5.0的水泥砂浆砌筑时，表1-4～表1-9中的数值乘以0.9($\gamma_a=0.9$)，表1-10中的数值乘以0.8($\gamma_a=0.8$)；如为配筋砌体构件，当其中的砌体用水泥砂浆砌筑时，只需对砌体的强度设计值乘以调整系数γ_a。

(3) 当验算施工中房屋的构件时，取$\gamma_a=1.1$。

对于施工阶段尚未硬化的新砌砌体，可按砂浆强度为零确定其砌体强度。对于冬期施工采用掺盐砂浆法砌筑的砌体，砂浆强度等级按常温施工的强度等级提高一级时，砌体强度和稳定性可不验算。

(4) 当施工质量控制等级为C级时(配筋砌体不允许采用C级)，取$\gamma_a=0.89$。

2.2 无筋砌体承载力计算

由于砌体结构具有抗压强度较高、抗拉强度较低的特点，故多应用于工程中的承重墙和

㊀ 此式中的A是指单位为m^2的数值，下同。

柱。按压力作用于截面的位置不同，分为轴心受压构件和偏心受压构件。当压力作用于截面形心时为轴心受压构件；当压力不作用于截面形心，或在构件截面上同时作用有轴向压力以及弯矩时为偏心受压构件。

2.2.1 砌体受压时截面的应力分析

砌体具有弹塑性，在压应力不大时，可认为其具有弹性特点；但随着压力不断增大，其弹塑性越来越明显。在受拉时，虽然其抗拉强度很低，即使在较小的拉应力作用下，砌体也有弹塑性。由此可以假定：无论是轴心受压还是偏心受压，上述性质始终存在。我们可利用平截面假设，推断出不同的受压砌体在不同压力阶段中的应力分布规律。

在轴心压力作用下，截面上的应力是均匀分布的；破坏时，截面上各点的应力均能达到砌体的轴心抗压强度f(图 2-1a)。在较小的偏心压力作用下，截面处于全部受压，应力分布不均匀，破坏首先发生在应力较大的一侧，该侧的压应力和压应变均比轴心受压时大(图 2-1b)。在较大的偏心压力作用下，远离力作用点一侧的截面上会有小范围受拉(图2-1c)。如果压力较大，在受压边缘压碎之前，受拉边的应力尚未达到砌体通缝的抗拉强度时，截面的受拉区将不会开裂，直到破坏之前，整个截面都是受力的。在更大的偏心压力作用下，截面受拉区范围增大，受拉区将会沿着通缝较早开裂，随着偏心压力不断增大，受压区不断减小，最终砌体被压坏(图 2-1d)。

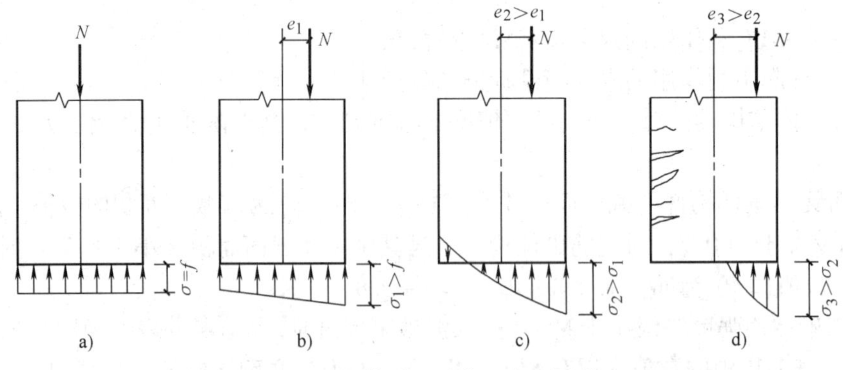

图 2-1 砌体受压时截面应力图形

由此可知，无论构件大、小偏心受压，由于砌体的弹塑性，其截面上的应力均呈曲线分布。同时，随着偏心距的不断增大，截面破坏时受压边缘的极限压应变和极限抗压强度将会略有增加。

2.2.2 无筋砌体受压构件承载力计算

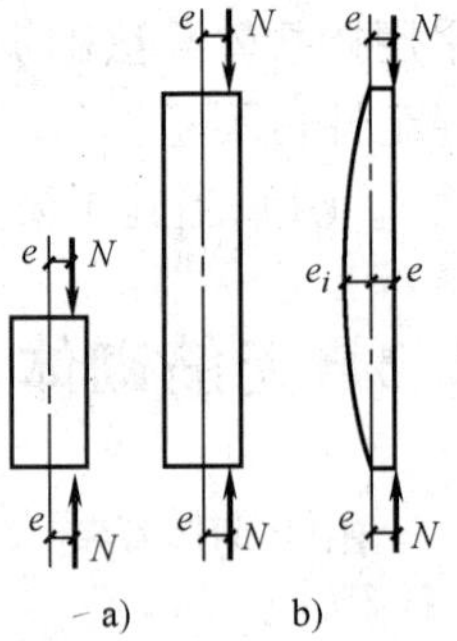

无筋砌体受压构件的承载力，除受截面尺寸、材料强度等级、偏心距大小的影响外，还与受压构件的计算高度(以参数高厚比β反映)有关。砌体构件的整体性较差，因此砌体构件在受压时，纵向弯曲对砌体构件承载力的影响较其他整体构件显著；同时，又因为荷载作用位置的偏差、砌体材料的不均匀性以及施工误差，使轴心受压构件产生附加弯矩和侧向挠曲变形(图 2-2)。《砌体结构设计规范》(GB

图 2-2 附加偏心距

50003—2011）规定，把轴向力偏心距和构件的高厚比对受压构件承载力的影响采用同一系数 φ 来考虑。承载力计算公式为

$$N \leqslant \varphi f A \tag{2-7}$$

式中 N——轴向力设计值；

f——砌体抗压强度设计值，按表 1-1 ~ 表 1-10 采用；

A——截面面积，对各类砌体均按毛截面计算；对带壁柱墙，其翼缘宽度可按以下规定采用：

① 多层房屋，当有门窗洞口时，可取窗间墙宽度。当无门窗洞口时，每侧翼墙宽度可取壁柱高度的 1/3，但不应大于相邻壁柱间的距离。

② 单层房屋，可取壁柱宽加 2/3 墙高，但不大于窗间墙宽度和相邻壁柱之间距离。

③ 当计算带壁柱墙的条形基础时，可取相邻壁柱之间的距离。

φ——高厚比 β 和轴向力偏心距 e 对受压构件承载力的影响系数；可按下式计算或按表 2-1 ~ 表 2-3 采用。

$$\varphi = \frac{1}{1 + 12\left[\frac{e}{h} + \sqrt{\frac{1}{12}\left(\frac{1}{\varphi_0} - 1\right)}\right]^2} \tag{2-8}$$

$$\varphi_0 = \frac{1}{1 + \alpha\beta^2} \tag{2-9}$$

式中 e——轴向力的偏心距，按内力设计值计算；

h——矩形截面轴向力偏心方向的边长，当轴心受压时为截面较小边长，若为 T 形截面，则 $h = h_T$，h_T 为 T 形截面的折算厚度，可近似按 $3.5i$ 计算，i 为截面回转半径；

φ_0——轴心受压构件的稳定系数，当 $\beta \leqslant 3$ 时，$\varphi_0 = 1$；

α——与砂浆强度等级有关的系数，当砂浆强度等级大于或等于 M5 时，$\alpha = 0.0015$；当砂浆强度等级等于 M2.5 时，$\alpha = 0.002$；当砂浆强度等级等于零时，$\alpha = 0.009$。

计算影响系数 φ 或查表 2-1 ~ 表 2-3 时，构件高厚比 β 按下式确定：

对矩形截面 $$\beta = \gamma_\beta \times \frac{H_0}{h}$$

对 T 形截面 $$\beta = \gamma_\beta \times \frac{H_0}{h_T} \tag{2-10}$$

式中 γ_β——不同砌体材料构件的高厚比修正系数，按表 2-4 采用；

H_0——受压构件的计算高度（表 3-3）。

表 2-1 影响系数 φ（砂浆强度等级 M5 以上）

β	$\frac{e}{h}$ 或 $\frac{e}{h_T}$						
	0	0.025	0.05	0.075	0.1	0.125	0.15
≤3	1	0.99	0.97	0.94	0.89	0.84	0.79
4	0.98	0.95	0.90	0.85	0.80	0.74	0.69
6	0.95	0.91	0.86	0.81	0.75	0.69	0.64
8	0.91	0.86	0.81	0.76	0.70	0.64	0.59
10	0.87	0.82	0.76	0.71	0.65	0.60	0.55

（续）

β	$\frac{e}{h}$或$\frac{e}{h_T}$						
	0	0.025	0.05	0.075	0.1	0.125	0.15
12	0.82	0.77	0.71	0.66	0.60	0.55	0.51
14	0.77	0.72	0.66	0.61	0.56	0.51	0.47
16	0.72	0.67	0.61	0.56	0.52	0.47	0.44
18	0.67	0.62	0.57	0.52	0.48	0.44	0.40
20	0.62	0.57	0.53	0.48	0.44	0.40	0.37
22	0.58	0.53	0.49	0.45	0.41	0.38	0.35
24	0.54	0.49	0.45	0.41	0.38	0.35	0.32
26	0.50	0.46	0.42	0.38	0.35	0.33	0.30
28	0.46	0.42	0.39	0.36	0.33	0.30	0.28
30	0.42	0.39	0.36	0.33	0.31	0.28	0.26

β	$\frac{e}{h}$或$\frac{e}{h_T}$					
	0.175	0.2	0.225	0.25	0.275	0.3
≤3	0.73	0.68	0.62	0.57	0.52	0.48
4	0.64	0.58	0.53	0.49	0.45	0.41
6	0.59	0.54	0.49	0.45	0.42	0.38
8	0.54	0.50	0.46	0.42	0.39	0.36
10	0.50	0.46	0.42	0.39	0.36	0.33
12	0.47	0.43	0.39	0.36	0.33	0.31
14	0.43	0.40	0.36	0.34	0.31	0.29
16	0.40	0.37	0.34	0.31	0.29	0.27
18	0.37	0.34	0.31	0.29	0.27	0.25
20	0.34	0.32	0.29	0.27	0.25	0.23
22	0.32	0.30	0.27	0.25	0.24	0.22
24	0.30	0.28	0.26	0.24	0.22	0.21
26	0.28	0.26	0.24	0.22	0.21	0.19
28	0.26	0.24	0.22	0.21	0.19	0.18
30	0.24	0.22	0.21	0.20	0.18	0.17

表 2-2　影响系数 φ(砂浆强度等级 M2.5)

β	$\frac{e}{h}$或$\frac{e}{h_T}$						
	0	0.025	0.05	0.075	0.1	0.125	0.15
≤3	1	0.99	0.97	0.94	0.89	0.84	0.79
4	0.97	0.94	0.89	0.84	0.78	0.73	0.67
6	0.93	0.89	0.84	0.78	0.73	0.67	0.62
8	0.89	0.84	0.78	0.72	0.67	0.62	0.57
10	0.83	0.78	0.72	0.67	0.61	0.56	0.52
12	0.78	0.72	0.67	0.61	0.56	0.52	0.47
14	0.72	0.66	0.61	0.56	0.51	0.47	0.43
16	0.66	0.61	0.56	0.51	0.47	0.43	0.40
18	0.61	0.56	0.51	0.47	0.43	0.40	0.36
20	0.56	0.51	0.47	0.43	0.39	0.36	0.33

（续）

β	$\frac{e}{h}$或$\frac{e}{h_T}$						
	0	0.025	0.05	0.075	0.1	0.125	0.15
22	0.51	0.47	0.43	0.39	0.36	0.33	0.31
24	0.46	0.43	0.39	0.36	0.33	0.31	0.28
26	0.42	0.39	0.36	0.33	0.31	0.28	0.26
28	0.39	0.36	0.33	0.30	0.28	0.26	0.24
30	0.36	0.33	0.30	0.28	0.26	0.24	0.22

β	$\frac{e}{h}$或$\frac{e}{h_T}$					
	0.175	0.2	0.225	0.25	0.275	0.3
≤3	0.73	0.68	0.62	0.57	0.52	0.48
4	0.62	0.57	0.52	0.48	0.44	0.40
6	0.57	0.52	0.48	0.44	0.40	0.37
8	0.52	0.48	0.44	0.40	0.37	0.34
10	0.47	0.43	0.40	0.37	0.34	0.31
12	0.43	0.40	0.37	0.34	0.31	0.29
14	0.40	0.36	0.34	0.31	0.29	0.27
16	0.36	0.34	0.31	0.29	0.26	0.25
18	0.33	0.31	0.29	0.26	0.24	0.23
20	0.31	0.28	0.26	0.24	0.23	0.21
22	0.28	0.26	0.24	0.23	0.21	0.20
24	0.26	0.24	0.23	0.21	0.20	0.18
26	0.24	0.22	0.21	0.20	0.18	0.17
28	0.22	0.21	0.20	0.18	0.17	0.16
30	0.21	0.20	0.18	0.17	0.16	0.15

表 2-3　影响系数 φ（砂浆强度等级 0）

β	$\frac{e}{h}$或$\frac{e}{h_T}$						
	0	0.025	0.05	0.075	0.1	0.125	0.15
≤3	1	0.99	0.97	0.94	0.89	0.84	0.79
4	0.87	0.82	0.77	0.71	0.66	0.60	0.55
6	0.76	0.70	0.65	0.59	0.54	0.50	0.46
8	0.63	0.58	0.54	0.49	0.45	0.41	0.38
10	0.53	0.48	0.44	0.41	0.37	0.34	0.32
12	0.44	0.40	0.37	0.34	0.31	0.29	0.27
14	0.36	0.33	0.31	0.28	0.26	0.24	0.23
16	0.30	0.28	0.26	0.24	0.22	0.21	0.19
18	0.26	0.24	0.22	0.21	0.19	0.18	0.17
20	0.22	0.20	0.19	0.18	0.17	0.16	0.15
22	0.19	0.18	0.16	0.15	0.14	0.14	0.13
24	0.16	0.15	0.14	0.13	0.13	0.12	0.11
26	0.14	0.13	0.13	0.12	0.11	0.11	0.10
28	0.12	0.12	0.11	0.11	0.10	0.10	0.09
30	0.11	0.10	0.10	0.09	0.09	0.09	0.08

（续）

β	$\frac{e}{h}$或$\frac{e}{h_T}$					
	0.175	0.2	0.225	0.25	0.275	0.3
≤3	0.73	0.68	0.62	0.57	0.52	0.48
4	0.51	0.46	0.43	0.39	0.36	0.33
6	0.42	0.39	0.36	0.33	0.30	0.28
8	0.35	0.32	0.30	0.28	0.25	0.24
10	0.29	0.27	0.25	0.23	0.22	0.20
12	0.25	0.23	0.21	0.20	0.19	0.17
14	0.21	0.20	0.18	0.17	0.16	0.15
16	0.18	0.17	0.16	0.15	0.14	0.13
18	0.16	0.15	0.14	0.13	0.12	0.12
20	0.14	0.13	0.12	0.12	0.11	0.10
22	0.12	0.12	0.11	0.10	0.10	0.09
24	0.11	0.10	0.10	0.09	0.09	0.08
26	0.10	0.09	0.09	0.08	0.08	0.07
28	0.09	0.08	0.08	0.08	0.07	0.07
30	0.08	0.07	0.07	0.07	0.07	0.06

表 2-4　高厚比修正系数 γ_β

砌体材料类别	γ_β
烧结普通砖、烧结多孔砖	1.0
混凝土普通砖、混凝土多孔砖、混凝土及轻骨料混凝土砌块	1.1
蒸压灰砂砖、蒸压粉煤灰普通砖、细料石	1.2
粗料石、毛石	1.5

注：对灌孔混凝土砌块，γ_β 取 1.0。

受压构件承载力计算时，应注意以下几个问题：

（1）对矩形截面构件，当轴向力偏心方向的截面边长大于另一方向的边长时，除按偏心受压计算外，还应对较小边长方向，按轴心受压进行验算。

（2）受压构件的偏心距过大时，可能使构件产生水平裂缝，构件的承载力明显降低，结构既不安全也不经济合理。因此，《砌体结构设计规范》(GB 50003—2011)规定：轴向力偏心距不应超过 $0.6y$（y 为截面重心到轴向力所在偏心方向截面边缘的距离）。若设计中超过以上限值，则应采取适当措施予以减小。

【例 2-1】　某轴心受压柱，截面为 370mm × 490mm 的砖柱，柱计算高度 $H_0 = H = 5\text{m}$，采用强度等级为 MU10 的烧结普通砖及 M5 的混合砂浆砌筑，柱底承受轴向压力设计值为 $N = 150\text{kN}$，结构安全等级为二级，施工质量控制等级为 B 级。试验算该柱底截面是否安全。

【解】　查表 1-4 得 MU10 的烧结普通砖与 M5 的混合砂浆砌筑的砖砌体的抗压强度设计值 $f = 1.5\text{MPa}$。

由于截面面积 $A = 0.37 \times 0.49\text{m}^2 = 0.18\text{m}^2 < 0.3\text{m}^2$，因此砌体抗压强度设计值应乘以调整系数 γ_a，

$$\gamma_a = A + 0.7 = 0.18 + 0.7 = 0.88$$

将$\beta = \frac{H_0}{h} = \frac{5000}{370} = 13.5$代入式(2-9)，得

$$\varphi = \varphi_0 = \frac{1}{1+\alpha\beta^2} = \frac{1}{1+0.0015\times 13.5^2} = 0.785$$

则柱底截面的承载力为

$$\varphi\gamma_a fA = 0.785\times 0.88\times 1.5\times 490\times 370\text{N} = 187\times 10^3\text{N} = 187\text{kN} > 150\text{kN}$$

故柱底截面安全。

【例 2-2】 某轴心受压柱，截面尺寸为 $b\times h = 370\text{mm}\times 490\text{mm}$，计算高度 $H_0 = 3.2\text{m}$，采用 MU10 粘土砖及 M5 混合砂浆砌筑，承受永久荷载产生的轴向压力 $N_{GK} = 60\text{kN}$，可变荷载产生的轴向压力 $N_{QK} = 80\text{kN}$。试验算该墙体的承载力。

【解】 轴向力设计值 N 为：$N = (60\times 1.2 + 80\times 1.4)\text{kN} = 184\text{kN}$

截面面积为：$A = b\times h = 0.370\times 0.490\text{m}^2 = 0.1813\text{m}^2$

$$\gamma_\alpha = 0.7 + A = 0.7 + 0.1813 = 0.8813$$

$$\beta = \gamma_\beta \frac{H_0}{h} = 1.0\times \frac{3200}{370} = 8.65$$

$$\varphi = \varphi_0 = \frac{1}{1+\alpha\beta^2} = \frac{1}{1+0.0015\times 8.65^2} = 0.9$$

由表 1-4 查得砌体采用 MU10 砖和 M5 砂浆时，$f = 1.5\text{N/mm}^2$

则柱的承载力为

$$\gamma_\alpha\varphi fA = 0.8813\times 0.9\times 1.5\times 0.1813\times 10^3\text{kN} = 215.7\text{kN} > \text{N} = 184\text{kN}$$

满足要求。

【例 2-3】 某轴心受压砖柱，截面尺寸为 $b\times h = 370\text{mm}\times 490\text{mm}$，柱计算高度 $H_0 = H = 3\text{m}$，采用强度等级为 MU15 蒸压灰砂砖及 M5 水泥砂浆砌筑，砖砌体自重为 19kN/m，在柱顶截面承受由恒载和活载产生的轴向压力标准值各为 80kN，结构的安全等级为二级，施工质量控制等级为 B 级。试验算该柱的承载力。

【解】 根据 MU15 砖、M5 砂浆，由表 1-5 查得 $f = 1.83\text{N/mm}^2$，$[\beta] = 16$，$\alpha = 0.0015$。

截面面积

$$A = 0.37\times 0.49\text{m}^2 = 0.181\text{m}^2 < 0.3\text{m}^2$$

$$\gamma_a = 0.7 + 0.181 = 0.881$$

$$\beta = \beta\frac{H_0}{h} = 1.2\times \frac{3000}{370} = 9.73 < [\beta] = 16$$

轴向力设计值 N

$$N = [(1.2\times 80 + 1.4\times 80) + 1.2\times (0.37\times 0.49\times 3\times 19)]\text{kN} = 220.4\text{kN}$$

则柱的承载力

$$\varphi = \varphi_0 = \frac{1}{1+\alpha\beta^2} = \frac{1}{1+0.0015\times 9.73^2} = 0.876$$

$$\gamma_a\varphi fA = 0.881\times 0.876\times 1.83\times 181300\text{N} = 256.05\times 10^3\text{N} = 256.05\text{kN} > 220.4\text{kN}$$

满足要求。

【例 2-4】 某偏心受压柱，截面尺寸为 $490\text{mm}\times 620\text{mm}$，柱计算高度 $H_0 = H = 5\text{m}$，采用强度等级为 MU15 蒸压灰砂砖及 M5 水泥砂浆砌筑，柱底承受轴向压力设计值为 $N = 160\text{kN}$，

弯矩设计值 $M=20\text{kN}\cdot\text{m}$(沿长边方向)，结构的安全等级为二级，施工质量控制等级为 B 级。试验算该柱底截面是否安全。

【解】（1）弯矩作用平面内承载力验算

$$e=\frac{M}{N}=\frac{20}{160}=0.125\text{m}=125\text{mm}<0.6y=0.6\times310\text{mm}=186\text{mm}$$

满足规范要求。

MU15 蒸压灰砂砖及 M5 水泥砂浆砌筑，查表 2-4 得，$\gamma_\beta=1.2$

$$\beta=\gamma_\beta\frac{H_0}{h}=1.2\times\frac{5000}{620}=9.68$$

$$\frac{e}{h}=\frac{125}{620}=0.202$$

$$\varphi_0=\frac{1}{1+\alpha\beta^2}=\frac{1}{1+0.0015\times9.68^2}=0.877$$

$$\varphi=\frac{1}{1+12\left[\frac{e}{h}+\sqrt{\frac{1}{12}\left(\frac{1}{\varphi_0}-1\right)}\right]^2}=\frac{1}{1+12\left[0.202+\sqrt{\frac{1}{12}\left(\frac{1}{0.877}-1\right)}\right]^2}=0.465$$

查表 1-5 得，MU15 蒸压灰砂砖与 M5 水泥砂浆砌筑的砖砌体抗压强度设计值 $f=1.83\text{MPa}$。

柱底截面承载力

$$\varphi fA=0.465\times1.83\times490\times620\text{N}=258.5\times10^3\text{N}=258.5\text{kN}>160\text{kN}$$

（2）弯矩作用平面外承载力验算。

对较小边长方向，按轴心受压构件验算。

$$\beta=\gamma_\beta\frac{H_0}{h}=1.2\times\frac{5000}{490}=12.24 \text{ 代入式(2-9)，得}$$

$$\varphi=\varphi_0=\frac{1}{1+\alpha\beta^2}=\frac{1}{1+0.0015\times12.24^2}=0.816$$

则柱底截面的承载力

$$\varphi fA=0.816\times1.83\times490\times620\text{N}=453.7\times10^3\text{N}=453.7\text{kN}>160\text{kN}$$

故柱底截面安全。

【例 2-5】 如图 2-3 所示带壁柱窗间墙，采用 MU10 烧结粘土砖与 M5 的水泥砂浆砌筑，计算高度 $H_0=5\text{m}$，柱底承受轴向力设计值为 $N=150\text{kN}$，弯矩设计值为 $M=30\text{kN}\cdot\text{m}$，施工质量控制等级为 B 级，偏心压力偏向带壁柱一侧，试验算截面是否安全。

【解】（1）计算截面几何参数。

截面面积 $A=(2000\times240+490\times500)\text{mm}^2$
$=725000\text{mm}^2$

截面形心至截面边缘的距离

$$y_1=\frac{2000\times240\times120+490\times500\times490}{725000}\text{mm}=245\text{mm}$$

$$y_2=740\text{mm}-y_1=(740-245)\text{mm}=495\text{mm}$$

截面惯性矩

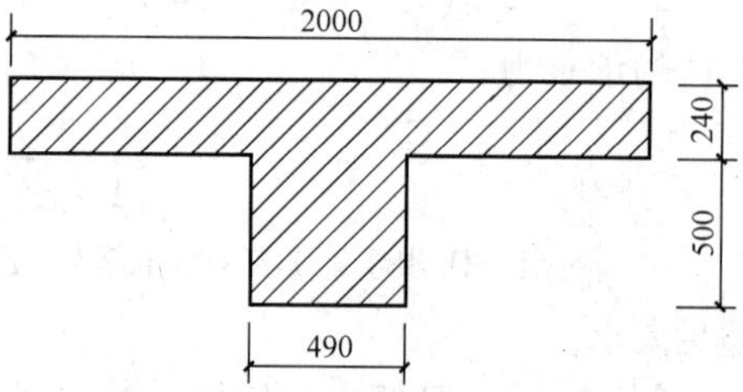

2000
240
500
490

图 2-3 例 2-5 图

$$I=\left(\frac{2000\times240^3}{12}+2000\times240\times125^2+\frac{490\times500^3}{12}+490\times500\times245^2\right)\text{mm}^4$$
$$=296\times10^8\text{mm}^4$$

回转半径

$$i=\sqrt{\frac{I}{A}}=\sqrt{\frac{296\times10^8}{725000}}\text{mm}=202\text{mm}$$

T 形截面的折算厚度 $h_T=3.5i=3.5\times202\text{mm}=707\text{mm}$

偏心距

$$e=\frac{M}{N}=\frac{30}{150}=0.2\text{m}=200\text{mm}<0.6y=0.6\times495\text{mm}=297\text{mm}$$

故满足规范要求。

（2）承载力验算。

MU10 烧结粘土砖与 M5 水泥砂浆砌筑，查表 2-4 得 $\gamma_\beta=1.0$；将

$$\beta=\gamma_\beta\frac{H_0}{h_T}=1.0\times\frac{5000}{707}=7.07$$

$$\frac{e}{h_T}=\frac{200}{707}=0.283$$

$$\varphi_0=\frac{1}{1+\alpha\beta^2}=\frac{1}{1+0.0015\times7.07^2}=0.930$$

$$\varphi=\frac{1}{1+12\left[\frac{e}{h}+\sqrt{\frac{1}{12}\left(\frac{1}{\varphi_0}-1\right)}\right]^2}=\frac{1}{1+12\left[0.283+\sqrt{\frac{1}{12}\left(\frac{1}{0.93}-1\right)}\right]^2}=0.388$$

查表 1-4 得，MU10 烧结粘土砖与 M5 水泥砂浆砌筑的砖砌体的抗压强度设计值 $f=1.5\text{MPa}$。

窗间墙承载力

$$\varphi fA=0.388\times1.5\times725000\text{N}=422\times10^3\text{N}=422\text{kN}>150\text{kN}$$

故承载力满足要求。

2.2.3 无筋砌体局部受压承载力计算

局部受压在工程中比较常见，其特点是压力仅仅作用在砌体的局部受压面上，如独立柱基的基础顶面、屋架端部的砌体支承处、梁端支承处的砌体等均属于局部受压的情况。砌体在局部压力作用下，直接位于局部受压面积下的砌体横向应变受到周围砌体的约束，使该处的砌体处于双向或三向受压状态，因而大大提高了局部受压面积处砌体的抗压强度。但由于作用于局部面积上的压力通常较大，很可能造成局部受压破坏，进而给建筑物带来隐患，所以必须引起重视。

若砌体局部受压面积上压应力呈均匀分布，则称为局部均匀受压，如图 2-4 所示。

通过大量试验发现，砖砌体局部受压可能有三种破坏形态(图 2-5)：

(1) 因纵向裂缝的发展而破坏，即“先裂后坏”（图 2-5b）。在局部压力作用下有竖向裂缝、斜向裂缝。当$\frac{A_0}{A_l}$不大时(A_0 为砌体截面面积,A_l 为局部受压面积)，随着荷载的增加，

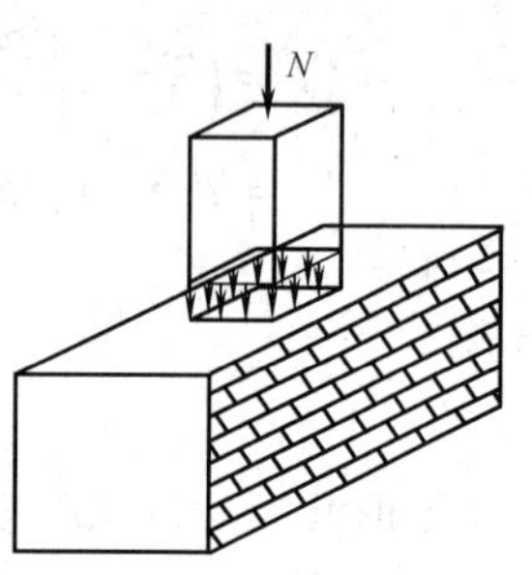

图 2-4　砌体局部受压

其中部分裂缝逐渐向上或向下延伸发展，并在破坏时连成一条主要裂缝。

（2）劈裂破坏，即“一裂就坏”（图 2-5c）。在局部压力作用下产生的纵向裂缝少而集中，且初裂荷载与破坏荷载很接近，在砌体截面面积较大而局部受压面积很小时，即A_0/A_l较大时，有可能产生这种破坏形态，破坏突然而无先兆。

（3）局部面积下砌体表面压碎破坏，即“未裂先坏”（图 2-5d）。墙梁的墙高与跨度之比较大，砌体强度较低或局部受压面积A_l很小时，有可能产生梁支承附近砌体被压碎而破坏的现象，破坏时构件的侧面无纵向裂缝。

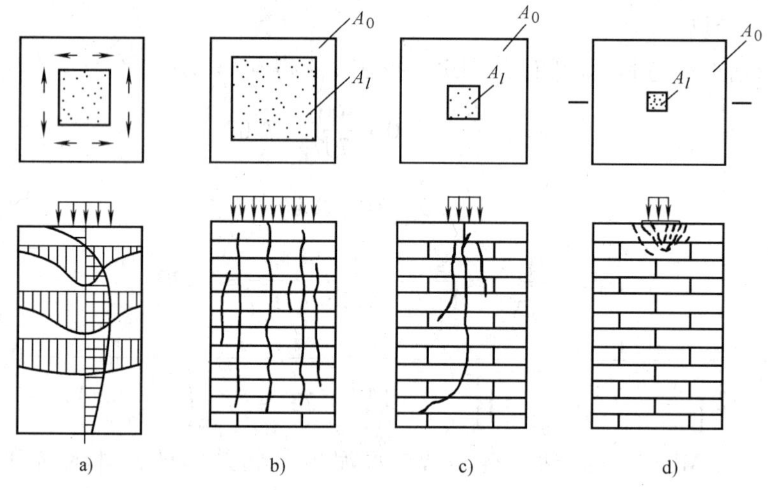

图 2-5　砌体局部受压破坏形态

a）局部压力下砖砌体应力分布　b）先裂后坏　c）一裂就坏　d）未裂先坏(局部压碎)

在上述三种破坏形态中，“一裂就坏”与“未裂先坏”表现出明显的脆性，工程设计中必须避免发生。一般应按“先裂后坏”来考虑。

1. 砌体局部均匀受压时的承载力计算

砌体截面中受局部均匀压力作用时的承载力应按下式计算

$$N_l \leqslant \gamma f A_l \tag{2-11}$$

式中　N_l——局部受压面积上的轴向力设计值；

f——砌体抗压强度设计值，可不考虑强度调整系数 γ_a 的影响；

A_l——局部受压面积；

γ——砌体局部抗压强度提高系数，按下式计算：

$$\gamma = 1 + 0.35\sqrt{\frac{A_0}{A_l} - 1} \tag{2-12}$$

式中　A_0——影响砌体局部抗压强度的计算面积，按图 2-6 规定采用。

在图 2-6 中，a、b 为矩形局部受压面积 A_l 的边长；h、h_1 为墙厚或柱的较小边长、墙厚；c 为矩形局部受压面积的外边缘至构件边缘的较小边距离，当大于 h 时，应取 h。多孔

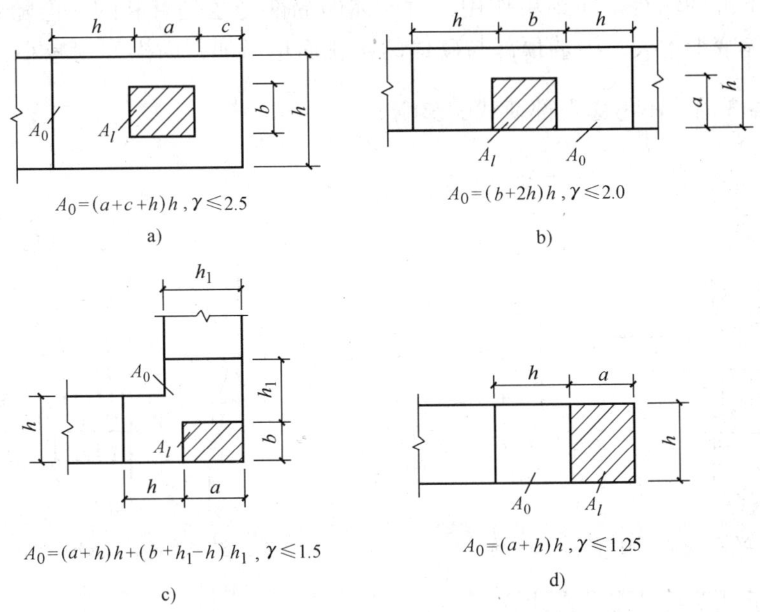

图 2-6　影响局部抗压强度的面积

砖砌体孔洞难以灌实时，按 $\gamma=1.0$ 取用。对灌孔和未灌孔的混凝土砌块砌体，按规范执行。

2. 梁端支承处砌体的局部受压承载力计算

（1）梁支承在砌体上的有效支承长度。当梁支承在砌体上时，由于梁的弯曲，会使梁末端有脱离砌体的趋势，因此，梁端支承处砌体局部压应力是不均匀的。将梁端底面实际传力的长度称为有效支承长度 a_0，有效支承长度不一定等于梁端搭入砌体的长度。经过理论和研究证明，梁和砌体的刚度是影响有效支承长度的主要因素，经过简化后的有效支承长度 a_0 的计算公式为

$$a_0=10\sqrt{\frac{h_c}{f}} \tag{2-13}$$

式中　a_0——梁端有效支承长度（mm），当 $a_0>a$ 时，应取 $a_0=a$；

a——梁端实际支承长度（mm）；

h_c——梁的截面高度（mm）；

f——砌体的抗压强度设计值（MPa）。

在验算梁端支承处砌体的局部受压承载力以及验算梁下墙体承载力时，还需要确定压应力的合力作用点（即 N_l 作用点）到墙体内边缘的距离。根据压应力分布的情况，对屋盖梁和楼盖梁计算时统一取为 $0.4a_0$。

（2）上部荷载对局部受压承载力的影响。梁端砌体的压应力由两部分组成（图 2-7）：一部分为局部受压面积 A_l 上由上部砌体传来的均匀压应力 σ_0，另一部分为由本层梁传来的梁端非均匀压应力，其合力为 N_l。

当梁上荷载增加时，与梁端底部接触的砌体产生较大的压缩变形，此时如果上部荷载产生的平均压应力 σ_0 较小，梁端顶部与砌体的接触面将减小，甚至与砌体脱开，试验时可观察到有水平缝隙出现，砌体形成内拱来传递上部荷载，引起内力重分布（图 2-8）。σ_0 的存

在和扩散对梁下部砌体有横向约束作用，对砌体的局部受压是有利的，但随着 σ_0 的增加，上部砌体的压缩变形增大，梁端顶部与砌体的接触面也增加，内拱作用减小，σ_0 的有利影响也减小，$\frac{A_0}{A_l}\geqslant 3$ 时，不考虑上部荷载的影响。

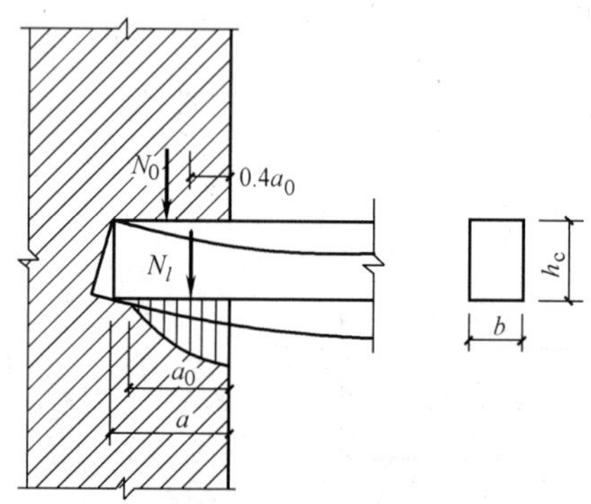

图 2-7　梁端支承处砌体的局部受压

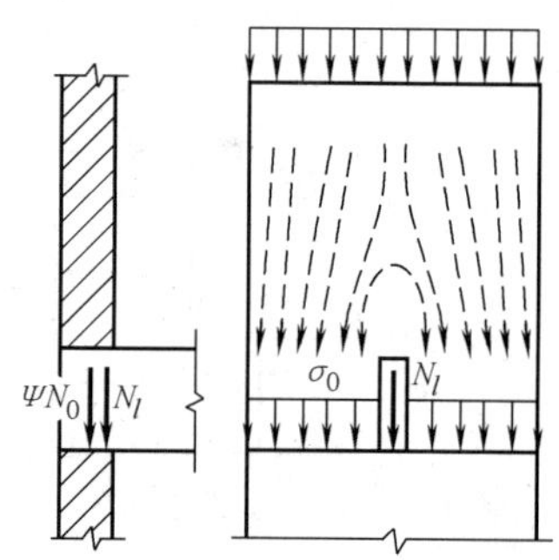

图 2-8　梁端上部砌体的内拱作用

上部荷载折减系数可按下式计算

$$\psi = 1.5 - 0.5\frac{A_0}{A_l} \tag{2-14}$$

式中　A_l——局部受压面积，$A_l = a_0 b$，（b 为梁宽，a_0 为有效支承长度）。

当$\frac{A_0}{A_l}\geqslant 3$ 时，取 $\psi=0$。

上部荷载折减系数 ψ 反映了上部墙体传来的荷载因梁上墙体内拱作用有所折减的比例，ψ 与 A_0 和 A_l 的比值有关：$\frac{A_0}{A_l}$值越大，内拱作用越大，ψ 值越小；当$\frac{A_0}{A_l}\geqslant 3$ 时，试验表明，梁端上部由墙体传来的荷载可全部由梁两侧的墙体承担，故取 $\psi=0$。

（3）梁端支承处砌体的局部受压承载力计算。梁端支承处砌体的局部受压承载力采用下列计算公式

$$\psi N_0 + N_l \leqslant \eta\gamma f A_l \tag{2-15}$$

式中　ψ——上部荷载的折减系数，当$\frac{A_0}{A_l}\geqslant 3$ 时，取 $\psi=0$；

N_0——局部受压面积内上部轴向力设计值，$N_0=\sigma_0 A_l$；

N_l——梁端荷载设计值产生的支承压力；

σ_0——上部平均压应力设计值；

η——梁端底面应力图形的完整系数，一般可取 0.7，对于过梁和墙梁可取 1.0；

f——砌体抗压强度设计值。

3. 梁端下设有刚性垫块的砌体局部受压承载力计算

当梁端局部抗压强度不满足承载力要求或梁的跨度较大时，可在梁端下设置刚性垫块，如图 2-9 所示。设置刚性垫块不但增大了局部承压面积，而且还可以使梁端压应力比较均匀地传递到垫块下的砌体截面上，从而改善砌体受力状态。

刚性垫块分为预制刚性垫块和现浇刚性垫块。在实际工程中，通常采用预制刚性垫块，

有时将梁端沿梁全高加宽或梁端局部高度加宽，形成现浇垫块。采用与梁端现浇成整体的刚性垫块与预制刚性垫块下砌体的局部受压有些区别，为了计算简化起见，《砌体结构设计规范》(GB 50003—2011)规定，两者可采用相同的计算方法。

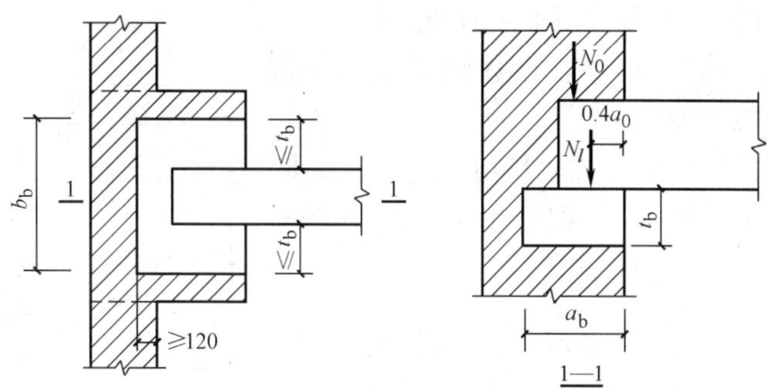

图 2-9　梁端下设预制垫块时的局部受压情况

刚性垫块下的砌体局部受压承载力应按下式计算

$$N_0 + N_l \leqslant \varphi\gamma_1 f A_b \tag{2-16}$$

式中　N_0——垫块面积 A_b 内上部轴向力设计值 $N_0=\sigma_0 A_b$；

A_b——垫块面积，$A_b=a_b b_b$；

a_b——垫块伸入墙内的长度；

b_b——垫块的宽度；

φ——垫块上 N_0 及 N_l 的合力的影响系数，应采用式(2-9)当 $\beta\leqslant 3$ 时的 φ 值，即 $\varphi_0=1$ 时的 φ 值；

γ_1——垫块外砌体面积的有利影响系数，$\gamma_1=0.8\gamma$，但不小于 1，γ 为砌体局部抗压强度提高系数，按式(2-12)计算(以 A_b 代替 A_l)。

刚性垫块的构造应符合以下规定：

(1) 刚性垫块的高度不宜小于 180mm，自梁边算起的挑出长度不宜大于垫块高度 t_b。

(2) 刚性垫块伸入墙内的长度 a_b 可以与梁的实际支承长度 a 相等或大于 a。

(3) 在带壁柱墙的壁柱内设置刚性垫块时，其计算面积应取壁柱范围内的面积，而不应计入翼缘部分，同时壁柱上垫块深入翼墙内的长度不应小于 120mm。

(4) 当现浇垫块与梁端整体浇筑时，垫块可在梁高范围内设置。

梁端设有刚性垫块时，梁端有效支承长度 a_0 应按下式确定

$$a_0=\delta_1\sqrt{\frac{h_c}{f}} \tag{2-17}$$

式中　δ_1——刚性垫块的影响系数，可按表 2-5 采用。

表 2-5　系数 δ_1 值

$\frac{\sigma_0}{f}$	0	0.2	0.4	0.6	0.8
δ_1	5.4	5.7	6.0	6.9	7.8

注：中间的数值可采用插入法求得。

垫块上 N_l 的作用点的位置可取在 $0.4a_0$ 处。

4. 梁端下设有垫梁时，垫梁下砌体局部受压承载力计算

梁端下设置垫梁，一般是大梁或屋架端部支承在钢筋混凝土圈梁上，该圈梁即为垫梁，为长度大于 πh_0 的柔性垫梁。此时，可以把垫梁看做是承受上部局部荷载 N_l 和上部墙体传

来的均布荷载的弹性地基梁（见图 2-10）。垫梁下砌体局部受压极限承载力为

$$N_l + N_0 \leqslant 2.4\delta_2 f b_b h_0 \quad (2\text{-}18)$$

式中 N_l——垫梁上集中局部荷载设计值；

N_0——垫梁$\frac{\pi h_0 b_b}{2}$范围内由上部荷载产生的轴向力设计值，$N_0 = \frac{\pi h_0 b_b \sigma_0}{2}$，$\sigma_0$ 为上部平均压应力设计值；

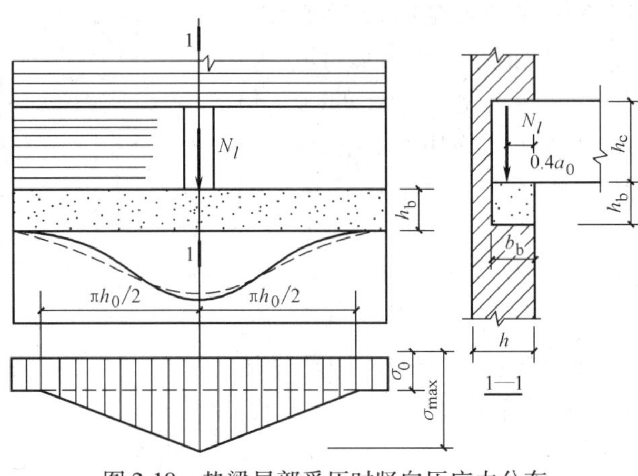

图 2-10　垫梁局部受压时竖向压应力分布

b_b——垫梁在墙厚方向的宽度；

h_0——垫梁折算高度，$h_0 = 2\left(\frac{E_b I_b}{Eh}\right)^{\frac{1}{3}}$，$E_b$、$I_b$ 分别为垫梁的弹性模量和截面惯性矩，E 为砌体的弹性模量，h 为墙厚；

δ_2——当荷载沿墙厚方向均匀分布时，δ_2 取 1.0，不均匀分布时可取 0.8。

【例 2-6】 一钢筋混凝土柱截面尺寸为 250mm × 250mm，支承在厚为 370mm 的砖墙上，作用位置如图 2-11 所示，砖墙用 MU10 烧结普通砖和 M5 水泥砂浆砌筑，柱传到墙上的荷载设计值为 120kN。试验算柱下砌体的局部受压承载力。

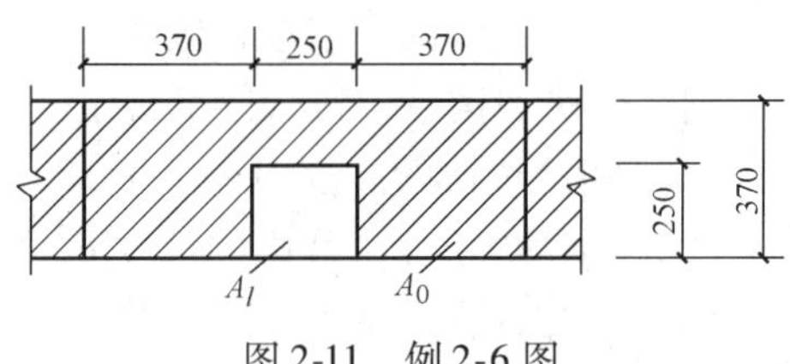

图 2-11　例 2-6 图

【解】 局部受压面积 $A_l = 250 \times 250\text{mm}^2 = 62500\text{mm}^2$

局部受压影响面积

$$A_0 = (b + 2h)h = (250 + 2 \times 370) \times 370\text{mm}^2 = 366300\text{mm}^2$$

砌体局部抗压强度提高系数 $\gamma = 1 + 0.35\sqrt{\frac{A_0}{A_l} - 1} = 1 + 0.35\sqrt{\frac{366300}{62500} - 1} = 1.77 < 2$

查表 1-4 得，MU10 烧结普通砖和 M5 水泥砂浆砌筑的砌体抗压强度设计值为 $f = 1.5\text{MPa}$。

砌体局部受压承载力为 $\gamma f A_l = 1.77 \times 1.5 \times 62500\text{N} = 165.9\text{kN} > 120\text{kN}$

故砌体局部受压承载力满足要求。

【例 2-7】 窗间墙截面尺寸为 370mm × 1200mm，如图 2-12 所示，砖墙用 MU10 的烧结普通砖和 M5 的混合砂浆砌筑。大梁的截面尺寸为 200mm × 550mm，在墙上的搁置长度为 240mm。大梁的支座反力为 100kN，窗间墙范围内梁底截面处的上部荷载设计值

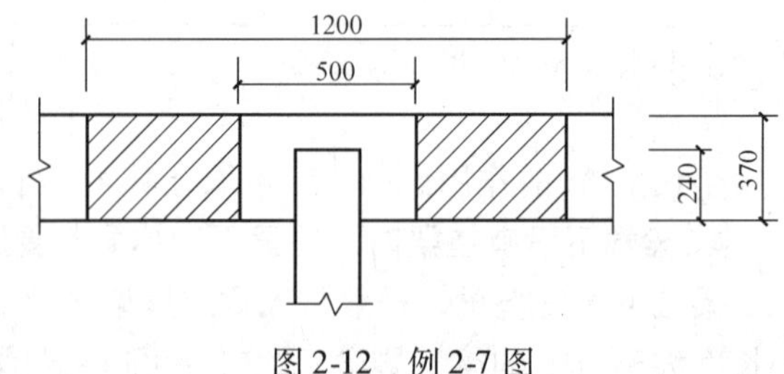

图 2-12　例 2-7 图

为 240kN，试对大梁端部下砌体的局部受压承载力进行验算。

【解】 查表 1-4 得 MU10 烧结普通砖和 M5 水泥砂浆砌筑的砌体抗压强度设计值为 $f=1.5\text{MPa}$。

梁端有效支承长度

$$a_0=10\sqrt{\frac{h_c}{f}}=10\times\sqrt{\frac{550}{1.5}}\text{mm}=191\text{mm}$$

局部受压面积 $A_l=a_0b=191\times200\text{mm}^2=38200\text{mm}^2$

局部受压影响面积 $A_0=(b+2h)h=(200+2\times370)\times370\text{mm}^2=347800\text{mm}^2$

$\frac{A_0}{A_l}=\frac{347800}{38200}>3$，取 $\psi=0$

砌体局部抗压强度提高系数

$$\gamma=1+0.35\sqrt{\frac{A_0}{A_l}-1}=1+0.35\sqrt{\frac{347800}{38200}-1}=1.996<2$$

砌体局部受压承载力

$\eta\gamma fA=0.7\times1.996\times1.5\times38200\text{kN}=80\text{kN}<\psi N_0+N_l=100\text{kN}$

故局部受压承载力不满足要求。

【例 2-8】 梁下设预制刚性垫块设计。条件同上题。

【解】 根据上题计算结果，局部受压承载力不足，需设置垫块。

设垫块高度为 $t_b=180\text{mm}$，平面尺寸 $a_b\times b_b=370\text{mm}\times500\text{mm}$，垫块自梁边两侧挑出 $150\text{mm}<t_b=180\text{mm}$，垫块面积 $A_b=a_bb_b=370\times500\text{mm}^2=185000\text{mm}^2$

局部受压影响面积

$$A_0=(b+2h)h=(500+2\times350)\times370\text{mm}^2=444000\text{mm}^2$$

砌体局部抗压强度提高系数

$$\gamma=1+0.35\sqrt{\frac{A_0}{A_b}-1}=1+0.35\sqrt{\frac{444000}{185000}-1}=1.41<2$$

垫块外砌体的有利影响系数

$$\gamma_1=0.8\gamma=0.8\times1.41=1.13$$

上部平均压应力设计值 $\sigma_0=\frac{240\times10^3}{370\times1200}\text{MPa}=0.54\text{MPa}$

垫块面积 A_b 内上部轴向力设计值

$$N_0=\sigma_0A_b=0.54\times185000\text{N}=99900\text{N}=99.9\text{kN}$$

$\frac{\sigma_0}{f}=\frac{0.54}{1.5}=0.36$，查表 2-5 得 $\delta_1=5.94$

梁端有效支承长度 $a_0=\delta_1\sqrt{\frac{h_c}{f}}=5.94\times\sqrt{\frac{550}{1.5}}=113.7\text{mm}$

N_l 对垫块中心的偏心距 $e_l=\frac{a_b}{2}-0.4a_0=\left(\frac{370}{2}-0.4\times113.7\right)\text{mm}=139.5\text{mm}$

轴向力对垫块中心的偏心距 $e=\frac{N_le_l}{N_0+N_l}=\frac{100\times139.5}{99.9+100}\text{mm}=70\text{mm}$

将$\frac{e}{h}=\frac{70}{370}=0.189$及$\varphi_0=1$代入式(2-8)得，$\varphi=0.700$

验算$N_0+N_l=199.9\text{kN}<\varphi\gamma_1 fA_b=0.700\times1.13\times1.5\times185000\text{kN}=221\text{kN}$

刚性垫块设计满足要求。

2.2.4 轴心受拉、受弯、受剪构件

1. 轴心受拉构件承载力计算

$$N_t\leqslant f_tA \tag{2-19}$$

式中 N_t——轴心拉力设计值；

f_t——砌体轴心抗拉强度设计值(取沿齿缝破坏和沿直缝破坏的两种抗拉强度的较小值)，查表取用，当符合本章所述情况时应乘以调整系数γ_a；

A——受拉截面面积。

2. 受弯构件承载力计算

受弯构件需进行受弯承载力及受剪承载力两项计算

$$M\leqslant f_{tm}W \tag{2-20}$$

$$V\leqslant f_vbz \tag{2-21}$$

式中 M、V——弯矩设计值和剪力设计值；

f_{tm}——砌体弯曲抗拉强度设计值，查表取用(取沿齿缝通缝破坏和沿直缝破坏的两种抗弯强度的较小值)；

f_v——砌体抗剪强度设计值，查表取用；

W——截面抵抗矩；

z——内力臂，$z=\frac{I}{S}$，对矩形截面$z=\frac{2h}{3}$；

b、h、I、S——截面宽度、高度、截面惯性矩、面积矩。

3. 受剪构件承载力计算

受剪承载力随作用在砌体截面上的压力所产生的摩擦力而提高，沿通缝受剪构件的承载力按下式计算

$$V\leqslant(f_v+\alpha\mu\sigma_0)A \tag{2-22}$$

当$\gamma_G=1.2$时，$\mu=0.26-0.082\frac{\sigma_0}{f}$；

当$\gamma_G=1.35$时，$\mu=0.23-0.065\frac{\sigma_0}{f}$。

式中 V——截面剪力设计值；

f_v——砌体抗剪强度设计值，查表取用；

A——受剪构件沿剪力作用方向的截面面积，当有孔洞时，取净截面面积；

σ_0——由恒载设计值产生的水平截面平均压应力；

α——修正系数，与砌体种类、荷载组合有关，当荷载分项系数分别为1.2、1.35时，砖砌体(混凝土砌块砌体)α系数分别为0.6(0.64)、0.64(0.66)；

μ——剪压复合受力影响系数，$\alpha\mu$乘积值可查表2-6；

f——砌体的抗压强度设计值；

$\frac{\sigma_0}{f}$——轴压比，且不大于0.8。

表2-6　当 $\gamma_G=1.2$ 及 $\gamma_G=1.35$ 时的 $\alpha\mu$ 值

γ_G	σ_0/f	0.1	0.2	0.3	0.4	0.5	0.6	0.7	0.8
1.2	砖砌体	0.15	0.15	0.14	0.14	0.13	0.13	0.12	0.12
	砌块砌体	0.16	0.16	0.15	0.15	0.14	0.13	0.13	0.12
1.35	砖砌体	0.14	0.14	0.13	0.13	0.13	0.12	0.12	0.11
	砌块砌体	0.15	0.14	0.14	0.13	0.13	0.13	0.12	0.12

2.3　配筋砌体承载力计算

配筋砌体是指在砌体中设置了钢筋或钢筋混凝土材料的砌体。配筋砌体的抗压、抗剪和抗弯承载力高于无筋砌体，并有较好的抗震性能。

2.3.1　网状配筋砌体

1. 受力特点

当砖砌体受压构件的承载力不足而截面尺寸又受到限制时，可以考虑采用网状配筋砌体，如图2-13所示。常用的形式有方格网。

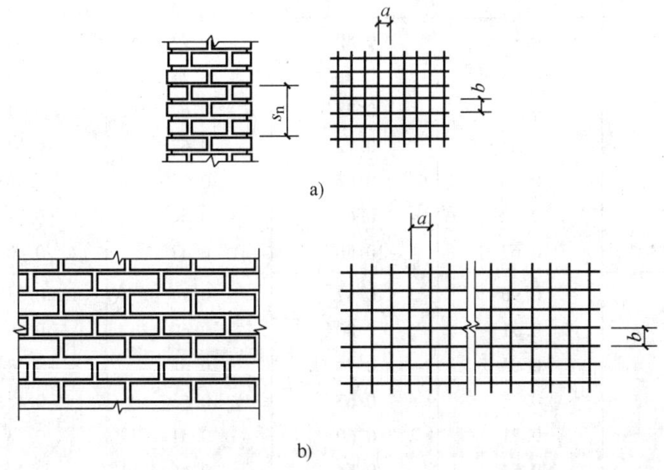

图2-13　网状配筋砌体

a）用方格网配筋的砖柱　b）用方格网配筋的砖墙

砌体承受轴向压力时，除产生纵向压缩变形外，还会产生横向膨胀，当砌体中配置横向钢筋网时，由于钢筋的弹性模量大于砌体的弹性模量，钢筋能够阻止砌体的横向变形，同时，钢筋能够连接被竖向裂缝分割的小砖柱，避免了因小砖柱的过早失稳而导致整个砌体的破坏，从而间接提高了砌体的抗压强度，因此，这种配筋也称为间接配筋。

2. 承载力计算

网状配筋砖砌体受压构件的承载力按下式计算

$$N \leqslant \varphi_n f_n A \tag{2-23}$$

$$f_n = f + 2\left(1 - \frac{2e}{y}\right)\rho f_y \tag{2-24}$$

$$\rho = \frac{(a+b)\ A_s}{abS_n} \tag{2-25}$$

式中 N——轴向力设计值；

φ_n——高厚比和配筋率以及轴向力的偏心距对网状配筋砖砌体受压构件承载力的影响系数，可查表 2-7；

f_n——网状配筋砖砌体的抗压强度设计值；

A——截面面积；

e——轴向力的偏心距；

ρ——体积配筋率；

a、b——钢筋网的网格尺寸；

A_s——钢筋的截面面积；

S_n——钢筋网的竖向间距；

f_y——钢筋的抗拉强度设计值，当 f_y 大于 320MPa 时，取 320MPa。

表 2-7 影响系数 φ_n

ρ	β \ e/h	0	0.05	0.10	0.15	0.17
0.1	4	0.97	0.89	0.78	0.67	0.63
	6	0.93	0.84	0.73	0.62	0.58
	8	0.89	0.78	0.67	0.57	0.53
	10	0.84	0.72	0.62	0.52	0.48
	12	0.78	0.67	0.56	0.48	0.44
	14	0.72	0.61	0.52	0.44	0.41
	16	0.67	0.56	0.47	0.40	0.37
0.3	4	0.96	0.87	0.76	0.65	0.61
	6	0.91	0.80	0.69	0.59	0.55
	8	0.84	0.74	0.62	0.53	0.49
	10	0.78	0.67	0.56	0.47	0.44
	12	0.71	0.60	0.51	0.43	0.40
	14	0.64	0.54	0.46	0.38	0.36
	16	0.58	0.49	0.41	0.35	0.32
0.5	4	0.94	0.85	0.74	0.63	0.59
	6	0.88	0.77	0.66	0.56	0.52
	8	0.81	0.69	0.59	0.50	0.46
	10	0.73	0.62	0.52	0.44	0.41
	12	0.65	0.55	0.46	0.39	0.36
	14	0.58	0.49	0.41	0.35	0.32
	16	0.51	0.43	0.36	0.31	0.29

（续）

ρ	e/h \ β	0	0.05	0.10	0.15	0.17
0.7	4	0.93	0.83	0.72	0.61	0.57
	6	0.86	0.75	0.63	0.53	0.50
	8	0.77	0.66	0.56	0.47	0.43
	10	0.68	0.58	0.49	0.41	0.38
	12	0.60	0.50	0.42	0.36	0.33
	14	0.52	0.44	0.37	0.31	0.30
	16	0.46	0.38	0.33	0.28	0.26
0.9	4	0.92	0.82	0.71	0.60	0.56
	6	0.83	0.72	0.61	0.52	0.48
	8	0.73	0.63	0.53	0.45	0.42
	10	0.64	0.54	0.46	0.38	0.36
	12	0.55	0.47	0.39	0.33	0.31
	14	0.48	0.40	0.34	0.29	0.27
	16	0.41	0.35	0.30	0.25	0.24
1.0	4	0.91	0.81	0.70	0.59	0.55
	6	0.82	0.71	0.60	0.51	0.47
	8	0.72	0.61	0.52	0.43	0.41
	10	0.62	0.53	0.44	0.37	0.35
	12	0.54	0.45	0.38	0.32	0.30
	14	0.46	0.39	0.33	0.28	0.26
	16	0.39	0.34	0.28	0.24	0.23

3. 构造要求

网状配筋砖砌体构件的构造应符合以下规定：

（1）网状配筋砖砌体的体积配筋率，不应小于0.1%，过小效果不大，但也不应大于1%，否则钢筋的作用不能得到充分发挥。

（2）采用钢筋网时，钢筋的直径宜采用3～4mm。钢筋过细，钢筋的耐久性得不到保证；钢筋过粗，会使钢筋的水平灰缝过厚或保护层厚度得不到保证。

（3）钢筋网中钢筋的间距，不应大于120mm，也不应小于30mm；因为钢筋间距过小时，灰缝中的砂浆不易铺均匀密实；间距过大，则钢筋网的横向约束效应较低。

（4）钢筋网的竖向间距，不应大于5皮砖，也不应大于400mm。

（5）网状配筋砖砌体所用的砂浆强度等级不应低于M7.5，钢筋网应设在砌体的水平灰缝中，灰缝厚度应保证钢筋上下至少2mm厚的砂浆层。其目的是避免钢筋锈蚀并提高钢筋与砌体之间的联结力。为了便于检查钢筋网是否漏放或错放，可在钢筋网中留下标记，如将钢筋网中的一根钢筋的末端伸出砌体表面5mm。

2.3.2 组合砖砌体

当无筋砌体的截面尺寸受到限制，设计成无筋砌体不经济或轴向压力偏心距过大（$e >$

0.6y)时，可采用组合砖砌体，如图 2-14 所示。

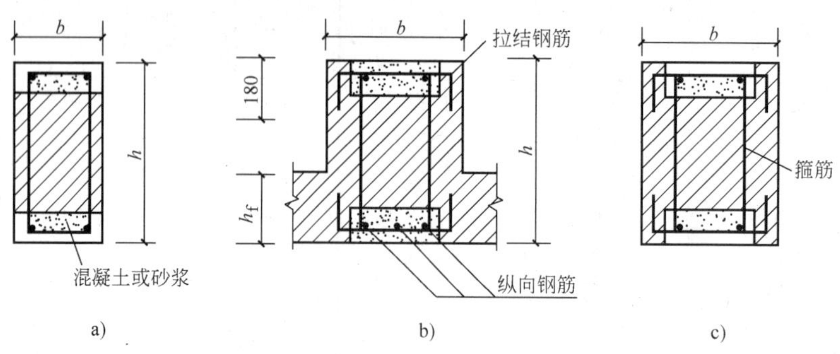

图 2-14　组合砖砌体构件截面

1. 受力特点

当组合砖砌体受到轴心压力时，常在砌体与面层混凝土（或面层砂浆）连接处产生第一批裂缝，随着荷载的增加，砖砌体内逐渐产生竖向裂缝；由于两侧的钢筋混凝土（或钢筋砂浆）对砖砌体有横向约束作用，因此砌体内裂缝的发展较为缓慢，当砌体内的砖和面层混凝土（或面层砂浆）严重脱落甚至被压碎，或竖向钢筋在箍筋范围内被压屈，组合砌体完全破坏。

外设钢筋混凝土或钢筋砂浆层的矩形截面偏心受压组合砖砌体构件的试验表明，其承载力和变形性能与钢筋混凝土偏压构件类似，根据偏心距的大小不同以及受拉区钢筋配置数量的不同，构件的破坏亦可分为大偏心破坏和小偏心破坏两种形态。大偏心破坏时，受拉钢筋先屈服，然后受压区的混凝土（砂浆）即受压砖砌体被破坏。当面层为混凝土时，破坏时受压钢筋可达到屈服强度；当面层为砂浆时，破坏时受压钢筋达不到屈服强度。小偏压破坏时，受压区混凝土或砂浆面层及部分受压砌体受压破坏，而受拉钢筋没有达到屈服。

2. 承载力计算

（1）组合砖砌体轴心受压构件的承载力应按下式计算

$$N \leqslant \varphi_{com}(fA + f_c A_c + \eta_s f_y' A_s') \tag{2-26}$$

式中　φ_{com}——组合砖砌体构件的稳定系数，见表 2-8；

A——砖砌体的截面面积；

f_c——混凝土或面层水泥砂浆的轴心抗压设计值；砂浆的轴心抗压强度设计值可取同强度等级混凝土的轴心抗压强度设计值的 70%，当砂浆为 M15 时，取 5.0MPa；当砂浆为 M10 时，取 3.4MPa；当砂浆为 M7.5 时，取 2.5MPa；

A_c——混凝土或砂浆面层的截面面积；

η_s——受压钢筋的强度系数，当为混凝土面层时，可取 1.0，当为砂浆面层时，可取 0.9；

f_y'——钢筋的抗压强度设计值；

A_s'——受压钢筋的截面面积。

（2）偏心受压构件。

1）基本计算公式：

表 2-8　组合砖砌体构件的稳定系数 φ_{com}

高厚比 β	配筋率 ρ(%)					
	0	0.2	0.4	0.6	0.8	≥1.0
8	0.91	0.93	0.95	0.97	0.99	1.00
10	0.87	0.90	0.92	0.94	0.96	0.98
12	0.82	0.85	0.88	0.91	0.93	0.95
14	0.77	0.80	0.83	0.86	0.89	0.92
16	0.72	0.75	0.78	0.81	0.84	0.87
18	0.67	0.70	0.73	0.76	0.79	0.81
20	0.62	0.65	0.68	0.71	0.73	0.75
22	0.58	0.61	0.64	0.66	0.68	0.70
24	0.54	0.57	0.59	0.61	0.63	0.65
26	0.50	0.52	0.54	0.56	0.58	0.60
28	0.46	0.48	0.50	0.52	0.54	0.56

注：组合砖砌体构件截面的配筋率 $\rho = A'_s/bh$。

$$N \leqslant fA' + f_c A'_c + \eta_s f'_y A'_s - \sigma_s A_s \tag{2-27a}$$

或

$$Ne_N \leqslant fS_s + f_c S_{c,s} + \eta_s f'_y A'_s (h_0 - a'_s) \tag{2-27b}$$

截面受压区高度可按下式计算

$$fS_N + f_c S_{c,N} + \eta_s f'_y A'_s e'_N - \sigma_s A_s e_N = 0 \tag{2-28}$$

$$e_N = e + e_a + \left(\frac{h}{2} - a_s\right) \tag{2-29}$$

$$e'_N = e + e_a - \left(\frac{h}{2} - a'_s\right) \tag{2-30}$$

$$e_a = \frac{\beta^2 h}{2200}(1 - 0.022\beta) \tag{2-31}$$

式中　σ_s——钢筋 A_s 的应力；

A_s——距轴向力较远一侧钢筋的截面面积；

A'——砖砌体受压部分的面积；

A'_c——混凝土或砂浆面层受压部分的面积；

S_s——砖砌体受压部分的面积对钢筋 A_s 重心的面积矩；

$S_{c,s}$——混凝土或砂浆面层受压部分对钢筋 A_s 重心的面积矩；

S_N——砖砌体受压部分的面积对轴向力 N 作用点的面积矩；

$S_{c,N}$——混凝土或砂浆面层受压部分的面积对轴向力 N 作用点的面积矩；

e_N，e'_N——钢筋 A_s 和 A'_s重心至轴向力 N 作用点的距离，如图 2-15 所示；

e——轴向力的初始偏心距，按荷载设计值计算，当 e 小于 $0.05h$ 时，应取 $e = 0.05h$；

e_a——组合砖砌体构件在轴向力作用下的附加偏心距；

h_0——组合砖砌体的有效高度，取 $h_0 = h - a_s$；

a_s，a'_s——钢筋 A_s 和 A'_s重心至截面较近边的距离。

2）钢筋应力 σ_s。组合砖砌体钢筋 A_s 的应力（单位为 MPa，正值为拉应力，负值为压应力）应按下式计算：

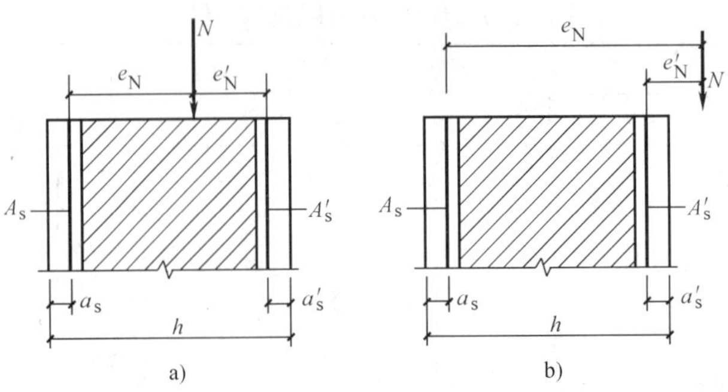

图 2-15　组合砖砌体偏心受压构件

小偏心受压时，即 $\xi > \xi_b$

$$\sigma_s = 650 - 800\xi \tag{2-32}$$

$$-f'_y \leqslant \sigma_s \leqslant f_y \tag{2-33}$$

大偏心受压时，即 $\xi \leqslant \xi_b$

$$\sigma_s = f_y \tag{2-34}$$

式中　ξ——组合砖砌体构件截面的相对受压区高度，$\xi = \dfrac{x}{h_0}$；

f_y——受拉钢筋的强度设计值；

ξ_b——组合砖砌体构件截面受压区相对高度的界限值，采用 HPB300 级钢筋时，取 0.47，采用 HRB335 级钢筋时，取 0.44，采用 HRB400 级钢筋时，应取 0.36。

3. 构造要求

组合砖砌体构件的构造要求应符合以下规定：

（1）面层混凝土强度等级宜采用 C20，面层水泥砂浆强度等级不宜低于 M10，砌筑砂浆的强度等级不宜低于 M7.5。

（2）砌体中钢筋的保护层厚度，不应小于表 2-9 的规定。灰缝中钢筋外露砂浆保护层的厚度不应小于 15mm。所有钢筋端部均应有与对应钢筋环境类别条件相同的保护层厚度。

表 2-9　钢筋的最小保护层厚度

环境类别	混凝土强度等级			
	C20	C25	C30	C35
	最低水泥含量/(kg/m³)			
	260	280	300	320
1	20	20	20	20
2	—	25	25	25
3	—	40	40	30
4	—	—	40	40
5	—	—	—	40

注：1. 材料中最大氯离子含量和最大碱含量应符合现行国家标准《混凝土结构设计规范》(GB 50010—2010) 的规定。

2. 当采用防渗砌体块体和防渗砂浆时，可以考虑部分砌体（含抹灰层）的厚度作为保护层，但对环境类别 1、2、3，其混凝土保护层的厚度相应不应小于 10mm、15mm 和 20mm。

3. 钢筋砂浆面层的组合砌体构件的钢筋保护层厚度宜比表 4.3.3 规定的混凝土保护层厚度数值增加 5～10mm。

4. 对安全等级为一级或设计使用年限为 50 年以上的砌体结构，钢筋保护层的厚度应至少增加 10mm。

（3）砂浆面层的厚度，可采用30~45mm，当面层厚度大于45mm时，其面层宜采用混凝土。

（4）竖向受力钢筋宜采用HPB300级钢筋，对于混凝土面层，亦可采用HRB335级钢筋。受压钢筋一侧的配筋率，对砂浆面层，不宜小于0.1%，对混凝土面层，不宜小于0.2%。受拉钢筋的配筋率，不应小于0.1%，竖向受力钢筋的直径，不应小于8mm，钢筋的净间距，不应小于30mm。

（5）箍筋的直径，不宜小于4mm及0.2倍的受压钢筋直径，并不宜大于6mm，箍筋的间距，不应大于20倍受压钢筋的直径及500mm，并不应小于120mm。

（6）当组合砖砌体构件一侧的竖向受力钢筋多于4根时，应设置附加箍筋或设置拉结钢筋。

（7）对于截面长短边相差较大的构件，如墙体等，应采用穿通墙体的拉结钢筋作为箍筋，同时设置水平分布钢筋，水平分布钢筋的竖向间距及拉结钢筋的水平间距，均不应大于500mm，如图2-16所示。

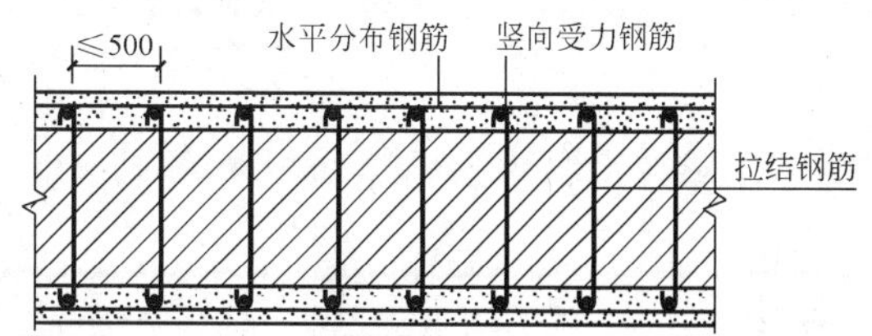

图2-16　混凝土或砂浆面层组合墙

（8）组合砖砌体构件的顶部及底部，以及牛腿部位，必须设置钢筋混凝土垫块。竖向受力钢筋伸入垫块的长度，必须满足锚固要求。

本章小结

在截面尺寸和砌体材料强度等级一定的条件下，影响无筋砌体受压承载力的主要因素是构件的高厚比β和轴向力的偏心距e，它们对受压构件承载力的影响统一采用系数φ来考虑。在确定φ值时，不同砌体材料构件的高厚比应乘以修正系数γ_β；轴向力的偏心距按荷载的设计值计算，并不应超过$0.6y$。

砌体在局部压力作用下，直接位于局部受压面积下的砌体横向应变受到周围砌体的约束，间接地提高了砌体的局部抗压强度。因而在局部受压承载力计算时，应乘以砌体局部抗压强度提高系数γ。为了防止$\frac{A_0}{A_l}$较大时发生劈裂破坏，对局部抗压强度提高系数γ应加以限制。当砌体局部受压承载力不能满足要求时，一般采用设置刚性垫块和垫梁的方法来提高砌体的局部受压承载力。

思考题与习题

1. 砌体受压时随着荷载偏心距的变化，截面的应力如何变化？
2. 无筋砌体受压构件对偏心距有何限制？为什么要控制偏心距？
3. 怎样计算砌体构件的承载力？
4. 砌体局部受压有几种情况？影响砌体局部抗压强度的计算面积如何确定？
5. 砌体在局部压力作用下，抗压强度为什么能够提高？
6. 刚性垫块在设置时有哪些构造要求？

7. 某截面为 490mm×490mm 的砖柱，柱计算高度 $H_0=5\mathrm{m}$，采用强度等级为 MU10 的烧结普通砖及 M5 的水泥砂浆砌筑，柱底承受轴向压力设计值为 $N=180\mathrm{kN}$，结构安全等级为二级，施工质量控制等级为 B 级。试验算该柱底截面是否安全。

8. 一偏心受压柱，截面尺寸为 490mm×620mm，柱计算高度 $H_0=4.8\mathrm{m}$，采用强度等级为 MU15 蒸压灰砂砖及 M5 混合砂浆砌筑，柱底承受轴向压力设计值为 $N=200\mathrm{kN}$，弯矩设计值 $M=24\mathrm{kN\cdot m}$（沿长边方向），结构的安全等级为二级，施工质量控制等级为 B 级。试验算该柱底截面是否安全。

9. 带壁柱窗间墙，采用 MU10 烧结粘土砖和 M5 的水泥砂浆砌筑，计算高度 $H_0=5\mathrm{m}$，柱底承受轴向力设计值为 $N=150\mathrm{kN}$，弯矩设计值为 $M=30\mathrm{kN\cdot m}$，施工质量控制等级为 B 级，偏心压力偏向于带壁柱一侧，试验算截面是否安全。

10. 窗间墙截面尺寸为 370mm×1200mm，砖墙用 MU10 的烧结普通砖和 M5 的混合砂浆砌筑。大梁的截面尺寸为 250mm×550mm，在墙上的搁置长度为 240mm。大梁的支座反力为 110kN，窗间墙范围内梁底截面处的上部荷载设计值为 200kN，试对大梁端部下砌体的局部受压承载力进行验算。

第3章　混合结构房屋墙、柱设计

本章要点

本章着重介绍了墙、柱的构造要求、单层刚性方案房屋、单层及多层刚弹性方案房屋的计算要点，以及如何掌握排架结构计算简图的选取、荷载计算、排架的内力计算和控制截面的确定等。通过本章的学习，应使学生掌握墙、柱高厚比验算方法；了解单层刚性方案房屋承重纵墙的计算要点；掌握多层刚性方案房屋承重纵墙的计算要点；掌握砌体房屋的构造要求。

由钢筋混凝土楼、屋盖和砌体材料墙、柱所组成的房屋，工程上称为混合结构房屋。与钢筋混凝土结构相比，混合结构能够最大限度地满足就地取材、因地制宜的原则，达到节约钢材降低造价的目的。用砌体材料中的砖作为承重内外墙的建筑，不仅强度能够得到保证，房屋的整体性及空间刚度也很好，能起到隔热、保温、隔声的作用。因此，混合结构房屋得到了广泛的应用。

3.1　混合结构房屋的结构布置方案

多层混合结构房屋的主要承重结构为屋盖、楼盖、墙体(柱)和基础，其中墙体的布置是整个房屋结构布置的重要环节。墙体的布置与房屋的使用功能和房间的面积有关，而且影响建筑物的整体刚度。房屋的结构布置方案可分为四种方案：横墙承重体系布置方案，纵墙承重体系布置方案，纵、横墙混合承重体系布置方案和内框架承重体系布置方案。

3.1.1　横墙承重体系布置方案

屋面板及楼板沿房屋的纵向放置在横墙上，形成了纵墙起围护作用，横墙起承重作用的结构方案，即横墙承重体系布置方案，如图3-1所示。由于横墙的数量较多且间距较小，同时横墙与纵墙间有可靠的拉结，因此，房屋的整体性好，空间刚度大，对抵抗作用在房屋上的风荷载及地震力等水平荷载十分有利。

横墙承重体系布置方案的竖向荷载主要传递路线是：板→横墙→基础→地基。

横墙承重体系布置方案的特点如下：

(1) 横墙是主要承重墙。此种体系对纵墙上门窗位置、大小等限制较少。

(2) 横墙间距很小(一般在2.7～4.5m之间)，房屋的空间刚度大，整体性好。这种体系对抵抗风荷载、地震力

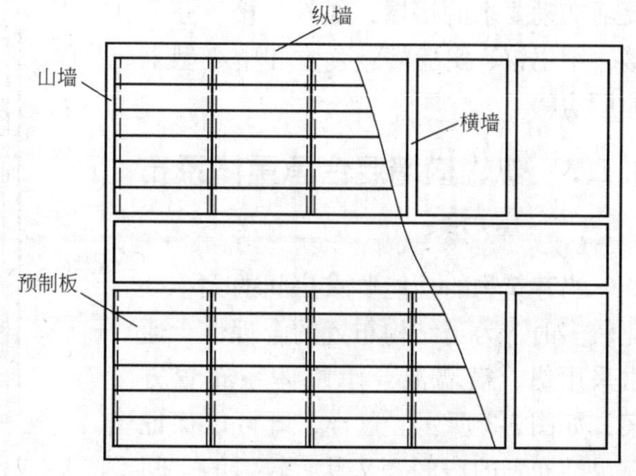

图3-1　横墙承重体系布置方案

等水平作用和调整地基不均匀沉降等方面，较纵墙承重体系有利得多。

（3）这种体系房屋的楼盖（或屋盖）结构比较简单，施工方便，材料用量较少；但墙体的材料用量较多。

横墙承重体系由于横墙间距小，房间大小固定，故适用于宿舍、住宅等居住建筑。

3.1.2 纵墙承重体系布置方案

纵墙承重体系布置方案（图 3-2）竖向荷载主要传递路线是：板→纵墙→基础→地基；板→梁→纵墙→基础→地基。

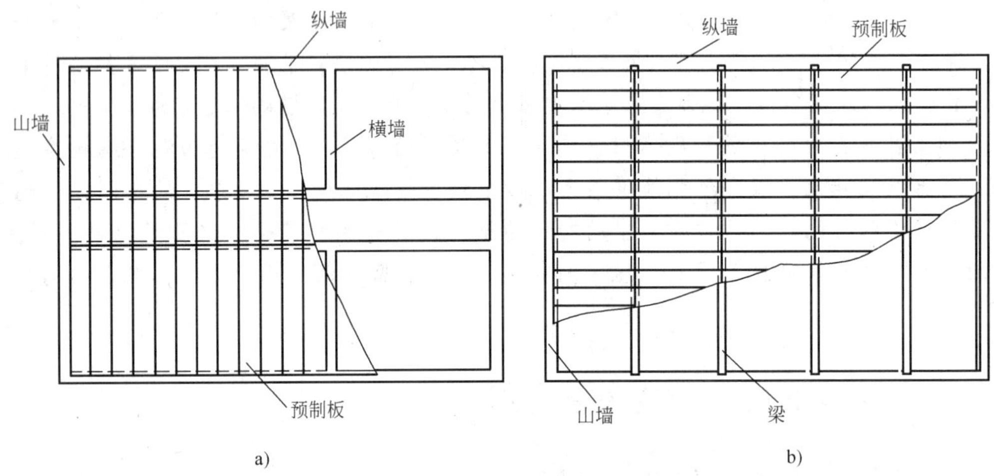

图 3-2 纵墙承重体系布置方案

纵墙承重体系布置方案的特点如下：

（1）纵墙是房屋的主要承重墙，横墙的间距可以相当大。这种体系室内空间较大，有利于使用灵活隔断和布置。

（2）由于纵墙承受的荷载较大，因此纵墙上门窗的位置和大小要受到一定限制。

（3）纵墙承重体系楼盖（屋盖）的材料用量较多，而墙体材料用量较少。

纵墙承重体系布置方案适用于使用上要求有较大室内空间的房屋，或室内隔断墙位置有灵活变动要求的房屋，如教学楼、办公楼、图书馆、实验楼、食堂和中小型工业厂房等。

3.1.3 纵、横墙混合承重体系布置方案

当建筑物的功能要求房间的大小变化较多时，为了结构布置的合理性，通常采用纵、横墙混合承重体系布置方案，如图 3-3 所示。这样，既可以保证有灵活布置的房间，又具有较大的空间刚度和整体性，纵、横两个方向的空间

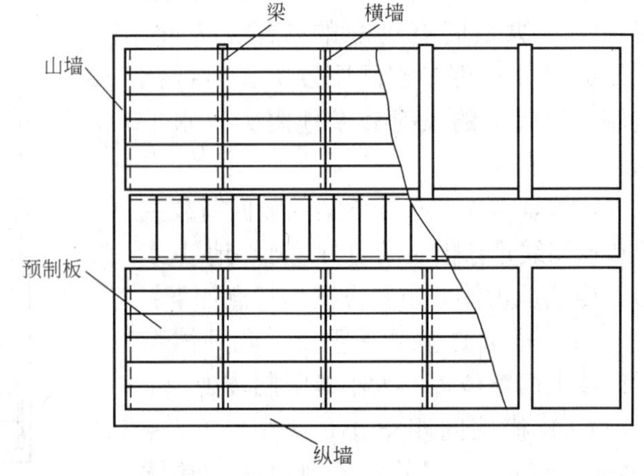

图 3-3 纵、横墙承重体系布置方案

刚度都比较好，便于施工，所以适用于教学楼、办公楼、多层住宅等建筑。

此类房屋的荷载传递路线为：楼(屋)面板→$\left\{\begin{matrix}\text{梁→纵墙}\\ \text{横墙}\end{matrix}\right\}$→基础→地基。

3.1.4 内框架承重体系布置方案

内框架承重体系布置方案(图3-4)房屋内部采用钢筋混凝土柱与楼盖(或屋盖)梁组成内框架，外墙由砌体组成，二者共同承重，因此称为内框架承重体系。内框架承重体系布置方案的竖向荷载的主要传递路线是：板→梁→$\left\{\begin{matrix}\text{外纵墙→外纵墙基础}\\ \text{柱→柱基础}\end{matrix}\right\}$→地基。

内框架承重体系布置方案的特点：

(1) 外墙和柱都是主要承重构件，以柱代替承重内墙，取得较大的室内空间而不增加梁的跨度。

(2) 由于主要承重构件材料性质不同，墙和柱的压缩性不同；基础形式不同易产生不均匀沉降。若设计处理不当，会使构件产生较大的附加内力。

(3) 由于横墙较少，房屋的空间刚度较差，因而抗震性能也较差。

内框架承重体系可用于旅馆、商店和多层工业建筑，某些建筑(如底层为商店的住宅)的底层也可采用。

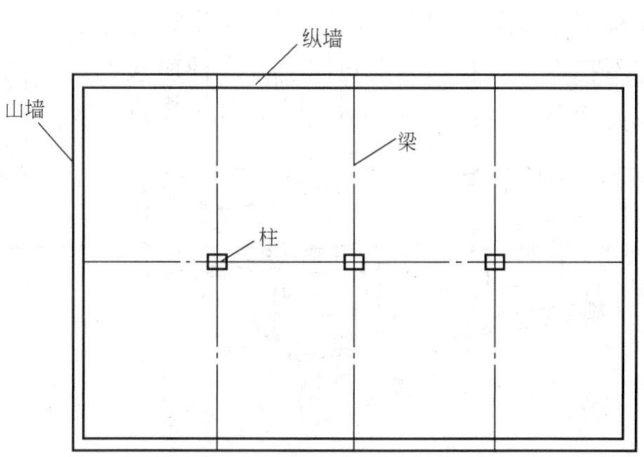

图3-4 内框架承重体系布置方案

3.1.5 墙体布置的一般原则

墙体布置一般应遵循以下四个原则：

(1) 尽可能采用横墙承重体系，尽量减少横墙间的距离，以增加房屋的整体刚度。

(2) 承重墙布置力求简单、规则；纵墙应拉通，避免断开和转折，每隔一定距离设一道横墙，将内外纵墙拉结在一起，形成空间受力体系，增加房屋的空间刚度和增强调整地基不均匀沉降的能力。

(3) 承重墙所承受的荷载力求明确，荷载传递的途径应简捷、直接。开洞时应使各层洞口上下对齐。

(4) 结合楼盖、屋盖的布置，使墙体避免承受偏心距过大的荷载或过大的弯矩。

3.2 房屋的空间刚度及静力计算方案

砌体房屋的结构计算包括两部分内容：内力计算和截面承载力计算。进行墙、柱内力计算要确定计算简图，因此首先要确定房屋的静力计算方案，即根据房屋的空间工作性能确定结构的静力计算简图。

3.2.1 房屋的空间工作状态

混合结构房屋是由屋盖、楼盖、墙、柱、基础等构件组成的一个空间受力体系。它一方面承受着作用在房屋上的各种竖向荷载；另一方面还承受着墙面和屋面传来的水平荷载。由于各种构件之间是相互联系的，不仅直接承受荷载的构件起着抵抗荷载的作用，而且与其相连接的其他构件也不同程度地参与工作，因此整个结构体系处于空间工作状态。

如图 3-5a 所示的无山墙和横墙的单层房屋，其屋盖支承在外纵墙上。如果从两个窗口中间截取一个单元，则这个单元的受力状态与整个房屋的受力状态相同。可以用这个单元的受力状态来代表整个房屋的受力状态，这个单元称为计算单元，如图 3-5b 和图 3-5c 所示。在水平风荷载作用下，房屋各个计算单元将会产生相同的水平位移，沿房屋纵向各个单元之间不存在相互制约的空间作用，这种房屋的计算简图为一单跨平面排架（图 3-5d）。水平荷载传递路线为：风荷载→纵墙→纵墙基础→地基。

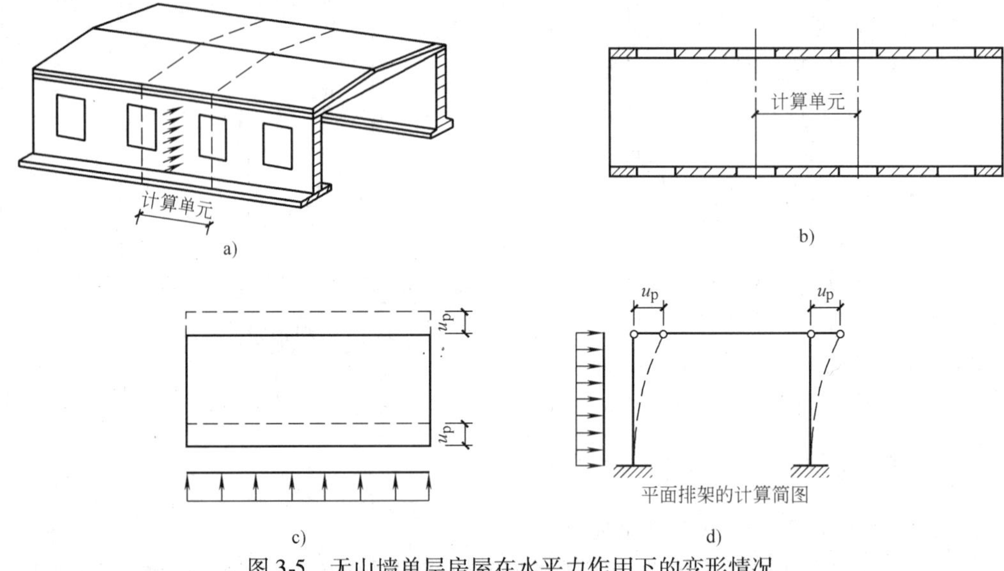

图 3-5 无山墙单层房屋在水平力作用下的变形情况

图 3-6 所示为两端加设了山墙的单层房屋，由于山墙的约束，使得在均布水平荷载作用下，整个房屋墙顶的水平位移不再相同，距离山墙越近的墙顶受到山墙的约束越大，水平位移越小。水平荷载传递路线为：风荷载→纵墙→$\left\{\begin{array}{c}\text{纵墙基础}\\\text{屋盖结构→山墙→山墙基础}\end{array}\right\}$→地基。

通过试验分析发现，房屋空间工作性能的主要影响因素为楼盖（屋盖）的水平刚度和横墙间距的大小。

3.2.2 房屋的静力计算方案

混合结构房屋是一空间受力体系，各承载构件不同程度地参与工作，共同承受作用在房屋上的各种荷载作用。在进行房屋的静力分析时，首先应根据房屋空间性能的不同，分别确定其静力计算方案，再进行静力分析。根据楼盖（屋盖）类型不同以及横墙间距的大小不同，《砌体结构设计规范》（GB 50003—2011）规定，在混合结构房屋内力计算中，根据房屋的空间工作性能，分为三种静力计算方案，即：刚性方案、弹性方案和刚弹性方案。

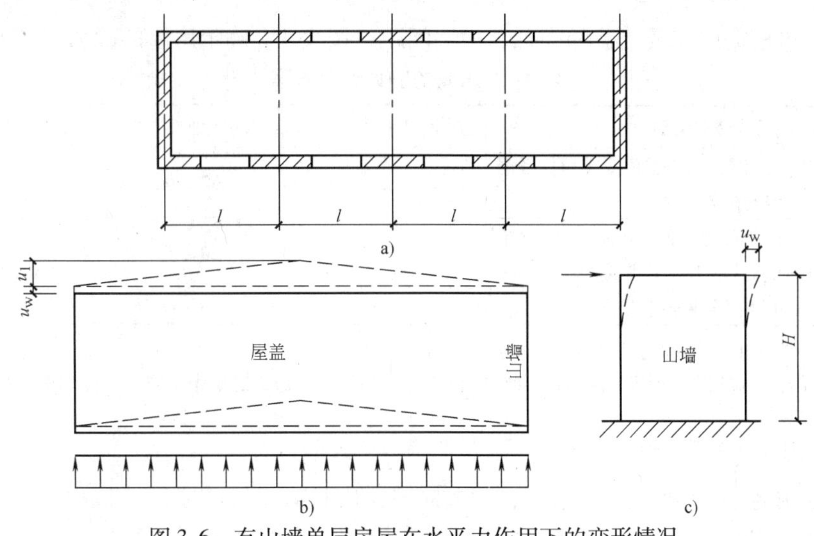

图 3-6　有山墙单层房屋在水平力作用下的变形情况

1. 刚性方案

当房屋的横墙间距较小、楼盖(屋盖)的水平刚度较大时，房屋的空间刚度较大，在荷载作用下，房屋的水平位移很小，可视墙、柱顶端的水平位移等于零。在确定墙、柱的计算简图时，可将楼盖或屋盖视为墙、柱的水平不动铰支座，墙、柱内力按不动铰支承的竖向构件计算(图 3-7a)，按这种方法进行静力计算的方案为刚性方案，按刚性方案进行静力计算的房屋为刚性方案房屋。一般多层住宅、办公楼、医院的静力计算方案都属于这种方案。

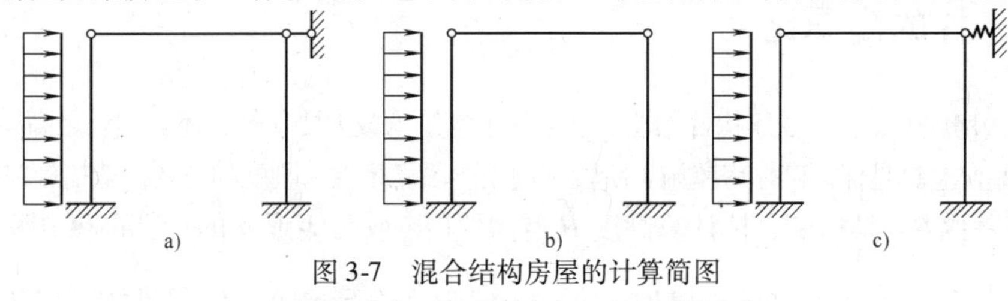

图 3-7　混合结构房屋的计算简图

a) 刚性方案　b) 弹性方案　c) 刚弹性方案

2. 弹性方案

当房屋横墙间距较大，楼盖(屋盖)水平刚度较小时，房屋的空间刚度较小，在荷载作用下房屋的水平位移较大，在确定计算简图时，不能忽略水平位移的影响，不能考虑空间工作性能，按这种方案法进行静力计算的方案为弹性方案，按弹性方案进行静力计算的房屋为弹性方案房屋。一般的单层厂房、仓库、礼堂的静力计算方案多属此种方案。静力计算时，可按屋架或大梁与墙(柱)铰接的、不考虑空间工作性能的平面排架计算，如图 3-7b 所示。

3. 刚弹性方案

刚弹性方案房屋空间刚度介于刚性方案和弹性方案房屋之间。在荷载作用下，房屋的水平位移也介于两者之间。在确定计算简图时，按在墙、柱有弹性支座(考虑空间工作性能)的平面排架计算。按这种方案法进行静力计算的方案为刚弹性方案，按刚弹性方案进行静力计算的房屋为刚弹性方案房屋，如图 3-7c 所示。

根据以上分析，房屋的空间刚度不同，其静力计算方案也不相同。而房屋的空间刚度主要取决于横墙的刚度和间距，同时也与屋盖、楼盖的水平刚度有关。因此，在横墙满足了强度及稳定要求时，可根据屋盖及楼盖的类别、横墙间距，按表 3-1 确定房屋的静力计算方案。

表 3-1　房屋的静力计算方案

屋盖或楼盖类别		刚 性 方 案	刚弹性方案	弹 性 方 案
1	整体式、装配整体式和装配式无檩体系钢筋混凝土屋盖或楼盖	$s<32$	$32\leqslant s\leqslant 72$	$s>72$
2	装配式有檩体系钢筋混凝土屋盖、轻钢屋盖和有密铺望板的木屋盖或楼盖	$s<20$	$20\leqslant s\leqslant 48$	$s>48$
3	瓦材屋面的木屋盖和轻钢屋盖	$s<16$	$16\leqslant s\leqslant 36$	$s>36$

注：1. 表中 s 为房屋横墙间距，长度单位为 m。

2. 当屋盖、楼盖类别不同或横墙间距不同时，可按《砌体结构设计规范》(GB 50003—2011) 4.2.7 条规定确定的静力计算方案。

3. 对无山墙或伸缩缝处无横墙的房屋，应按弹性方案考虑。

作为刚性和刚弹性静力计算方案的房屋横墙，应具有足够的刚度，以保证房屋的空间作用，并符合以下几点要求：

(1) 横墙中开有洞口时，洞口的水平截面面积不应超过横墙截面面积的 50%。

(2) 横墙的厚度不宜小于 180mm。

(3) 单层房屋的横墙长度不宜小于其高度，多层房屋的横墙长度不宜小于其总高度的 1/2。

当横墙不能同时满足上述要求时，应对横墙刚度进行验算，如其最大水平位移值 $\mu_{max}\leqslant H/4000$ 时，仍可视作刚性或刚弹性方案横墙。

3.3　墙、柱的高厚比

砌体结构房屋中，作为受压构件的墙、柱，除了满足承载力要求外，还必须满足高厚比的要求。墙、柱的高厚比验算是保证砌体房屋施工阶段和使用阶段稳定性与刚度的重要构造措施之一。

所谓高厚比 β，是指墙、柱计算高度 H_0 与墙厚 h(或与矩形柱的计算高度相对应的柱边长)的比值，即 $\beta=\frac{H_0}{h}$。墙柱的高厚比过大，虽然强度满足要求，但是可能在施工阶段因过度的偏差倾斜以及施工和使用过程中的偶然撞击、振动等因素而丧失稳定；同时，过大的高厚比，还可能使墙体发生过大的变形而影响使用，故应满足 $\beta\leqslant[\beta]$。

砌体规范中墙、柱允许高厚比 $[\beta]$ 的确定，是根据我国长期的工程实践经验经过大量调查研究得到的，同时也进行了理论校核。砌体墙柱的允许高厚比见表 3-2。

表 3-2　墙、柱的允许高厚比限值 $[\beta]$

砌 体 类 型	砂浆强度等级	墙	柱
无筋砌体	M2.5	22	15
	M5.0、Mb5.0、Ms5.0	24	16
	≥M7.5、≥Mb7.5、≥Ms7.5	26	17
配筋砌块砌体	—	30	21

注：1. 毛石墙、柱允许高厚比应按表中数值降低 20%。

2. 组合砖砌体构件的允许高厚比可按表中数值提高 20%，但不得大于 28。

3. 验算施工阶段砂浆尚未硬化的新砌砌体高厚比时，允许高厚比对墙取 14，对柱取 11。

3.3.1 墙、柱高厚比验算

墙、柱高厚比应按下式验算：

$$\beta=\frac{H_0}{h}\leqslant\mu_1\mu_2[\beta] \tag{3-1}$$

式中 $[\beta]$——墙、柱的允许高厚比，按表 3-2 采用；

H_0——墙、柱的计算高度，按表 3-3 采用。

h——墙厚或矩形柱与 H_0 相对应的边长；

μ_1——自承重墙允许高厚比的修正系数，按下列规定采用：

$h=240\text{mm}$，$\mu_1=1.2$；$h=90\text{mm}$，$\mu_1=1.5$；

$240\text{mm}>h>90\text{mm}$，$\mu_1$ 可按插入法取值。

上端为自由端的允许高厚比，除按上述规定提高外，尚可提高 30%；对厚度小于 90mm 的墙，当双面用不低于 M10 的水泥砂浆抹面，包括抹面层的墙厚不小于 90mm 时，可按墙厚等于 90mm 验算高厚比。

μ_2——有门窗洞口墙允许高厚比的修正系数，按下式计算：

$$\mu_2=1-0.4\frac{b_s}{s} \tag{3-2}$$

式中 s——相邻模墙或壁柱或构造柱之间的距离；

b_s——在宽度 s 范围内的门窗洞口总宽度(图 3-8)。

当按式(3-2)计算得到的 μ_2 的值小于 0.7 时，应采用 0.7，当洞口高度小于或等于墙高的 1/5 时，μ_2 取 1.0；当洞口高度大于或等于墙高的 4/5 时，可按独立墙段验算高厚比。

表 3-3 受压构件的计算高度 H_0

房屋类别			柱		带壁柱墙或周边拉接的墙		
			排架方向	垂直排架方向	$s>2H$	$2H\geqslant s>H$	$s\leqslant H$
有吊车的单层房屋	变截面柱上段	弹性方案	$2.5H_u$	$1.25H_u$	$2.5H_u$		
		刚性、刚弹性方案	$2.0H_u$	$1.25H_u$	$2.0H_u$		
	变截面柱下段		$1.0H_l$	$0.8H_l$	$1.0H_l$		
无吊车的单层和多层房屋	单跨	弹性方案	$1.5H$	$1.0H$	$1.5H$		
		刚弹性方案	$1.2H$	$1.0H$	$1.2H$		
	多跨	弹性方案	$1.25H$	$1.0H$	$1.25H$		
		刚弹性方案	$1.10H$	$1.0H$	$1.1H$		
	刚性方案		$1.0H$	$1.0H$	$1.0H$	$0.4s+0.2H$	$0.6s$

注：1. 表中 H_u 为变截面柱的上段高度；H_l 为变截面柱的下段高度。

2. 对于上端为自由端的构件，$H_0=2H$。

3. 独立砖柱，当无柱间支撑时，柱在垂直排架方向的 H_0 应按表中数值乘以 1.25 后采用。

4. s 为房屋横墙间距。

5. 自承重墙的计算高度应根据周边支承或拉接条件确定。

受压构件的计算高度 H_0，应根据房屋类别和构件支承条件等按表 3-3 采用。表 3-3 中的构件高度 H 应按以下规定采用：

（1）在房屋底层，为楼板顶面到构件下端支点的距离。下端支点的位置，可取在基础顶面。当埋置较深且有刚性地坪时，可取室外地面下500mm处。

（2）在房屋其他层，为楼板或其他水平支点间的距离。

（3）对于无壁柱的山墙，可取层高加山墙尖高度的$\frac{1}{2}$；对于带壁柱的山墙可取壁柱处的山墙高度。

（4）对有起重机的房屋，当荷载组合不考虑起重机作用时，变截面柱上段的计算高度可按表3-3规定采用；变截面柱下段的计算高度可按以下规定采用（本条规定也适用于无起重机房屋的变截面柱）：

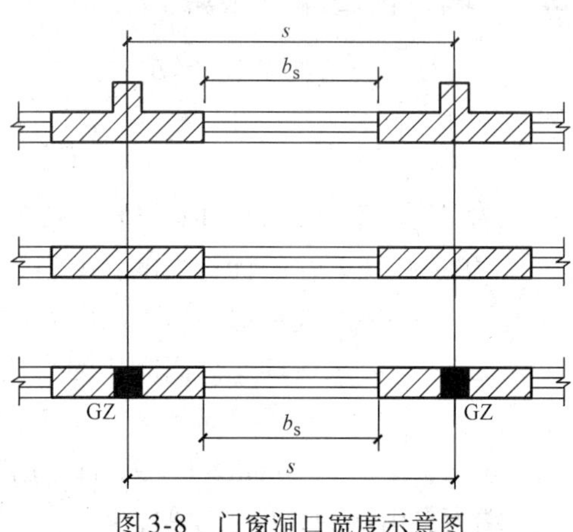

图3-8　门窗洞口宽度示意图

1）当$\frac{H_u}{H} \leqslant \frac{1}{3}$时，取无起重机房屋的$H_0$。

2）当$\frac{1}{3} < \frac{H_u}{H} < \frac{1}{2}$时，取无起重机房屋的$H_0$乘以修正系数$\mu$，$\mu = 1.3 - 0.3\frac{I_u}{I_l}$。

其中，I_u为变截面柱上段的惯性矩，I_l为变截面柱下段的惯性矩。

当$\frac{H_u}{H} \geqslant \frac{1}{2}$时，取无起重机房屋的$H_0$。但在确定$\beta$值时，应采用上柱截面。

3.3.2　带壁柱墙的高厚比验算

带壁柱墙的高厚比验算包括两部分内容：带壁柱墙高厚比的验算和壁柱之间墙体局部高厚比的验算。

1. 带壁柱墙体高厚比的验算

视壁柱为墙体的一部分，整片墙截面为T形截面，将T形截面墙按惯性矩和面积相等的原则换算成矩形截面，折算厚度$h_T = 3.5i$，其高厚比验算公式为

$$\beta = \frac{H_0}{h_T} \leqslant \mu_1 \mu_2 [\beta] \tag{3-3}$$

式中　h_T——带壁柱墙截面折算厚度，$h_T = 3.5i$；

i——带壁柱墙截面的回转半径，$i = \sqrt{\frac{I}{A}}$；

I——带壁柱墙截面的惯性矩；

A——带壁柱墙截面的面积。

T形截面的翼缘宽度，可按以下规定采用：

（1）多层房屋，当有门窗洞口时，可取窗间墙宽度；当无门窗洞口时，每侧翼墙宽度可取壁柱高度（层高）的1/3，但不应大于相邻壁柱间的距离。

（2）单层房屋可取壁柱宽加2/3墙高，但不应大于窗间墙宽度和相邻壁柱之间的距离。

2. 壁柱之间墙体局部高厚比的验算

验算壁柱之间墙体的局部高厚比时，壁柱视为墙体的侧向不动支点，计算H_0时，s取

相邻壁柱之间的距离，且不管房屋静力计算采用何种方案，在确定计算高度 H_0 时，均按刚性方案考虑。

如果壁柱之间墙体的高厚比超过限制时，可在墙高范围内设置钢筋混凝土圈梁。设有钢筋混凝土圈梁的带壁柱墙或带构造柱墙，当$\frac{b}{s}\geqslant\frac{1}{30}$时，圈梁可视为墙的壁柱之间墙或构造柱墙的不动铰支点（b 为圈梁宽度）。如果不允许增加圈梁宽度，可按墙体平面外等刚度原则增加圈梁高度，以满足壁柱之间墙体或构造柱之间墙体不动铰支点的要求。这样，墙高就降低为基础顶面（或楼层标高）到圈梁底面的高度。

3.3.3 带构造柱墙的高厚比验算

带构造柱墙的高厚比验算包括两部分内容：整片墙体高厚比的验算和构造柱间墙体局部高厚比的验算。

1. 整片墙体高厚比的验算

考虑设置构造柱对墙体刚度的有利作用，墙体允许高厚比[β]可以乘以提高系数 μ_c

$$\beta=\frac{H_0}{h}\leqslant\mu_1\mu_2\mu_c[\beta] \tag{3-4}$$

式中 μ_c——带构造柱墙允许高厚比[β]的提高系数，可按下式计算：

$$\mu_c=1+\gamma\frac{b_c}{l} \tag{3-5}$$

γ——系数。对细料石砌体，$\gamma=0$；对混凝土砌块、混凝土多孔砖、粗料石、毛料石及毛石砌体，$\gamma=1.0$；其他砌体，$\gamma=1.5$；

b_c——构造柱沿墙长方向的宽度；

l——构造柱间距。

当$\frac{b_c}{l}>0.25$ 时，取$\frac{b_c}{l}=0.25$；当$\frac{b_c}{l}<0.05$ 时，取$\frac{b_c}{l}=0$。

需要注意的是，构造柱对墙体允许高厚比的提高只适用于构造柱与墙体形成整体后的使用阶段，构造柱与墙体应有可靠的连接，且构造柱截面宽度不小于墙厚。

2. 构造柱间墙体局部高厚比的验算

构造柱间墙体的高厚比仍按式（3-1）验算，验算时仍视构造柱为柱间墙的不动铰支点，计算 H_0 时，取构造柱间距，并按刚性方案考虑。

【例 3-1】 某单层房屋层高为 4.5m，砖柱截面为 490mm × 370mm，采用 M5 混合砂浆砌筑，房屋的静力计算方案为刚性方案。试验算此砖柱的高厚比。

【解】 查表 3-3 得，$H_0=1.0H=(4500+500)\text{mm}=5000\text{mm}$

（500mm 为单层砖柱从室内地坪到基础顶面的距离）

查表 3-2 得，$[\beta]=16$

$$\beta=\frac{H_0}{h}=\frac{5000}{370}=13.5<[\beta]=16$$

高厚比满足要求。

【例 3-2】 某单层单跨无吊车的仓库，柱间距离为 4m，中间开宽为 1.8m 的窗，车间长

40m，屋架下弦标高为 5m，壁柱为 370mm × 490mm，墙厚为 240mm，房屋的静力计算方案为刚弹性方案，采用 M5 混合砂浆，试验算带壁柱墙的高厚比。

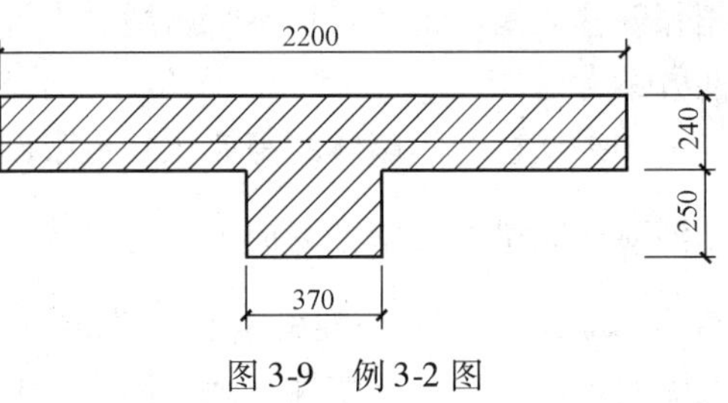

图 3-9　例 3-2 图

【解】　带壁柱墙采用窗间墙截面，如图 3-9 所示。

1. 求壁柱截面的几何特征

$$A = (240 \times 2200 + 370 \times 250)\,\text{mm}^2 = 620500\text{mm}^2$$

$$y_1 = \frac{240 \times 2200 \times 120 + 250 \times 370 \times \left(240 + \dfrac{250}{2}\right)}{620500}\text{m} = 156.5\text{mm}$$

$$y_2 = (240 + 250 - 156.5)\,\text{mm} = 333.5\text{mm}$$

$$I = \left[\frac{1}{12} \times 2200 \times 240^3 + 2200 \times 240 \times (156.5 - 120)^2 + \frac{1}{12} \times 370 \times 250^3 + 370 \times 250 \times (333.5 - 125)^2\right]\text{mm}^4$$
$$= 7.74 \times 10^9\text{mm}^4$$

$$i = \sqrt{\frac{I}{A}} = \sqrt{\frac{7.74 \times 10^9}{620500}}\text{mm} = 111.7\text{mm}$$

$$h_T = 3.5i = 3.5 \times 111.7\text{mm} = 391\text{mm}$$

2. 确定计算高度

$H = (5000 + 500)\,\text{mm} = 5500\text{mm}$（式中 500mm 为壁柱下端嵌固处至室内地坪的距离）

查表 3-3 得，$H_0 = 1.2H = 1.2 \times 5500\text{mm} = 6600\text{mm}$

3. 整片墙高厚比验算

采用 M5 混合砂浆时，查表 3-2 得，$[\beta] = 24$。开有门窗洞口时，$[\beta]$的修正系数 μ_2 为：

$$\mu_2 = 1 - 0.4\frac{b_s}{s} = 1 - 0.4\frac{1800}{4000} = 0.82$$

自承重墙允许高厚比修正系数 $\mu_1 = 1$

$$\beta = \frac{H_0}{h} = \frac{6600}{391} = 16.9 < \mu_1\mu_2[\beta] = 0.82 \times 24 = 19.68$$

4. 壁柱之间墙体高厚比的验算

$s = 4000\text{mm} < H = 5500\text{mm}$　查表 3-3 得，$H_0 = 0.6s = 0.6 \times 4000\text{mm} = 2400\text{mm}$

$$\beta = \frac{H_0}{h} = \frac{H_0}{240} = 10 < \mu_1\mu_2[\beta] = 0.82 \times 24 = 19.68$$

因此，高厚比满足规范要求。

【例 3-3】　某办公楼平面如图 3-10 所示，采用预制钢筋混凝土空心板，外墙厚 370mm，内纵墙及横墙厚 240mm，砂浆强度等级为 M5，底层墙高 4.6m（下端支点取基础顶面）；隔墙厚 120mm，高 3.6m，用强度等级为 M2.5 的砂浆；纵墙上窗洞宽 1800mm，门洞宽 1000mm，试验算各墙的高厚比。

【解】　1. 确定静力计算方案，求允许高厚比

最大横墙间距 $s = 3.6 \times 3\text{m} = 10.8\text{m}$，由表 3-1 可得，$s < 32\text{m}$，确定为刚性方案。

由表 3-2 得，因承重纵横墙砂浆强度等级为 M5，得$[\beta] = 24$；非承重墙砂浆强度等级为

M2.5，$[\beta]=22$，非承重墙 $h=120\text{mm}$，用插入法得 $\mu_1=1.44$，$\mu_1[\beta]=1.44\times22=31.68$。

2. 确定计算高度

承重墙 $H=4.6\text{m}$，$s=10.8\text{m}>2H=2\times4.6\text{m}=9.2\text{m}$，由表 3-3 查得计算高度 $H_0=1.0H=4.6\text{m}$。

非承重墙 $H=3.6\text{m}$，一般是后砌在地面垫层上，上端用斜放立砖顶住楼面梁砌筑，两侧与纵墙拉结不牢，故按两侧无拉结考虑，则计算高度 $H_0=1.0H=3.6\text{m}$。

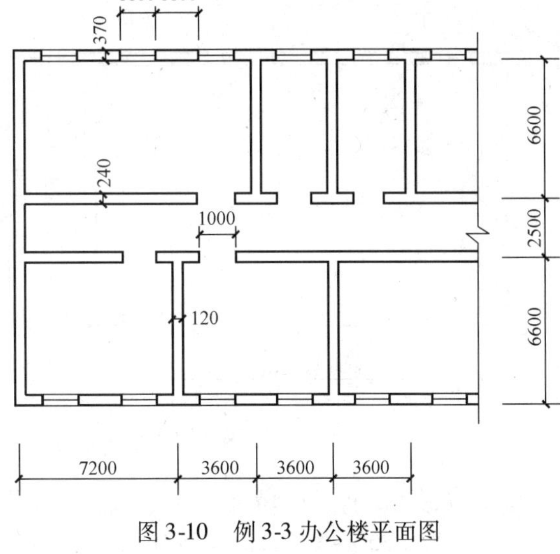

图 3-10　例 3-3 办公楼平面图

3. 纵墙高厚比验算

（1）外纵墙：

$s=3.6\text{m}\quad b_s=1.8\text{m}\quad \mu_2=1-0.4\dfrac{b_s}{s}=0.8$

外纵墙高厚比

$$\beta=\frac{H_0}{h}=12.4<\mu_2[\beta]=0.8\times24=19.2\text{，满足要求}$$

（2）内纵墙：

$$s=10.8\text{m}\quad b_s=1.0\text{m}\quad \mu_2=1-0.4\frac{b_s}{s}=0.96$$

内纵墙高厚比

$$\beta=\frac{H_0}{h}=19.2<\mu_2[\beta]=0.96\times24=23\text{，满足要求}$$

4. 横墙高厚比验算

由于横墙的厚度、砌筑砂浆、墙体高度均与内纵墙相同，且横墙上无洞口，又比内纵墙短，计算高度也小，故不必进行验算。

5. 隔墙高厚比验算

隔墙高厚比

$$\beta=\frac{H_0}{h}=30<\mu_1[\beta]=31.68\text{，满足要求}$$

【例 3-4】　某单层单跨无吊车的厂房，采用装配式无檩体系钢筋混凝土屋盖，带壁柱砖墙承重。厂房跨度为 15m，全长 $6\times4\text{m}=24\text{m}$，如图 3-11 所示。墙体采用 MU10 砖和 M5 砂浆砌筑。试验算带壁柱纵墙和山墙的高厚比。

【解】　该房屋的屋盖类别为 1 类，两端山墙（横墙）间的距离 $s=24\text{m}$，由表 3-1 得，$s<32\text{m}$，确定为刚性方案。

1. 纵墙高厚比验算

（1）整片墙高厚比验算：

带壁柱墙截面几何特征（图 3-12）：

截面面积　　$A=8.125\times10^5\text{mm}^2$

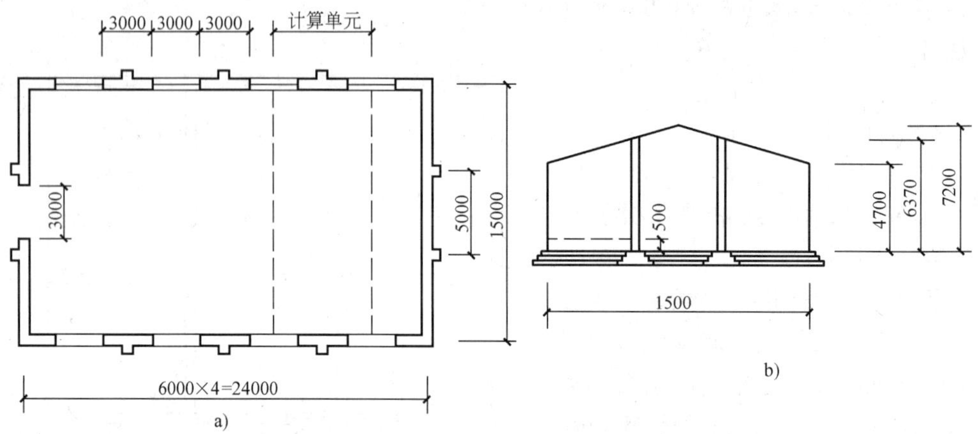

图 3-11　例 3-4 单层厂房平面、侧立面图

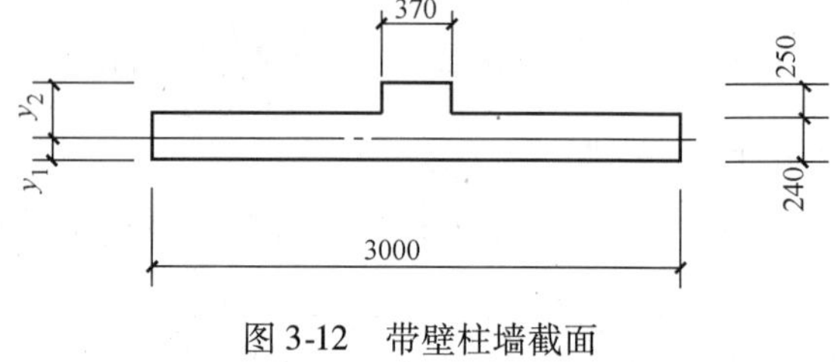

图 3-12　带壁柱墙截面

形心位置　　$y_1=148\text{mm}$

$y_2=(240+250-148)\text{mm}=342\text{mm}$

惯性矩　　$I=8.86\times10^9\text{mm}^4$

回转半径　　$i\approx104\text{mm}$

折算厚度　　$h_T=3.5i=364\text{mm}$

壁柱下端嵌固于室内地面以下 0.5m 处，柱高 $H=(4.2+0.5)\text{m}=4.7\text{m}$，$s=24\text{m}>2H=9.4\text{m}$，由表 3-3 查得，壁柱的计算高度 $H_0=1.0H=4.7\text{m}$。

由表 3-2 得，当砂浆强度等级为 M5 时，得 $[\beta]=24$，承重墙 $\mu_1=1.0$，洞口宽 $s=3\text{m}$，壁柱间距 $s=6\text{m}$，故 $[\beta]$ 应考虑洞口的修正系数为：$\mu_2=1-0.4\dfrac{b_s}{s}=0.8$。

纵墙整片墙高厚比

$$\beta=\frac{H_0}{h_T}=12.91<\mu_1\mu_2[\beta]=1.0\times0.8\times24=19.2$$

满足要求。

(2) 壁柱间墙的高厚比验算：

$H=4.7\text{m}<s=6\text{m}<2H=9.4\text{m}$，由表 3-3 得，壁柱间墙的计算高度

$$H_0=0.4s+0.2H=3.34\text{m}$$

纵墙柱间墙的高厚比

$$\beta=\frac{H_0}{h}=13.92<\mu_1\mu_2[\beta]=19.2$$

满足要求。

2. 开门洞山墙的高厚比验算

(1) 整片墙的高厚比验算：

带壁柱截面的几何特征(图 3-13)：

截面面积　　$A=9.325\times10^5\text{mm}^2$

形心位置　$y_1=144\text{mm}$，

$y_2=346\text{mm}$

惯性矩　　$I = 9.503 \times 10^9 \text{mm}^4$

回转半径　　$i = 101\text{mm}$

折算厚度　　$h_T = 3.5i = 354\text{mm}$

计算高度

$H = 6.37\text{m}$（取山墙壁柱高度）

$s = 15\text{m} < 32\text{m}$，属刚性方案

$s > 2H = 12.7\text{m}$，得　$H_0 = 1.0H = 6.37\text{m}$

由$[\beta] = 24$得，考虑洞口的修正系数$\mu_2 = 0.88$

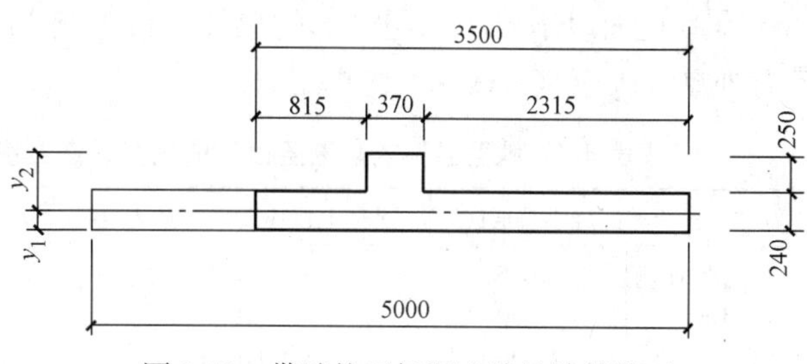

图 3-13　带壁柱开门洞山墙的计算截面

$$\beta = \frac{H_0}{h_T} = 18 < \mu_1\mu_2[\beta] = 1.0 \times 0.88 \times 24 = 21.22$$

满足要求。

（2）壁柱间墙的高厚比验算：

墙高取两壁柱间山墙平均高度 $H = 6.79\text{m}$，$s = 5\text{m} < H$，由表 3-3 查得，壁柱间墙的计算高度

$$H_0 = 0.6s = 0.6 \times 5\text{m} = 3\text{m}$$

由$[\beta] = 24$得考虑洞口的修正系数$\mu_2 = 0.76$

$$\beta = \frac{H_0}{h} = 12.5 < \mu_1\mu_2[\beta] = 1.0 \times 0.76 \times 24 = 18.24$$

满足要求。

3.4　墙、柱的一般构造要求

为了保证砌体房屋的耐久性和整体性，砌体结构和结构构件在设计使用年限内（通常按 50 年考虑）和正常维护下，必须满足砌体结构正常使用极限状态的要求，一般可由相应的构造措施来保证。

3.4.1　材料的最低强度等级

砌体材料的强度等级与房屋的耐久性有关。砌体结构的耐久性应根据表 3-4 的环境类别和设计使用年限确定。

表 3-4　砌体结构的环境类别

环境类别	条　件
1	正常居住及办公建筑的内部干燥环境
2	潮湿的室内或室外环境，包括与无侵蚀性土或水接触的环境
3	严寒和使用化冰盐的潮湿环境（室内或室外）
4	与海水直接接触的环境，或处于滨海地区的盐饱和的气体环境
5	有化学侵蚀的气体、液体或固态形式的环境，包括有侵蚀性土壤的环境

设计使用年限为 50 年时，砌体材料的耐久性应符合下列规定：

（1）地面以下或防潮层以下的砌体、潮湿房间的墙或环境类别 2 的砌体，所用材料的最低强度等级应符合表 3-5 的规定。

表 3-5　地面以下或防潮层以下的砌体、潮湿房间的墙所用材料的最低强度等级

潮湿程度	烧结普通砖	混凝土普通砖、蒸压普通砖	混凝土砌块	石　材	水泥砂浆
稍潮湿的	MU15	MU20	MU7.5	MU30	M5
很潮湿的	MU20	MU20	MU10	MU30	M7.5
含水饱和的	MU20	MU25	MU15	MU40	M10

注：1. 对安全等级为一级或设计使用年限大于 50 年的房屋，表中材料强度等级应至少提高一级。
2. 在冻胀地区，地面以下或防潮层以下的砌体，不宜采用多孔砖，如采用时，其孔洞应用不低于 M10 的水泥砂浆预先灌实。当采用混凝土空心砌块时，其孔洞应采用强度等级不低于 Cb20 的混凝土预先灌实。

（2）处于环境类别 3～5 等有侵蚀性介质的砌体材料应符合下列规定：不应采用蒸压灰砂普通砖、蒸压粉煤灰普通砖；应采用实心砖，砖的强度等级不应低于 MU20，水泥砂浆的强度等级不应低于 M10；混凝土砌块的强度等级不应低于 MU15，灌孔混凝土的强度等级不应低于 Cb30，砂浆的强度等级不应低于 Mb10；应根据环境条件对砌体材料的抗冻指标、耐酸、碱性能提出要求，或符合有关规范的规定。

当设计使用年限为 50 年时，砌体中钢筋的耐久性选择应符合表 3-6 的规定。

表 3-6　砌体结构的环境类别

环境类别	钢筋种类和最低保护要求	
	位于砂浆中的钢筋	位于灌孔混凝土中的钢筋
1	普通钢筋	普通钢筋
2	重镀锌或有等效保护的钢筋	当采用混凝土灌孔时，可为普通钢筋；当采用砂浆灌孔时应为重镀锌或有等效保护的钢筋
3	不锈钢或有等效保护的钢筋	重镀锌或有等效保护的钢筋
4 或 5	不锈钢或有等效保护的钢筋	不锈钢或有等效保护的钢筋

注：1. 对夹心墙的外叶墙，应采用重镀锌或有等效保护的钢筋。
2. 表中的钢筋即为国家现行标准《混凝土结构设计规范》（GB 50010—2010）和《冷轧带肋钢筋混凝土结构技术规程》（JGJ 95—2011）等标准规定的普通钢筋或非预应力钢筋。

3.4.2　墙、柱的最小截面尺寸

墙、柱的截面尺寸过小，不仅稳定性差而且局部缺陷将影响承载力。对于承重的独立砖柱，截面尺寸不应小于 240mm×370mm。毛石墙的厚度不宜小于 350mm；毛料石柱较小边长不宜小于 400mm。承受振动荷载时，墙、柱不宜采用毛石砌体。

3.4.3　房屋整体性的构造要求

（1）预制钢筋混凝土板在混凝土圈梁上的支承长度不应小于 80mm，板端伸出的钢筋应与圈梁可靠连接，且同时浇筑；预制钢筋混凝土板在墙上的支承长度不应小于 100mm，并应按下列方法进行连接：板支承于内墙时，板端钢筋伸出长度不应小于 70mm，且与支座处沿墙配置的纵筋绑扎，用强度等级不低于 C25 的混凝土浇筑成板带；板支承于外墙时，板端钢筋伸出长度不应小于 100mm，且与支座处沿墙配置的纵筋绑扎，用强度等级不低于 C25

的混凝土浇筑成板带；预制钢筋混凝土板与现浇板对接时，预制板端钢筋应伸入现浇板中进行连接后，再浇筑现浇板。

（2）墙体转角处和纵横墙连接处应沿竖向每隔400～500mm设拉结钢筋，其数量为每120mm墙厚不少于1根直径6mm的钢筋；或采用焊接钢筋网片，埋入长度从墙的转角或交接处算起，对实心砖墙每边不少于500mm，对多孔砖墙和砌块墙不少于700mm。

（3）跨度大于6m的屋架和跨度大于下列数值的梁：砖砌体为4.8m，砌块和料石砌体为4.2m及毛石砌体为3.9m，应在支承处设置混凝土和钢筋混凝土垫块；当墙中设有圈梁时，垫块与圈梁宜浇成整体。

（4）当梁跨度大于或等于下列数值时：240mm厚砖墙为6m，180mm厚砖墙为4.8m及砌块、料石墙为4.8m，其支承处宜加设壁柱或采取其他加强措施。

（5）支承在墙、柱上的吊车梁、屋架及跨度大于或等于下列数值的预制梁：砖砌体为9m、砌块和料石砌体为7.2m，其端部应采用锚固件与墙、柱上的垫块锚固（图3-14）。

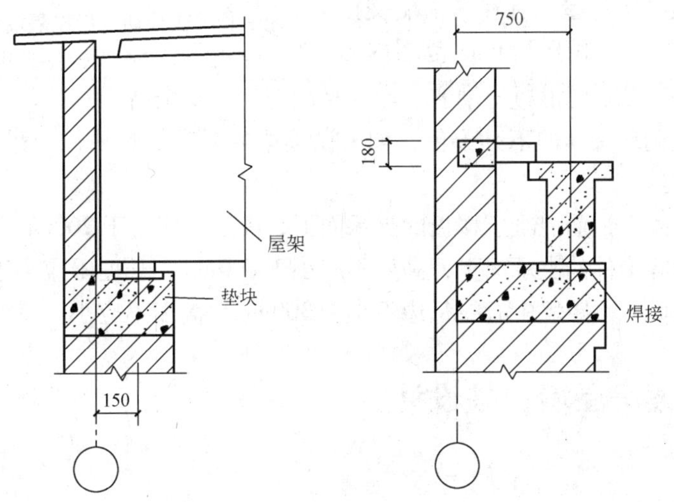

图3-14　屋架、吊车梁与墙连接

（6）填充墙、隔墙应采取措施与周边构件可靠连接。如在钢筋混凝土骨架中预埋拉结钢筋，砌砖时应将拉结筋嵌入墙体的水平缝内（图3-15）。

（7）山墙处的壁柱或构造柱宜砌至山墙顶部，且屋面构件应与山墙可靠拉结（图3-16）。

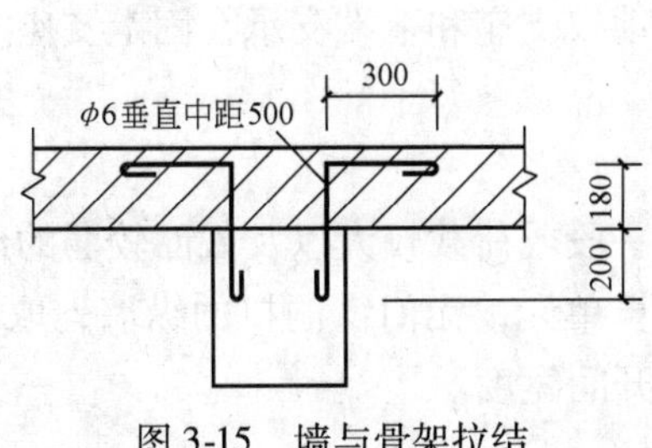

图3-15　墙与骨架拉结

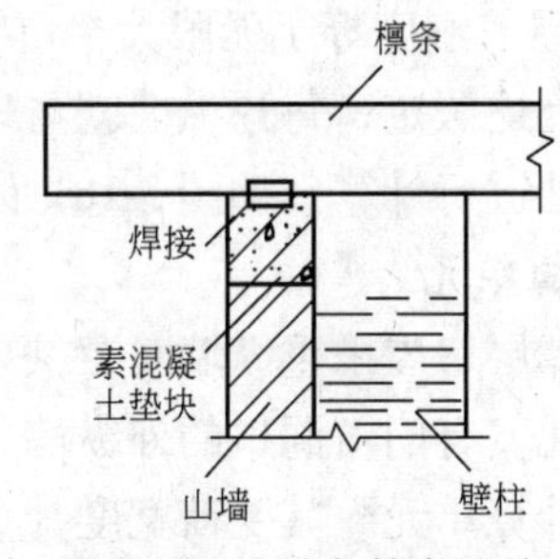

图3-16　山墙与檩条连接

（8）在砌体中留槽洞及埋设管道时，应遵守下列规定：不应在截面长边小于 500mm 的承重墙体、独立柱内埋设管道；不宜在墙体中穿行暗线或预留、开凿沟槽，当无法避免时应采取必要措施或按削弱后的截面验算墙体承载力。

（9）砌块砌体应分皮错缝搭砌。上下皮搭砌长度不得小于 90mm。当搭砌长度不满足上述要求时，应在水平灰缝内设置不少于 2Φ4的焊接钢筋网片，横向钢筋间距不应大于 200mm，网片每端均应超过该垂直缝不得小于 300mm。

（10）砌块墙与后砌隔墙交接处，应沿墙高每 400mm 在水平灰缝内设置不少于 2Φ4 的焊接钢筋网片(图 3-17)。

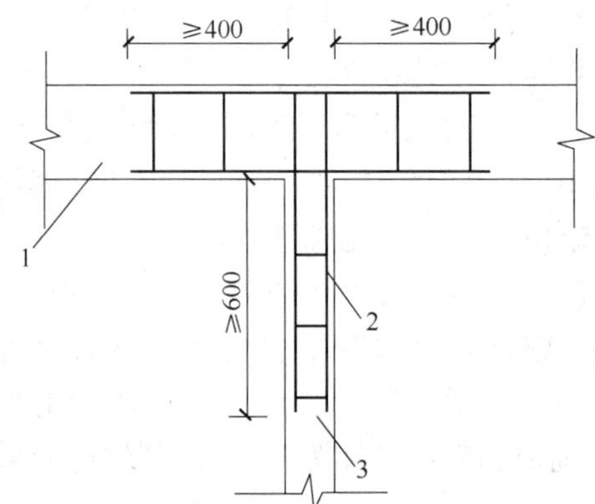

图 3-17　砌块墙与后砌隔墙交接处钢筋网片
1—砌块墙　2—焊接钢筋网片　3—后砌隔墙

（11）混凝土砌块房屋，宜在纵横墙交接处、距墙中心线每边不小于 300mm 范围内的孔洞，采用不低于 Cb20 的混凝土灌实，灌实高度应为墙身全高。

（12）混凝土砌块墙体的下列部位，如未设圈梁或混凝土垫块，应采用不低于 Cb20 的混凝土将孔洞灌实：

1）搁栅、檩条和钢筋混凝土楼板的支承面下，高度不应小于 200mm 的砌体。

2）屋架、梁等构件的支承面下，高度不应小于 600mm，长度不应小于 600mm 的砌体。

3）挑梁支承面下，距墙中心线每边不小于 300mm，高度不应小于 600mm 的砌体。

3.5　刚性方案房屋墙、柱设计

3.5.1　单层刚性方案房屋承重纵墙的计算

1. 静力计算假定

刚性方案的单层房屋，由于其屋盖刚度较大，横墙间距较密，纵墙顶端的水平位移很小，静力分析时可以认为水平位移为零，内力计算时采用以下基本假定：

（1）纵墙、柱下端在基础顶面处固结，上端与屋架(或屋面梁)铰接。

（2）屋盖刚度等于无限大，可视为墙、柱的水平方向不动铰支座。

按照上述假定，每片纵墙就可以按上端支承在不动铰支座和下端支承在固定支座上的竖向构件单独进行计算，如图 3-18 所示。

2. 计算单元

计算单层房屋承重纵墙时，一般选择有代表性的一段或荷载较大以及截面较弱的部位作为计算单元。有门窗洞口的外纵墙，取一个开间为计算单元，无门窗洞口的纵墙，取 1m 长的墙体为计算单元。其受荷宽度为该墙左右各 1/2 的开间宽度。

3. 纵墙、柱的荷载

（1）屋面荷载。屋面荷载包括屋盖构件自重、屋面活荷载或雪荷载，这些荷载以集中力

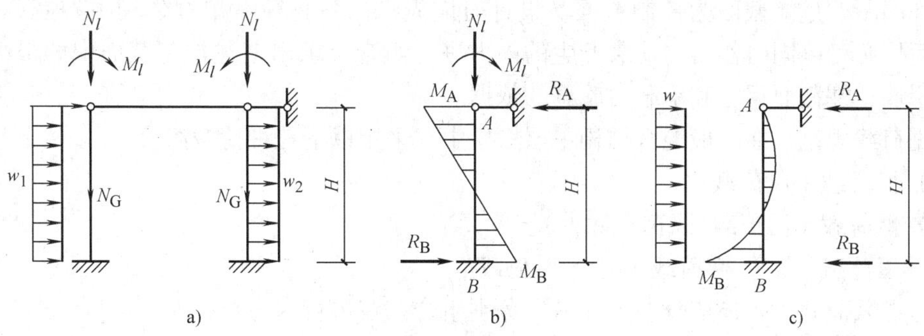

图 3-18 单层刚性方案房屋

a）计算简图 b）屋盖荷载作用下的内力 c）风荷载作用下的内力

(N_l)的形式通过屋架或大梁作用于墙、柱顶部。对屋架，其作用点一般距墙体中心线150mm，对屋面梁，N_l 距墙体边缘的距离为$0.4a_0$，则其偏心距$e_l=\frac{h}{2}-0.4a_0$，a_0 为梁端的有效支承长度。因此，作用于墙顶部的屋面荷载通常由轴向力(N_l)和弯矩($M_l=N_le_l$)组成。

（2）风荷载。它包括作用于屋面上和墙面上的风荷载，屋面上(包括女儿墙)的风荷载可简化为作用于墙、柱顶部的集中荷载 W，作用于墙面上的风荷载为均布荷载 w。

（3）墙体荷载。墙体荷载(N_G)包括砌体自重、内外墙粉刷和门窗等自重，作用于墙体轴线上。等截面柱(墙)不产生弯矩，若为变截面则上柱(墙)自重对下柱产生弯矩。

4. 内力计算

（1）在屋盖荷载作用下的内力计算。在屋盖荷载作用下，该结构可按一次超静定结构计算内力，其计算结果为

$$R_A=-R_B=-\frac{3M_l}{2H}$$

$$M_A=M_l,\ M_B=-\frac{M_l}{2}$$

$$N_A=N_l,\ N_B=N_l+N_G$$

（2）在风荷载作用下的内力计算。由于由屋面风荷载作用下产生的集中力 W，将由屋盖传给山墙再传到基础，因此计算时将不予考虑，而仅仅只考虑墙面风荷载 w。

$$R_A=\frac{3}{8}wH,\ R_B=\frac{5}{8}wH$$

$$M_B=\frac{1}{8}wH^2$$

在离上端 x 处弯矩：$M_x=\frac{wHx}{8}\left(3-4\frac{x}{H}\right)$

$$x=\frac{3}{8}H\text{ 时，}M_{max}=-\frac{9}{128}wH^2$$

对迎风面，$w=w_1$；对背风面，$w=w_2$。

5. 墙、柱控制截面与内力组合

在验算承重纵墙截面的承载力时，一般选择内力相对较大，截面尺寸相对较小的可能先

发生破坏的所谓危险截面为控制截面。设计时应先求出各种荷载单独作用下控制截面的内力，然后按照可能同时作用的荷载产生的内力进行组合，求出上述控制截面中的最大内力，作为选择墙、柱截面尺寸和承载力验算的依据。

根据荷载规范，在一般混合结构单层房屋中，采用以下三种荷载组合：

（1） 恒荷载 + 风荷载。

（2） 恒荷载 + 活荷载（风荷载除外）。

（3） 恒荷载 +0.85 活荷载 +0.85 风荷载。

当考虑风荷载时，还应分左风和右风分别组合。在进行内力组合时，应按上述三种荷载组合选择。

控制截面为内力组合最不利处，一般指梁的底面、窗顶面和窗台处。对承重墙（柱），其组合有：

（1） M_{max}与相应的 N。

（2） M_{min}与相应的 N。

（3） N_{max}与相应的 M。

3.5.2 单层房屋承重横墙的计算

单层刚性方案房屋采用横墙承重时，可将屋盖视为横墙的不动铰支座，其计算与承重纵墙相似。

3.5.3 多层刚性方案房屋承重纵墙的计算

1. 计算单元

混合结构房屋的承重纵墙一般比较长，在进行多层房屋纵墙的内力及承载力计算时，通常选择有代表性的一段或荷载较大以及截面较弱的部位作为计算单元。计算单元的受荷宽度为$\frac{l_1+l_2}{2}$，如图 3-19 所示。一般情况下，对有门窗洞口的墙体，计算截面宽度取窗间墙宽度，对无门窗洞口的墙体，计算截面宽度取$\frac{l_1+l_2}{2}$。对无门窗洞口且受均布荷载的墙体，取 1m 宽的墙体计算。

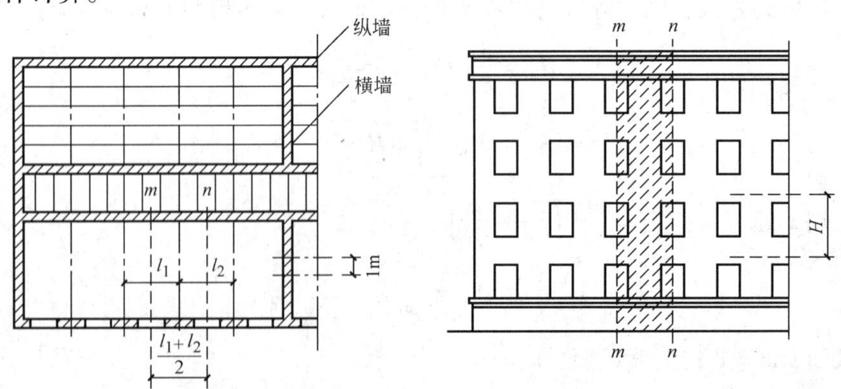

图 3-19 多层刚性方案房屋承重纵墙的计算单元

2. 计算简图

（1）竖向荷载作用下墙体的计算简图。对多层民用建筑，在竖向荷载作用下，多层房屋的墙体相当于一竖向连续梁，由于楼盖嵌砌在墙体内，墙体在楼盖处被削弱，使此处墙体所能传递的弯矩减小，可假定墙体在各楼盖处均为不连续的铰支承。在刚性方案房屋中，墙体与基础连接的截面竖向力较大，弯矩值较小，按偏心受压与轴心受压计算结果相差很小。为简化计算，也假定墙铰支于基础顶面(图 3-20)，因此在竖向荷载作用下，多层砌体房屋的墙体可假定为以楼盖和基础为铰支的多跨简支梁。计算每层内力时，分层按简支梁分析墙体内力，其计算高度等于每层层高，底层计算高度要算至基础顶面。

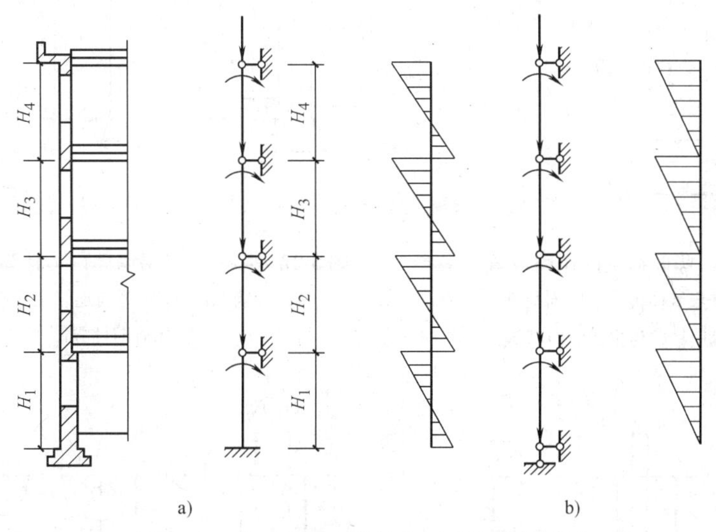

图 3-20　外纵墙竖向荷载作用下的计算简图

因此，竖向荷载作用下多层刚性方案房屋的计算原则为：上部各层荷载沿上一层墙体的截面形心传至下层；在计算某层墙体弯矩时，要考虑梁、板支承压力对本层墙体产生的弯矩，当本层墙体与上层墙体形心不重合时，要考虑上层墙体传来的荷载对本层墙体产生的弯矩，其荷载作用点如图 3-21 所示。每层墙体的弯矩按三角形变化，上端弯矩最大，下端为零。

现以图 3-22 所示第一层和第二层墙体为例，说明墙体内力的计算方法。

第二层墙(图 3-23a)：

上端(Ⅰ-Ⅰ)截面

$$N_{u2} = N_{u3} + N_{l3} + N_{w3}$$

$$N_{Ⅰ} = N_{u2} + N_{l2} \quad M_{Ⅰ} = N_{l2} e_2$$

下端(Ⅱ-Ⅱ)截面

$$N_{Ⅱ} = N_{Ⅰ} + N_{w2} \quad M_{Ⅱ} = 0$$

第一层墙(图 3-23b)：

上端(Ⅰ-Ⅰ)截面

$$N_{u1} = N_{u2} + N_{l2} + N_{w2}$$

$$N_{Ⅰ} = N_{u1} + N_{l1} \quad M_{Ⅰ} = N_{l1} e_1 - N_{u1} e_1'$$

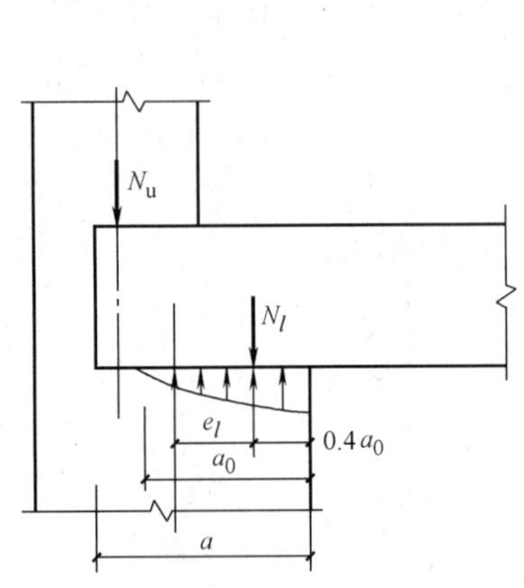

图 3-21　竖向荷载的作用位置

N_u—上层墙体传来的竖向荷载

N_l—本层楼盖传来的竖向荷载

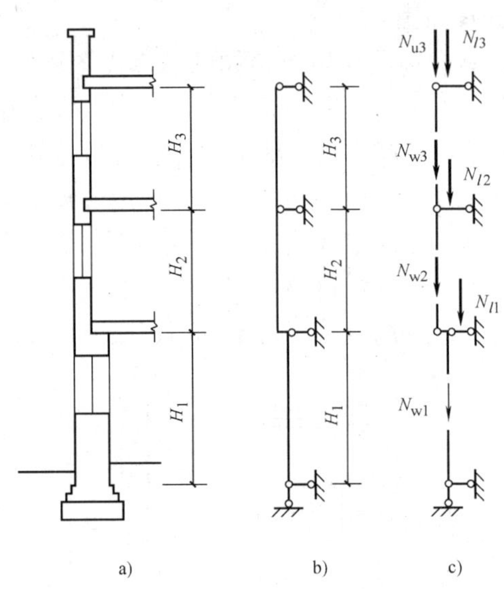

图 3-22　第一、二层墙体内力计算示意图

a）外墙剖面　b）竖向连续梁计算图

c）简化后的计算图

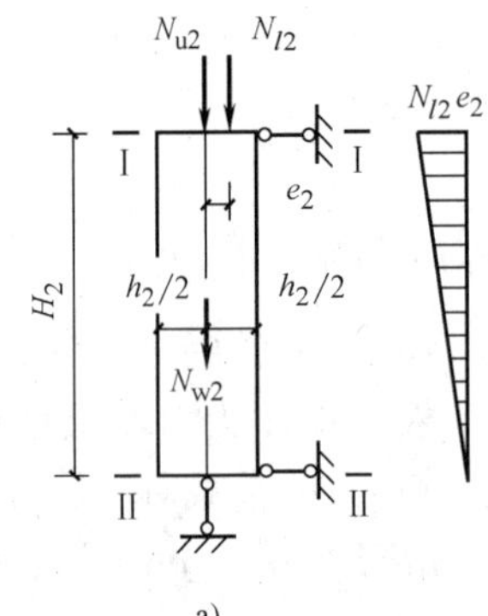

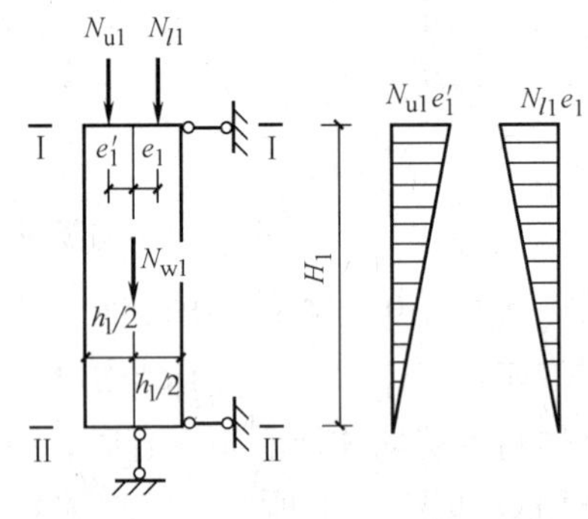

图 3-23　各层墙体的计算简图

下端（Ⅱ-Ⅱ）截面

$$N_{\mathrm{II}} = N_{\mathrm{I}} + N_{\mathrm{w1}} \quad M_{\mathrm{II}} = 0$$

（2）水平荷载作用下墙体的计算简图。作用于墙体上的水平荷载是指风荷载，在水平风荷载作用下，纵墙可按连续梁分析其内力，其计算简图如图 3-24 所示。

由风荷载引起的纵墙的弯矩可近似按下式计算：

$$M = \frac{1}{12} w H_i^2 \tag{3-6}$$

式中　w——计算单元内，沿每米墙高的风荷载设计值；

H_i——第 i 层墙高。

在迎风面，风荷载表现为压力；在背风面，风荷载表现为吸力。

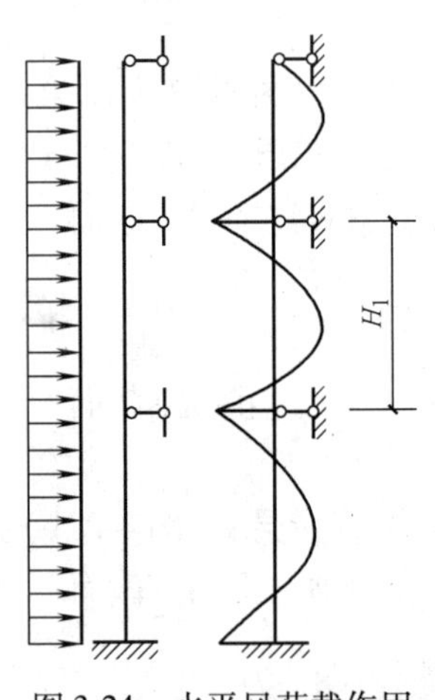

图 3-24　水平风荷载作用下纵墙计算简图

在一定条件下，风荷载在墙截面中产生的弯矩很小，对截面承载力影响不显著，因此风荷载引起的弯矩可以忽略不记。《砌体结构设计规范》(GB 50003—2011)规定：刚性方案多层房屋的外墙符合以下要求时，静力计算可不考虑风荷载的影响：

(1) 洞口水平截面面积不超过全截面面积的2/3。

(2) 层高和总高度不超过表3-7的规定。

(3) 屋面自重不小于0.8kN/m^2。

表3-7 刚性方案多层房屋外墙不考虑风荷载影响时的最大高度

基本风压值/(kN/m^2)	层高/m	总高/m	基本风压值/(kN/m^2)	层高/m	总高/m
0.4	4.0	28	0.6	4.0	18
0.5	4.0	24	0.7	3.5	18

对于多层砌块房屋190mm厚的外墙，当层高不大于2.8m，总高不大于19.6m，基本风压不大于0.7kN/m^{2}时，可不考虑风荷载的影响。

3. 控制截面的确定与截面承载力验算

在进行墙体承载力验算时，必须确定需要验算的截面。一般选用内力较大，截面尺寸较小的截面作为控制截面。

对于多层砌体房屋，如果每一层墙体的截面与材料强度均相同，则只需验算底层墙体承载力，如有截面或材料强度的变化，则还需要验算变截面处墙体的承载力。对于梁下支承处，尚应进行局部受压承载力验算。

每层墙体的控制截面有：楼盖大梁底面处、窗口上边缘处、窗口下边缘处、下层楼盖大梁底面处，如图3-25所示。

求出墙体最不利截面的内力后，按受压构件承载力计算公式进行截面承载力验算。

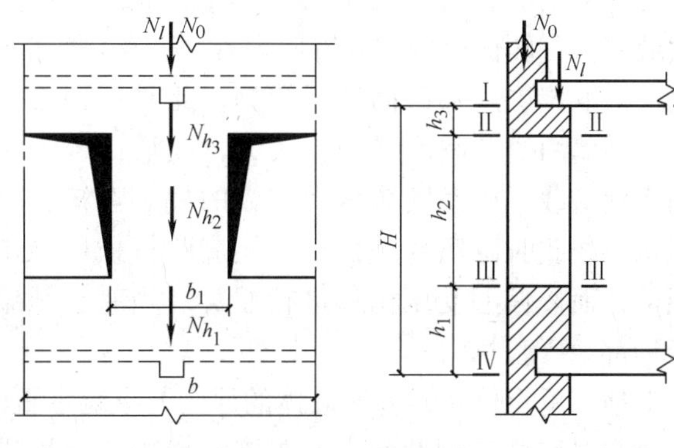

图3-25 控制截面内力

3.5.4 多层刚性方案房屋承重横墙的计算

在横墙承重房屋中，需对横墙进行承载力验算。这时应以纵墙间距和屋盖、楼盖类型确定房屋静力计算方案。由于横墙间距一般较小，所以通常属于刚性方案房屋。

1. 计算单元及计算简图

横墙大多承受屋面(楼面)板传来的均布荷载，且很少开设洞口。因此可沿墙长取1m宽墙体作为计算单元，其受荷范围为横墙两侧各1/2开间。

计算承重横墙时，屋盖和楼盖都可看作为横墙的不动铰支座，每层横墙视为两端为不动铰接的竖向构件。因此，承重横墙(包括山墙)在竖向荷载和水平荷载作用下的计算简图和内力分析方法，与刚性方案房屋承重纵墙相同。墙体高度一般取层高，当顶层为坡屋顶时，构件可取层高加山墙尖高的1/2，底层算至基础顶面或室外地面以下500mm处。其计算简图如图3-26所示。

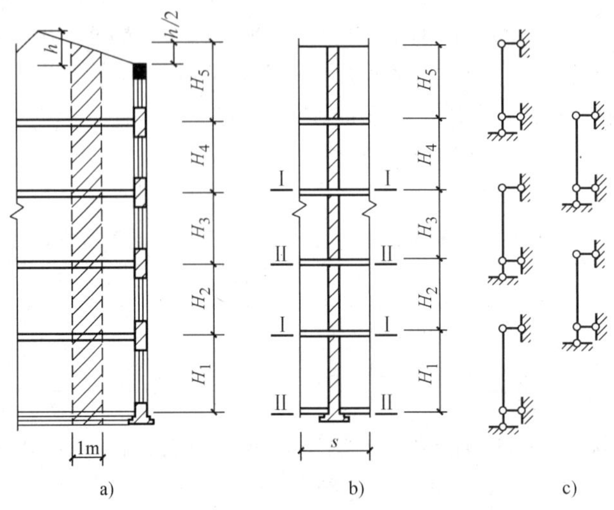

图 3-26　多层刚性方案房屋承重横墙的计算单元和计算简图

2. 内力分析

作用在横墙上的本层楼盖荷载或屋盖荷载的作用点均作用于距墙边 $0.4a_0$ 处。中间横墙承受由两边楼盖传来的竖向荷载 N_l 和 N_l'（图 3-27）。山墙的计算方法和外纵墙计算方法相同。当房屋的开间相同或相差不大，且楼面活荷载不大时，内横墙左、右两侧楼层传来轴向力 $N_{l左}$ 和 $N'_{l右}$ 相等或接近，内横墙一般取该层底部截面进行验算，此时按轴心受压进行计算。若横墙两侧开间尺寸相差较大，或活荷载较大且仅一侧作用有活荷载，则使横墙承受较大的偏心弯矩，横墙为偏心受压构件，此时除底部截面外，还应验算横墙顶部截面。横墙顶部截面按偏心受压构件进行验算。当有支承梁时，还需进行局部承压验算。

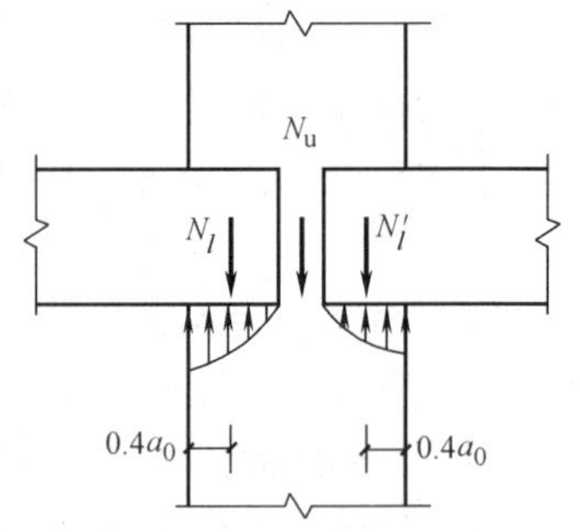

图 3-27　横墙上作用的荷载

对横墙承重体系，验算墙体的原则与纵墙承重体系相同。

承重横墙的控制截面一般取该层墙体截面Ⅱ-Ⅱ，此处的轴向力最大。

【例 3-5】　某三层试验楼，采用装配式钢筋混凝土梁板结构（图 3-28），大梁截面尺寸为 200mm×500mm，梁端伸入墙内 240mm，大梁间距 3.6m。底层墙厚 370mm，二、三层墙厚 240mm，均双面抹灰，采用 MU10 砖和 M2.5 混合砂浆砌筑。基本风压为 0.35kN/m²。试验算承重纵墙的承载力。

【解】　1. 确定静力计算方案

根据表 3-1 规定，由于试验楼为装配式钢筋混凝土楼盖，而横墙间距 $s=7.2\text{m}<32\text{m}$，故为刚性方案房屋。

2. 墙体的高厚比验算（略）

3. 荷载资料

（1）屋面荷载：

油毡防水层（六层做法）　　　　0.35kN/m²

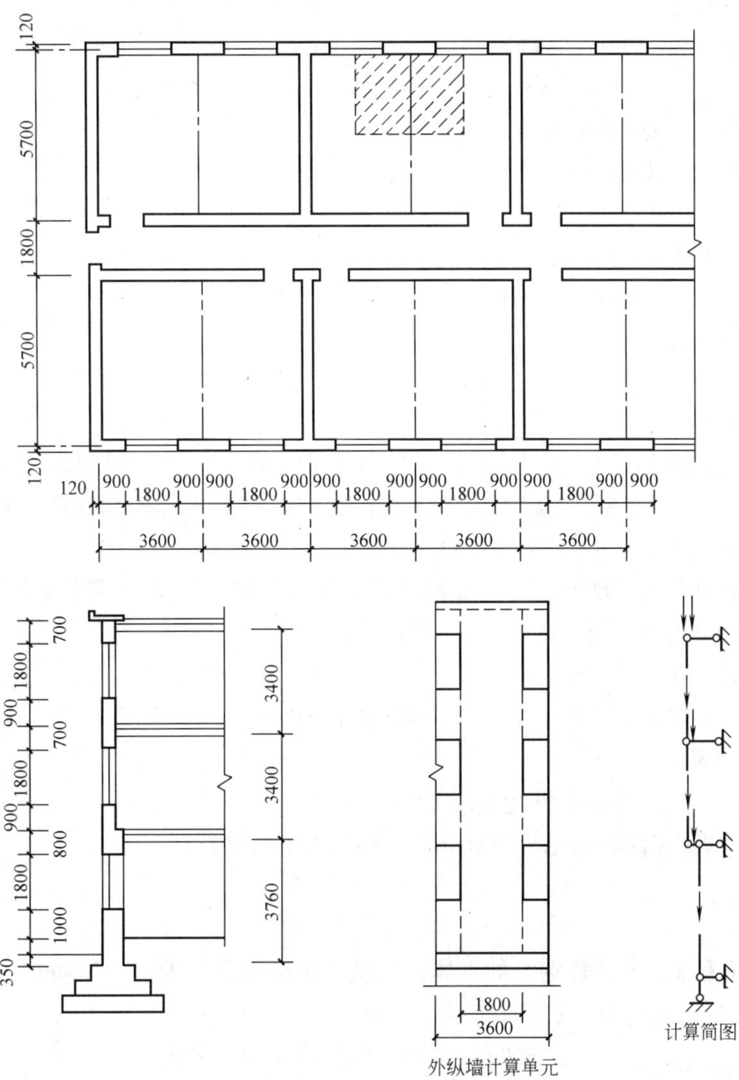

图 3-28　例 3-5 图

20mm 厚水泥砂浆找平层　$0.02\times20\text{kN/m}^2=0.40\text{kN/m}^2$

50mm 厚泡沫混凝土保温层　$0.05\times5\text{kN/m}^2=0.25\text{kN/m}^2$

120mm 厚空心板(包括灌缝)　2.20kN/m^2

20mm 厚板底抹灰　$0.02\times17\text{kN/m}^2=0.34\text{kN/m}^2$

屋面恒载标准值　3.54kN/m^2

屋面活载标准值　0.50kN/m^2

（2）楼面荷载：

30mm 厚细石混凝土面层　0.75kN/m^2

120mm 厚空心板(包括灌缝)　2.20kN/m^2

20mm 厚板底抹灰　0.34kN/m^2

楼面恒载标准值　3.29kN/m^2

楼面活载标准值　　　　　　　　$2.00kN/m^2$

(3) 进深梁自重(包括15mm粉刷)：

标准值　　　　$[0.2\times0.5\times25+0.015\times(2\times0.5+0.2)\times17]kN/m$

$=2.81kN/m$

(4) 墙体自重及木窗自重：

双面粉刷的240mm厚砖墙自重(按墙面计)标准值　　　　$5.24kN/m^2$

双面粉刷的370mm厚砖墙自重(按墙面计)标准值　　　　$7.62kN/m^2$

木窗自重(按窗框面积计)标准值　$0.30kN/m^2$

4. 纵墙承载力验算

由于房屋的总高小于28m，层高又小于4m，根据表3-3规定可不考虑风荷载作用。

(1) 计算单元：

取一个开间宽度的外纵墙为计算单元，其受荷面积为$3.6m\times2.85m=10.26m^2$，如图3-28所示斜线部分。纵墙的承载力由外纵墙控制，内纵墙不起控制作用，可不必计算。

(2) 控制截面：

每层纵墙取两个控制截面。墙上部取梁底下的砌体截面；墙下部取梁底稍上砌体截面。其计算截面均取窗间墙截面。本例不必计算三层墙体。

第二层墙的计算截面面积　$A_2=1.8\times0.24m^2=0.432m^2$

第一层墙的计算截面面积　$A_1=1.8\times0.37m^2=0.666m^2$

(3) 荷载计算：

按一个计算单元，作用于纵墙上的集中荷载计算如下：

屋面传来的集中荷载(包括外挑0.5m的屋檐和屋面梁)

标准值　　　　　　$N_{kl3}=59.14kN$

设计值　　　　　　$N_{l3}=72.66kN$

由MU10砖和M2.5砂浆砌筑的砌体，其抗压强度设计值$f=1.3N/mm^2$。

已知梁高500mm，则梁的有效支承长度为

$$a_0=196mm<240mm，取\ a_0=0.196m$$

屋面荷载作用于墙顶的偏心距　　$e_3=0.042m$

楼盖传来的集中荷载(包括楼面梁)设计值　　　　$N_{l2}=N_{l1}=78.84kN$

三层楼面荷载作用于墙顶的偏心距　　　　$e_2=0.042m$

二层楼面荷载作用于墙顶的偏心距　　　　$e_1=0.107m$

第三层Ⅰ-Ⅰ截面以上240mm厚墙体自重设计值

$$\Delta N_{w3}=14.48kN$$

第三层Ⅰ-Ⅰ截面至Ⅱ-Ⅱ截面之间240mm厚墙体自重设计值

$$N_{w3}=57.76kN$$

第二层Ⅰ-Ⅰ截面至Ⅱ-Ⅱ截面之间240mm厚墙体自重设计值

$$N_{w2}=43.27kN$$

第一层Ⅰ-Ⅰ截面至Ⅱ-Ⅱ截面之间370mm厚墙体自重设计值

$$N_{w1}=95.32kN$$

第一层Ⅰ-Ⅰ截面至第二层Ⅱ-Ⅱ截面之间370mm厚墙体自重设计值

$$\Delta N_{w1}=21.07\text{kN}$$

各层纵墙的计算简图如图 3-29 所示。

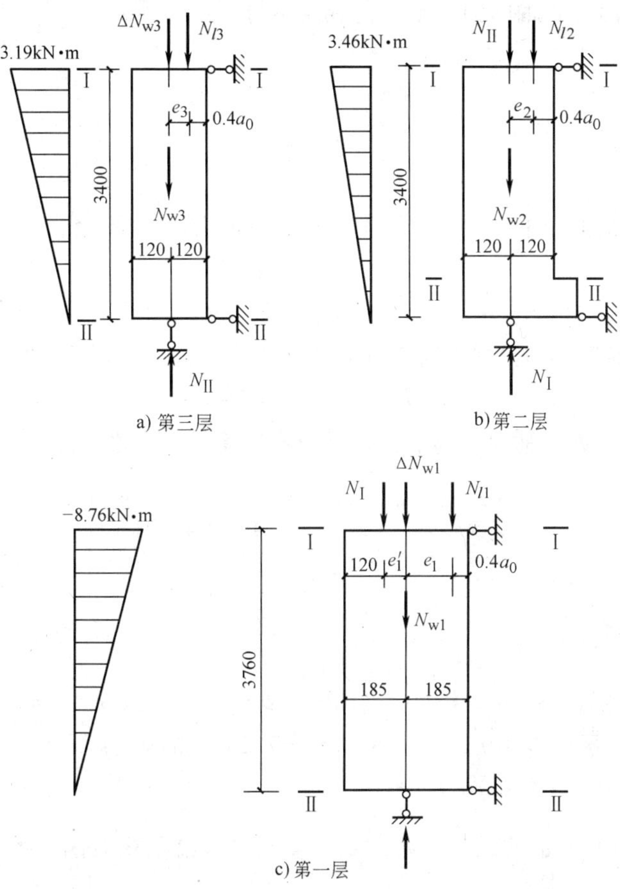

图 3-29　各层墙体的计算简图及弯矩图

（4）控制截面的内力计算。

1）第三层：

第三层Ⅰ-Ⅰ截面处，轴向力设计值

$$N_{\text{I}}=N_{l3}+\Delta N_{w3}=(72.66+14.48)\text{kN}=87.14\text{kN}$$

弯矩设计值(由三层屋面荷载偏心作用产生)

$$M_{\text{I}}=N_{l3}e_3=72.66\times0.042\text{kN}\cdot\text{m}=3.05\text{kN}\cdot\text{m}$$

第三层Ⅱ-Ⅱ截面处，轴向力为上述荷载与本层墙体自重之和。

轴向力设计值

$$N_{\text{II}}=N_{\text{I}}+N_{w3}=(87.14+57.76)\text{kN}=144.9\text{kN}$$

弯矩设计值 $M_{\text{II}}=0$

2）第二层：

第二层Ⅰ-Ⅰ截面处，轴向力为上述荷载与本层楼盖荷载之和。

轴向力设计值

$$N_{\text{I}}=N_{\text{II}}+N_{l2}=223.74\text{kN}$$

弯矩设计值(由三层楼面荷载偏心作用产生)

$$M_{\mathrm{I}}=N_{l2}e_2=3.31\mathrm{kN}\cdot\mathrm{m}$$

第二层Ⅱ-Ⅱ截面处，轴向力为上述荷载与本身墙体自重之和。

轴向力设计值

$$N_{\mathrm{II}}=N_{\mathrm{I}}+N_{w2}=267.01\mathrm{kN}$$

弯矩设计值 $M_{\mathrm{II}}=0$

3）第一层：

第一层Ⅰ-Ⅰ截面处，轴向力为上述荷载、370mm 墙增厚部分墙体及本层楼盖荷载之和。

轴向力设计值

$$N_{\mathrm{I}}=N_{\mathrm{II}}+\Delta N_{w1}+N_{l1}=366.92\mathrm{kN}$$

因第一层墙截面形心与第二层墙截面形心不重合，尚应考虑 N_{II} 产生的弯矩，得

$$M_{\mathrm{I}}=-8.95\mathrm{kN}\cdot\mathrm{m}$$

第一层Ⅱ-Ⅱ截面处，轴向力为上述荷载与本层墙体自重之和。

轴向力设计值

$$N_{\mathrm{II}}=N_{\mathrm{I}}+N_{w1}=462.24\mathrm{kN}$$

弯矩设计值 $M_{\mathrm{II}}=0$

（5）截面承载力验算。

1）纵向墙体计算高度 H_0 的确定：

第二、三层层高 $H=3.4\mathrm{m}$，横墙间距 $s=7.2\mathrm{m}>2H=2\times3.4\mathrm{m}=6.8\mathrm{m}$，由表 2-2 查得，$H_0=H=3.4\mathrm{m}$。第一层层高 3.76m，$3.76\mathrm{m}<s=7.2\mathrm{m}<2H=2\times3.76\mathrm{m}=7.52\mathrm{m}$，$H_0=0.4s+0.2H=(0.4\times7.2+0.2\times3.76)\mathrm{m}=3.63\mathrm{m}$。

2）承载力影响系数 φ 的确定。系数 φ 根据高厚比 β 及相对偏心距 $\frac{e}{h}$ 由表查得。

（6）纵墙承载力验算：纵墙承载力验算见表 3-8。验算结果表明，纵墙的承载力均满足要求。

表 3-8　纵墙承载力验算

	截面	N/kN	M /(kN·m)	$e=\frac{M}{N}$/m	$\frac{e}{h}$	$\beta=\frac{H_0}{h}$	φ	A /mm²	f /(N/mm²)	φfA /kN
二层墙体验算	Ⅰ-Ⅰ	223.74	3.31	$\frac{3.31}{223.74}=0.015$	$\frac{0.015}{0.24}=0.063$	$\frac{3.4}{0.24}=14.2$	0.58	432000	1.3	325.73 $>N_{\mathrm{I}}$
	Ⅱ-Ⅱ	267.01	0	0	0	14.2	0.71	432000	1.3	398.74 $>N_{\mathrm{II}}$
底层墙体验算	Ⅰ-Ⅰ	366.92	-8.95	$\frac{-8.95}{366.92}=-0.024$	$\frac{0.024}{0.37}=0.065$	$\frac{3.63}{0.37}=9.8$	0.69	666000	1.3	597.4 $>N_{\mathrm{I}}$
	Ⅱ-Ⅱ	462.24	0	0	0	9.8	0.83	666000	1.3	718.61 $>N_{\mathrm{II}}$

3.6 弹性及刚弹性方案房屋墙、柱设计

由于使用功能要求，单层工业厂房及民用房屋中的仓库、食堂、俱乐部等砌体结构房屋，横墙或山墙间距较大，超过了刚性方案房屋规定的数值，房屋空间刚度较小，按表 3-1 规定属弹性或刚弹性方案房屋。

3.6.1 弹性方案房屋的计算

当房屋横墙间距超过表 3-1 中刚弹性方案房屋横墙间距时，即为弹性方案房屋。弹性方案及刚弹性方案房屋一般多为单层房屋。

1. 计算简图

以单层单跨房屋为例，对于弹性方案房屋，在荷载作用下可按有侧移的平面排架进行计算，不考虑房屋空间工作性能对墙、柱的内力影响，其计算简图可按以下假设确定：

（1）屋架或屋面梁与墙、柱顶端为铰接，墙、柱下端则嵌固于基础顶面。

（2）把屋架或屋面梁视作一刚度无限大的水平杆件，在荷载作用下无轴向变形，所以排架柱受力后，所有柱顶的水平位移均相等，如图 3-30 所示。

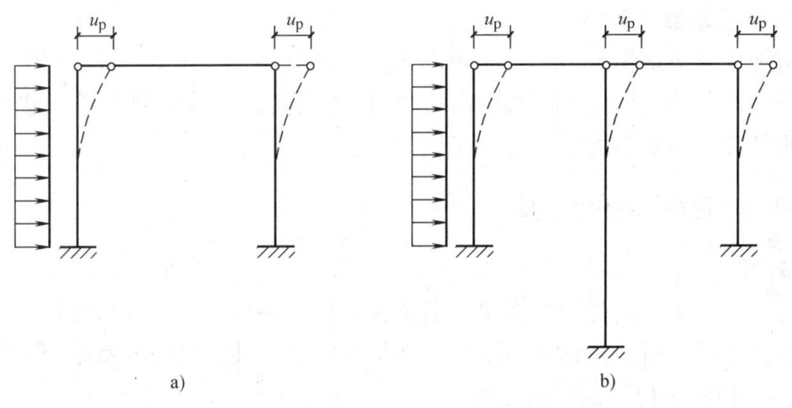

图 3-30 弹性方案房屋柱顶水平位移

2. 竖向荷载作用下内力计算

在竖向荷载作用下，排架的内力可按结构力学方法进行计算。若房屋对称，两边墙（柱）刚度相同，屋盖传下的竖向荷载亦对称，则排架柱顶不发生侧移，即柱顶水平位移$\Delta = 0$，此时受力特点及内力计算结果均与刚性方案相同。

3. 风荷载作用下内力计算

材料相同、等截面、等高单跨排架，在水平荷载作用下，内力计算步骤如下：

（1）先在排架上端加上一个不动铰支座，成为无侧移刚架，求出不动铰支座反力 R：

$$R = R_a + R_b$$

$$R_a = F_W + \frac{3}{8}q_1 H$$

$$R_b=\frac{3}{8}q_2H$$

$$M_{Aa,1}=\frac{1}{8}q_1H^2$$

$$M_{Bb,1}=-\frac{1}{8}q_2H^2\quad(内受压)$$

(2) 求出 R 后，把 R 反向作用于排架顶端，按剪力分配法，求出其内力。

$$M_{Aa,2}=\frac{1}{2}HR=\frac{H}{2}\left[F_W+\frac{3}{8}(q_1+q_2)H\right]$$

$$M_{Bb,2}=-\frac{1}{2}HW-\frac{3}{16}(q_1+q_2)H^2$$

(3) 将(1)、(2)结果叠加，可得在风荷载作用下墙(柱)的实际内力值。

$$M_{aA}=M_{bB}=0$$

$$M_{Aa}=M_{Aa,1}+M_{Aa,2}$$

$$M_{Bb}=M_{Bb,1}+M_{Bb,2}$$

叠加竖向荷载和水平荷载作用下的内力，即可得出由两者共同作用下的实际弯矩。等高的单层多跨弹性方案房屋的内力分析与上述单层单跨房屋相似，可用相似方法求得。

4. 控制截面及承载力验算

单层单跨弹性方案房屋墙(柱)的控制截面同单层刚性方案房屋，取柱顶Ⅰ-Ⅰ截面和柱底Ⅱ-Ⅱ截面分别进行偏心受压计算承载力，柱顶截面尚需验算局部受压承载力，变截面柱尚应验算变阶处截面的承载力。

3.6.2 刚弹性方案房屋的计算

1. 计算简图

在水平荷载作用下，刚弹性方案房屋墙顶也产生水平位移，其值比弹性方案按平面排架计算的小，但又不能忽略，其计算简图是在弹性方案房屋计算简图的基础上在柱顶加一弹性支座(图 3-31)，以考虑房屋的空间工作。

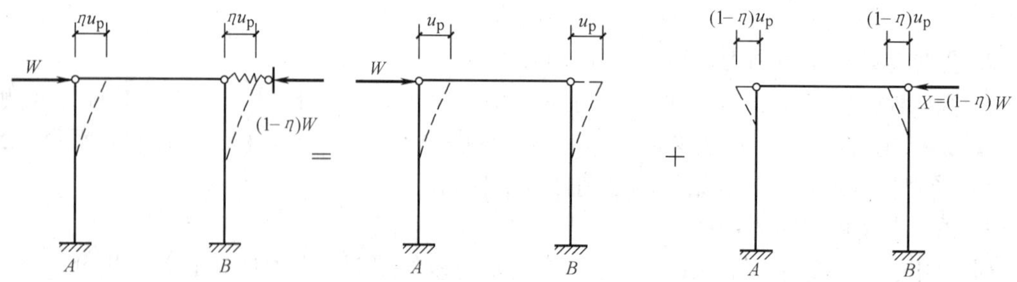

图 3-31　刚弹性方案房屋计算原理示意图

2. 竖向荷载下内力计算

在竖向荷载作用下，如房屋及荷载对称，则房屋无侧移，其内力计算结果同刚性方案房屋。

3. 风荷载作用下内力计算

设排架柱顶作用一集中力 W，由于刚弹性方案房屋空间工作的影响，其柱顶水平位移为 $\mu_k=\eta\mu_p$，较平面排架柱顶减少了$(1-\eta)\mu_p$，根据位移与内力成正比的关系，可求出弹性支座的水平反力 X。

$$\frac{\mu_p}{(1-\eta)\mu_p}=\frac{W}{X}$$

则

$$X=(1-\eta)W$$

由上式可见，反力 X 与水平力的大小以及房屋空间工作性能影响系数 η 有关，η 可由表 3-9 得出。

根据上述分析，单层刚弹性方案房屋，在水平荷载作用下，墙、柱的内力计算步骤如下：

（1）先在排架柱柱顶加一个假设的不动铰支座，计算出此不动铰支座反力 R，并求出这种情况下的内力图，如图 3-32b、d 所示。

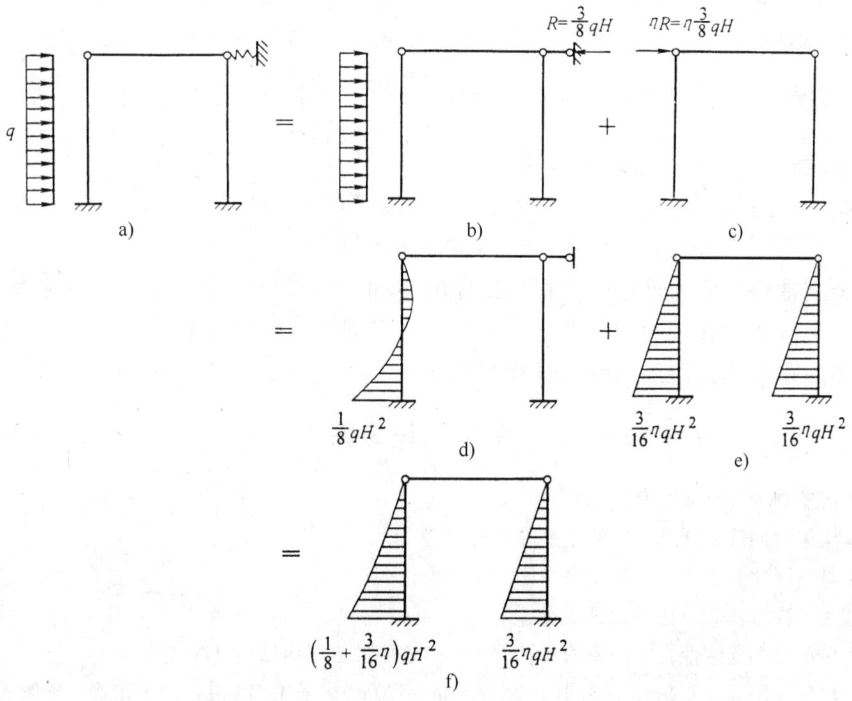

图 3-32　刚弹性方案房屋墙、柱内力分析步骤示意图

（2）把求出的假设支座反力乘以 η，将 ηR 反向作用于排架柱柱顶，再求出此种情况下的内力图，如图 3-32c、e 所示。

（3）将上述两种情况的计算结果相叠加，即为刚弹性方案墙、柱的内力。

表 3-9　房屋的空间性能影响系数 η

屋盖或楼盖类别	横墙间距 s/m														
	16	20	24	28	32	36	40	44	48	52	56	60	64	68	72
1	—	—	—	—	0.33	0.39	0.45	0.50	0.55	0.60	0.64	0.68	0.71	0.74	0.77
2	—	0.35	0.45	0.54	0.61	0.68	0.73	0.78	0.82	—	—	—	—	—	—
3	0.37	0.49	0.60	0.68	0.75	0.81	—	—	—	—	—	—	—	—	—

本 章 小 结

混合结构房屋是用砌体作竖向承重构件和用钢筋混凝土作屋盖(楼盖)所组成的房屋承重结构体系。主要承重结构为屋盖、楼盖、墙体(柱)和基础，其中墙体的布置是整个房屋结构布置的重要环节。房屋的结构布置可分为四种方案。横墙承重体系竖向荷载主要传递路线为：板→横墙→基础→地基。由于横墙的数量较多且间距小，同时横墙与纵墙间有可靠的拉结，因此，房屋的整体性好，空间刚度大，对抵抗作用在房屋上的风荷载及地震力等水平荷载十分有利。纵墙承重体系竖向荷载主要传递路线为：板→纵墙→基础→地基；板→梁→纵墙→基础→地基。纵、横墙共同承重，纵、横两个方向的空间刚度均比较好。内框架承重体系竖向荷载的主要传递路线是：板→梁→$\left\{\begin{array}{c}\text{外纵墙}\rightarrow\text{外纵墙基础}\\ \text{柱}\rightarrow\text{柱基础}\end{array}\right\}$→地基。横墙较少，房屋的空间刚度较差，因而抗震性能较差。

混合结构房屋是由屋盖、楼盖、墙、柱、基础等构件组成的一个空间受力体系，房屋空间工作性能的主要影响因素为楼盖(屋盖)的水平刚度和横墙间距的大小。

在混合结构房屋内力计算中，根据房屋的空间工作性能，分为以下三种静力计算方案：刚性方案、弹性方案和刚弹性方案。在横墙满足了强度及稳定要求后，可根据屋盖及楼盖的类别、横墙间距，确定房屋的静力计算方案。

思考题与习题

1. 砌体房屋静力计算方案有哪些?
2. 影响砌体房屋静力计算方案的主要因素有哪些?
3. 什么是高厚比? 砌体房屋限制高厚比的目的是什么?
4. 简述带壁柱墙体高厚比的验算要点。
5. 画出单层及多层刚性方案房屋的计算简图，简述刚性方案房屋的计算要点。
6. 某单层房屋层高为 4.5m，砖柱截面为 490mm × 370mm，采用 M5 混合砂浆砌筑，房屋的静力计算方案为刚性方案。试验算此砖柱的高厚比。
7. 某单层单跨无吊车的仓库，柱间距离为 4m，中间开宽为 1.8m 的窗，车间长 40m，屋架下弦标高为 5m，壁柱为 370mm × 490mm，墙厚为 240mm，房屋静力计算方案为刚弹性方案，试验算带壁柱墙的高厚比。
8. 某四层教学楼部分平面、剖面如图 3-33 所示，横墙间距 18m，采用预制钢筋混凝土空心楼板，外墙厚 370mm，内纵墙及横墙厚 240mm，隔墙厚 120mm，底层墙高 4.85m(取至基础顶面)，二 ~ 四层墙高

3.3m，女儿墙高0.9m，采用MU10砖和M5混合砂浆，纵墙上窗洞宽1800mm，高1.8m(底层为2.1m)，门洞宽1000mm，高2.1m，试验算纵墙承载力。

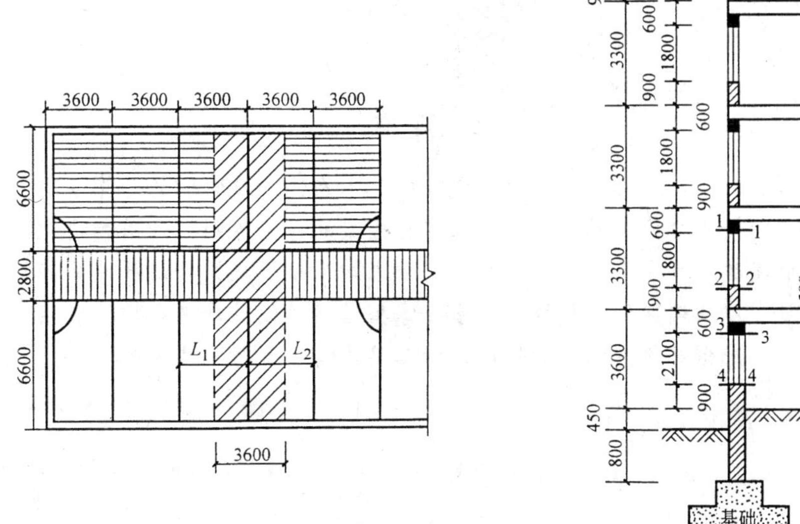

图3-33　某办公楼平面、剖面图

第4章　过梁、挑梁、墙梁、圈梁

本 章 要 点

本章介绍了过梁、挑梁、墙梁的受力性能及破坏形态，以及它们的计算方法、构造要点和砌体结构在墙体设计中要注意的一些问题，包括圈梁的布置原则、作用和构造要求、防止或减轻墙体开裂的措施及抗震构造一般要求等。要求学生了解挑梁的设计计算和所采取的防止墙体开裂的措施，以及墙梁的工作性能，重点掌握过梁的设计计算和构造要点。当在设计中遇到具体问题时，应根据构件的受力性能，针对具体情况进行具体分析。

4.1　过梁

4.1.1　过梁的分类及构造要求

过梁是砌体结构门窗洞口上常用的构件，用以承受门窗洞口以上砌体自重以及其上梁板传来的荷载。过梁主要有钢筋混凝土过梁、砖砌平拱过梁、钢筋砖过梁和砖砌弧拱过梁等形式，如图4-1所示。

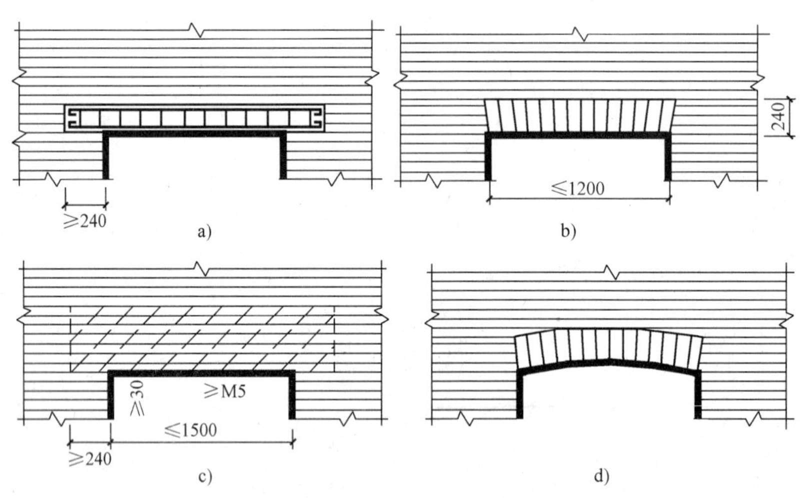

图4-1　过梁的形式

a）钢筋混凝土过梁　b）砖砌平拱过梁　c）钢筋砖过梁　d）砖砌弧拱过梁

由于砖砌过梁延性较差，跨度不宜过大，因此对有较大振动荷载或可能产生不均匀沉降的房屋，应采用钢筋混凝土过梁。钢筋混凝土过梁端部支承长度不宜小于240mm。

砖砌平拱过梁跨度不应超过1.2m，其厚度等于墙厚。竖砖砌筑部分高度不应小于240mm。

钢筋砖过梁跨度不应超过1.5m，过梁底面砂浆层厚度不宜小于30mm，砂浆层内配置不少于ϕ5@120的纵向受力钢筋，钢筋锚固于支座内的长度不宜小于240mm。砂浆强度等级不宜低于 M5。

4.1.2 过梁上的荷载

过梁上的荷载有两种：一种是仅承受墙体荷载；第二种是除承受墙体荷载外，还承受其上梁板传来的荷载。

1. 墙体荷载

试验表明，如过梁上的砌体采用水泥混合砂浆砌筑，当砖砌体的砌筑高度接近跨度的一半时，跨中挠度的增加明显减小。此时，过梁上砌体的当量荷载相当于高度等于1/3 跨度时的墙体自重。这是由于砌体砂浆随时间增长而逐渐硬化，参加工作的砌体高度不断增加，使砌体的组合作用不断增强。当过梁上墙体有足够高度时，施加在过梁上的竖向荷载将通过墙体的内拱作用直接传给支座。因此，过梁上的墙体荷载应按以下原则取用：

（1）对砖砌体，当过梁上的墙体高度 $h_w < l_n/3$ 时，应按墙体的均布自重采用(图 4-2a)，其中 l_n 为过梁的净跨。当墙体高度 $h_w \geq l_n/3$ 时，应按高度为 $l_n/3$ 墙体的均布自重采用(图 4-2b)。

（2）对混凝土砌块砌体，当过梁上的墙体高度 $h_w < l_n/2$ 时，应按墙体的均布自重采用(图 4-2c)。当墙体高度 $h_w \geq l_n/2$ 时，应按高度为 $l_n/2$ 墙体的均布自重采用(图 4-2d)。

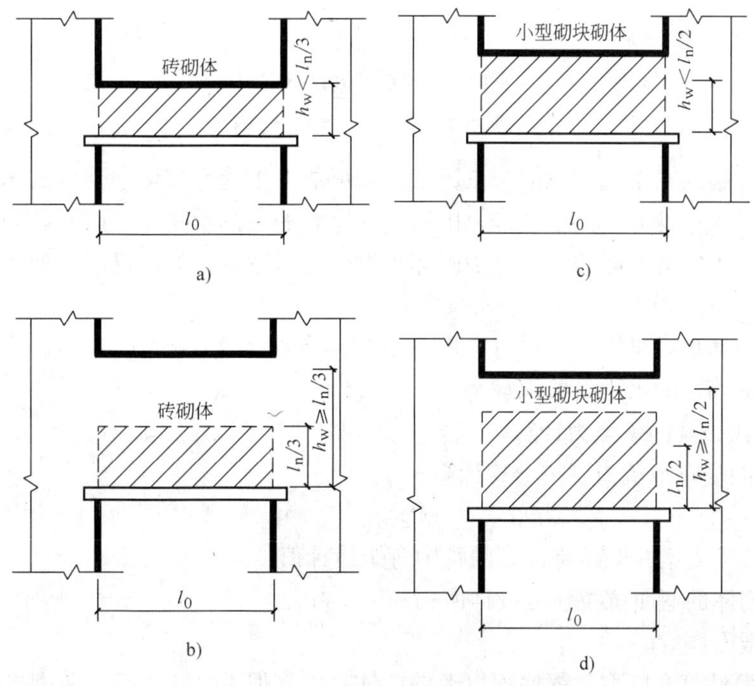

图 4-2 过梁上的荷载

2. 梁板荷载

对梁板传来的荷载，试验结果表明，当在砌体高度等于跨度 0.8 倍左右的位置施加外荷载时，过梁的挠度变化已经很微小了。因此，可认为在高度等于跨度的位置上施加外荷载时，荷载将全部通过拱作用传递，而不由过梁承受。对过梁上部梁板传来的荷载，《砌体结构设计规范》(GB 50003—2011)规定：对砖和小型砌块砌体，当梁板下的墙体高度 $h_w < l_n$

时，应计入梁板传来的荷载。当梁板下的墙体高度 $h_w \geq l_n$ 时，可不考虑梁板荷载。

4.1.3 过梁的承载力计算

钢筋砖过梁的工作机理类似于带拉杆的三铰拱，存在两种可能的破坏形式：正截面受弯破坏和斜截面受剪破坏。当过梁受拉区的拉应力超过砖砌体的抗拉强度时，则在跨中受拉区会出现垂直裂缝；当支座处斜截面的主拉应力超过砖砌体沿齿缝的抗拉强度时，在靠近支座处会出现斜裂缝，在砌体材料中表现为阶梯形斜裂缝，如图 4-3a 所示。

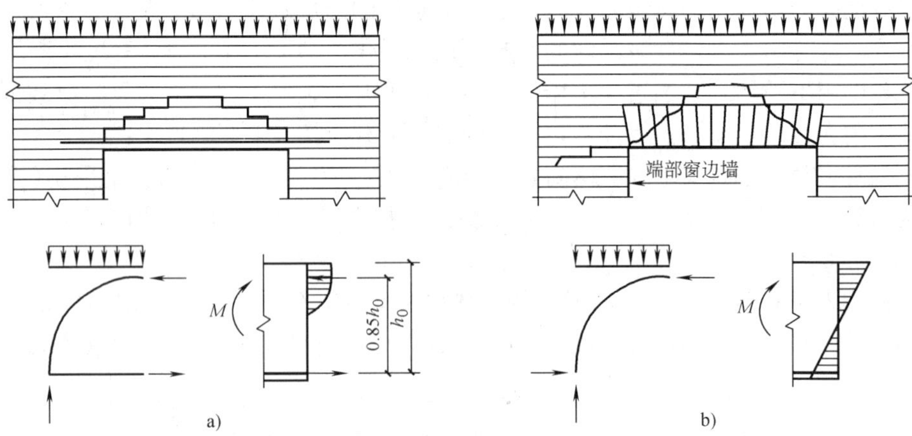

图 4-3　过梁的破坏特征

a）钢筋砖过梁　b）砖砌平拱过梁

砖砌平拱过梁的工作机理类似于三铰拱，除可能发生受弯破坏和受剪破坏外，在跨中开裂后，还会产生水平推力，此水平推力由两端支座处的墙体承受。当此墙体的灰缝抗剪强度不足时，会发生支座滑动而破坏，这种破坏易发生在房屋端部的门窗洞口处的墙体上，如图 4-3b 所示。

由过梁的破坏形式可知，应对过梁进行受弯、受剪承载力验算。对砖砌平拱还应按其水平推力验算端部墙体的水平受剪承载力。

1. 砖砌平拱过梁的承载力计算

（1）正截面受弯承载力可按下式计算

$$M \leqslant f_{tm} W \tag{4-1}$$

式中　M——按简支梁并取净跨计算的跨中弯矩设计值；

f_{tm}——砌体的弯曲抗拉强度设计值；

W——截面模量。

过梁的截面计算高度取过梁底面以上的墙体高度，但不大于 $l_n/3$。砖砌平拱中由于存在支座水平推力，过梁垂直裂缝的发展得以延缓，受弯承载力得以提高。因此，式(4-1)中 f_{tm} 取沿齿缝截面的弯曲抗拉强度设计值。

（2）斜截面受剪承载力可按下式计算

$$V \leqslant f_v bz \tag{4-2}$$

$$Z = \frac{I}{S} \tag{4-3}$$

式中　V——剪力设计值；

f_v——砌体的抗剪强度设计值；

b——截面宽度；

Z——内力臂，当截面为矩形时取 Z 等于 $2h/3$；

I——截面惯性矩；

S——截面面积矩；

h——截面高度。

一般情况下，砖砌平拱的承载力主要由受弯承载力控制。

2. 钢筋砖过梁的承载力计算

（1）正截面受弯承载力可按下式计算。

$$M \leqslant 0.85 f_y h_0 A_s \tag{4-4}$$

式中　M——按简支梁并取净跨计算的跨中弯矩设计值；

f_y——钢筋的抗拉强度设计值；

A_s——受拉钢筋的截面面积；

h_0——过梁截面的有效高度，$h_0 = h - a_s$；

a_s——受拉钢筋重心至截面下边缘的距离；

h——过梁的截面计算高度，取过梁底面以上的墙体高度，但不大于 $l_n/3$；当考虑梁板传来的荷载时，则按梁板下的高度采用。

（2）钢筋砖过梁的受剪承载力计算与砖砌平拱过梁相同。

3. 钢筋混凝土过梁的承载力计算

钢筋混凝土过梁按受弯构件计算，要进行正截面受弯承载力和斜截面受剪承载力以及梁下砌体的局部受压承载力验算。

钢筋混凝土过梁的截面高度 $h = (1/8 \sim 1/14) l_0$，l_0 为过梁计算跨度，取 $l_0 = 1.05 l_n$（l_n 为过梁净跨度），截面宽度取为墙厚。

（1）受弯承载力。钢筋混凝土过梁按最大弯矩设计值所在正截面的平衡条件，求出受拉钢筋面积 A_s。它按下列公式计算

$$h_0 = h - a_s \tag{4-5}$$

$$\alpha_s = \frac{M}{f_c b h_0^2} \leqslant \alpha_{s,\max} \tag{4-6}$$

$$\gamma_s = 0.5(1 + \sqrt{1 - 2\alpha_s}) \tag{4-7}$$

$$\xi = 1 - \sqrt{1 - 2\alpha_s} \tag{4-8}$$

$$A_s = \frac{M}{f_y \gamma_s h_0} \geqslant \rho_{\min} b h_0 \tag{4-9}$$

$$A_s = \xi b h_0 \frac{f_c}{f_y} \geqslant \rho_{\min} b h_0 \tag{4-10}$$

式中　h_0——过梁正截面有效高度；

a_s——受拉钢筋形心至受拉边缘的距离，单排钢筋：$a = 35\text{mm}$，双排钢筋：$a = 60\text{mm}$；

b——过梁截面宽度；

M——由边梁上荷载设计值产生的最大弯矩；

α_s——截面抵抗矩系数；

γ_s——内力臂系数；

ξ——相对受压区高度，且 $\xi \leqslant \varepsilon_b$，$\xi=\dfrac{x}{h_0}$；

f_c——混凝土弯曲抗压强度设计值；

f_y——纵向受拉钢筋抗拉强度设计值；

ρ_{min}——纵向受拉钢筋最小配筋率（%），强度等级在 C35 以下的混凝土：$\rho_{min}=0.15\%$；强度等级在 C40 ~ C60 之间的混凝土：$\rho_{min}=0.2\%$。

（2）受剪承载力。钢筋混凝土过梁，其截面取值一般较大而荷载相对较小，通常 $V \leqslant 0.7ftbh_0$，因此，按构造配箍筋。

（3）过梁下砌体局部受压承载力验算。过梁下砌体局部受压承载力验算，可不考虑上部荷载的影响 $\psi=0$，由于过梁与其上砌体共同工作，构成刚度极大的组合深梁，变形极小，故其有效支承长度可取过梁的实际支承长度，同时 $\eta=1.0$。

过梁下砌体局部受压承载力按下列公式进行验算

$$N_l \leqslant \gamma f A_l \tag{4-11}$$

式中 γ——砌体局部抗压强度提高系数，$\gamma=1+0.35\sqrt{\dfrac{A_0}{A_l}-1}$ 且 $\gamma \leqslant 1.25$；

A_l——梁端有效支承面积；

f——砌体抗压强度设计值；

N_l——梁端支承压力设计值。

【例 4-1】 已知钢筋砖过梁净跨 $l_n=1.5\text{m}$，墙厚 240mm，采用 MU10 普通烧结砖和 M10 混合砂浆砌筑而成，双面抹灰，墙体自重为 5.24kN/m^2。在距窗口顶面 0.62m 处作用楼板传来的荷载标准值 10.2kN/m（其中活荷载 3.2kN/m）。试设计该钢筋砖过梁。

【解】 （1）内力计算。

由于 $h_w=0.62\text{m}<l_n=1.5\text{m}$，故需考虑板传来的荷载。

过梁上的荷载

$$q=\left[\left(\frac{1.5}{3}\times 5.24+7\right)\times 1.2+3.2\times 1.4\right]\text{kN/m}=16.02\text{kN/m}$$

由于考虑板传来的荷载，取过梁的计算高度为 620mm。

$$h_0=(620-15)\text{mm}=605\text{mm}$$

$$M=\frac{1}{8}ql_n^2=\frac{1}{8}\times 16.02\times 1.5^2\text{kN}\cdot\text{m}=4.51\text{kN}\cdot\text{m}$$

（2）受弯承载力计算。

Ⅰ级钢筋 $f_y=300\text{N/mm}^2$

$$A_s=\frac{M}{0.85f_yh_0}=\frac{4510000}{0.85\times 300\times 605}\text{mm}^2=29.23\text{mm}^2$$

选用 3Φ6（$A_s=85\text{mm}^2$）。

（3）受剪承载力计算。

由附表查得，$f_v=0.17\text{N/mm}^2$，$z=\dfrac{2}{3}h=\dfrac{2}{3}\times 620\text{mm}=413.3\text{mm}$

支座处产生的剪力

$$V=\frac{1}{2}ql_{\mathrm{n}}=\frac{1}{2}\times16.02\times1.5\mathrm{kN}=12.02\mathrm{kN}$$

由式(4-2)得

$$f_{\mathrm{v}}bz=0.17\times240\times413.3\mathrm{kN}=16.86\mathrm{kN}>V=12.02\mathrm{kN}$$

满足要求。

【例 4-2】 已知某窗洞口上部墙体高度 $h_{\mathrm{w}}=1.2\mathrm{m}$，且于其上支撑楼板传来荷载，墙厚 240mm，过梁净跨 $l_{\mathrm{n}}=2.4\mathrm{m}$，支承长度 240mm，板传来的荷载标准值为 12kN/m(其中活荷载 5kN/m)。过梁下砌体采用 MU10 砖和 M5 混合砂浆砌筑，墙体自重标准值为 $5.24\mathrm{kN/m^2}$。试设计钢筋混凝土过梁。

【解】 (1) 内力计算。

根据梁的跨度及荷载情况，过梁截面采用 $b\times h=240\mathrm{mm}\times240\mathrm{mm}$，采用 C20 混凝土，纵筋用Ⅱ级钢筋，过梁伸入墙内 240mm。

因墙高 $h_{\mathrm{w}}=1.2\mathrm{m}>\frac{l_{\mathrm{n}}}{3}=\frac{2.4}{3}\mathrm{m}=0.8\mathrm{m}$，所以取 $h_{\mathrm{w}}=0.8\mathrm{m}$。梁板荷载位于过梁上 $1.2\mathrm{m}<l_{\mathrm{n}}=2.4\mathrm{m}$，应予以考虑。

过梁上均布荷载设计值为：

$$q=[(5.24\times0.8+0.24^2\times25+7)\times1.2+5\times1.4]\mathrm{kN/m}=22.16\mathrm{kN/m}$$

计算跨度为：

$$l_0=1.05l_{\mathrm{n}}=1.05\times2.4\mathrm{m}=2.52\mathrm{m}<l_{\mathrm{n}}+a=(2.4+0.24)\mathrm{m}=2.64\mathrm{m}$$

$$M=\frac{1}{8}ql_0^2=\frac{1}{8}\times22.16\times2.52^2\mathrm{kN\cdot m}=17.59\mathrm{kN\cdot m}$$

$$V=\frac{1}{2}ql_{\mathrm{n}}=\frac{1}{2}\times22.16\times2.4\mathrm{kN}=26.59\mathrm{kN}$$

(2) 受弯承载力计算。

取 $h_0=(240-35)\mathrm{mm}=205\mathrm{mm}$，C20 混凝土 $f_{\mathrm{c}}=9.6\mathrm{MPa}$，$f_{\mathrm{t}}=1.1\mathrm{MPa}$。

$$\alpha_{\mathrm{s}}=\frac{M}{f_{\mathrm{c}}bh_0}=\frac{17590000}{9.6\times240\times205^2}=0.182\qquad\gamma_{\mathrm{s}}=0.899$$

$$A_{\mathrm{s}}=\frac{M}{f_{\mathrm{y}}\gamma_{\mathrm{s}}h_0}=\frac{17590000}{300\times0.899\times205}\mathrm{mm^2}=318.1\mathrm{mm^2}$$

选用 3Φ12($A_{\mathrm{s}}=339\mathrm{mm^2}$)。

(3) 受剪承载力计算。

$$V=26.59\mathrm{kN}<0.7f_{\mathrm{t}}bh_0=0.7\times1.1\times240\times205\mathrm{kN}=37.88\mathrm{kN}$$

可按构造配置箍筋φ6@200。

(4) 局部受压承载力验算。

砌体抗压强度设计值查表得 $f=1.5\mathrm{MPa}$，取 $a_0=a=240\mathrm{mm}$，$\eta=1.0$，局压强度提高系数 $\gamma=1.25$，同时可不考虑上部荷载影响。

$$A_l=a_0b=240\times240\mathrm{mm^2}=57600\mathrm{mm^2}$$

$$N_l=\frac{1}{2}\times22.16\times2.52\mathrm{kN}=27.92\mathrm{kN}<\eta\gamma fA_l=1.0\times1.25\times1.5\times57600\mathrm{kN}=108\mathrm{kN}$$

满足要求。

4.2 挑梁

在砌体结构房屋中，为了支承挑廊、阳台、雨篷等，常设有埋入砌体墙内的钢筋混凝土悬臂构件，即挑梁。当埋入墙内的长度较大且梁相对于砌体的刚度较小时，梁将发生明显的挠曲变形，我们将这种挑梁称为弹性挑梁，如阳台挑梁、外廊挑梁等；当埋入墙内的长度较短，埋入墙内的梁相对于砌体刚度较大，且挠曲变形较小，主要发生刚体转动变形，将这种挑梁称为刚性挑梁。嵌入砖墙内的悬臂雨篷梁属于刚性挑梁。

4.2.1 挑梁的受力特点与破坏形态

埋置于墙体中的挑梁是与砌体共同工作的。在墙体上的均布荷载 P 和挑梁端部集中力 F 作用下经历了弹性工作、带裂缝工作和破坏三个受力阶段，如图 4-4 所示。

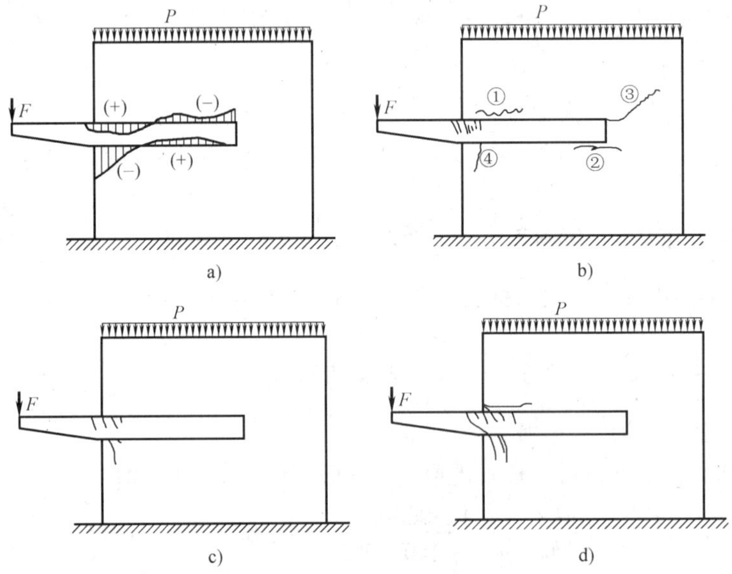

图 4-4 挑梁的受力阶段和破坏

a）弹性工作阶段 b）带裂缝工作阶段 c）倾覆破坏 d）局部受压破坏

（1）弹性工作阶段。挑梁在未受外荷载之前，墙体自重及其上部荷载在挑梁埋入墙体部分的上、下界面产生初始压应力(图 4-4a)，当挑梁端部施加外荷载 F 后，随着 F 的增加，将首先达到墙体通缝截面的抗拉强度而出现水平裂缝(图 4-4b)，出现水平裂缝时的荷载为倾覆时的外荷载的 20%~30%，此为第一阶段。

（2）带裂缝工作阶段。随着外荷载 F 的继续增加，最开始出现的水平裂缝①将不断向内发展，同时挑梁埋入端下界面出现水平裂缝②并向前发展。随着上下界面水平裂缝不断发展，挑梁埋入端上界面受压区和墙边下界面受压区也不断减小，从而在挑梁埋入端上角砌体处产生裂缝。随着外荷载的增加，此裂缝将沿砌体灰缝向后上方发展为阶梯形裂缝③，此时的荷载约为倾覆时外荷载的 80%。斜裂缝的出现预示着挑梁进入倾覆破坏阶段，在此过程中，也可能出现局部受压裂缝④。

（3）破坏阶段。挑梁可能发生以下三种破坏：

1）挑梁倾覆破坏(图4-4c)。当挑梁埋入端的砌体强度较高且埋入段长度 l_1 较短，则可能在挑梁尾端处的砌体中产生阶梯形斜裂缝。如挑梁砌入端斜裂缝范围内的砌体及其他上部荷载不足以抵抗挑梁的倾覆力矩，此斜裂缝将继续发展，直至挑梁产生倾覆破坏。发生倾覆破坏时，挑梁绕其下表面与砌体外缘交点处稍向内移的一点 O 转动。

2）挑梁下砌体局部受压破坏(图4-4d)。当挑梁埋入端的砌体强度较低且埋入端长度 l_1 较长，在斜裂缝发展的同时，下界面的水平裂缝也在延伸，使挑梁下砌体受压区的长度减小、砌体压应力增大。若压应力超过砌体的局部抗压强度，则挑梁下的砌体将发生局部受压破坏。

3）挑梁弯曲破坏或剪切破坏。挑梁由于正截面受弯承载力或斜截面受剪承载力不足引起弯曲破坏或剪切破坏。

4.2.2 挑梁的承载力计算

对于挑梁，需要进行抗倾覆验算、挑梁下砌体的局部承压验算以及挑梁本身的承载力验算。

1. 抗倾覆验算

砌体墙中钢筋混凝土挑梁的抗倾覆应按下式验算。

$$M_{ov} \leqslant M_r \tag{4-12}$$

式中 M_{ov}——挑梁的荷载设计值对计算倾覆点产生的倾覆力矩；

M_r——挑梁的抗倾覆力矩设计值。

挑梁的抗倾覆力矩设计值可按下式计算。

$$M_r = 0.8G_r(l_2 - x_0) \tag{4-13}$$

式中 G_r——挑梁的抗倾覆荷载，为挑梁尾端上部45°扩散角的阴影范围(其水平长度为 l_3)内本层的砌体与楼面恒荷载标准值之和，如图4-5所示；

l_2——G_r 的作用点至墙外边缘的距离。

（1）当 $l_1 \geqslant 2.2h_b$ 时，$x_0 = 0.3h_b$ 且不大于 $0.13l_1$。

（2）当 $l_1 < 2.2h_b$ 时，$x_0 = 0.13l_1$。

式中 l_1——挑梁埋入砌体墙中的长度(mm)；

x_0——计算倾覆点至墙外边缘的距离(mm)；

h_b——挑梁的截面高度(mm)。

当挑梁下有构造柱或垫梁时，计算倾覆点到墙外边缘的距离可取 $0.5x_0$。

雨篷的抗倾覆计算仍按上述公式进行，但其中抗倾覆荷载 G_r 的取值范围如图4-6所示阴影部分，其中 $l_3 = \frac{1}{2}l_n$。

2. 挑梁下砌体的局部承压验算

挑梁下砌体的局部受压承载力可按下式验算

$$N_l \leqslant \eta\gamma f A_l \tag{4-14}$$

式中 N_l——挑梁下的支承压力，可取 $N_l = 2R$，$2R$ 为挑梁的倾覆荷载设计值；

η——梁端底面压应力图形的完整系数，可取0.7；

γ——砌体局部抗压强度提高系数，对如图4-7a所示可取1.25；对如图4-7b所示可取1.5。

A_l——挑梁下砌体局部受压面积，可取$A_l=1.2bh_b$，b为挑梁的截面宽度，h_b为挑梁的截面高度。

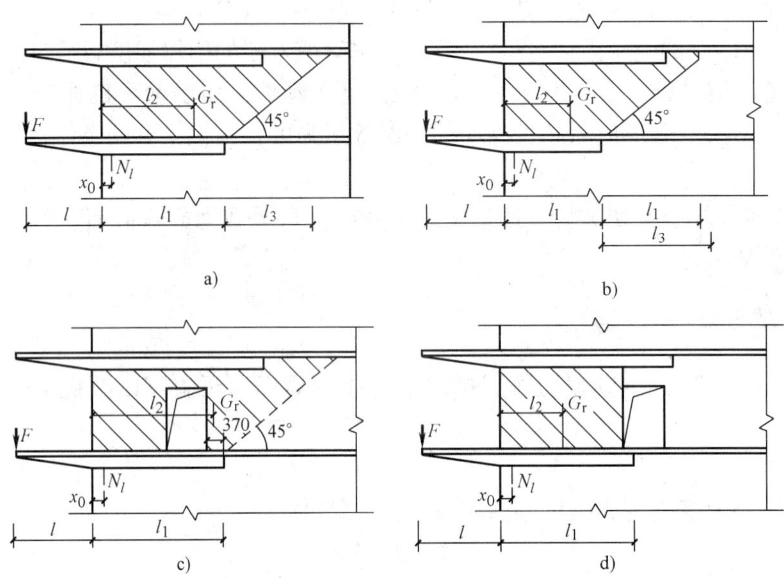

图4-5 挑梁抗倾覆荷载G_r的取值范围

a）$l_3 \leq l_1$ b）$l_3 > l_1$ c）洞在l_1之内 d）洞在l_1之外

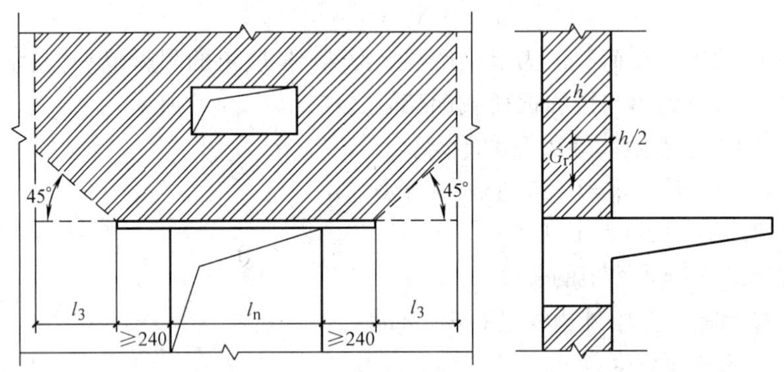

图4-6 雨篷抗倾覆荷载G_r取值范围

3. 挑梁本身的承载力验算

挑梁的最大弯矩设计值M_{max}与最大剪力设计值V_{max}，可按下列公式计算。

$$M_{max}=M_{ov} \tag{4-15}$$

$$V_{max}=V_0 \tag{4-16}$$

式中 V_0——挑梁的荷载设计值在挑梁墙外边缘处截面产生的剪力。

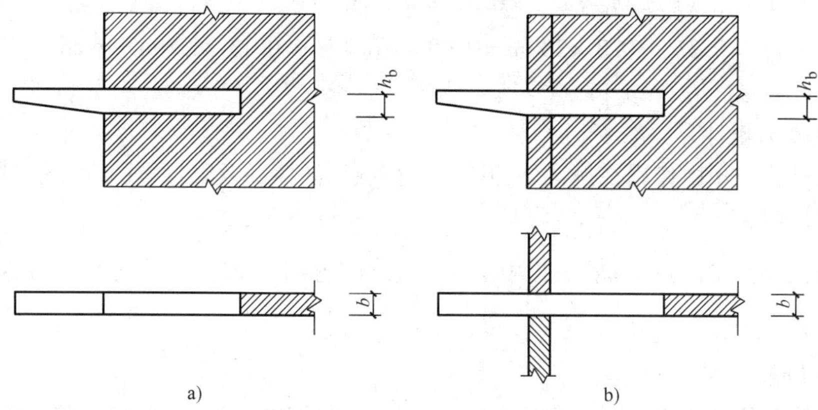

图 4-7　挑梁下砌体局部受压

4. 2. 3　挑梁的构造要求

挑梁自身除按钢筋混凝土受弯构件设计外，还应满足下列构造要求：

（1）纵向受力钢筋至少应有 1/2 的钢筋面积伸入梁尾端，且不少于 2ф12。其他钢筋伸入支座的长度不应小于 $2l_1/3$。

（2）挑梁埋入砌体长度 l_1 与挑出长度 l 之比宜大于 1. 2；当挑梁上无砌体时，l_1 与 l 之比宜大于 2。

【例 4-3】　某住宅钢筋混凝土阳台挑梁，如图 4-8 所示，挑梁挑出长度 $l = 1.6$m，埋入砌体长度 $l_1 = 2.0$m。挑梁截面尺寸，挑梁上部一层墙体净高 2. 76m，墙厚 240mm，采用 MU10 粘土砖和 M5 混合砂浆砌筑($f = 1.50$MPa)，墙体自重为 5. 24kN/m^2。阳台板传给挑梁的荷载标准值为：活荷载 $q_{1k} = 4.15$kN/m，恒荷载 $g_{1k} = 4.85$kN/m。阳台边梁传至挑梁的集中荷载标准值为：活荷载 $F_k = 4.48$kN，恒荷载为 $F_{G_k} = 17.0$kN。本层楼面传给埋入段的荷载：活荷载 $q_{2k} = 5.4$kN/m，恒荷载 $g_{2k} = 12$kN/m。挑梁自重为 $g = 1.8$kN/m。试验算该挑梁的抗倾覆及挑梁下砌体局部受压承载力。

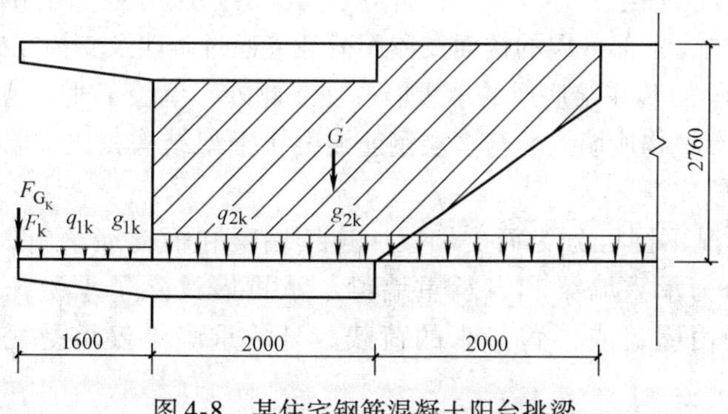

图 4-8　某住宅钢筋混凝土阳台挑梁

【解】　1. 抗倾覆验算

（1）计算倾覆点。

$$l_1 = 2.0 > 2.2h_b = 2.2 \times 0.3\text{m} = 0.66\text{m}$$

$$x_0 = 0.3h_b = 0.3 \times 300\text{m} = 0.09\text{m} < 0.13l_1 = 0.13 \times 2.0\text{m} = 0.26\text{m}$$

取 $x_0 = 0.09\text{m}$。

（2）倾覆力矩计算。

挑梁的倾覆力矩由作用在挑梁外伸段上恒荷载和活荷载及梁自重的设计值对计算倾覆点的力矩组成，即：

$$M_{OV} = \left[(1.2 \times 17 + 1.4 \times 4.48) \times 1.69 + \frac{1}{2}[1.2 \times (4.85 + 1.8) + 1.4 \times 4.15] \times 1.69^2\right]\text{kN} \cdot \text{m}$$

$$= 64.77\text{kN} \cdot \text{m}$$

（3）抗倾覆验算。

挑梁的抗倾覆力矩由挑梁埋入段自重标准值、楼面传给埋入段的恒荷载标准值以及挑梁尾端上部45°扩散角范围内墙体的标准值对倾覆点的力矩组成。

$$M_r = 0.8G_r(l_2 - x_0) = 0.8 \times \left[(12 + 1.8) \times 2 \times (1 - 0.09) + 4 \times 2.76 \times 5.24 \times \left(\frac{4}{2} - 0.09\right) - \frac{1}{2} \times 2 \times 2 \times 5.24 \times \left(2 + \frac{4}{3} - 0.09\right)\right]\text{kN} \cdot \text{m}$$

$= 81.32\text{kN} \cdot \text{m} > M_{OV} = 64.77\text{kN} \cdot \text{m}$，抗倾覆安全。

2. 挑梁下砌体局部承压验算

$$N_l = 2R = 2 \times \{1.2 \times 17 + 1.4 \times 4.48 + [1.2 \times (4.85 + 1.8) + 1.4 \times 4.15] \times 1.6\}\text{kN} = 97.47\text{kN}$$

$\eta\gamma A_l f = 0.7 \times 1.5 \times 1.2 \times 240 \times 300 \times 1.5\text{kN} = 136.08\text{kN} > N_l$，局部承压安全。

4.3 墙梁

由支承墙体的钢筋混凝土梁及其上计算高度范围内墙体所组成的能共同工作的组合构件称为墙梁，其中的钢筋混凝土梁称为托梁。

在多层砌体结构房屋中，为了满足使用要求，往往要求底层有较大的空间，如底层为商店、饭店等，而上层为住宅、办公室、宿舍等小房间的多层房屋，可用托梁承托以上各层的墙体，组成墙梁结构，上部各层的楼面及屋面荷载将通过砖墙及支撑在砖墙上的钢筋混凝土楼面梁或框架梁(托梁)传递给底层的承重墙或柱。此外，单层工业厂房中外纵墙与基础梁、承台梁与其上墙体等也构成墙梁。与多层钢筋混凝土框架结构相比，墙梁节省钢材和水泥，造价较低，故应用较广泛。

墙梁按支承情况不同可分为简支墙梁、连续墙梁和框支墙梁(图4-9)；按墙梁承受荷载情况不同可分为承重墙梁和自承重墙梁。承重墙梁除了承受托梁和托梁以上的墙体自重外，还承受由屋盖或楼盖传来的荷载。自承重墙梁仅承受托梁和托梁以上的墙体自重。

底层大空间房屋结构其墙梁不仅承受墙梁(托梁与墙体)的自重，还承受托梁及以上各层楼盖和屋盖荷载，因而属于承重墙梁；单层工业厂房中承托围护墙体的基础梁、承台梁等与其上墙体构成的墙梁一般仅承受自重作用，为自承重墙梁，如图4-10所示。

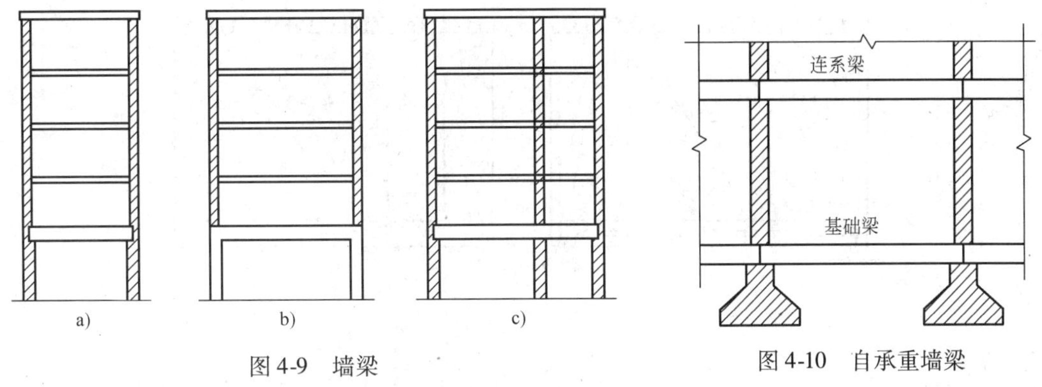

图 4-9　墙梁

a）简支墙梁　b）框支墙梁　c）连续墙梁

图 4-10　自承重墙梁

4.3.1　简支墙梁的受力性能及破坏形态

1. 无洞口墙梁

如图 4-11 所示为顶面作用均布荷载的无洞口简支墙梁，当处于弹性工作阶段时，按弹性理论求得墙梁内竖向应力 σ_y、水平应力 σ_x 和剪应力 τ_{xy} 的分布，如图 14-11 所示。由 σ_y 的分布图可以看出，竖向压应力 σ_y 自上向下由均匀分布变为向支座集中的非均匀分布；由 σ_x 的分布图看出墙体大部分受压，托梁全截面或大部分截面受拉，由墙体压应力合力与托梁承受的拉力组成力偶来抵抗竖向荷载产生的弯矩。托梁处于偏心受拉状态；由 τ_{xy} 的分布图可以看出，在墙体和托梁中均有剪应力存在，在墙体与托梁的交界面剪应力分布发生较大变化，且在支座有明显的剪应力集中现象。

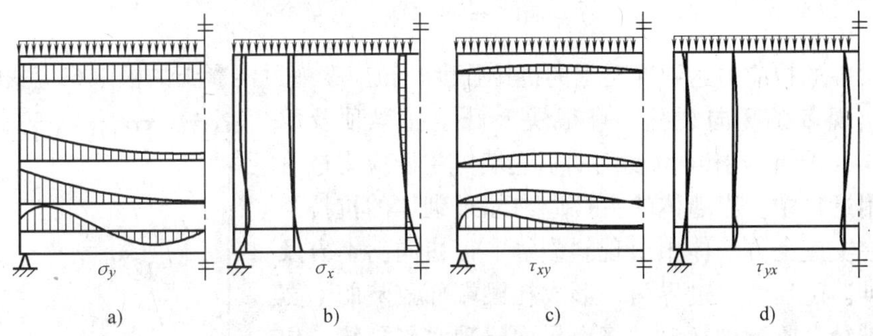

图 4-11　简支墙梁在弹性阶段应力分布

由于墙体参与工作，与托梁组成组合深梁，其内力臂远大于普通钢筋混凝土浅梁，使墙梁具有很大的抗弯刚度和承载力。大量的试验结果表明，墙体与托梁有着良好的组合工作性能，墙梁的承载力往往数倍于相同配筋的钢筋混凝土浅梁（托梁）的承载力。因此，考虑墙体与托梁的组合作用进行墙体设计，有着良好的经济效益。

如图 4-12 所示为根据有限元分析结果绘制的墙梁在竖向荷载作用下弹性阶段的主应力迹线图。从图中可以看出，对无洞口墙梁，两侧主压应力迹线直接指向支座，中部主压应力迹线则呈拱形指向支座，托梁顶面在两支座附近受到较大的竖向压力和剪应力作用。

墙体与托梁的界面处作用有竖向拉应力。墙体在支座的斜上方多处于拉和压的复合受力状态。托梁内主拉应力迹线基本平行于托梁的轴线。因此，无洞口墙梁可模拟为组合拱受力

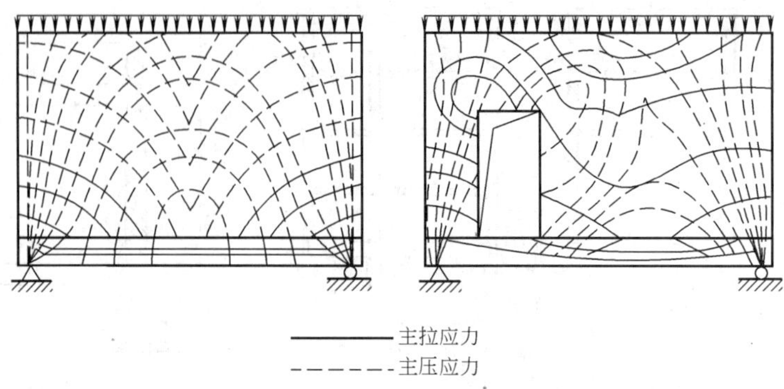

图 4-12　墙梁的主应力迹线图

机构，如图 4-13 所示。托梁作为拉杆，主要承受拉力。同时，由于托梁顶面竖向压应力和剪应力的作用，托梁中还存在部分弯矩。一般情况下，托梁处于小偏心受拉状态。

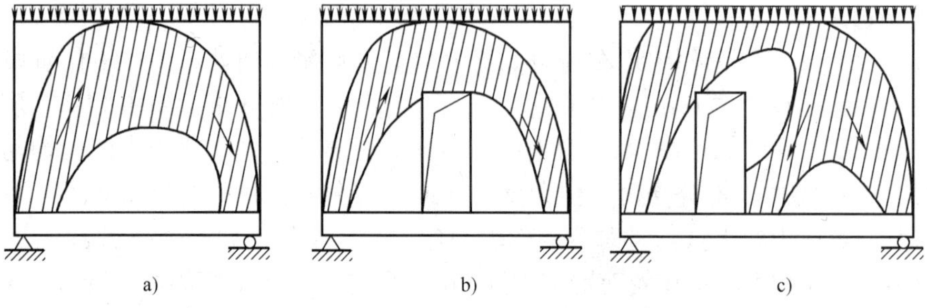

图 4-13　简支墙梁受力机构

a）无洞口　b）中开洞　c）偏开洞

当托梁中的拉应力达到混凝土的抗拉强度，拉应变超过混凝土的极限拉应变时，托梁跨中将首先出现多条竖向裂缝，且很快上升至托梁顶及墙中，如图 4-14 所示。托梁刚度削弱引起墙体主压应力进一步向支座附近集中。当墙体的主拉应力超过砌体的抗拉强度时，将在支座上方墙体中出现斜裂缝，很快向斜上方及斜下方延伸。随后，穿过界面，形成托梁端部较陡的上宽下窄的斜裂缝。临近破坏时，将在界面出现水平裂缝，但不伸过支座，支座区段始终保持墙体与托梁紧密相连。从墙体出现斜裂缝开始，墙梁逐渐形成以托梁为拉杆，以墙体为拱腹的组合拱受力模型。

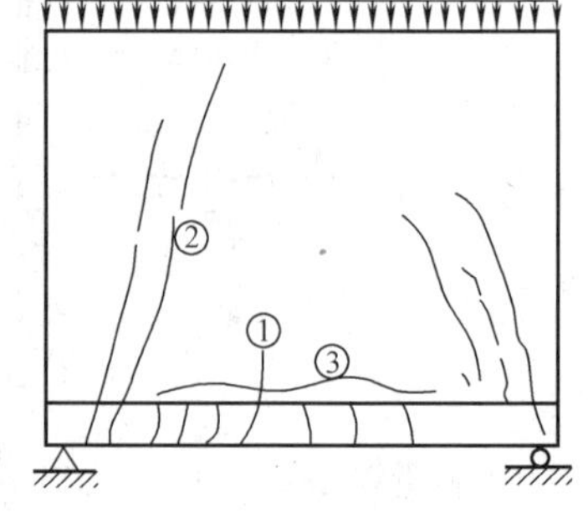

图 4-14　无洞口墙梁裂缝形成过程

①—竖向裂缝

②—斜裂缝　③—水平裂缝。

2. 有洞口墙梁

中间开洞墙梁当洞口宽度不大于 $l/3$（l 为墙梁跨度）、高度不过高时，其应力分布和主应力迹线与无洞口墙梁基本一致，如图 4-13b 所示。试验与有限元分析表明，偏开洞墙梁的受力情况与无洞口墙梁有很大区别。从图 4-13c 可以看出，在跨中垂直截面，水平应力的分布与无洞口墙梁相似；但在洞口内侧的垂直截面上，σ_x 分布图被洞口分割成两部分：在洞口上部，过梁受拉，顶部墙体受压；在洞口下部，托梁上部受压，下部受拉，托梁处于大偏心受拉状态。竖向应力 σ_y 在未开洞的墙体一侧托梁与墙梁交界面上分布与无洞口墙梁相似；在开洞口一侧，支座上方和洞口内侧，作用着比较集中的竖向压应力；在洞口外侧，作用着竖向拉应力。在洞口上边缘外侧墙体的水平截面上，竖向压力 σ_y 呈近似三角形分布，外侧受拉，内侧受压，压应力较集中。托梁与墙体交界面上剪应力分布图形也因洞口存在发生较大变化，在洞口内侧有明显的剪应力集中现象。

综上所述，偏洞口墙梁可模拟为梁、拱组合受力机构如图 4-13c 所示。托梁不仅作为大拱的拉杆，还作为小拱的弹性支座，承受小拱传来的压力。此压力使托梁在洞口边缘处截面产生较大的弯矩，使托梁处于大偏心受力状态。随着洞口向跨中移动，原来的窄墙肢逐渐加宽，大拱作用不断加强，小拱作用逐渐减弱。直至当洞口处于跨中时，小拱作用完全消失，托梁的工作又接近于无洞口的状况，如图所示。在此过程中，托梁逐渐由大偏心受拉过渡到小偏心受拉。

试验表明，中开洞墙梁的裂缝出现规律和破坏形态与无洞口墙梁基本一致(图 4-15a)。当墙体靠近支座开门洞时，将先在门洞外侧墙肢沿界面出现水平裂缝(图 4-15b)，不久在门洞内侧出现阶梯形斜裂缝，随后在门洞顶外侧墙肢出现水平裂缝。加荷至 0.6 ~ 0.8 倍破坏荷载时，门洞内侧截面处托梁出现竖向裂缝，最后在界面出现水平裂缝。

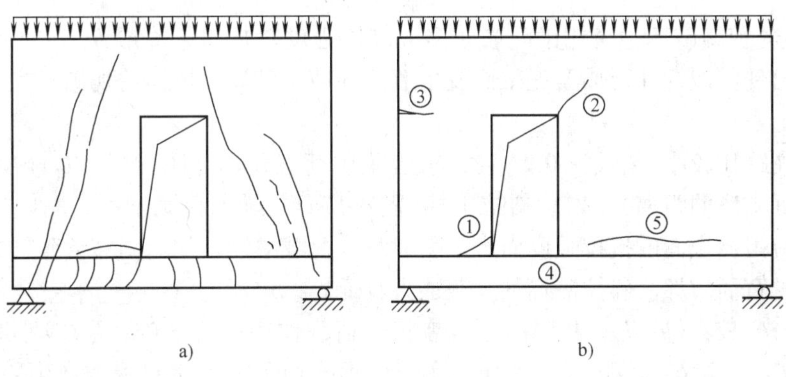

图 4-15　有洞口墙梁裂缝图

a）中开洞　b）偏开洞

①—水平裂缝　②—斜裂缝　③—水平裂缝　④—竖向裂缝　⑤—水平裂缝。

3. 简支墙梁的破坏形态

试验表明，随着材料性能、墙梁的高跨比、托梁的配筋率等条件的不同，墙梁的破坏形态归纳起来有以下几种：

(1) 墙梁的受弯破坏。托梁配筋较少，而墙梁的高跨比较小时($h_w/l_0 \leqslant 0.3$)(h_w 为墙体的计算高度，l_0 为墙梁的计算跨度)，发生正截面受弯破坏。对无洞口墙梁，在均布荷载作用下，破坏发生在具有最大弯矩的跨中截面。托梁受拉开裂后，起初裂缝开展和延伸都较小，随着荷载增大，钢筋应力不断增大，裂缝开展也随之不断增大，同时不断向上延伸并贯通托梁而伸入墙体，直至托梁的下部和上部钢筋先后屈服，垂直裂缝迅速进一步伸入墙体，墙梁丧失承载力。墙梁发生受弯破坏时，一般观察不到墙梁顶面受压区砌体压坏的迹象。破坏形式如图 4-16a 所示。

偏洞口墙梁的受弯破坏发生在洞口边缘截面。托梁下部受拉钢筋屈服后，托梁刚度迅速降低，引起托梁与墙体之间的内力重分布，墙体随之破坏，如图 4-16b 所示。

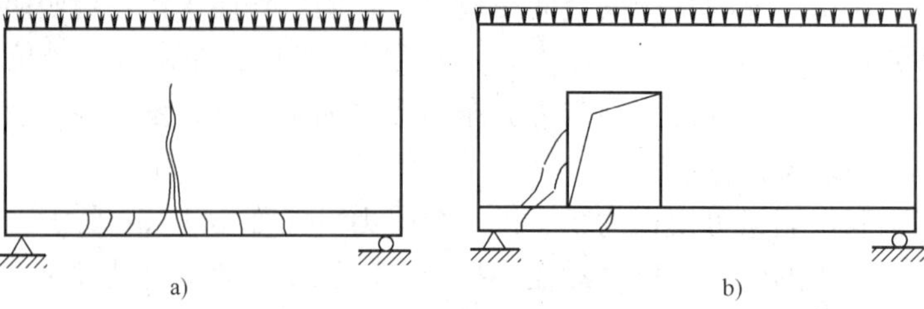

图 4-16　墙梁的弯曲破坏

a）受弯破坏　b）有洞口墙梁受弯破坏

（2）墙梁的受剪破坏。

1）托梁的剪切破坏。当托梁的箍筋不足时，可能发生托梁斜截面剪切破坏。特别是在靠近支座附近设置洞口时，托梁在洞口范围内承受较大的剪力，且处于拉、弯、剪复合受力状态，受力较为不利。在托梁支座附近，由于梁端从墙体传来的竖向压应力和梁顶端部水平剪力的作用，斜裂缝自托梁顶面向支座方向伸展，托梁一般处于斜压状态，因此有较高的抗剪承载力。

2）墙体的剪切破坏。当托梁配筋较多，砌体强度较低时，一般 h_w/l_0 适中，则由于支座上方墙体出现斜裂缝并延伸至托梁而发生墙体的剪切破坏。墙体剪切破坏主要有以下几种形式：

当墙体高跨比较小（$h_w/l_0<0.5$）时，或者集中荷载作用剪跨比（α_P/l_0）较大时（α_P 为集中荷载到最近支座的距离），发生斜拉破坏（图 4-17a）。随着荷载增大，墙体中部的主拉应力大于砌体沿齿缝截面的抗拉强度而产生斜裂缝，荷载继续增加，斜裂缝延伸并扩展，最后砌体因开裂过宽而破坏。斜拉破坏的承载能力较低。

墙体高跨比较大（$h_w/l_0>0.5$）时，或者集中荷载作用剪跨比（α_P/l_0）较小时，发生斜压破坏（图 4-17b），随着荷载增大，墙体在主压应力作用下沿支座斜上方产生较陡的斜裂缝，荷载继续增大，多数穿过灰缝和砖块，最后砌体沿斜裂缝剥落或压碎而破坏。

对有洞口的墙梁，其墙体剪切破坏一般发生在窄墙肢一侧（图 4-17c）。斜裂缝首先在支座斜上方产生，并不断向支座和洞顶延伸，贯通墙肢高度后，墙梁破坏。

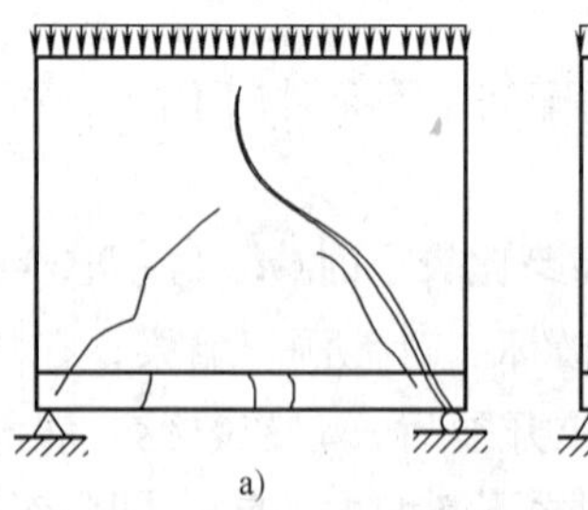

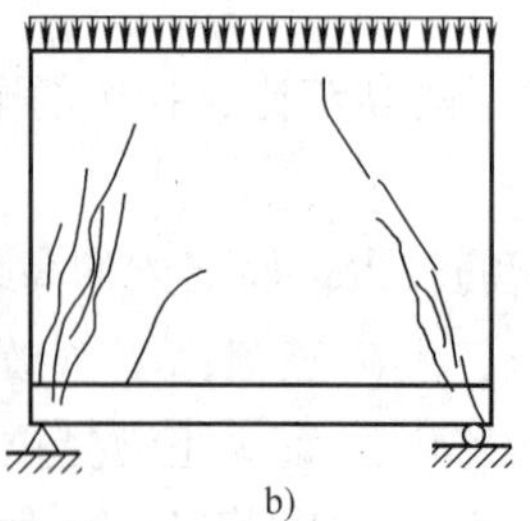

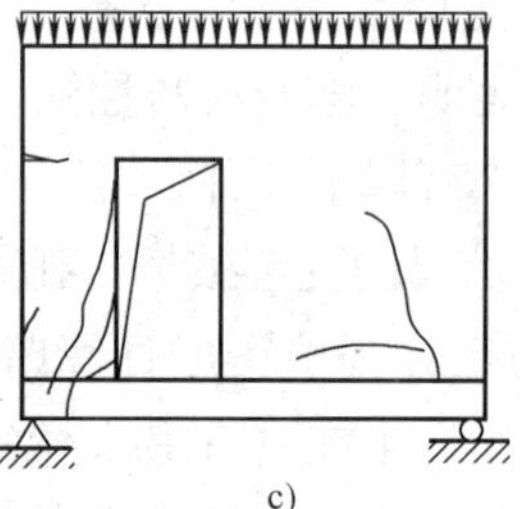

图 4-17　墙梁的剪切破坏

a）斜拉破坏　b）斜压破坏　c）有洞口的受剪破坏

（3）墙梁的局部受压破坏。一般墙体高跨比较大（$h_w/l_0>0.75$）而砌体强度不高时，墙梁还可能发生梁端砌体局部受压破坏(图4-18)。在托梁顶面两端，支座上方砌体在较大的垂直压力作用下，竖向压应力高度集中，当超过砌体局部抗压强度时，梁端砌体发生局部受压破坏。墙梁两端有与其垂直相连的翼墙时，可显著降低托梁顶面的峰值压应力，提高墙体的局部受压承载力。

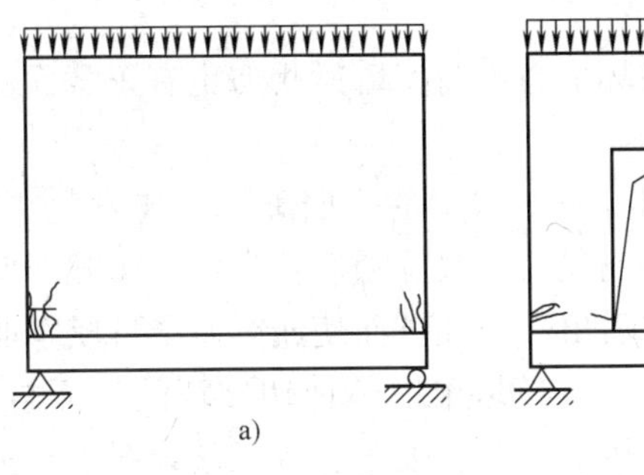

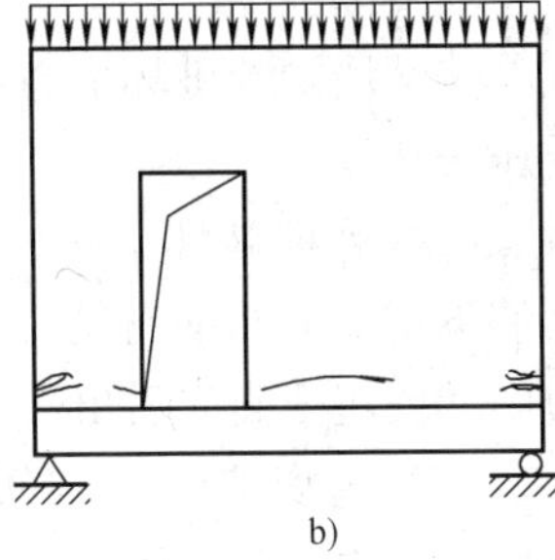

图4-18　墙梁的局部受压破坏

a）无洞口墙梁　b）有洞口墙梁

除上述主要破坏形态外，墙梁还可能发生托梁端部混凝土局部受压破坏、有洞口墙梁洞口上部砌体剪切破坏等。因此，还必须采取一定的构造措施，防止这些破坏形态的发生。

4.3.2　连续墙梁的受力性能及破坏形态

1. 受力性能

由混凝土连续托梁及支承在连续托梁上计算高度范围内的墙体所组成的组合构件，称为连续墙梁。连续墙梁是多层砌体房屋中常见的墙梁形式之一，在单层厂房建筑中也应用较多。它的受力特点与单跨墙梁有共同之处。现以两跨连续墙梁为例简要介绍连续墙梁的受力特点。

两跨连续墙梁的受力体系如图4-19所示。墙梁顶面处应按构造要求设置圈梁并宜在墙梁上拉通，称为顶梁。在弹性阶段，连续墙梁同由托梁、墙体和顶梁组合而成的连续深梁，其应力分布及弯矩、剪力和支座反力均反映连续深梁的受力特点。经过有限元分析表明，与一般连续梁相比，由于墙梁的组合作用，托梁的弯矩和剪力均有一定程度的降低；同时，托梁中却出现了轴力：在跨中区段出现了较大的轴拉力，在支座附近则受轴压力作用。

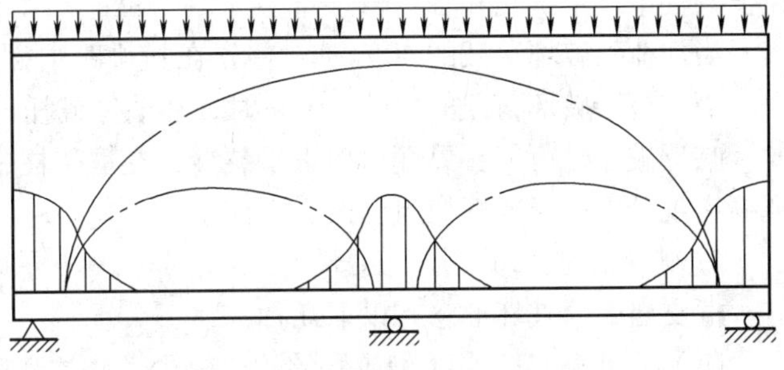

图4-19　连续墙梁的受力体系

随着裂缝的出现和开展，连续托梁跨中段出现多条竖向裂缝，且很快上升到墙中；但对连续墙梁受力影响并不显著，随后，在中间支座上方顶梁出现通长竖向裂缝，且向下延伸至墙中。当边支座或中间支座上方墙体中出现斜裂缝并延伸至托梁时，将对连续墙梁受力性能产生重大影响，连续墙梁的受力逐渐转为连续组合拱机制；临近破坏时，托梁与墙体界面将出现水平裂缝，托梁的大部分区段处于偏心受拉状态，仅在中间支座附近的很小区段，由于拱的推力而使托梁处于偏心受压和受剪的复合受力状态。顶梁的存在使连续墙梁的受剪承载力有较大提高。无翼墙或构造柱时，中间支座上方的砌体中竖向压应力过于集中，会使此处的墙体发生严重的局部受压破坏。中间支座处也比边支座处更容易发生剪切破坏。

2. 破坏形态

连续墙梁的破坏形态和简支墙梁相似也有正截面受弯破坏、斜截面受剪破坏和砌体局部受压破坏等。

（1）弯曲破坏。连续墙梁的弯曲破坏主要发生在跨中截面，托梁处于小偏心受拉状态而使下部和上部钢筋先后屈服。随后发生的支座截面弯曲破坏将使顶梁钢筋受拉屈服。由于跨中和支座截面先后出现塑性铰而使连续墙梁形成弯曲破坏机构。

（2）剪切破坏。连续墙梁墙体剪切破坏的特征与简支墙梁相似。墙体剪切多发生斜压破坏或集中荷载作用下的劈裂破坏。由于连续托梁分担的剪力比简支托梁较大些，故中间支座处托梁剪切破坏比简支墙梁更容易发生。

（3）局压破坏。中间支座处托梁上方砌体比边支座处托梁上方砌体更易发生局部受压破坏。破坏时，中支座托梁上方砌体产生向斜上方辐射状斜裂缝，最终导致局部砌体压碎。

4.3.3 框支墙梁的受力性能及破坏形态

1. 受力性能

由混凝土框架及砌筑在框架上计算高度范围内的墙体所组成的组合构件，称为框支墙梁。在多层砌体结构房屋中，如商店、住宅，经常采用框支墙梁作为承重构件，以适应较大的跨度和较重的荷载。按抗震设计的墙梁房屋，更应采用框支墙梁。

与简支墙梁类似，框支墙梁也经历了弹性阶段、带裂缝工作阶段和破坏阶段。在弹性阶段，框支墙梁的墙体应力分布和简支墙梁及连续墙梁相似；框架在界面竖向分布力和水平分布剪力作用下将在托梁跨中段产生弯矩、剪力和轴拉力，在中支座托梁产生弯矩和轴压力，在框架柱中产生弯矩和轴压力。

当加荷到破坏荷载的40%时，首先在托梁跨中截面出现竖向裂缝，并迅速上升至墙体中。当加荷到破坏荷载的70%~80%时，在墙体或托梁端部出现斜裂缝，并向托梁或墙体延伸。临近破坏时可能在界面出现水平裂缝，在框架柱中出现竖向或水平裂缝。框支墙梁自斜裂缝出现后逐渐形成框架组合拱受力体系。

2. 破坏形态

框支墙梁的破坏形态有以下几种：

（1）弯曲破坏。当托梁或柱的配筋较少而砌体强度较高时，一般 h_w/l_0 稍小；跨中竖向裂缝上升导致托梁纵向钢筋屈服，形成第一个塑性铰（拉弯铰）。随后出现第二个或更多的塑性铰，最终使框支墙梁形成弯曲破坏机构而破坏。由于第二个塑性铰出现的部位不同而有以下两种类型：

1）框架柱上截面外边纵向钢筋屈服发生大偏心受压破坏而形成压弯塑性铰，框支墙梁形成第一类弯曲破坏机构（图 4-20a）。

2）托梁端截面由于负弯矩使上部纵向钢筋屈服形成第二个塑性铰，墙体出现斜裂缝，框支墙梁形成第二类弯曲破坏机构（图 4-20b）。

（2）剪切破坏。当托梁或柱的配筋较多而砌体强度较低时，一般 h_w/l_0 适中，由于托梁端或墙体出现斜裂缝而发生剪切破坏。此时，托梁跨中和支座截面及柱上截面钢筋均未屈服。当墙梁顶面荷载为均布荷载时，有以下两类破坏形态：斜拉破坏（图 4-20c）和斜压破坏（图 4-20d）。其破坏特征及发生的场合与简支墙梁和连续墙梁相似。

（3）弯剪破坏。当托梁配筋率和砌体强弱均较适当时，托梁受拉弯承载力和墙体受剪承载力接近；托梁跨中竖向裂缝开展并向墙中延伸很长导致纵向钢筋屈服；与此同时，墙体斜裂缝开展导致斜压破坏；最后，托梁梁端上部钢筋，或者框架柱上部截面外边钢筋也可能屈服。框支墙梁发生弯剪破坏；这是弯曲破坏和剪切破坏间的界限破坏(图4-20e)。

（4）局压破坏。发生于框架柱上方砌体的局部受压破坏，其破坏特征和出现的场合与简支墙梁和连续墙梁相似(图4-20f)。

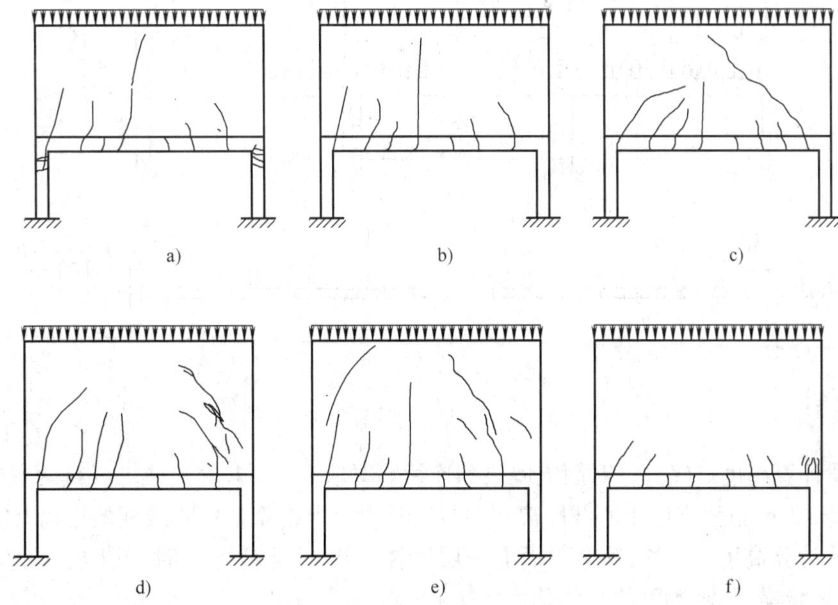

图4-20　框支墙梁的破坏形态

a）第一类弯曲破坏机构　b）第二类弯曲破坏机构　c）斜拉破坏

d）斜压破坏　e）弯剪破坏　f）局压破坏

4.3.4　墙梁的设计方法

1. 墙梁设计的一般规定(表4-1)

表4-1　墙梁的一般规定

墙梁类别	墙体总高度/m	跨度/m	墙体高跨比 h_w/l_{0i}	托梁高跨比 h_b/l_{0i}	洞宽比 b_h/l_{0i}	洞高 h_h
承重墙梁	≤18	≤9	≥0.4	≥1/10	≤0.3	$\leqslant 5h_w/6$ 且 $h_w-h_h\geqslant 0.4$m
自承重墙梁	≤18	≤12	≥1/3	≥1/15	≤0.8	—

注：1. 上表适用烧结普通砖砌体，混凝土普通砖砌体，混凝土多孔砖砌体和混凝土砌块砌体的墙梁设计。

2. 墙体总高度指托梁顶面到檐口的高度，带阁楼的坡屋面应算到山尖墙1/2高度处。

3. 对自承重墙梁，洞口至边支座中心的距离不宜小于$0.1l_{0i}$，门窗洞上口至墙顶的距离不应小于0.5m。

4. h_w——墙体计算高度；

h_b——托梁截面高度；

l_{0i}——墙梁计算跨度；

b_h——洞口宽度；

h_h——洞口高度，对窗洞取洞顶至托梁顶面距离。

2. 墙梁的承载力计算

（1）墙梁的计算简图。墙梁的计算简图应按图 4-21 采用。各计算参数应按下列规定取用。

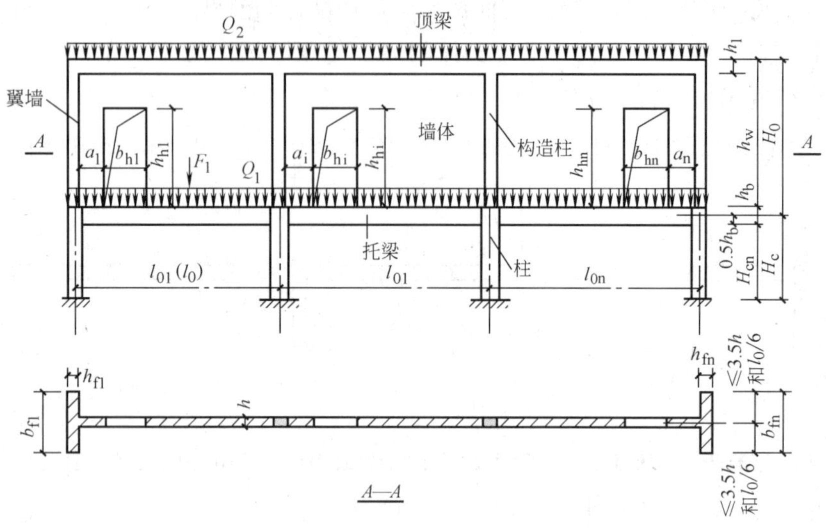

图 4-21　墙梁的计算简图

1）墙梁计算跨度 $l_0(l_{0i})$，对简支墙梁和连续墙梁取 $1.1l_n(1.1l_{ni})$ 或 $l_c(l_{ci})$ 两者的较小值；$l_n(l_{ni})$ 为净跨，$l_c(l_{ci})$ 为支座中心线距离。对框支墙梁，取框架柱中心线间的距离 $l_c(l_{ci})$。

2）墙体计算高度 h_w，取托梁顶面上一层墙体高度，当 $h_w > l_0$ 时，取 $h_w = l_0$（对连续墙梁和多跨框支墙梁，l_0 取各跨的平均值）。

3）墙梁跨中截面计算高度 H_0，取 $H_0 = h_w + 0.5h_b$。

4）翼墙计算宽度 b_f，取窗间墙宽度或横墙间距的 2/3，且每边不大于 $3.5h$（h 为墙体厚度）和 $l_0/6$。

5）框架柱计算高度 H_c，取 $H_c = H_{cn} + 0.5h_b$；H_{cn} 为框架柱的净高，取基础顶面至托梁底面的距离。

（2）墙梁的计算荷载。墙梁的组合作用需在结构材料达到强度后才能充分发挥，故墙梁上的计算荷载应按使用阶段和施工阶段分别计算。墙梁的计算荷载，应按以下规定采用：

1）使用阶段墙梁上的荷载。承重墙梁。托梁顶面的荷载设计值 Q_1、F_1，取托梁自重及本层楼盖的恒荷载和活荷载；墙梁顶面的荷载设计值 Q_2，取托梁以上各层墙体自重，以及墙梁顶面以上各层楼（屋）盖的恒荷载和活荷载；集中荷载可沿作用的跨度近似为均布荷载。

自承重墙梁。墙梁顶面的荷载设计值 Q_2，取托梁自重及托梁以上墙体自重。

2）施工阶段托梁上的荷载。托梁自重及本层楼盖的恒荷载；本层楼盖的施工荷载；墙体自重，可取高度为 $l_{0max}/3$ 的墙体自重，开洞时尚应按洞顶以下实际分布的墙体自重复核；l_{0max} 为各计算跨度的最大值。

3. 托梁的正截面承载力计算

（1）托梁的跨中截面应按钢筋混凝土偏心受拉构件计算。相应的弯矩 M_{bi} 和轴心拉力 N_{bti} 的计算式为

$$M_{bi} = M_{1i} + \alpha_M M_{2i} \tag{4-17}$$

$$N_{bti}=\eta_N M_{2i}/H_0 \tag{4-18}$$

对简支墙梁

$$\alpha_M=\psi_M(1.7h_b/l_0-0.03) \tag{4-19}$$

$$\psi_M=4.5-10a/l_0 \tag{4-20}$$

$$\eta_N=0.44+2.1h_w/l_0 \tag{4-21}$$

对连续墙梁和框支墙梁

$$\alpha_M=\psi_M(2.7h_b/l_{0i}-0.08) \tag{4-22}$$

$$\psi_M=3.8-8a_i/l_{0i} \tag{4-23}$$

$$\eta_N=0.8+2.6h_w/l_{0i} \tag{4-24}$$

式中 M_{1i}——荷载设计值 Q_1、F_1 作用下的简支梁跨中弯矩或按连续梁或框架分析的托梁各跨跨中最大弯矩；

M_{2i}——荷载设计值 Q_2 作用下的简支梁跨中弯矩或按连续梁或框架分析的托梁各跨跨中弯矩中的最大值；

α_M——考虑墙梁组合作用的托梁跨中弯矩系数，可按式(4-19)或式(4-22)计算，但对自承重简支墙梁应乘以0.8；当式(4-19)中的 $h_b/l_0>1/6$ 时，取 $h_b/l_0=1/6$；当式(4-22)中的 $h_b/l_{0i}>1/7$ 时，取 $h_b/l_{0i}=1/7$；当 $\alpha_M>1.0$ 时，取 $\alpha_M=1.0$；

η_N——考虑墙梁组合作用的托梁跨中轴力系数，可按式(4-21)或式(4-24)计算，但对自承重简支墙梁应乘以0.8；式中，当 $h_w/l_{0i}>1$ 时，取 $h_w/l_{0i}=1$；

ψ_M——洞口对托梁弯矩的影响系数，对无洞口墙梁取1.0，对有洞口墙梁可按式(4-20)或式(4-23)计算；

a_i——洞口边至墙梁最近支座中心的距离，当 $a_i>0.35l_{0i}$时，取 $a_i=0.35l_{0i}$。

（2）托梁支座截面应按钢筋混凝土受弯构件计算，其弯矩 M_{bj}可按下列公式计算。

$$M_{bj}=M_{1j}+\alpha_M M_{2j} \tag{4-25}$$

$$\alpha_M=0.75-a_i/l_{0i} \tag{4-26}$$

式中 M_{1j}——荷载设计值 Q_1、F_1 作用下按连续梁或框架分析的托梁支座弯矩；

M_{2j}——荷载设计值 Q_2 作用下按连续梁或框架分析的托梁支座弯矩；

α_M——考虑组合作用的托梁支座弯矩系数，无洞口墙梁取0.4，有洞口墙梁可按式(4-26)计算，当支座两边的墙体均有洞口时，a_i 取较小值。

对在墙梁顶面荷载 Q_2 作用下的多跨框支墙梁的框支柱，当边柱的轴力不利时，应乘以修正系数1.2。

4. 托梁的斜截面受剪承载力计算

墙梁的托梁斜截面受剪承载力应按钢筋混凝土受弯构件计算，其剪力 V_{bj}可按下式计算。

$$V_{bj}=V_{1j}+\beta_V V_{2j} \tag{4-27}$$

式中 V_{1j}——荷载设计值 Q_1、F_1 作用下按连续梁或框架分析的托梁支座边剪力或简支梁支座边剪力；

V_{2j}——荷载设计值 Q_2 作用下按连续梁或框架分析的托梁支座边剪力或简支梁支座边剪力；

β_V——考虑组合作用的托梁剪力系数，无洞口墙梁边支座取0.6，中支座取0.7；有洞口墙梁边支座取0.7，中支座取0.8；对自承重墙梁，无洞口时取0.45，有洞口时取0.5。

5. 墙梁的墙体受剪承载力计算

墙梁的墙体受剪承载力，应按下式计算

$$V_2 \leqslant \xi_1 \xi_2 (0.2 + h_b/l_{0i} + h_t/l_{0i}) f h h_w \tag{4-28}$$

式中 V_2——在荷载设计值 Q_2 作用下墙梁支座边剪力的最大值；

ξ_1——翼墙影响系数，对单层墙梁取1.0，对多层墙梁，当 $b_f/h=3$ 时，取1.3，当 $b_f/h=7$ 时，取1.5，当 $3<b_f/h<7$ 时，按线性插入法取值；

ξ_2——洞口影响系数，无洞口墙梁取1.0，多层有洞口墙梁取0.9，单层有洞口墙梁取0.6；

h_t——墙梁顶面圈梁截面高度。

6. 托梁支座上部砌体局部受压承载力验算

托梁支座上部砌体局部受压承载力应按下式计算

$$Q_2 \leqslant \zeta f h \tag{4-29}$$

$$\zeta = 0.25 + 0.08 b_f/h \tag{4-30}$$

式中 ζ——局压系数，当 $\zeta>0.81$ 时，取 $\zeta=0.81$。当 $b_f/h \geqslant 5$ 或墙梁支座处设置上下贯通的落地构造柱时可不验算托梁支座上部砌体局部受压承载力。

式(4-29)是根据弹性有限元分析和16个发生局压破坏的无梁墙构件的试验结果得出的。除上述验算以外，托梁尚应按混凝土受弯构件进行施工阶段的受弯和受剪承载力验算。

4.3.5 墙梁的构造要求

1. 材料

(1) 托梁的混凝土强度等级不应低于C30。

(2) 承重墙梁的块材强度等级不应低于MU10，计算高度范围内墙体的砂浆强度等级不应低于M10（Mb10）。

2. 墙体

(1) 框支墙梁的上部砌体房屋，以及设有承重简支墙梁或连续墙梁的房屋，应满足刚性方案房屋的要求。

(2) 墙梁计算高度范围内的墙体厚度，对砖砌体不应小于240mm，对混凝土砌块砌体不应小于190mm。

(3) 墙梁洞口上方应设置混凝土过梁，其支承长度不应小于240mm；洞口范围内不应施加集中荷载。

(4) 承重墙梁的支座处应设置落地翼墙，翼墙厚度应符合规范规定。当不能设置翼墙时，应设置落地且上下贯通的构造柱。

(5) 当墙梁墙体在靠近支座 $l_0/3$ 范围内开洞时，支座处应设置落地且上下贯通的构造柱，并应与每层圈梁连接。

(6) 墙梁计算高度范围内的墙体，每天可砌高度不应超过1.5m，否则应加设临时支撑。

3. 托梁

(1) 有墙梁的房屋的托梁两边各两个开间应采用现浇混凝土楼盖。

（2）托梁每跨底部的纵向受力钢筋应通长设置，不得在跨中段弯起或截断。

（3）墙梁的托梁跨中截面纵向受力钢筋总配筋率不应小于0.6%。

（4）承重墙梁的托梁在砌体墙柱上的支承长度不应小于350mm。

（5）当托梁高度 $h_b \geq 450$mm 时，应沿梁高设置通长水平腰筋，直径不应小于12mm，间距不应大于200mm。

（6）墙梁偏开洞口和两侧各一个梁高 h_b 范围内直至靠近洞口的支座边的托梁箍筋直径不宜小于8mm，间距不应大于100mm。

4.4 圈梁

4.4.1 圈梁的作用和布置

为了增强砌体房屋的整体刚度，防止由于地基不均匀沉降或较大振动荷载等对房屋引起的不利影响，应根据地基情况、房屋的类型、层数以及所受的振动荷载等情况决定圈梁的布置。具体规定如下：

（1）厂房、仓库、食堂等空旷单层房屋应按下列规定设置圈梁：

1）砖砌体房屋，檐口标高为5～8m时，应在檐口设置圈梁一道，檐口标高大于8m时，应增加设置数量。

2）砌块及料石砌体房屋，檐口标高为4～5m时，应在檐口设置圈梁一道，檐口标高大于5m时，应增加设置数量。

3）对有起重机或较大振动设备的单层工业厂房，当未采取有效隔振措施时，除在檐口或窗顶标高处设置现浇钢筋混凝土圈梁外，尚应增加设置数量。

（2）多层砌体工业厂房，应每层设置现浇钢筋混凝土圈梁。

（3）住宅、宿舍、办公楼等多层砌体民用房屋，当层数为3～4层时，应在层底和檐口标高处各设置一道圈梁。当层数超过4层时，应在所有纵横墙上隔层设置圈梁。

（4）设置墙梁的多层砌体房屋，应在托梁、墙梁顶面和檐口标高处设置现浇钢筋混凝土圈梁。

（5）采用钢筋混凝土楼（屋）盖的多层砌体结构房屋，当层数超过5层时，除在檐口标高处设置一道圈梁外，可隔层设置圈梁，并与楼（屋）面板一起现浇。未设置圈梁的楼面板嵌入墙内的长度不宜小于120mm，沿墙长设置的纵向钢筋不应小于2ф10。

（6）建筑在软弱地基或不均匀地基上的砌体房屋，除应按以上有关规定设置圈梁外，尚应符合国家现行标准《建筑地基基础设计规范》（GB 50007—2011）的有关规定。

4.4.2 圈梁的构造要求

（1）圈梁宜连续地设在同一水平面上，并形成封闭状。当圈梁被门窗洞口截断时，应在洞口上部增设相同截面的附加圈梁。附加圈梁和圈梁的搭接长度不应小于其垂直间距的2倍，且不得小于1m。

（2）纵横墙交接处的圈梁应有可靠的连接。刚弹性和弹性方案房屋，圈梁应与屋架、大梁等构件可靠连接。

（3）钢筋混凝土圈梁的宽度宜与墙厚相同，当墙厚 $h \geq 240$mm 时，其宽度不宜小于 $2h/3$。圈梁高度不应小于 120mm。纵向钢筋不应少于 4 Φ 10，绑扎接头的搭接长度按受拉钢筋考虑，箍筋间距不应大于 300mm。

（4）圈梁兼作过梁时，过梁部分的钢筋应按计算用量另行增配。

4.5 防止或减轻墙体开裂的主要措施

（1）为防止或减轻房屋在正常使用条件下，由温差和砌体干缩变形引起的墙体竖向裂缝，应在墙体中设置伸缩缝。伸缩缝应设置在因温度和收缩变形可能引起应力集中、砌体产生裂缝可能性最大的地方。伸缩缝的间距应符合规范要求。

（2）为防止或减轻房屋顶层墙体的裂缝，可采取以下措施：

1）屋面应设置有效的保温、隔热层。

2）屋面保温、隔热层或屋面刚性面层及砂浆找平层应设置分隔缝，分隔缝间距不宜大于6m，并应与女儿墙隔开，其缝宽不小于 30mm。

3）采用装配式有檩体系钢筋混凝土屋盖和瓦材屋盖。

4）顶层屋面板下设置现浇钢筋混凝土圈梁，并沿内外墙拉通，房屋两端圈梁下的墙体内宜适当增设水平筋。

5）顶层墙体的门窗洞口处，在过梁上的水平灰缝内设置 2 ~ 3 道焊接钢筋网片或 2 Φ 6 钢筋，并应伸入过梁两端墙内不少于 600mm。

6）顶层墙体及女儿墙砂浆强度等级不低于 M7.5（Mb7.5、Ms7.5）。

7）女儿墙应设构造柱，构造柱间距不大于4m，构造柱应伸至女儿墙顶并与现浇钢筋混凝土压顶整浇在一起。

8）对顶层墙体施加竖向预应力。

（3）为防止或减轻房屋底层墙体的裂缝，可采取以下措施：

1）房屋的长高比不宜过大。

2）在房屋建筑平面的转折部位，高度差异或荷载差异处，地基土的压缩性有显著差异处，建筑结构（或基础）类型不同处，分期建造房屋的交界处宜设置沉降缝。

3）设置钢筋混凝土圈梁是增强房屋整体刚度的有效措施，特别是基础圈梁和屋顶檐口部位的圈梁对抵抗不均匀沉降作用最为有效。必要时应增大基础圈梁的刚度。

4）在房屋底层的窗台下墙体灰缝内设置 3 道焊接钢筋网片或 2 Φ 6 钢筋，并应伸入两边窗间墙内不少于 600mm。

（4）在每层门、窗过梁上方的水平灰缝内及窗台下第一和第二道水平灰缝内，宜设置焊接钢筋网片或 2 根直径为 6mm 钢筋，焊接钢筋网片或钢筋应伸入两边窗间墙内不小于 600mm。当墙长大于 5m 时，宜在每层墙高度中部设置 2 ~ 3 道焊接钢筋网片或 3 根直径为 6mm 的通长水平钢筋，竖向间距为 500mm。

（5）房屋两端和底层第一、第二开间门窗洞处，可采取下列措施：

1）在门窗洞口两边墙体的水平灰缝中，设置长度不小于 900mm、竖向间距为 400mm 的 2 根直径为 4mm 的焊接钢筋网片。

2）在顶层和底层设置通长钢筋混凝土窗台梁，窗台梁高宜为块材高度的模数，梁内纵筋不少于4Φ10，箍筋不少于Φ6@200，混凝土强度等级不低于C20。

（6）当房屋刚度较大时，可在窗台下或窗台角处墙体内设置竖向控制缝。在墙体高度或厚度突然变化处也宜设置竖向控制缝或采取其他可靠的防裂措施。竖向控制缝的构造和嵌缝材料应能满足墙体平面外传力和防护的要求。

4.6 砌体结构抗震构造知识

砌体结构在建筑工程中应用较为广泛。由于砌体结构材料具有脆性，其抗剪、抗拉和抗弯强度很低，所以砌体房屋的抗震能力较差。在国内外历次强烈地震中，砌体结构破坏率是相当高的。但震害调查也表明，通过合理的抗震构造设防并保证施工质量，砖混结构房屋还是具有一定抗震能力的。

4.6.1 砌体房屋的震害特点

在强烈地震作用下，多层砌体房屋的破坏部位，主要是墙身和构件间的连接处。

1. 墙身破坏

在砌体房屋中，与水平地震作用方向平行的墙体是主要承受地震作用的构件。这类墙体往往因为主拉应力强度不足而引起斜裂缝破坏。由于水平地震的反复作用，两个方向的斜裂缝组成交叉的X形裂缝，这种裂缝在多层砌体房屋中的一般规律是下重上轻，这是因为多层房屋墙体下部地震剪力大的缘故，如图4-22所示。

图4-22 墙身的破坏

2. 墙体转角处破坏

由于墙角位于房屋尽端，房屋对它的约束作用减弱，故该处抗震能力相对较低，特别是当房屋在地震中发生扭转时，墙角处位移反应最大，如图4-23所示。

3. 楼梯间墙体破坏

楼梯间一般层的墙体计算高度较房屋的其他部位小，其刚度较大，因而该处分配的地震剪力也大，故容易造成震害；而楼梯间顶层墙体的计算高度又较房屋的其他部位大，稳定性差，所以楼梯间容易发生破坏。

4. 内外墙连接处的破坏

内外墙连接处是房屋的薄弱部位，特别是有些建筑内外墙分别砌筑，以直槎或马牙槎连接，这些部位在地震中极易被拉

图4-23 墙身转角处的破坏

开，造成外纵墙和山墙外闪、倒塌等现象，如图4-24所示。

5. 楼盖预制板破坏

由于预制板整体性差，当楼板的搭接长度不足或无可靠拉结时，在强烈地震中极易塌落，并常造成墙体倒塌，如图4-25所示。

图4-24　内外墙连接处的破坏

6. 房屋附属结构的破坏

在房屋中突出屋面的电梯机房、水箱房、烟囱、女儿墙等附属结构，由于地震作用“边端效应”的影响，所以一般较下部主体结构破坏严重，几乎在6度区就有所破坏，特别是较高的女儿墙、出屋面的烟囱，在7度区普遍破坏。

7. 底部框架-抗震墙房屋的破坏

底部框架-抗震墙房屋上部各层砖房纵横墙的间距较密，不仅质量大，抗侧移刚度也大，而底部框架-抗震墙结构纵横墙的数量较少，其抗侧移刚度也比上层小得多，形成下柔上刚的房屋，且刚度沿竖向急剧变化。因此，地震作用时，易在刚度相对薄弱的底部形成变形集中的现象，而上部各层的侧移量相对较小，当房屋的抗侧力构件产生的变形超过其极限值时，就发生了破坏，在高烈度区，形成了底部倒塌、上面几层原地坐落的震害现象。

图4-25　楼盖预制板的破坏

底部框架-抗震墙类房屋震害多发生在房屋的底部，震害表现为上部轻、底部重；底部各个构件震害为墙比柱重、柱比梁重。房屋上部的砌体部分震害与多层砖房相似，但砌体部分底层破坏程度比纯砖房的底层轻得多；底部钢筋混凝土部分构件的震害，类似于其他钢筋混凝土结构构件。

4.6.2　抗震设计的一般规定

1. 多层砌体结构房屋的层数和高度限值

历次地震表明，在一般场地情况下，砌体房屋层数越多，高度越高，其破坏率越大。因此，《建筑抗震设计规范》(GB 50011—2010)对砌体房屋层数和总高度加以限制，实践证明，限制砌体房屋的层数和总高度是一项既经济又有效的抗震措施。

《建筑抗震设计规范》(GB 50011—2010)规定，多层砌体房屋的总高度和层数，应符合以下要求：

(1) 一般情况下，房屋的层数和总高度不应超过表4-2的规定。

(2) 对医院、教学楼等各层横墙较少的多层砌体房屋，总高度应比表4-2的规定降低3m，层数相应减少一层；各层横墙很少的多层砌体房屋，还应再减少一层。(注：横墙较少指同一楼层内开间大于4.20m的房间占该层总面积的40%以上，其中，开间不大于4.2m的房间占该层总面积不到20%且开间大于4.8m的房间占该层总面积的50%以上为横墙很少)。

表 4-2　房层的层数和总高度限值　　（单位：m）

房屋类别		最小墙厚度/mm	设防烈度											
			6		7				8				9	
			0.05g		0.10g		0.15g		0.20g		0.30g		0.40g	
			高度	层数	高度	层数	高度	层数	高度	层数	高度	层数	高度	层数
多层砌体	普通砖	240	21	7	21	7	21	7	18	6	15	5	12	4
	多孔砖	240	21	7	21	7	18	6	18	6	15	5	9	3
	多孔砖	190	21	7	18	6	15	5	15	5	12	4	—	—
	小砌块	190	21	7	21	7	18	6	18	6	15	5	9	3
底部框架-抗震墙砌体房屋	普通砖	240	22	7	22	7	19	6	16	5	—	—	—	—
	多孔砖	240	22	7	22	7	19	6	16	5	—	—	—	—
	多孔砖	190	22	7	19	6	16	5	13	4	—	—	—	—
	小砌块	190	22	7	22	7	19	6	16	5	—	—	—	—

注：1. 房屋的总高度指室外地面到主要屋面板板顶或檐口的高度，半地下室从地下室室内地面算起，全地下室和嵌固条件好的半地下室应允许从室外地面算起；对带阁楼的坡屋面应算到山尖墙的1/2高度处。
2. 室内外高差大于0.6m时，房屋总高度应允许比表中数据适当增加，但不应多于1m。
3. 乙类的多层砌体房屋仍按本地区设防烈度查表，其层数应减少一层且总高度应降低3m；不应采用底部框架-抗震墙砌体房屋。
4. 本表小砌块砌体房屋不包括配筋混凝土小型空心砌块砌体房屋。

（3）抗震设防烈度为6、7度时，横墙较少的两类多层砌体房屋，当按规定采取加强措施并满足抗震承载力要求时，其高度和层数应允许仍按表4-2的规定采用。

2. 多层砌体房屋的最大高宽比限值

为了防止多层砖房的整体弯曲破坏，保证砌体房屋整体弯曲承载力，规范对这类房屋总高度与总宽度的最大比值进行了限制，即应符合表4-3的规定。

表 4-3　房屋最大高宽比

烈　度	6度	7度	8度	9度
最大高宽比	2.5	2.5	2.0	1.5

注：1. 单面走廊房屋的总宽度不包括走廊宽度。
2. 建筑平面接近正方形时，其高宽比宜适当减小。

对于单面走廊房屋，由于与外廊砖柱或外墙相联系的楼板竖向抗弯刚度较差，不能使外墙有效地参与房屋的整体弯曲受力。因此，计算这类房屋的纵宽时不包括外廊宽度。

3. 房屋抗震横墙的间距

多层砌体房屋横向水平地震作用主要是由横墙承受，横墙除应具有足够的抗震承载力外，其间距还应满足楼盖传递水平地震作用所需的刚度要求。前者可通过抗震承载力验算来解决，而横墙间距则必须根据楼盖的水平刚度给予一定的限制。当横墙间距过大时，纵向砖墙会因过大的层间变形而产生平面的弯曲破坏，这样楼盖就失去了传递水平地震作用到横墙的能力，结果使地震力还未传到横墙，纵墙就已先破坏。因此应对横墙间距加以限制。

《建筑抗震设计规范》（GB 50011—2010）中关于抗震横墙最大间距的规定，见表4-4。

表 4-4　房屋抗震横墙最大间距　　（单位：m）

房屋类别		设防烈度			
		6	7	8	9
多层砌体	现浇或装配整体式钢筋混凝土楼、屋盖	15	15	11	7
	装配式钢筋混凝土楼、屋盖	11	11	9	4
	木屋盖	9	9	4	—
底部框架-抗震墙	上部各层	同多层砌体房屋			—
	底层或底部两层	18	15	11	—

注：1. 多层砌体房屋的顶层，除木屋盖外的最大横墙间距应允许适当放宽，但应采取相应加强措施。

2. 多孔砖抗震横墙厚度为190mm时，最大横墙间距应比表中数值减少3m。

4. 房屋的局部尺寸限制

在地震作用下，房屋首先在薄弱部位破坏，这些薄弱部位一般是窗间墙、近端墙段、突出屋顶的女儿墙等。为了保证在地震时，不因局部墙段的首先破坏而造成整片墙体连续破坏，导致整体结构倒塌，因此，必须对窗间墙、近端墙段、突出屋顶的女儿墙的尺寸加以限制。

《建筑抗震设计规范》(GB 50011—2010)中关于房屋局部尺寸的规定，见表4-5。

表 4-5　房屋的局部尺寸限值　　(单位:m)

部　　位	6度	7度	8度	9度
承重窗间墙最小宽度	1.0	1.0	1.2	1.5
承重外墙尽端至门窗洞边的最小距离	1.0	1.0	1.2	1.5
非承重外墙尽端至门窗洞边的最小距离	1.0	1.0	1.0	1.0
内墙阳角至门窗洞边的最小距离	1.0	1.0	1.5	2.0
无锚固女儿墙(非出入口处)最大高度	0.5	0.5	0.5	0.0

注：1. 局部尺寸不足时应采取局部加强措施弥补，且最小宽度不宜小于1/4层高和表列数据的80%。

2. 出入口处的女儿墙应有锚固。

5. 多层砌体房屋的结构布置

多层砌体房屋的震害分析表明，横墙承重的结构体系抗震性能较好，纵墙承重的结构体系较差。所以应优先采用横墙或纵横墙共同承重的结构体系，并且多层砌体房屋的结构布置宜符合以下要求：

（1）应优先采用横墙承重或纵横墙共同承重的结构体系。

（2）纵横墙的布置宜均匀对称，沿平面内宜对齐，沿竖向应上下连续；且纵横向墙体的数量不宜相差过大。

（3）体形不对称的结构较体形均匀对称的结构破坏更严重。加防震缝可以将体形复杂的结构划成体形对称均匀的结构。房屋有下列情况之一时宜设置防震缝，缝两侧均应设置墙体，缝宽应根据烈度和房屋高度确定，可采用70～100mm：

1）房屋立面高差在6m以上。

2）房屋有错层，且楼板高差大于层高的1/4。

3）各部分结构刚度、质量截然不同。

（4）楼梯间不宜设置在房屋的尽端和转角处。

（5）不应在房屋转角处设置转角窗。

（6）横墙较少、跨度较大的房屋，宜采用现浇钢筑混凝土楼屋盖。

4.6.3 多层砖砌体房屋的抗震构造措施

（1）设置构造柱。在多层砖房中的适当部位设置钢筋混凝土构造柱并与圈梁连接使之共同工作，可增加房屋的延性，提高房屋的抗侧能力，防止或延缓房屋在地震作用下发生突然倒塌，减轻房屋的破坏程度。

为了提高多层普通粘土砖、多孔粘土砖房屋的抗倒塌能力，《建筑抗震设计规范》(GB 50011—2010)根据抗震设防烈度、房屋层数和抗震薄弱部位的不同，构造柱的设置大体分以下四个档次(表4-6)：

表4-6 多层砖砌体房屋构造柱设置要求

<table>
<tr><th colspan="4">房屋层数</th><th colspan="2" rowspan="2">设置部位</th></tr>
<tr><th>6度</th><th>7度</th><th>8度</th><th>9度</th></tr>
<tr><td>四、五</td><td>三、四</td><td>二、三</td><td></td><td rowspan="3">楼、电梯间四角，楼梯斜梯段上下端对应的墙体处
外墙四角和对应转角
错层部位横墙与外纵墙交接处
大房间内外墙交接处
较大洞口两侧</td><td>隔12m或单元横墙与外纵墙交接处
楼梯间对应的另一侧内横墙与外纵墙交接处</td></tr>
<tr><td>六</td><td>五</td><td>四</td><td>二</td><td>隔开间横墙（轴线）与外墙交接处
山墙与内纵墙交接处</td></tr>
<tr><td>七</td><td>≥六</td><td>≥五</td><td>≥三</td><td>内墙（轴线）与外墙交接处
内墙的局部较小墙垛处
内纵墙与横墙（轴线）交接处</td></tr>
</table>

注：较大洞口，内墙指不小于2.1m的洞口；外墙在内外墙交接处已设置构造柱时应允许适当放宽，但洞侧墙体应加强。

1）在外墙四角，大洞口两侧，大房间、楼梯与电梯间的四角。

2）在每隔一开间的横墙(或轴线)与外墙交接处。

3）在每一开间的横墙(或轴线)与外墙交接处。

4）在横墙(轴线)与内外纵墙交接处。构造柱的设置要求，逐档提高。

一般情况下，构造柱设置部位应符合表4-6的要求，且横墙较少或很少时，应按规范规定加强设置。

（2）构造柱的截面尺寸、配筋和连接的要求。

1）构造柱最小截面可采用240mm×180mm，纵向钢筋宜采用4Φ12，箍筋间距不宜大于250mm。且在柱上下端宜适当加密；6、7度时超过六层、8度时超过五层和9度时，构造柱纵向钢筋宜采用4Φ14，箍筋间距不宜大于200mm，房屋四角的构造柱可适当加大截面及配筋，以考虑角柱可能受到双向荷载的共同作用及扭转影响。

2）设置构造柱处应先砌砖墙后浇筑混凝土，构造柱与墙连接处应砌成马牙槎以加强构造柱与砖墙之间的整体性，并应沿墙高每隔500mm设2Φ6水平钢筋和Φ4分布短筋平面内点焊组成拉结网片式或Φ4点焊钢筋网片，每边伸入墙内不宜小于1m。6、7度时底部1/3楼层，8度时底部1/2楼层，9度时全部楼层上述拉结钢筋网片沿墙体水平通长设置。

3）构造柱与圈梁连接处，构造柱的纵筋应穿过圈梁，保证构造柱纵筋上下贯通。

4）构造柱可不单独设置基础，但应伸入室外地面下500mm，或与埋深小于500mm的基础圈梁相连。

5）房屋高度和层数接近表4-2的限制时，纵横墙内构造柱间距尚应符合以下要求：

① 横墙内构造柱间距不宜大于层高的两倍，下部1/3楼层的构造柱间距适当减少。

② 当开间大于3.9m时，应另设加强措施。内纵墙的构造柱间距不宜大于4.2m。

（3）设置钢筋混凝土圈梁。多次震害调查表明，设置圈梁是提高多层砖房抗震能力、减轻震害的经济有效的措施之一。按抗震观点分析，圈梁有以下几个作用：增强房屋的整体性，由于圈梁的约束作用，使楼盖与纵横墙构成整体的箱形结构，防止预制楼板散开和砖墙出平面的倒塌，以充分发挥各片墙体的抗震能力，保证楼盖起到整体隔板的作用，以传递并分配层间地震剪力；与构造柱一起对墙体在竖向平面内进行约束，限制墙体斜裂缝的开展，且不延伸超出两道圈梁之间的墙体，并减小裂缝与水平的夹角，保证墙体的整体性和变形能力，提高墙体的抗剪能力；可以减轻地震时地基不均匀沉降与地表裂缝对房屋的影响，特别是屋盖处和基础顶面处的圈梁，具有提高房屋的竖向刚度和抵御不均匀沉降的能力；并且圈梁的设置还可以减小构造柱计算长度。

1）装配式钢筋混凝土楼盖、屋盖或木楼盖、屋盖的砖房，横墙承重时应按表4-7的要求设置圈梁，纵墙承重时抗震横墙上的圈梁间距应比表4-7中的要求适当加密。

表4-7　砖房现浇钢筋混凝土圈梁设置要求

墙　类	烈　度		
	6度、7度	8	9
外墙及内纵墙	屋盖处及每层楼盖处	屋盖处及每层楼盖处	屋盖处及每层楼盖处
内横墙	同上；屋盖处间距不应大于4.5m，楼盖处间距不应大于7.2m；构造柱对应部位	同上；各层所有横墙，且间距不应大于4.5m，构造柱对应部位	同上；各层所有横墙

2）现浇或装配整体式钢筋混凝土楼盖、屋盖与墙体可靠连接的房屋可不另设圈梁，但楼板沿墙体应加强配筋，并应与相应的构造柱钢筋可靠连接。

3）圈梁应闭合，遇有洞口应上下搭接，圈梁宜与预制板设在同一标高处或紧靠板底，如图4-26所示。

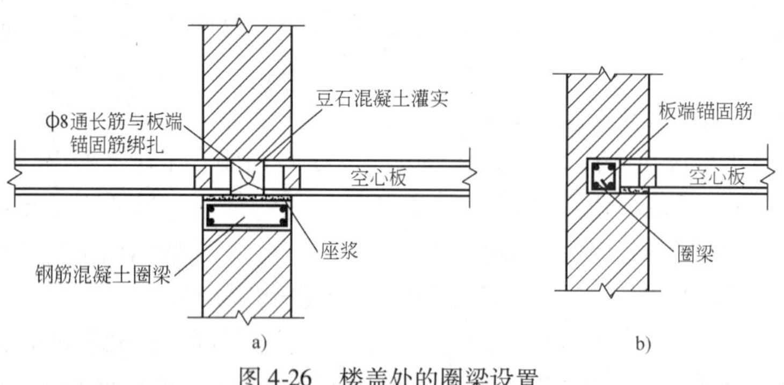

图4-26　楼盖处的圈梁设置

4）圈梁在表4-7要求的间距内无横墙时，应利用梁或板缝中配筋替代圈梁，如图4-27所示。

（4）圈梁截面尺寸及配筋。圈梁的截面高度不应小于120mm，配筋应符合表4-8的要求；当地基为软弱粘性土、液化土、新近填土或严重不均匀土时，应考虑地震时地基不均匀沉降或其他不利影响，为加强基础整体性而增设基础圈梁，截面高度不应小于180mm，配筋不应少于4ϕ12。

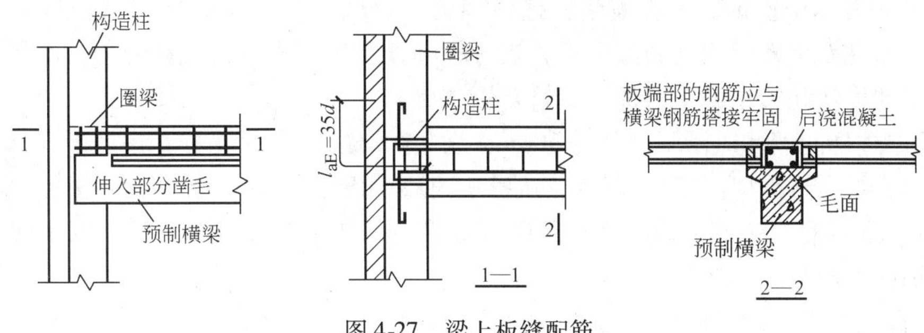

图 4-27　梁上板缝配筋

表 4-8　砖房圈梁配筋要求

配　筋	设防烈度		
	6 度、7 度	8 度	9 度
最小纵筋	4 ϕ10	4 ϕ12	4 ϕ14
最大箍筋间距/mm	250	200	150

（5）墙体间的拉结。6、7 度时长度大于 7. 2m 的大房间，及 8 度和 9 度时，外墙转角及内外墙交接处，应沿墙高每隔 500mm 配置 2 ϕ6 通长钢筋和ϕ4 分布短筋平面内点焊组成拉结网片或ϕ4 点焊网片。

后砌的非承重砌体隔墙应沿墙高每隔 500mm 配置 2 ϕ6 钢筋与承重墙或柱拉结，并每边伸入墙内不应小于 500mm；8 度和 9 度时长度大于 5m 的后砌非承重砌体隔墙的墙顶尚应与楼板或梁拉结。

（6）楼板的搁置长度。现浇钢筋混凝土楼板或屋面板伸进纵、横墙内的长度均不应小于 120mm；装配式钢筋混凝土楼板或屋面板，当圈梁未设在板的同一标高时，板端伸进外墙的长度不应小于 120mm，伸进内墙的长度不宜小于 100mm 或硬架支模连接，在梁上不应小于 80mm，或硬架支模连接。

（7）楼板与圈梁、墙体的拉结。当板的跨度大于 4. 8m 并与外墙平行时，靠外墙的预制板侧边应与墙或圈梁拉结，如图 4-28 所示。对于房屋端部大房间的楼盖，6 度时房屋的屋盖和 7 ~ 9 度时房屋的楼盖、屋盖，以及圈梁设在板底的情况，其中的钢筋混凝土预制板应相互拉结，并应与梁、墙或圈梁拉结。

（8）屋架（梁）与墙柱的锚拉。楼盖、屋盖的钢筋混凝土梁或屋架，应与墙、柱（包括构造柱）或圈梁可靠连接；不得采用独立砖柱。

坡屋顶房屋的屋架应与顶层圈梁可靠连结，檩条或屋面板应与墙及屋架可靠连接，房屋出入口处的檐口瓦应与屋面构件锚固；采用硬山搁檩时，顶层内纵墙顶宜增砌支撑端山墙的踏步式墙垛，并放置构造柱以防止端山墙外闪。

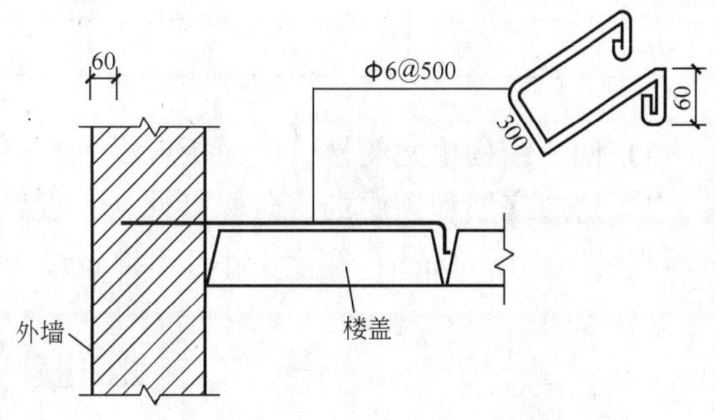

图 4-28　预制板侧边与外墙的拉结

（9）楼梯间。历次地震震害表明，楼梯间由于比较空旷常常破坏严重，在9度及9度以上地区曾多处发生楼梯间的局部倒塌，当楼梯间设在房屋尽端时破坏尤为严重。楼梯间不宜设在房屋的尽端和转角处。楼梯间应符合以下要求：

1）顶层楼梯间墙体应沿墙高每隔500mm设2Φ6通长钢筋φ4分布短筋平面，内点焊组成拉结网片或φ4点焊网片；7～9度时其他各层楼梯间墙体应在休息平台或楼层半高处设置60mm厚的钢筋混凝土带或配筋砖带，其砂浆强度等级不应低于M7.5且不低于同层砂浆强度，纵向钢筋不应少于2Φ10。

2）楼梯间及门厅内墙阳角处的大梁支承长度不应小于500mm，并应与圈梁连接。

3）装配式楼梯段应与平台板的梁可靠连接；8、9度时不应采用装配式楼梯段，不应采用墙中悬挑式踏步或踏步竖肋插入墙体的楼梯，不应采用无筋砖砌栏板。

4）突出屋顶的楼、电梯间，构造柱应伸到顶部，并与顶部圈梁连接，内外墙交接处应沿墙高每隔500mm设2Φ6通长钢筋和φ4分布钢筋平面内点焊组成拉结网片或φ4点焊网片。

（10）丙类多层砌体房屋横墙较少砖房的有关规定与加强措施。对横墙较少的多层普通砖、多孔砖住宅楼的总高度和层数接近或达到规范所规定的限值，应采取以下加强措施：

1）房屋的最大开间尺寸不宜大于6.6m。

2）同一结构单元内横墙错位数量不宜超过横墙总数的1/3，且连续错位不宜多于两道；错位的墙体交接处均应增设构造柱，且楼、屋面板应采用现浇钢筋混凝土板。

3）横墙和内纵墙上洞口的宽度不宜大于1.5m；外纵墙上洞口的宽度不宜大于2.1m或开间尺寸的一半；且内外墙上洞口位置不应影响内外纵墙与横墙的整体连接。

4）所有纵横墙均应在楼、屋盖标高处设置加强的现浇钢筋混凝土圈梁：圈梁的截面高度不宜小于150mm，上下纵筋各不应少于3Φ10，箍筋不小于φ6，间距不大于300mm。

5）所有纵横墙交接处及横墙的中部，均应增设满足下列要求的构造柱：在纵横墙内的柱距不宜大于3m，最小截面尺寸不宜小于240mm×240mm，配筋宜符合表4-9的要求。

表4-9　增设构造柱的纵筋和箍筋设置要求

<table>
<tr><th rowspan="2">位置</th><th colspan="3">纵向钢筋</th><th colspan="3">箍　筋</th></tr>
<tr><th>最大配筋率(%)</th><th>最小配筋率(%)</th><th>最小直径/mm</th><th>加密区范围/mm</th><th>加密区间距/mm</th><th>最小直径/mm</th></tr>
<tr><td>角柱</td><td rowspan="2">1.8</td><td rowspan="2">0.8</td><td>14</td><td>全高</td><td rowspan="3">100</td><td rowspan="3">6</td></tr>
<tr><td>边柱</td><td>14</td><td rowspan="2">上端700
下端500</td></tr>
<tr><td>中柱</td><td>1.4</td><td>0.6</td><td>12</td></tr>
</table>

6）同一结构单元的楼、屋面板应设置在同一标高处。

7）房屋底层和顶层的窗台标高处，宜设置沿纵横墙通长的水平现浇钢筋混凝土带；其截面高度不小于60mm，宽度不小于240mm，纵向钢筋不少于2Φ10，箍筋不少于φ6@200。

本章小结

本章主要介绍了以下几个方面的内容：

（1）过梁、挑梁和墙梁等是混合结构房屋中的常见构件，都是由钢筋混凝土或砌体结构的梁与其上墙体组合而成的混合结构，其特点是墙与梁共同工作。

（2）过梁上的荷载与过梁上的砌体高度有关，当超过一定高度时，由于拱的卸荷作用，上部的荷载可直接传到支座或洞口两侧的墙体上。过梁的跨度根据过梁类型不同有较大的限制，跨度过大则应按墙梁设计。

（3）挑梁的抗倾覆验算，关键在于确定倾覆点位置和抗倾覆力矩，在设计中应予以重视。

（4）墙梁由托梁和其上墙体组成，由于墙体的拱推作用，其承载能力远高于按钢筋混凝土受弯构件单独计算的托梁。现行规范提出了简支墙梁、连续墙梁和框支墙梁的设计方法，并简化了简支墙梁的托梁计算和托梁的斜截面受剪承载力计算，较大地提高了托梁的可靠度。

（5）多层砌体房屋抗震的一般构造要求，应符合《砌体结构设计规范》(GB 50003—2011)的有关规定。

（6）防止裂缝出现的方法主要有两种：一是在砌体产生裂缝可能性最大的部位设缝，使此处应力得以释放；二是加强该处的强度、刚度以抵抗附加应力。具体做法要符合有关规范的规定。

（7）本章的重点是要理解过梁、挑梁和墙梁的受力特点、破坏过程，了解过梁、挑梁和墙梁在受力过程中存在的差异，也要了解其共性——墙与梁共同工作，并在此基础上掌握构件的设计方法。理解并掌握规范中规定的相关构件的应用范围、荷载取值、设计计算公式及构造要求。

思考题与习题

1. 常用的过梁有哪几种类型？它们的适用范围是什么？
2. 如何确定过梁上荷载？
3. 挑梁的破坏形态有哪几种？挑梁承载力计算内容包括哪几方面？
4. 雨篷的承载力验算有哪些？如何进行验算？
5. 墙梁有几种破坏形态，它们分别是怎样产生的？
6. 如何计算墙梁上的荷载？
7. 墙梁设计有哪些构造要求？
8. 圈梁有何作用？简述圈梁的设置原则。
9. 已知过梁净跨 $l_n = 3.3\text{m}$，过梁上墙体高度 1.0m，墙厚 240mm，承受梁、板荷载 12kN/m（其中活荷载 5kN/m）。墙体采用 MU10 粘土砖，M7.5 混合砂浆，过梁混凝土强度等级 C20，纵筋为 HRB335 级钢筋，箍筋为 HPB300 级钢筋。试设计该混凝土过梁。
10. 一承托阳台的钢筋混凝土挑梁埋置于 T 形截面墙段，如图 4-29 所示，挑出长度 $l = 1.8\text{m}$，埋入长度 $l_1 = 2.2\text{m}$；挑梁截面 $b = 240\text{mm}$，$h_b = 350\text{mm}$，挑出端截面高度为 150mm；挑梁墙体净高 2.8m，墙厚 $h = 240\text{mm}$；采用 MU10 烧结多孔砖、M5 混合砂浆；荷载标准值：$F_K = 6\text{kN}$，$g_{1k} = g_{2k} = 17.75\text{kN/m}$，$q_{1k} = 8.25\text{kN/m}$，$q_{2k} = 4.95\text{kN/m}$。挑梁采用 C20 混凝土，纵

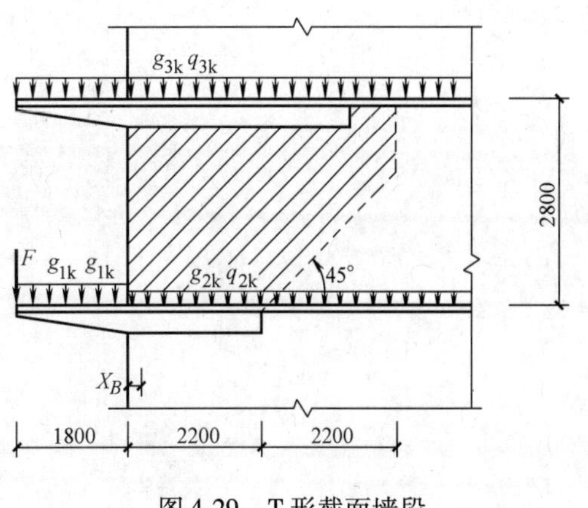

图 4-29　T 形截面墙段

筋为 HRB335 级钢筋，箍筋为 HPB300 级钢筋；挑梁自重：挑出段为 1.725kN/m，埋入段为 2.31kN/m；试设计此挑梁。

11. 入口处钢筋混凝土雨篷，尺寸如图 4-30 所示。雨篷板上均布恒荷载标准值 2.4kN/m^2，均布活荷载标准值 0.8kN/m^2，集中荷载标准值 1.0kN。雨篷的净跨度(门洞宽)为 2.0m，梁两端伸入墙内各 500mm。雨篷板采用 C20 混凝土、HPB300 级钢筋，试设计该雨篷。

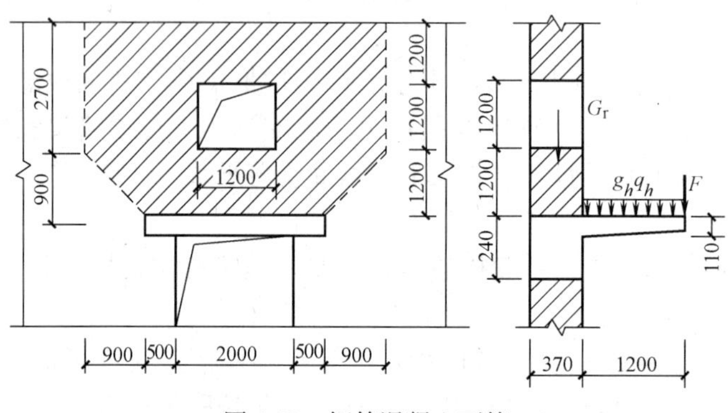

图 4-30　钢筋混凝土雨篷

第5章 建筑钢材

本章要点

本章主要学习钢材的力学性能及对其产生影响的各种因素，明确建筑钢材的各项力学性能指标及其物理意义；熟悉钢材的分类、规格及其表示方法；掌握建筑钢材的选用原则。

5.1 概述

钢结构的主要材料是钢材。钢材种类繁多，性能各异，价格不同。适合钢结构的钢材必须具有良好的力学性能(强度、塑性、韧性等)和加工工艺性能(冷加工、热加工、焊接等)，同时还必须货源充足，价格合理，满足要求的仅是钢材中很小的一部分，如碳素结构钢和低合金高强度结构钢中的几个牌号。

钢材在使用过程中会出现两种性质完全不同的破坏形式，即塑性破坏和脆性破坏。建筑钢结构所选用的钢材虽然具有较好的塑性和韧性，但在一定的条件下也有发生脆性破坏的可能。

材料在破坏之前有显著的变形，且变形延续时间较长，使破坏有明显的预兆，此种破坏为塑性破坏；相反，材料在破坏之前没有显著变形，破坏突然发生，没有任何预兆，这种破坏称为脆性破坏。塑性破坏在破坏前有明显的变形且时间延续较长，很容易被发现并采取措施补救；脆性破坏在破坏前无显著变形而突然发生，无法及时察觉，况且一旦发生还会导致整个结构倒塌，因而会造成严重后果，其造成的危害和损失比塑性破坏大得多，所以脆性破坏在钢结构使用过程中应该严加防止。因此，研究和掌握钢材在各种应力状态下的工作性能，特别是产生脆性破坏的原因和影响钢材性能的因素，从而在实际工程中合理而经济地选择钢材，进行结构设计，是学习钢结构非常重要的内容。

《钢结构设计规范》(GB 50017—2003)所推荐的各种建筑钢材，一般都有较好的塑性和韧性，在正常情况下，不会发生脆性破坏。但是，钢材的破坏形式，除与钢材的品种、性质有关以外，还与钢结构的使用、加工条件等多种因素有关。因此，必须有充分的认识。

5.2 建筑钢材的力学性能

5.2.1 建筑钢材的力学性能及其技术指标

钢结构在使用过程中，会受到各种作用，因此选用的钢材必须具备抵抗各种作用的能力，就是钢材在各种作用下所表现出来的强度、塑性、冷弯性能、冲击韧性等特性。这些性能通过钢材的力学性能指标来衡量，它们是钢结构设计的重要依据，也是衡量钢材质量的重要依据。

1. 钢材的强度和塑性

（1）有明显屈服点的钢材。建筑钢材的强度和塑性，一般都是通过常温静载条件下单向均匀拉伸试验测定的。将钢材的标准试件放在拉伸试验机上，在常温下按规定的加载速度均匀地施加拉力荷载，使试件逐渐伸长直至被拉断破坏。然后根据加载过程中所得的数据画出其应力-应变曲线(即 σ-ε 曲线)。如图 5-1 所示为低碳钢 Q235 在常温静载下单向均匀拉伸试验的应力-应变曲线。图中纵坐标是试件横截面的应力 $\sigma=F/A$。（F、A 分别为试件的受拉荷载和试件变形前的面积)；横坐标是应变 $\varepsilon=\Delta l/l_0$(l_0、Δl 分别为试件的原标距长度和标距长度的伸长量)。根据 σ-ε 曲线，低碳钢在单向受拉过程中的工作特性，可以分为以下五个阶段：

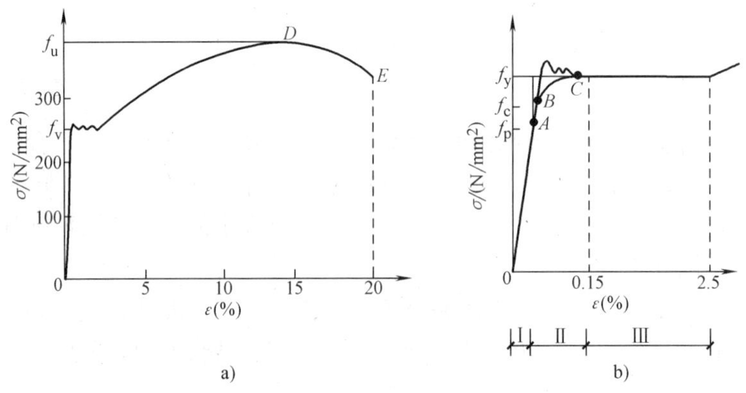

图 5-1　低碳钢应力-应变曲线示意图

① 弹性阶段(图 5-1b 中的 OA 段)。钢材拉伸时的加载与卸载过程表明，当应力 σ 不超过某一应力值 σ_P(即曲线上 A 点的应力)时，应力与应变有比例关系，应力增加，应变也随之增加；应力减小，应变也随之减小；应力为零时(卸除荷载后)，应变也为零(变形完全恢复)。此时钢材处于弹性工作阶段，此类应变称为弹性应变，对应于此阶段最高点 A 的应力 σ_P 称为弹性极限。

实际上，上述弹性阶段 OA 是一直线段，应力与应变成正比关系，符合胡克定律，即 $\sigma=E\varepsilon$，E 在数值上为该直线段的斜率，称为钢材的弹性模量。《钢结构设计规范》(GB 50017—2003)取各类建筑钢材的弹性模量 $E=2.06\times10^5\text{N/mm}^2$。对应于直线段最高点处的应力 σ_P 称为比例极限。

② 弹塑性阶段(图 5-1b 中的 AB 段)。当施加荷载使应力超过弹性极限 σ_P(即 $\sigma>\sigma_P$)，钢材不再是完全弹性的，此时钢材的变形将出现弹性和塑性两种变形。弹性模量在 B 点趋于零，因此 B 点称为钢材的屈服点(σ_s 也称屈服极限)，此时钢材的强度，也称为屈服强度 f_y。如果此时卸载，σ-ε 曲线将从卸载点开始沿着与 OA 平行的方向下降，至应力为零时，部分应变不会消失而形成残余变形。由此可见，处于弹塑性阶段的试件，卸载后弹性变形可以恢复，而塑性变形则永久残余。

③ 屈服阶段(图 5-1b 中的 BC 段)。当继续施加荷载使应力达到某一数值时，此时应力 σ 稳定在某固定值，荷载暂时不再增加，但应变却仍继续增加，形成近似水平段 BC。此时，BC 段通常称为屈服台阶。在此阶段，钢材完全处于塑性状态。整个屈服阶段所对应的应变幅度称为流幅。钢材品种不同，其流幅的大小也不同。流幅越大，则钢材的塑性越好。

钢材的屈服点 σ_s 是衡量钢材承载能力的重要指标之一。这是因为钢材屈服后，将暂时失去继续承受荷载的能力，而且伴随产生较大变形。因此，在钢结构设计中把屈服点 σ_s 作为钢材强度承载能力极限状态的标志。

④ 强化阶段(图 5-1a 中的 CD 段)。钢材经历了屈服阶段较大的塑性变形后，钢材内部组织经重新调整，又恢复了承载能力，应力-应变曲线又开始上升进入强化阶段，直至应力达到 D 点的最大值，即抗拉强度 f_u(此时应力为极限应力 σ_u)，它是钢材抗拉破坏能力的极限。钢材的抗拉强度 f_u 也是衡量钢材强度的一项重要指标。

⑤ 颈缩阶段(图 5-1a 中的 DE 阶段)。当试件的应力达到 σ_u 时，在试件某一薄弱截面处，横截面局部出现横向收缩——颈缩，变形剧增，荷载下降，直至断裂，曲线达到 E 点。曲线 DE 段称为颈缩阶段。

试件被拉断后标距长度的伸长量与原标距长度比值的百分数称为钢材的伸长率，用 δ 表示。

$$\delta = \frac{(l_1 - l_0)}{l_0} \times 100\%$$

式中 l_0——试件原标距长度；

l_1——试件被拉断后标距间的长度。

伸长率是衡量钢材塑性的主要指标。伸长率 δ 越大，表示钢材被拉断前产生永久塑性变形的能力越强，钢材的塑性就越好。衡量钢材塑性的指标，常采用伸长率 δ。

试件被拉断后，其断口处横截面面积的减小值与原横截面面积比值的百分数称为钢材的断面收缩率，用 ψ 表示。

$$\psi = \frac{(A_0 - A_1)}{A_0} \times 100\%$$

式中 A_0——试件原来的横截面面积；

A_1——试件被拉断后断口处的横截面面积。

断面收缩率是衡量钢材塑性的又一个重要指标，它反映了钢材在颈缩区三向同号拉应力状态下可能产生的最大塑性变形能力。断面收缩率 ψ 越大，钢材的塑性就越好。

综上所述，通过一次静力均匀拉伸试验，可以测定钢材的三项基本力学性能指标，其中强度方面，即屈服强度 f_y 和抗拉强度 f_u；塑性方面，即伸长率 δ。对于一般厚度($t \leqslant 16$mm)的 Q235 钢，国家标准《碳素结构钢》(GB/T 700—2006)规定，$f_y \geqslant 235\text{N/mm}^2$，$f_u = 375 \sim 460\text{N/mm}^2$，$\delta_5 \geqslant 26\%$。$\delta_5$ 指在标准拉伸试验中采用短试件 $l_0 = 5d$ 时测得的 δ 值。

此外，考虑到钢材的弹性极限与其屈服点的值比较接近，为简便计算，通常假定屈服点以前材料为完全弹性体，屈服点以后材料为完全塑性体，从而把钢材视为理想的弹-塑性材料，其应力-应变曲线简化为理想的弹塑性体的应力-应变曲线，如图 5-2 所示。

(2) 无明显屈服点的钢材。高强度钢材(如热处理钢材)没有明显的屈服点和屈服台阶，应力-应变曲线形成一条连续曲线。对于没有明显屈服点的钢材，以残余变形为 $\varepsilon = 0.2\%$ 时的应力作为名义屈服强度，用 $f_{0.2}$ 表示，其值约等于极限抗拉强度的 85%(图 5-3)。

钢材在一次压缩或剪切所表现出来的应力-应变变化规律基本上与一次拉伸试验时相似，压缩时的各强度指标也取用拉伸时的数据，只是剪切时的强度指标数值比拉伸时的强度指标数值小。

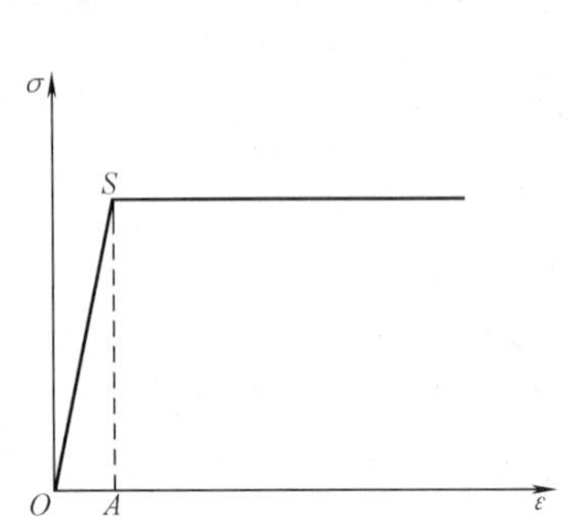

图 5-2　理想弹塑性体的应力-应变曲线

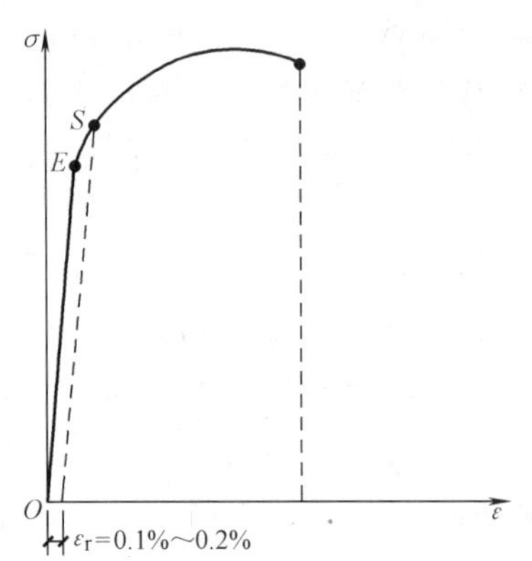

图 5-3　钢材的条件屈服点

2. 钢材的冷弯性能

钢材的冷弯性能是衡量钢材在常温即冷加工弯曲时产生塑性变形的能力，是钢材衡量对产生弯曲裂缝的抵抗能力的一项指标。钢材的冷弯性能可在材料试验机上通过冷弯试验显示出来。冷弯性能试验装置如图 5-4 所示。

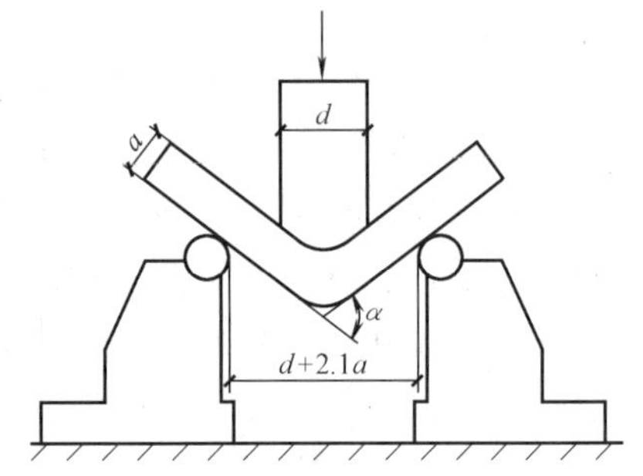

图 5-4　冷弯性能试验装置

通过冷弯冲头加压，把试件弯曲到某一规定的角度 α(一般取 $\alpha=180°$)，检查试件弯曲部分的外表面，如无裂缝、断裂或分层，则认为冷弯性能合格。试验中所用的弯心直径 d，应视试件的厚度 a 和试件的取样方向而定。对于厚度(直径)不大于 60mm 的 Q235 钢，国家标准《碳素结构钢》(GB 700—2006)规定的冷弯性能合格的标准是：试件宽度 $b=2a$，弯心直径 $d=a$(纵向试样，对型钢)或 $d=1.5a$(横向试样，对钢板和钢带)且冷弯 180°时试件无裂缝、断裂或分层。

冷弯性能也是衡量钢材力学性能的一项指标，冷弯性能试验是比单向拉伸试验更为严格的一种试验方法。它不仅能表达钢材的冷加工性能，而且也能暴露钢材内部的缺陷(如非金属夹杂和分层等)，因此也是一项衡量钢材综合性能的指标。

3. 钢材的韧性

钢材的韧性是衡量钢材在冲击荷载作用下抵抗脆性破坏的力学性能指标，其衡量指标常用冲击韧度。实际的钢结构常常会承受冲击或振动荷载，如厂房中的吊车梁、桥梁结构等。为保证结构承受动力荷载安全，要求钢材的韧性好且冲击韧度值高。

冲击韧度由冲击试验求得(图 5-5)。可用 V 型缺口的标准试件，在冲击试验机上通过动摆施加冲击荷载，使之断裂，由此测出试件受冲击荷载发生断裂所吸收的冲击吸收能量，即

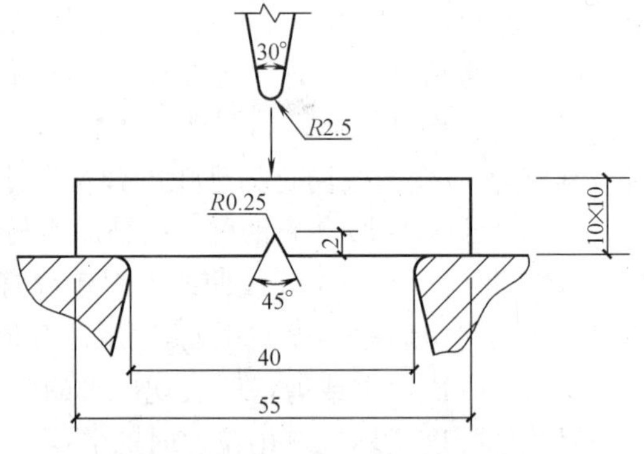

图 5-5　冲击韧度试验示意图

为材料的冲击韧度，用A_{KV}表示，其单位为J(焦耳)。A_{KV}值越高，材料在动载作用下抵抗脆性破坏的能力越强，韧性越好。冲击韧度还可以采用U型缺口试件。这时冲击韧度以试件破坏时，缺口截面单位面积吸收的冲击功衡量，用α_K表示，单位是J/cm^2。

冲击韧度除与钢材的质量密切相关外，还与钢材的轧制方向有关。由于顺着轧制方向(纵向)的内部组织较好，故在这个方向切取的试件冲击韧度值较高，横向则较低。现钢材标准规定按纵向采用。

5.2.2 影响建筑钢材力学性能的因素

影响钢材性能的因素很多，主要有钢材的化学成分，钢材的冶炼、浇铸、轧制等生产工艺过程，钢材的硬化，以及复杂应力和应力集中、残余应力等。

1. 化学成分对钢材性能的影响

钢的主要成分是铁(Fe)，其次是碳(C)。碳素结构钢中纯铁含量占99%以上。除铁和碳外，还有冶炼过程中留下来的杂质，如硅(Si)、锰(Mn)、硫(S)、磷(P)、氮(N)、氧(O)等元素，低合金高强度结构钢中还含有合金元素，如锰、硅、钒(V)、铜(Cu)、铌(Nb)、钛(Ti)、铝(Al)、铬(Cr)、铂(Mo)等。合金元素通过冶炼工艺以一定的结晶形式存在于钢材中，从而改善钢材的性能。同一种元素以合金的形式和杂质的形式存在与钢中，其影响是不同的。

(1) 碳。碳是形成钢材强度的主要成分。钢材中含碳量增加，会使钢材的屈服点和抗拉强度提高，但却使其塑性、冷弯性能和冲击韧性(特别是低温状态的冲击韧性)降低，可焊性以及抗蚀性也会明显变差。因此，钢结构采用的钢材，其含碳量不能过高，一般不应超过0.17%~0.22%。

(2) 锰和硅。锰和硅是钢材中的有益元素，都是脱氧剂。它们既可提高强度，又不会过多降低钢材的塑性和冲击韧性。低合金钢中锰的含量在1.0%~1.7%之间。硅的含量在碳素镇静钢中为0.12%~0.3%，在低合金钢中为0.2%~0.55%。

(3) 钒、铌、钛是钢中的合金元素，既可以提高钢材强度，又可以保持钢材良好的塑性和韧性。

(4) 硫和磷是冶炼过程中留在钢中的杂质，是有害元素。它们会降低钢材的塑性、韧性、可焊性和疲劳强度。特别是硫，能生成易于熔化的硫化铁，当热加工及焊接使温度达800~1000℃时，使钢材出现裂缝、变脆，此种现象称为“热脆”现象，这对钢材热加工极为不利。而在低温时，磷的存在使钢材的冲击韧性降低很多，此种现象称为“冷脆”现象，这对低温下工作的结构极为不利。因此，对硫和磷的含量必须严加控制，一般硫的含量不得超过0.045%~0.05%，而磷的含量不得超过0.045%。但磷可提高钢材的强度和抗蚀性，如高磷钢(磷含量可达0.12%)。

(5) 氧和氮。氧和氮属于有害杂质元素。氧使钢材产生“热脆”现象，其影响比硫严重；氮使钢材产生“冷脆”现象，其影响与磷相似。因此，氧和氮在钢材中的含量也要严格控制，一般氧的含量应低于0.05%，氮的含量应低于0.008%。

2. 冶炼和轧制等工艺过程的影响

常见冶炼形成的缺陷有偏析、非金属夹杂、裂缝和分层。偏析是指钢材中化学成分不均匀；非金属夹杂是指掺杂在钢材中的非金属夹杂(硫化物和氧化物)；裂缝是在冶炼、轧制、加工和使用过程中出现的。分层是钢材在厚度方向不密合、分成多层。此外，还有在浇注钢锭时，由氧化铁与碳作用形成的一氧化碳气体不能充分逸出而形成的气泡。偏析、夹层、裂缝等缺陷都会使钢材性能变差。钢材经过轧制最后成型，经过轧制钢材的结晶体会细密均匀，内部的气泡裂痕得到压合，从而使钢材强度、塑性和冲击韧度增强。

3. 钢材硬化的影响

钢材的硬化主要是指钢材的时效硬化和冷作硬化。所谓时效硬化是指冷加工时留在钢材中的少量氮和碳在放置一段时间后，形成氮化物和碳化物，使其力学性能发生变化的现象。钢材经过时效硬化，其强度提高，而其塑性和韧性下降。钢材的冷作硬化又称为钢材的应变硬化，是根据钢材在拉伸时表现出的力学性能，将钢材在使用前进行加载超过屈服点后再卸载，使钢材的弹性极限提高，塑性降低。因此，钢材的冷作硬化能提高钢材的强度，但降低了钢材的塑性和韧性，这对于直接承受动载的结构要格外注意。

4. 复杂应力的影响

钢材在反复荷载作用下，结构的抗力及性能都会发生重大变化。在直接、连续、反复的动力荷载作用下，钢材的强度低于一次静力荷载作用下的拉伸试验的极限强度f_u，钢材微观裂缝将不断扩展，直至断裂，表现为突然发生的脆性断裂。

实践证明，应力水平不高或荷载反复次数不多的钢构件一般不会发生脆性断裂。但是，长期反复承受频繁、反复荷载的结构及其连接部位，例如承受重级工作制起重机的吊车梁等，在设计中就必须考虑结构的断裂问题。

5. 应力集中的影响

在钢构件中一般经常存在孔洞、缺口、凹角，以及发生截面的厚度或宽度变化等，由于截面的突然改变，致使应力线曲折、密集，故在孔洞边缘或缺口尖端等处，将出现局部高峰应力，而其他部位应力则较低，截面应力分布很不均匀，这种现象称为应力集中。

一般情况下，当构件只承受静荷载作用时，应力集中可以因材料本身具有塑性而得到缓和。应力集中一般不影响截面的静力极限承载能力，设计时可不考虑其影响。但是，对于承受动力荷载作用的结构，若应力集中程度较严重，特别是在低温环境下，或者再有冷作硬化等因素作用，则会引起钢材发生脆性破坏。因此，对于这类构件，在设计时应格外注意，可采取合理设计构件形状，避免构件截面急剧变化等构造措施产生应力集中，防止钢材脆性破坏。

6. 温度变化的影响

钢材的力学性能对温度变化非常敏感，随着温度的升高，钢材强度降低，变形增大。约在200℃以内钢材性能没有很大变化，430～540℃之间则强度(屈服强度和抗拉强度)降低幅度较大，到600℃时强度很低就不能承担荷载了。此外，250℃左右有“蓝脆”现象，260～320℃时有“徐变”现象。“蓝脆”现象是指温度在250℃左右，极限强度f_u局部性能提高，屈服强度f_y也有回升现象，同时塑性有所降低，材料有转脆倾向。在蓝脆区进行热加工，可能引起裂缝。“徐变”现象指在应力持续不变的情况下，钢材以很缓慢的速度继续变形。

在负温范围内，极限强度f_u与屈服强度f_y都提高，但塑性变形能力减小，因而材料转脆，对冲击韧性的影响十分显著。

5.3 建筑钢材的种类及选用

5.3.1 建筑钢材的种类

钢结构所用的钢材有不同的种类，每个种类中有不同的编号，即钢种和钢号。在建筑工程中所用的建筑钢材基本上都是碳素结构钢和低合金高强度结构钢。

首先，认识一下钢结构用钢的牌号。所有牌号是采用国家标准《碳素结构钢》(GB/T 700—2006)和《低合金高强度结构钢》(GB/T 1591—2008)的表示方法。它由代表屈服强度的字母、屈服强度的数值、质量等级符号、脱氧方法符号四个部分按顺序组成。所采用的符号分别用以下字母表示：

Q——钢材屈服强度(“屈”字汉语拼音首位字母)；
A、B、C、D——分别为质量等级，其中A级最差，D级最优；
F——沸腾钢(“沸”字汉语拼音首位字母)；
b——半镇静钢(“半”字汉语拼音首位字母)；
Z——镇静钢(“镇”字汉语拼音首位字母)；
TZ——特殊镇静钢(“特镇”两字汉语拼音首位字母)。

此外，A、B级钢分沸腾钢、半镇静钢或镇静钢，而C级钢全为镇静钢，D级钢则全为特殊镇静钢。按上面牌号表示钢种和钢号，低碳素结构钢的Q235—AF表示屈服强度为235N/mm^2、质量等级为A级的沸腾钢；Q235—B表示屈服强度为235N/mm^2、质量等级为B级的镇静钢(“Z”与“TZ”符号可以省略)。

低合金高强度结构钢的等级符号，除与碳素结构钢A、B、C、D四个等级相同外，增加了一个等级E，主要是要求-40℃的冲击韧度。低合金高强度结构钢的Q345—C表示屈服强度为345N/mm^2、质量等级为C级的镇静钢；Q420—E表示屈服强度为420N/mm^2、质量等级为E级的特殊镇静钢(低合金高强度结构钢全为镇静钢或特殊镇静钢,故F、b、Z与TZ符号均省略)。

1. 低碳素结构钢的品种与性能

低碳素结构钢是我国生产的专用于结构的普通碳素钢。碳素结构钢的牌号共分五种，即Q195、Q215、Q235、Q255和Q275。考虑到Q195的屈服强度仅供参考，故不能用于受力构件。Q215含碳量低，强度较低，一般也不在钢结构中使用。Q255和Q275含碳量过高、脆性大，不适用于建筑钢结构。而Q235的含碳量和强度、塑性、可焊性等均较适用，因此它是建筑钢结构中主要采用的品种。Q235共分A、B、C、D四个质量等级，各级的化学成分和力学性能也有所不同，其中A、B级钢有沸腾钢、半镇静钢和镇静钢，而C级钢为镇静钢，D级钢为特殊镇静钢。在力学性能中，A级钢保证f_y、f_u和δ_5三项指标，不要求冲击韧度，冷弯试验也只在要求时才进行；B、C、D级均保证f_y、f_u、δ_5、冷弯性能和冲击韧度。在化学成分方面，要求碳(C)、锰(Mn)、硅(Si)、硫(S)、磷(P)的含量符合相应质量等级的规定，但A级钢的碳、锰含量在保证力学性能符合规定时可以不作为交货条件。

2. 低合金高强度结构钢的品种与性能

低合金高强度结构钢是在钢的冶炼过程中添加少量合金元素(合金元素的总量低于

5%），以提高钢材的强度、抗蚀性及低温冲击韧度等。低合金高强度结构钢均为镇静钢或特殊镇静钢，所以它的牌号只有字母 Q、屈服强度数值、质量等级三部分，其中质量等级有 A、B、C、D、E 五个级别。A 级无冲击韧度要求，B、C、D、E 级均有冲击韧度要求。国家标准《低合金高强度结构钢》（GB/T 1591—2008）规定，低合金高强度结构钢分为 Q345、Q390、Q420、Q460、Q500、Q550、Q620、Q690 八种，以平均含碳量的百分数前两位数字及主要合金元素表示，如 16 锰钢（16Mn）表示平均含碳量为 0.16%，主要合金元素为锰；15 锰钒钢（15MnV）表示平均含碳量为 0.15%，主要合金元素为锰和钒。而 16Mnq 和 15MnVq 则是指 16 锰桥钢和 15 锰钒桥钢，它们与新标准 Q345 和 Q390 牌号的钢材性能相近。

5.3.2 建筑钢材的规格

建筑钢结构所用的钢材主要有热轧成型的钢板和型钢、冷弯成型的薄壁型钢和压型钢板，其中型钢可直接用作构件，减少制作工作量，因此在设计中应优先选用。

1. 热轧钢板

钢板分厚板、薄板和扁钢。厚板的厚度为 4.5～60mm，宽 0.6～3m，长 4～12m；薄板厚度为 0.35～4mm，宽 0.5～1.5m，长 0.5～4m；扁钢厚度为 4～60mm，宽度为 12～200mm，长 3～6m。厚板广泛用来组成焊接构件和连接钢板，薄板是冷弯薄壁型钢的原料。其代号用“宽×厚×长（单位为 mm）”及其前面附加钢板横截面“–”的方法表示，如–800×12×2100。

2. 热轧型钢

热轧型钢有角钢、工字钢、槽钢、H 形钢、T 形钢等，如图 5-6 所示。

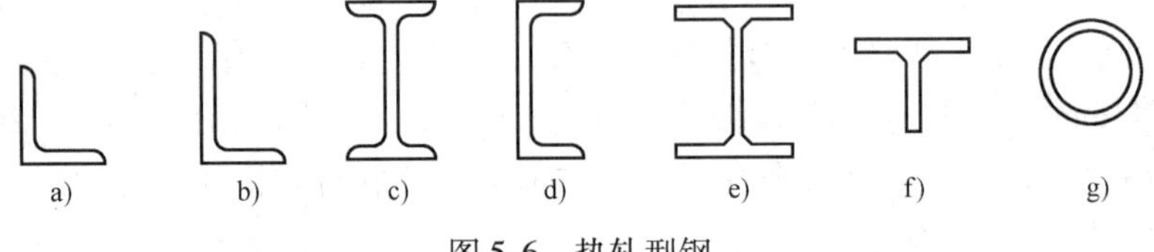

图 5-6 热轧型钢

（1）工字钢。工字钢分为轻型工字钢和普通工字钢两种。轻型工字钢的翼缘和腹板的厚度较小。普通工字钢以符号“I”后加截面高度（单位为 cm）表示，如 I16。20 号以上的工字钢，同一截面高度有三种腹板厚度，以 a、b、c 区分（其中 a 类腹板最薄），如 I36b。轻型工字钢以符号“QI”后加截面高度（单位为 cm）表示，如 QI25。我国生产的普通工字钢规格有 10～63 号，轻型工字钢规格有 10～70 号。工程中不宜使用轻型工字钢。工字钢翼缘的内表面是倾斜的，翼缘内厚外薄，截面在宽度方向（即对平行于主轴的弱轴）的惯性矩和回转半径比高度方向（即强轴）小得多，因此在应用上有一定的局限性，一般适用于单向受弯构件。

（2）角钢。角钢分为等边角钢和不等边角钢两种。等边角钢其互相垂直的两肢长度相等，用符号“∟”和边宽×肢厚的毫米数表示，如∟100×10 表示肢宽 100mm、肢厚 10mm 的等边角钢。不等边角钢其互相垂直的两肢长度不相等，用符号“∟”和长肢宽×短肢宽×厚度的毫米数表示，如∟100×80×8 表示长肢宽 100mm、短肢宽 80mm、肢厚 8mm 的不等边角钢。我国目前生产的等边角钢规格有∟20×3～∟200×24，不等边角钢有∟25×16×3～∟200×125×18，长度均为4～19m。

（3）槽钢。槽钢分为普通槽钢和轻型槽钢两种，其代号分别用“[”和“Q[”加截面高度(单位为cm)及号数表示，并以a、b、c区分同一截面高度中的不同腹板厚度，其意义与工字钢相同。如[20与Q[20分别代表截面高度为200mm的普通槽钢和轻型槽钢。我国目前生产的普通槽钢规格有[5～[40c，轻型槽钢规格有Q[5～Q[40。

（4）H型钢。H型钢分为宽翼缘H型钢、中翼缘H型钢和窄翼缘H型钢三类，此外还有H型钢桩，其代号分别为HW、HM、HN、HP。H型钢的规格以代号后加“高度×宽度×腹板厚度×翼缘厚度(单位为mm)”表示，如HW340×250×9×14。我国正在积极推广采用H型钢。H型钢桩的腹板与翼缘厚度相同，常用作柱子构件。

（5）钢管。钢管分无缝钢管和电焊钢管两种，型号用“ϕ”和外径×壁厚的毫米数表示，如ϕ219×14为外径219mm、壁厚14mm的钢管。

3. 冷弯薄壁型钢

冷弯薄壁型钢一般由厚度为2～6mm的热轧薄钢板经冷弯或模压成型，其截面各部分的厚度相同，转角处均为圆弧形，如图5-7所示。因其壁薄，截面几何形状开展，因而与面积相同的热轧型钢相比，其截面惯性矩较大，是一种高效经济的截面。其缺点是壁薄，对锈蚀影响较为敏感，故多用于跨度小、荷载轻的轻型钢结构中。

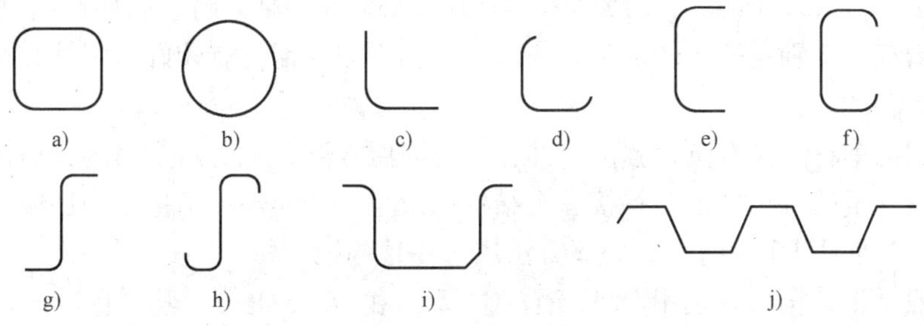

图5-7　冷弯薄壁型钢

5.3.3　建筑钢材的选用

选择钢材就是确定钢材牌号，包括确定钢材的品种、脱氧方法、质量等级并提出应有的力学性能指标及化学成分的保证项目。

钢材的选用原则是：保证技术可靠，同时要经济合理，节约钢材。选择钢材时应考虑以下因素：

1. 结构的重要性

根据《建筑结构可靠度设计统一标准》(GB 50068—2001)的规定，建筑物(及其构件)按其破坏后果的严重性，分为重要的、一般的和次要的三类，相应的安全等级为一、二和三级。因此，对安全等级为一级的重要的房屋(及其构件)，如重型厂房钢结构、大跨钢结构、高层钢结构等，应按一级考虑，选用质量好的钢材；对一般或次要的房屋及其构件可按其性质，按二级考虑，选用普通质量的钢材。

2. 荷载作用特征

结构所受荷载分静力荷载和动力荷载两种。对直接承受动力荷载的构件如吊车梁，应选用综合质量和韧性较好的钢材；对承受静力荷载的结构，可选用普通质量的钢材。

3. 连接方法

钢结构的连接方法有焊接和非焊接(螺栓连接或铆钉连接)两种。对于焊接结构，钢材应选用塑性、韧性，特别是可焊性好，碳、硫、磷含量较低的钢材；而对非焊接结构，这些要求可适当放宽。

4. 工作条件

结构的工作环境对钢材有很大影响，如钢材处于低温工作环境时易产生低温冷脆现象，此时应选用抗低温脆断性能较好的镇静钢。此外，对周围环境有抗蚀性介质或处于露天的结构，易引起锈蚀，所以应选择具有相应抗蚀性的钢材。

5. 结构构件的受力状态

结构或构件受三向拉应力时会发生脆性破坏。此外，由于钢材在生产及加工过程中必然存在应力集中现象，特别是对于承受拉力的构件，应力集中的影响会更严重，因此，宜选用质量较好的钢材。

6. 钢材厚度

厚度大的钢材不仅强度、塑性、冲击韧度较差，而且其焊接性能沿厚度方向的受力性能亦较差。故在需要采用大厚度钢板时，应选择 *Z* 向钢板。

我国目前可选用的结构钢材主要是碳素结构钢 Q235 和低合金结构钢 Q345(16Mn)、Q390(15MnV)、Q420、Q460。一般结构多选用 Q235 钢；对大跨、高层或荷载较大以及承受较大动力荷载，特别是处于较低负温环境的结构，需要钢材有较好的塑性和冲击韧度，可选用 Q345 或 Q390。

承重结构的钢材应具有抗拉强度、伸长率、屈服强度且硫、磷含量的合格保证，对焊接结构应具有碳含量的合格保证，焊接承重结构以及重要的非焊接承重结构还应具有冷弯试验的合格保证，当使用 Q235 时，其脱氧方法应选用镇静钢。

对于一般承重结构，宜选用 Q235 钢、Q345 钢和 Q390 钢等，其质量应分别满足现行国家标准。但以下两种情况的承重结构和构件不宜采用 Q235—A 钢。

(1) 焊接结构。直接承受动力荷载或振动荷载且需要验算疲劳强度的结构；室外空气温度低于 -20℃ 的直接承受动力荷载或振动荷载但可不验算疲劳的结构，以及承受静力荷载的受弯及受拉的重要承重结构；室外空气温度等于或低于 -30℃ 的所有承重结构。

(2) 非焊接结构。室外空气温度等于或低于 -20℃ 的直接承受动力荷载且需要验算疲劳强度的结构。

本 章 小 结

(1) 钢材的力学性能是衡量钢材质量的重要指标之一。对于承重结构用钢材，其主要的力学性能有屈服强度、抗拉强度、伸长率、冷弯性能、冲击韧度以及焊接性。

(2) 影响钢材力学性能的因素有钢材的化学成分、冶炼加工工艺过程、钢材硬化、应力状态和应力集中以及工作环境(温度)等。

(3) 钢材的选择应考虑钢结构的重要性、荷载特征、连接方法、工作环境(温度)、受力状态以及钢材厚度等多种因素。

思考题与习题

1. 钢材有哪几项主要力学性能指标？各项指标可用来衡量钢材哪些方面的性能？
2. 钢材的破坏形式有几种？
3. 碳、锰、硫、磷对碳素结构钢的力学性能分别有哪些影响？
4. Q235 钢中四个质量等级的钢材在脱氧方法和力学性能上有何不同？
5. 碳素结构钢和低合金高强度结构钢牌号中的符号分别代表什么意义？
6. 选用钢材应考虑哪些因素？

第 6 章　钢结构设计方法

本 章 要 点

通过本章的学习，要求了解我国目前的结构设计理论体系，对钢结构的设计有一个总体认识，掌握结构设计表达式。

6.1　概述

钢结构设计的基本原则是技术先进、经济合理、安全适用和确保质量。

6.1.1　结构的功能要求

结构的功能要求按《建筑结构可靠度设计统一标准》(GB 50068—2001)的规定为：

(1) 安全性。结构在正常的设计、施工和使用条件下，应该能承受可能出现的各种作用。在偶然荷载作用下或偶然事件发生时或发生后，结构仍能保持必要的整体稳定性，不致倒塌。

(2) 适用性。在正常使用时能满足预定的使用要求，具有良好的工作性能，其变形、振动等均不超过规定的限度。

(3) 耐久性。结构在正常维护下具有足够的耐久性。如不产生影响结构能够正常使用到规定的设计使用年限的严重锈蚀等。

6.1.2　结构的可靠性和可靠度

结构的可靠性定义为结构在规定的时间(即设计时所假定的基准使用期,见表 6-1)内，在规定的条件(正常的设计、施工、使用和维护条件)下，完成预定功能(安全性、适用性、耐久性)的能力。

表 6-1　设计使用年限分类

类　别	设计使用年限/年	示　例
1	5	临时性结构
2	25	易于替换的结构构件
3	50	普通房屋和构筑物
4	100	纪念性建筑和特别重要的建筑结构

注：设计使用年限是指设计规定的结构或结构构件不需进行大修即可按其预定目的使用的时期。

结构可靠度可定义为“结构在规定的时间内，在规定的条件下，完成预定功能的概率”，它是对结构可靠性的概率度量，是从统计数学观点出发的比较科学的定义，也是考虑了许多影响结构可靠性的因素，如荷载、材料性能、施工质量和计算方法等随机变量后，在设计时对数据的取值与结构的实际状况有一定的出入时，对于不能事先确定的因素，用比较科学的方法即概率来描述。

6.2 概率极限状态设计法

结构设计要解决的根本问题是在结构的可靠和经济之间选择一种最佳的平衡，寻找最经济的方法建立能满足各项预定功能要求的结构。考虑到影响结构的诸多不确定因素，《建筑结构可靠度设计统一标准》(GB 50068—2001)中规定结构设计所采用的方法为以概率理论为基础的极限状态设计法，应用概率的方法按照结构达到不同极限状态的要求进行设计。

钢结构设计中除疲劳计算外，均采用以概率理论为基础的极限状态设计法，这是由于疲劳极限状态的概念还不够确切，对于各种相关因素研究不够，只能沿用传统的容许应力设计法，即将过去以应力比概念为基础的疲劳设计改为以应力幅为准的疲劳强度设计。

6.2.1 钢结构设计原则

结构的极限状态系指结构或结构构件能满足设计规定的某一功能要求的临界状态。承重结构应按承载能力极限状态和正常使用极限状态进行设计。

承载能力极限状态包括：构件和连接的强度破坏、疲劳破坏和因过度变形而不适于继续承载，结构和构件丧失稳定，结构转变为机动体系和结构倾覆。

正常使用极限状态包括：影响结构、构件和非结构构件正常使用或外观的变形，影响正常使用的振动，影响正常使用或耐久性的局部损坏。

6.2.2 分项系数概率极限状态设计表达式

直接应用结构可靠度或结构失效概率进行概率运算比较复杂，为了方便工程设计，用优化方法等效转化为工程技术习惯上用的基本变量标准值和分项系数形式的极限状态设计表达式。

$$S = \gamma_0\left(S_{\mathrm{G}} + S_{\mathrm{Q1}} + \sum_{i=2}^{n} \psi_{ci} S_{\mathrm{Q}i}\right) \tag{6-1}$$

式中 S_{G}、S_{Q1}、$S_{\mathrm{Q}i}$——永久荷载、第1个可变荷载和其他第 i 个可变荷载的荷载效应。

组成结构抗力 R 的材料(焊缝为熔敷金属)性能标准值 f_{k} 为结构构件或连接的材料特征强度(钢材为屈服强度 f_y)，分项系数 γ_{R} 则用来考虑结构构件或连接材料的强度与试件强度的差别、施工质量的局部缺陷、计算公式的不精确等。γ_{R} 的数值在 γ_{G}、γ_{Q} 确定后，根据可靠指标 β 进行匹配求出。对 Q235 钢，$\gamma_{\mathrm{R}} = 1.087$；对 Q345、Q390、Q420 钢，$\gamma_{\mathrm{R}} = 1.111$。以 α_{K} 表示截面面积或截面模量等几何参数的标准值，则结构抗力 R 可用下列公式表达

$$R = \alpha_{\mathrm{K}} \frac{f_{\mathrm{K}}}{\gamma_{\mathrm{R}}} \tag{6-2}$$

按概率极限状态设计法应满足 $S \leqslant R$，即

$$\gamma_0\left(S_{\mathrm{G}} + S_{\mathrm{Q1}} + \sum_{i=2}^{n} \psi_{ci} S_{\mathrm{Q}i}\right) \leqslant \alpha_{\mathrm{K}} \frac{f_{\mathrm{K}}}{\gamma_{\mathrm{R}}} \tag{6-3}$$

在钢结构设计中习惯采用应力表达形式，故将上式两侧同除以 α_{K}，可得对于承载能力极限状态荷载效应基本组合的下列设计表达式，并按两式中最不利值确定：

(1) 由可变荷载效应控制：

$$\gamma_0\left(\gamma_{\mathrm{G}}\sigma_{\mathrm{GK}} + \gamma_{\mathrm{Q_1}}\sigma_{\mathrm{Q1K}} + \sum_{i=2}^{n} \gamma_{\mathrm{Q}i}\psi_{ci}\sigma_{\mathrm{Q}i\mathrm{K}}\right) \leqslant f \tag{6-4}$$

（2）由永久荷载效应控制的组合：

$$\gamma_0\left(\gamma_G\sigma_{GK}+\sum_{i=1}^{n}\gamma_{Q_i}\psi_{ci}\sigma_{QiK}\right)\leqslant f \tag{6-5}$$

式中 γ_0——结构重要性系数。对安全等级为一级或设计使用年限为100年及以上的结构构件，不应小于1.1；对安全等级为二级或设计使用年限为50年的结构构件，不应小于1.0；对安全等级为三级或设计使用年限为5年的结构构件，不应小于0.9；

σ_{GK}——永久荷载标准值G_K在结构构件截面或连接中产生的应力；

γ_G——永久荷载分项系数，当其效应对结构构件的承载能力不利时对式(6-6)取1.2，对式(6-7)取1.35，当其效应对结构构件的承载能力有利时，不应大于1.0；

σ_{Q1K}——在基本组合中起控制作用的一个可变荷载标准值Q_{1K}在结构构件截面或连接中产生的应力(该应力使计算结果为最大)；

σ_{QiK}——第i个可变荷载标准值Q_{iK}在结构构件截面或连接中产生的应力；

γ_{Q_1}、γ_{Q_i}——第1个和第i个可变荷载分项系数，当可变荷载效应对结构构件的承载能力不利时，在一般情况下取1.4，在楼面活荷载标准值大于4.0kN/m^2时取1.3；当其有利时，取为0；

ψ_{ci}——第i个可变荷载的组合值系数，其值不大于1，按《建筑结构荷载规范》(GB 50009—2012选取)；

f——结构构件和连接的强度设计值，$f=f_k/\gamma_R$；

γ_R——抗力分项系数，Q235钢取1.087；Q345、Q390、Q420钢取1.111；

f_K——材料(焊缝为熔敷金属)强度的标准值。

对于一般排架、框架结构，由可变荷载效应控制的组合可采用下列简化的设计表达式，并仍与式(6-7)同时使用

$$\gamma_0\left(\gamma_G\sigma_{GK}+\psi\sum_{i=1}^{n}\gamma_{Qi}\sigma_{QiK}\right)\leqslant f \tag{6-6}$$

式中，ψ为简化式中采用的荷载组合系数，一般情况下取0.9，当只有一个可变荷载时取1.0。在一般情况下，采用由可变荷载效应控制的组合较不利。采用由永久荷载效应控制的组合并取$\gamma_G=1.35$的式(6-7)，只可能出现在第1个可变荷载组合值系数很大的情况。如$\psi_{ci}=1.0$的工业建筑中的金工车间、仪器仪表车间仓库、轮胎厂准备车间、粮食加工车间等的楼面活荷载，见《建筑结构荷载规范》(GB 50009—2012)。其他的可能是出现在屋面荷载较大的重型屋盖，如钢筋混凝土大型屋面板屋盖、高炉邻近的屋面积灰荷载屋盖以及其他少量特殊情况。

此外，对于偶然组合，极限状态设计表达式宜按下列原则确定：偶然作用的代表值不乘分项系数；与偶然作用同时出现的可变荷载，应根据观测资料和工程经验采用适当的代表值。具体的设计表达式及各种系数，应符合专门规范的规定。

对于正常使用极限状态，按《建筑结构可靠度设计统一标准》(GB 50068—2001)，结构构件应根据不同的设计要求采用荷载的标准组合、频遇组合和准永久值组合进行设计，使其变形值等不超过容许值。根据多年的经验，钢结构只考虑标准组合，其设计表达式为

$$v=v_{GK}+v_{Q1K}+\sum_{i=2}^{n}\psi_{ci}v_{QiK}\leqslant[v] \tag{6-7}$$

式中 v_{GK}——永久荷载的标准值在结构或结构构件中产生的变形值；

v_{Q1K}——起控制作用的一个可变荷载标准值在结构或结构构件中产生的变形值（该值使计算结果最大）；

v_{QiK}——第 i 个可变荷载标准值在结构或结构构件中产生的变形值；

$[v]$——结构或结构构件的容许变形值。

6.2.3 钢结构设计指标

钢材和连接的强度设计值，应根据钢材厚度或直径按表 6-2 ~ 表 6-5 采用。

表 6-2 钢材强度设计值 （单位：N/mm^2）

钢材		抗拉、抗压和抗弯 f	抗剪 f_v	端面承压（刨平顶紧）f_{ce}
牌号	厚度或直径/mm			
Q235 钢	≤16	215	125	325
	>16 ~ 40	205	120	
	>40 ~ 60	200	115	
	>60 ~ 100	190	110	
Q345 钢	≤16	310	180	400
	>16 ~ 35	295	170	
	>35 ~ 50	265	155	
	>50 ~ 100	250	145	
Q390 钢	≤16	350	205	415
	>16 ~ 35	335	190	
	>35 ~ 50	315	180	
	>50 ~ 100	295	170	
Q420 钢	≤16	380	220	440
	>16 ~ 35	360	210	
	>35 ~ 50	340	195	
	>50 ~ 100	325	185	

注：表中厚度系指计算点的厚度，对轴心受拉和轴心受压构件系指截面中较厚板件的厚度。

表 6-3 焊缝强度设计值 （单位：N/mm^2）

焊接方法和焊条型号	构件钢材		对接焊缝				角焊缝
	牌号	厚度或直径/mm	抗压 f_c^w	焊缝质量为下列等级时，抗拉 f_t^w		抗剪 f_v^w	抗拉、抗压和抗弯 f_f^w
				一级、二级	三级		
自动焊、半自动焊和 E43 型焊条的焊条电弧焊	Q235 钢	≤16	215	215	185	125	160
		>16 ~ 40	205	205	175	120	
		>40 ~ 60	200	200	170	115	
		>60 ~ 100	190	190	160	110	

（续）

焊接方法和焊条型号	构件钢材		对接焊缝				角焊缝
	牌号	厚度或直径/mm	抗压f_c^w	焊缝质量为下列等级时，抗拉f_t^w		抗剪f_v^w	抗拉、抗压和抗弯f_f^w
				一级、二级	三级		
自动焊、半自动焊和 E50 型焊条的手工焊	Q345 钢	≤16	310	310	265	180	200
		>16～35	295	295	250	170	
		>35～50	265	265	225	155	
		>50～100	250	250	210	145	
自动焊、半自动焊和 E55 型焊条的手工焊	Q390 钢	≤16	350	350	300	205	220
		>16～35	335	335	285	190	
		>35～50	315	315	270	180	
		>50～100	295	295	250	170	
	Q420 钢	≤16	380	380	320	220	220
		>16～35	360	360	305	210	
		>35～50	340	340	290	195	
		>50～100	325	325	275	185	

注：1. 自动焊和半自动焊所采用的焊丝和焊剂，应保证其熔敷金属的力学性能不低于现行国家标准《埋弧焊用碳钢焊丝和焊剂》(GB/T 5293)和《埋弧焊用低合金钢焊丝和焊剂》(GB/T 12470)中相关的规定。

2. 焊缝质量等级应符合现行国家标准《钢结构工程施工质量验收规范》(GB 50205)的规定。其中厚度小于 8mm 钢材的对接焊缝，不应采用超声波探伤确定焊缝质量等级。

3. 对接焊缝在受压区的抗弯强度设计值取f_c^w，对接焊缝在受拉区的抗弯强度设计值取f_t^w。

4. 表中厚度系指计算点的钢材厚度，对轴心受拉和轴心受压构件系指截面中较厚板件的厚度。

表 6-4　螺栓连接强度设计值　　（单位：N/mm^2）

螺栓的性能等级、锚栓和构件钢材的牌号		普通螺栓						锚栓	承压型连接高强度螺栓		
		C 级螺栓			A 级、B 级螺栓						
		抗拉f_t^b	抗剪f_v^b	承压f_c^b	抗拉f_t^b	抗剪f_v^b	承压f_c^b	抗拉f_t^a	抗拉f_t^b	抗剪f_v^b	承压f_c^b
普通螺栓	4.6 级，4.8 级	170	140	—	—	—	—	—	—	—	—
	5.6 级	—	—	—	210	190	—	—	—	—	—
	8.8 级	—	—	—	400	320	—	—	—	—	—
锚栓	Q235 钢	—	—	—	—	—	—	140	—	—	—
	3Q245 钢	—	—	—	—	—	—	180	—	—	—
承压型连接高强度螺栓	8.8 级	—	—	—	—	—	—	—	400	250	—
	10.9 级	—	—	—	—	—	—	—	500	310	—
构件	Q235 钢	—	—	305	—	—	405	—	—	—	470
	Q345 钢	—	—	385	—	—	510	—	—	—	590
	Q390 钢	—	—	400	—	—	530	—	—	—	615
	Q420 钢	—	—	425	—	—	560	—	—	—	655

注：1. A 级螺栓用于 $d \leqslant 24mm$ 和 $l \leqslant 10d$ 或 $l \leqslant 150mm$(按较小直径)的螺栓；B 级螺栓用于 $d > 24mm$ 或 $l > 10d$ 或 $l > 150mm$(按较小直径)的螺栓。d 为公称直径，l 为螺杆公称长度。

2. A 级、B 级螺栓孔的精度和孔壁表面粗糙度，C 级螺栓孔允许偏差和孔壁表面粗糙度，应符合现行国家标准《钢结构工程施工质量验收规范》(GB 50205)的规定。

表 6-5 结构构件或连接设计强度折减系数

项 次	情 况	折 减 系 数
1	单面连接的单角钢 (1) 按轴心受力计算强度和连接 (2) 按轴心受压计算稳定性 等边角钢 短边相连的不等边角钢 长边相连的不等边角钢	 0.85 $0.6+0.0015\lambda$，但不大于 1.0 $0.5+0.0025\lambda$，但不大于 1.0 0.70
2	无垫板的单面施焊对接焊缝	0.85
3	施工条件较差的高空安装焊缝和铆钉连接	0.90
4	沉头和半沉头铆钉连接	0.80

注：1. λ 为长细比，对中间无联系的单角钢压杆，应按最小回转半径计算，当 $\lambda<20$ 时，取 $\lambda=20$。
2. 当几种情况同时存在时，其折减系数应连乘。

本 章 小 结

1. 钢结构采用的设计方法是概率极限状态设计法，它是在结构的可靠与经济之间选择一种合理、平衡的设计方法。

2. 概率极限状态设计法是将影响结构功能的各种原因作为设计变量，对所设计的结构预定功能只作一定的概率保证，即失效概率小到人们可接受的范围则认为是安全的。

3. 结构的极限状态分承载力极限状态和正常使用极限状态两类。

4. 为了便于设计应用，《钢结构设计规范》(GB 50017—2003)采用基本变量标准值和分项系数形式的极限状态设计表达式。

思考题与习题

1. 什么是结构的可靠性与可靠度？
2. 如何理解工程结构的“极限状态”？
3. 承载能力极限状态和正常使用极限状态怎样区别？
4. 什么是结构的可靠性和可靠度？
5. 钢材的强度设计值和标准值有何区别？设计值应如何选用？

第 7 章　钢结构的连接

本 章 要 点

本章主要学习对接焊缝连接、角焊缝连接的构造和计算；普通螺栓连接、高强度螺栓连接的构造和计算。通过学习要求熟悉各种焊接的施工工艺和质量要求；熟练掌握焊缝连接计算方法和构造要求；熟练掌握螺栓(特别是摩擦型高强度螺栓)连接的计算方法和构造要求；了解减小残余变形和残余应力的方法。

7.1　概述

钢结构是由各种型钢或板材通过一定的连接方法而组成的。因此，连接方法及其质量优劣直接影响钢结构的工作性能。钢结构的连接必须符合安全可靠，传力明确、构造简单、制作方便和节约钢材的原则。钢结构所用的连接方法有焊接连接、螺栓连接和铆钉连接三种，如图 7-1 所示。

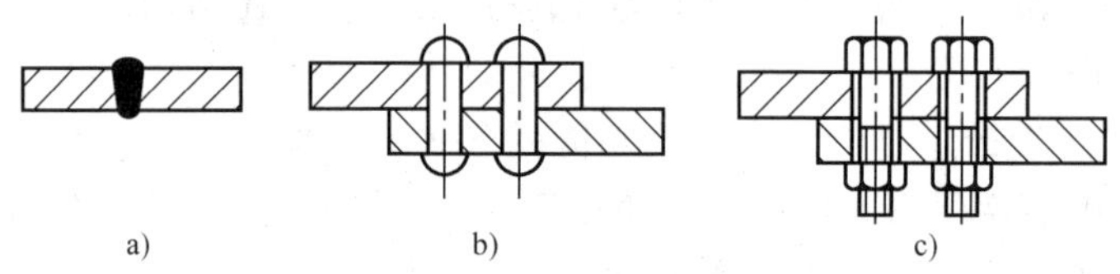

图 7-1　钢结构的连接方法

a）焊接连接　b）铆钉连接　c）螺栓连接

7.1.1　焊接连接

焊接连接是通过电弧产生热量焊条和焊件局部熔融，再经冷却凝结形成焊缝，使被连接焊件成为一体。焊接连接是钢结构最主要的连接方法，其优点是：构造简单，任何形式的构件都可直接相连；用料经济、不削弱截面；加工制作方便，可实现自动化操作，生产效率高；连接的密闭性好，结构刚度大。缺点是：在焊缝附近，钢材因焊接高温作用形成热影响区，导致局部材质变脆；焊接过程中钢材受到分布不均匀的高温和冷却，使结构产生残余应力和残余变形，影响构件承载力、刚度和使用性能；局部裂缝一旦发生，就容易扩展到整体，尤其是低温下易发生冷脆现象；施焊时可能会产生焊接缺陷，使构件的疲劳强度降低。

7.1.2　螺栓连接

螺栓连接是通过紧固件把被连接件连接成为一体。其优点是：施工工艺简单、安装方便，特别适合于工地安装连接，也便于拆卸，适用于需要拆装结构和临时性连接，紧固工具和工艺较简便，易于实施，施工进度和质量容易保证。缺点是：需要在板件上开孔使构件截面削弱；拼装时对孔，对制造的精度要求较高；被连接件常需相互搭接或设辅助板连接，因而构造较繁琐且浪费钢材。

螺栓连接分普通螺栓连接和高强度螺栓连接两种。普通螺栓常用Q235钢制成，分为A、B、C三级。C级为粗制螺栓，由未经加工的圆钢压制而成，制作精度差，螺栓孔的直径比螺栓杆的直径大1.5~3mm，对于采用C级螺栓的连接，由于螺栓杆与螺栓孔之间有较大的间隙，受剪力作用时，将会产生较大的剪切滑移，连接的变形大；但其安装方便，且能有效传递拉力，故可用于沿螺栓杆轴心受拉的连接，以及次要结构的抗剪连接或安装时的临时固定。A、B级精制螺栓是由毛坯在车床上经过切削加工精制而成的。表面光滑，尺寸准确，螺栓直径与螺栓孔径之间的缝隙只有0.3~0.5mm；由于其具有较高的精度，因而受剪性能好，但制作和安装复杂，价格较高，已很少在钢结构中采用。

高强度螺栓用高强度钢材制成并经热处理，需用特制扳手把被连接件夹紧，它主要有两种类型：一种是只依靠摩擦阻力传力，并以剪力不超过接触面摩擦力作为设计准则的，称为摩擦型连接；另一种是允许接触面滑移，以连接达到破坏的极限承载力作为设计准则的，称为承压型连接。摩擦型连接的剪切变形小，弹性性能好，施工较简单，可拆卸，耐疲劳，特别适用于承受动力荷载的结构。承压型连接的承载力高于摩擦型，其连接紧凑，但剪切变形大，故不得用于承受动力荷载的结构中。

7.1.3 铆钉连接

铆钉连接是将一端带有半圆形预制钉头的铆钉，经将钉杆烧红后迅速插入被连接板件的钉孔中，然后用铆钉枪将另一端打铆成钉头，使连接达到紧固。铆钉连接的塑性和韧性较好，传力可靠，质量易于检查，常在一些重型和直接承受动力荷载的结构中，如铁路桥梁结构中采用。由于其构造复杂，费工费料、且劳动强度高，建筑结构现已很少采用。

7.2 焊接连接

7.2.1 焊接方法

钢结构的焊接方法有电弧焊、电阻焊和气焊。其中常用的是电弧焊，电弧焊有焊条电弧焊、埋弧焊(埋弧自动或半自动焊)以及气体保护焊等。

1. 焊条电弧焊

焊条电弧焊是最常用的一种焊接方法。通电后，在涂有药皮的焊条与焊件之间产生电弧。电弧的温度可高达3000℃。在高温作用下，电弧周围的金属熔化，形成熔池，同时焊条中的焊丝很快熔化，滴落入熔池中，与焊件的熔融金属相互结合，冷却后即形成焊缝。焊条电弧焊的工作原理如图7-2所示。焊条表面都敷有一层1~1.5mm厚的药皮，药皮的作用是：在焊接过程中产生气体，使熔融金属与大气隔离以防止空气中的氮、氧等有害气体侵入而使焊缝变脆，并形成熔渣覆盖焊缝，从而防止空气中氧、氮等有害气体与熔化金属接触而形成易脆的化合物。

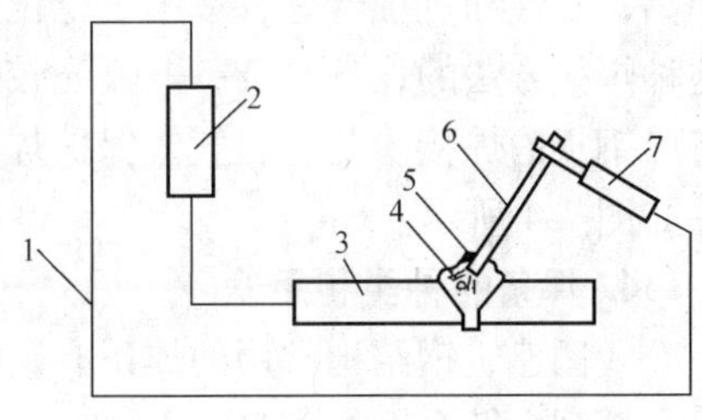

图7-2 焊条电弧焊的工作原理

1—导线 2—焊机 3—焊件 4—电弧 5—保护气体 6—焊钳 7—熔池

焊条电弧焊的设备简单，操作灵活方便，适于任意空间位置的焊接，特别适于工地安装焊缝、短焊缝和曲折焊缝，但生产效率低，劳动强度大，弧光炫目，焊接质量在一定程度上取决于焊工的技术水平，容易波动。

2. 埋弧焊(自动或半自动焊)

埋弧焊是电弧在焊剂层下燃烧的一种电弧焊方法。其中，自动埋弧焊原理如图 7-3 所示，主要设备是自动电焊机，它可按选定的速度沿轨道移动。通电后，由于电弧的作用，使埋于焊剂下的焊丝和附近的焊剂熔化，熔渣浮在熔化的焊缝金属上面，使熔化金属不与空气接触，并供给焊缝金属以必要的合金元素。随着焊机的自由移动，颗粒状的焊剂不断地由料斗漏下，电弧完全被埋在焊剂之内，同时焊丝也自动地随熔化、随下降，这就是自动焊的原理。电弧按焊接方向移动靠人工完成的电焊机，称为埋弧半自动电弧焊。

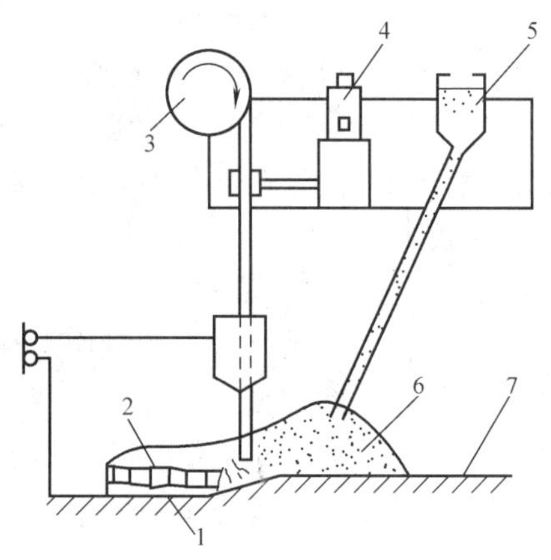

图 7-3　自动埋弧焊工作原理

1—焊缝金属　2—熔渣　3—焊丝转盘　4—送丝器　5—焊剂漏斗　6—焊剂　7—焊件

埋弧焊电弧热量集中，熔深大，适于厚钢板的焊接。采用自动操作，焊接时的工艺条件稳定，焊缝的化学成分均匀，故形成的焊缝质量好，焊件变形小，特别适用于焊缝较长的直线焊缝。半自动电弧焊的质量介于二者之间，因其是由人工操作的，故适应焊曲线或任意形式的焊缝。

与手工电弧焊相比，自动(半自动焊)的优点是：焊接速度快、生产效率高、劳动条件好、焊缝质量稳定可靠；其缺点是焊前装配要求技术严格，施焊位置受限制，不如手工焊灵活。

埋弧焊所用焊丝和焊剂应与主体金属强度相适应，对 Q235 钢，可采用 H08A、H08MnA 等焊丝，相应的焊剂分别为 HJ431、HJ430 和 SJ401；对 Q345 钢，不开坡口的对接焊缝，可用 H08A 焊丝和 H10MnSi 焊丝，焊剂可用 HJ430、HJ431 或 SJ301；对 Q390 钢用 H08Mn2Si、H10MnSi 等焊丝，同时，较高的焊速也减少了热影响区的范围。但埋弧焊对焊件边缘的装配精度(如间隙)要求比手工焊高。

3. 气体保护焊

气体保护焊是用喷枪喷出二氧化碳气体或其他惰性气体，作为电弧焊的保护介质，把电弧熔池与大气隔离，焊工能够清楚地看到焊缝成形的过程，保护气体有助于熔滴的过渡。用这种方法焊接，电弧加热集中，焊接速度快，焊件熔深大，故所形成的焊缝强度比手工电弧焊高，塑性和抗蚀性好，适用于全位置的焊接。在操作时也可采用自动或半自动焊方法。但这种焊接方法的设备复杂，电弧光较强，焊缝表面成型不如电弧焊平滑，一般用于厚钢板或特厚钢板的焊接。此外，气体保护焊受自然条件的影响较大，不适用于室外操作。气体保护焊如图 7-4 所示。

4. 焊条的种类和用途

我国建筑钢结构常用的焊条有碳钢焊条和低合金焊条，碳钢焊条有 E43××、E50××两个系列，低合金焊条有 E50××—××和 E55××—××型等系列。其中 E 表示焊条，后面前两位数字表示熔敷金属(焊缝金属)抗拉强度的最小值(单位为 kg/mm^2)，第三位数字表示适用的焊缝位置；第三位和第四位数字组合表示药皮的类型和适用的电流的种类(交、直

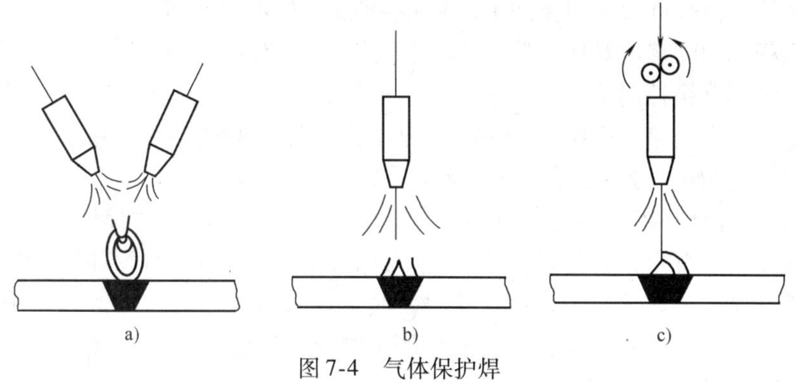

图 7-4　气体保护焊

流电源)，低合金焊条短划线后面的符号表示熔敷金属化学成分分类代号。

选择焊条电弧焊时所用焊条应与焊接钢材(或称主体金属)的强度和性能相适应：对 Q235 钢材采用 E43 型焊条；对 Q345 钢材采用 E50 型焊条；对 Q390 钢材和 Q420 钢材采用 E55 型焊条。不同强度的钢材相焊接时，可采用与低强度钢材相适应的焊接材料，例如 Q235 钢材与 Q345 钢材相焊接，可采用与低强度钢材相适应的 E43 型焊条。

7.2.2　焊缝连接形式

焊缝连接的形式，可按不同的分类方法进行分类。

1. 按被连接件之间的相对位置分类

焊缝连接形式按被连接钢材的相互位置可分为平接、搭接、T 形连接和角部连接四种，如图 7-5 所示。这些连接所采用的焊缝主要有对接焊缝和角焊缝。

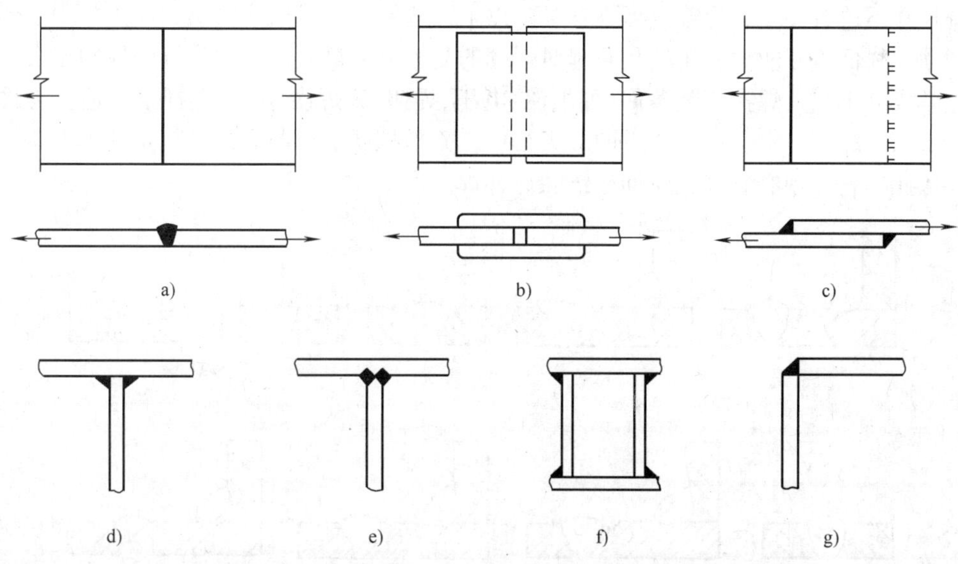

图 7-5　焊缝连接的形式

a）平接连接　b）用盖板拼接的对接连接　c）搭接连接　d)、e）T 形连接　f)、g）角接

平接连接主要用于厚度相同或相近的两构件相互连接。如图 7-5a 所示为采用对接焊缝的对接连接，由于相互连接的两构件在同一平面内，因而传力均匀平缓，没有明显的应力集

中，且用料经济，但焊件边缘需要加工，被连接两板的间隙有严格的要求。

用双层盖板和角焊缝的对接连接，这种连接传力不均匀、费料，但施工简便，所连接两板的间隙大小无需严格控制。

用角焊缝的搭接连接，适用于不同厚度构件的连接。这种连接作用力不在同一直线上，材料较费，但构造简单，施工方便。

T形连接省工省料，常用于制作组合截面。当采用角焊缝连接时焊件间存在缝隙，截面突变，应力集中现象严重，疲劳强度较低，可用于不直接承受动力荷载的结构中。对于直接承受动力荷载的结构，如重级工作制吊车梁，其上翼缘与腹板的连接，应采用如图7-5e所示的K形坡口焊缝进行连接。角部连接主要用于制作箱形截面。

2. 按焊缝的构造不同分类

依据焊缝构造不同(即焊缝本身的截面形式不同)，可分为对接焊缝和角焊缝两种形式。按作用力与焊缝方向之间的关系，对接焊缝可分为对接正焊缝和对接斜焊缝；角焊缝可分为正面角焊缝和侧面角焊缝；按焊缝的形式分，主要有对接焊缝和角接焊缝。

3. 按施焊时焊件之间的空间相对位置分类

依据相对位置不同可将焊缝分为平焊、竖焊、横焊和仰焊四种。平焊也称为俯焊，施焊条件最好，质量易保证；仰焊的施工条件最差，质量不易保证，在设计和制造时应尽量避免。

7.2.3 焊缝的质量级别及检验

1. 焊缝缺陷

焊缝缺陷是指焊接过程中产生于焊缝金属附近热影响区钢材表面或内部的缺陷。常见的缺陷有裂缝、焊瘤、烧穿、弧坑、气孔、夹渣、咬边、未熔合、未焊透，如图7-6所示，以及焊缝尺寸不符合要求、焊缝成形不良等。以上这些缺陷，一般都会引起应力集中削弱焊缝有效截面，降低承载能力，尤其是裂缝对焊缝的受力危害最大。产生裂缝的原因很多，如钢材的化学成分不当，焊接工艺条件(如电流、电压、焊速、施焊次序等)选择不合适，焊件表面油污未清除干净等。它会产生严重的应力集中，并易扩展引起断裂，按规定是不允许出现裂缝的。因此，若发现有裂缝，应彻底铲除后补焊。

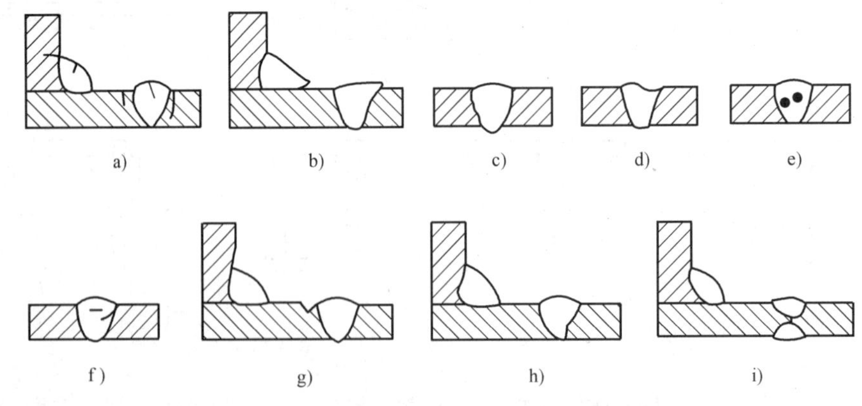

图7-6 焊缝缺陷

2. 焊缝质量检验

焊缝缺陷的存在将削弱焊缝的受力面积，在缺陷处引起应力集中，故对连接的强度、冲击韧性及冷弯性能等均有不利影响。因此，焊缝质量检验极为重要。

焊缝质量检验一般可用外观检查及内部无损检验，前者检查外观缺陷和几何尺寸，后者检查内部缺陷。内部无损检验目前广泛采用超声波检验，使用灵活、经济、对内部缺陷反应灵敏，但不易识别缺陷性质。有时还用磁粉检验、荧光检验等较简单的方法作为辅助检验。当前采用的检验方法为 X 射线或 γ 射线透照或拍片，其中 X 射线应用较广。

《钢结构工程施工质量验收规范》(GB 50205—2001)规定焊缝按其检验方法和质量要求分为一级、二级和三级。三级焊缝只要求对全部焊缝作外观检查且符合三级质量标准。一级、二级焊缝则除外观检查外，还应采用超声波探伤进行内部缺陷的检验。超声波探伤不能对缺陷作出判断时，应采用射线探伤。一级焊缝超声波和射线探伤的比例均为 100%，二级焊缝超声波探伤和射线探伤的比例均为 20% 且均不小于 200mm。当焊缝长度小于 200mm 时，应对整条焊缝探伤。探伤应符合《钢焊缝手工超声波探伤方法和探伤结果分级法》(GB 11345—1989)或《金属熔化焊焊接接头射线照相》(GB/T 3323—2005)的规定。

钢结构中一般采用三级焊缝，便可满足通常的强度要求；但对接焊缝的抗拉强度有较大的变异性，《钢结构设计规范》(GB 50017—2003)规定其设计值只为主体钢材的 85% 左右。因而对有较大拉应力的对接焊缝以及直接承受动力荷载构件的较重要对接焊缝，宜采用二级焊缝；对直接承受动力荷载和疲劳性能有较高要求处可采用一级焊缝。

焊缝质量等级须在施工图中标注，但三级焊缝不需标注。

7.2.4 焊缝代号及标注方法

在钢结构施工图上的焊缝应采用焊缝符号表示，焊缝符号及标注方法应按《建筑结构制图标准》(GB/T 50105—2010)和《焊缝符号表示法》(GB 324—2008)中规定执行。焊缝指引线表示方法如图 7-7 所示。

《焊缝符号表示法》(GB 324—2008)规定：焊缝代号由引出线、图形符号和辅助符号三部分组成。引出线由横线和带箭头的斜线组成。箭头指到图形上的相应焊缝处，横线的上面和下面用来标注图形符号和焊缝尺寸。当引出线的箭头指向焊缝所在的一面时，应将图形符号和焊缝尺寸等标注在水平横线的上面；当箭头指向对应焊缝所在的另一面时，则应将图形符号和焊缝尺寸等标注在水平横线的下面。必要时，可在水平横线的末端加一尾部作为其他说明之用。图形符号表示焊缝的基本形式，如用“△”表示角焊缝，用“V”表示 V 形的对接焊缝。辅助符号表示焊缝的辅助要求，如用“▶”表示现场安装焊缝等，详见表 7-1。

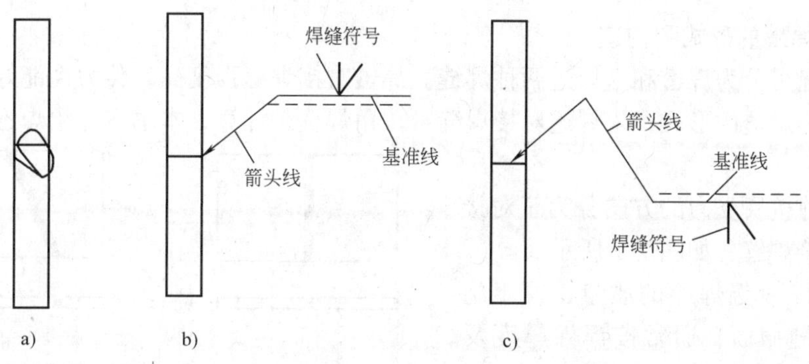

图 7-7　焊缝指引线表示方法

表 7-1　焊缝符号中的基本符号、辅助符号和补充符号(摘录)

基本符号	名称	对接焊缝					角焊缝	塞焊缝与槽焊缝	点焊缝
		I 形焊缝	V 形焊缝	单边 V 形焊缝	带钝边的 V 形焊缝	带钝边的 U 形焊缝			
	符号								

名称		示意图	符号	示例
辅助符号	平面符号			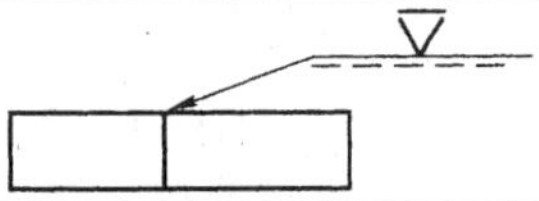
	凹面符号	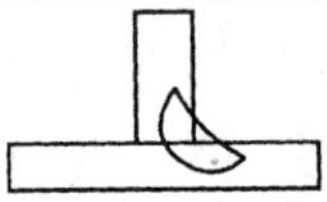		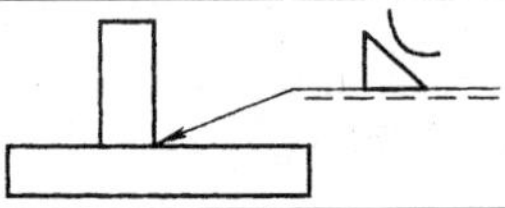
补充符号	三面围焊缝符号	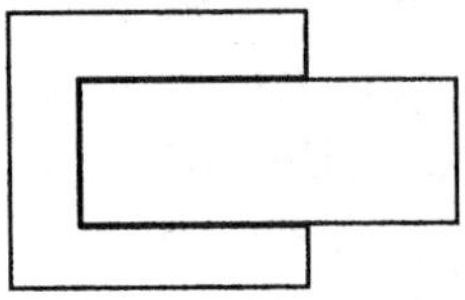		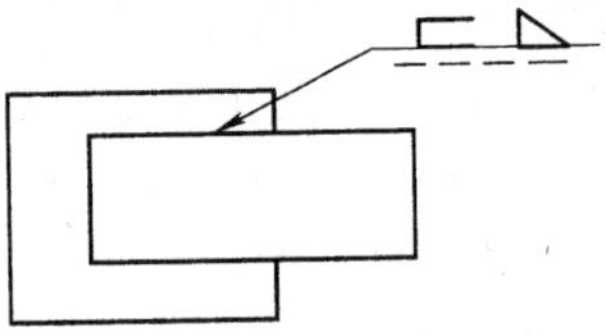
	周边焊缝符号	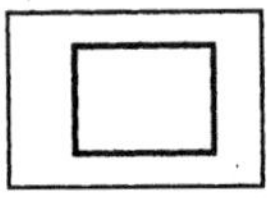		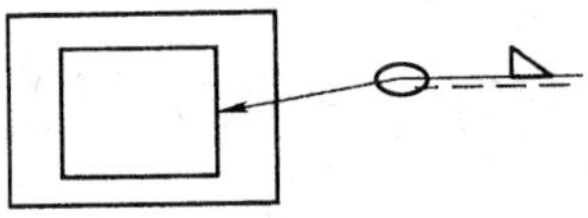
	工地现场焊缝符号			 或

当焊缝分布比较复杂或上述标注方法不能表达清楚时，在标注焊缝代号的同时，可在图形上加栅线表示，如图 7-8 所示。

a)　b)　c)

图 7-8　复杂焊缝表示

7.2.5　对接焊缝连接的构造和计算

1. 对接焊缝的形式和构造

对接焊缝可分为焊透和未焊透两种焊缝。焊透对接焊缝强度高，传力性能好，一般的对接焊缝多采用焊透的形式；未焊透对接焊缝可按角焊缝来计算，本书只介绍焊透对接焊缝的构造和计算。

对接焊缝按所受力的方向分为正对接焊缝和斜对接焊缝，如图 7-9 所示。

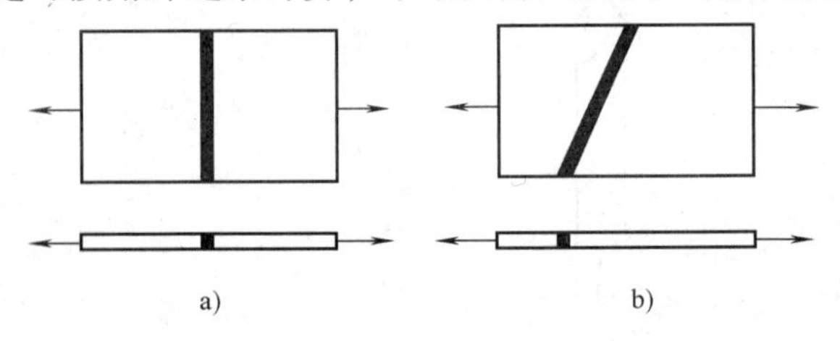

图 7-9　正对接焊缝和斜对接焊缝

为了保证对接焊缝的质量，便于施焊，减小焊缝截面，通常按焊件厚度及施焊的条件不同，将焊口边缘加工成不同形式的坡口，所以也称为坡口焊。对接焊缝的坡口形式如图7-10所示，可分为直边缝I形、单边V形、双边V形、U形、K形和X形坡口等。

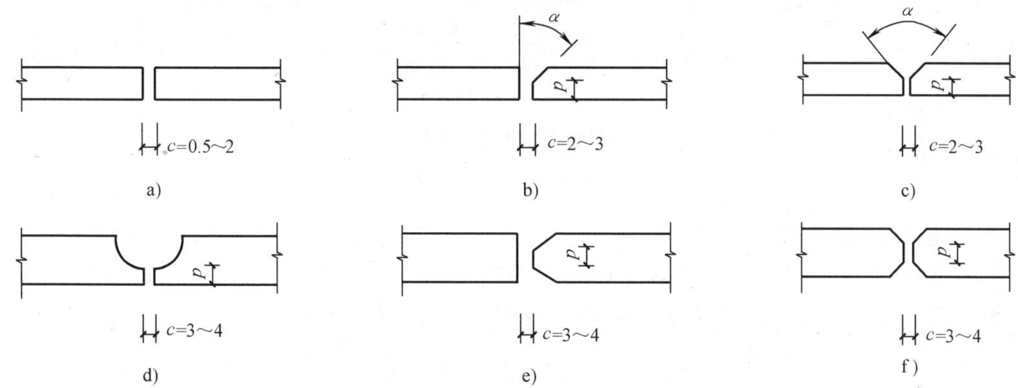

图7-10　对接焊缝的坡口形式

a）直边缝　b）单边V形坡口　c）V形坡口　d）U形坡口　e）K形坡口　f）X形坡口

坡口形式取决于焊件厚度t，当焊件厚度$t \leqslant 10$mm时，可用直边缝；当焊件厚度t在10～20mm之间时，可用斜坡口的单边V形或V形焊缝；当焊件厚度$t > 20$mm时，则采用U形、K形和X形坡口焊缝。对于U形焊缝和V形焊缝正面焊好后，在背面要清底补焊，没有条件清底和补焊的要事先加垫板，工地现场的对接焊接多采用加垫板施焊的方法。埋弧焊的熔深较大，同样坡口形式的适用板厚t可适当加大，对接间隙C可稍小些，钝边高度P可稍大。对接焊缝坡口形式的选用，应根据板厚和施工条件按现行标准《手工电弧焊焊接接头的基本形式与尺寸》和《埋弧焊焊接接头的基本形式与尺寸》的要求确定。

在焊缝的起灭弧处，常会出现弧坑等缺陷，此处极易产生应力集中和裂缝，对承受动力荷载尤为不利，故焊接时对直接承受动力荷载的焊缝，必须采用引弧板，焊后将它割除，如图7-11所示。对受静力荷载的结构设置引弧板有困难时，允许不设置引弧板，但每条焊缝的起弧及灭弧端应各减去5mm后作为焊缝的计算长度。在工厂钢板接长时，可首先对整板加引弧板对接焊接，然后再根据构件的实际尺寸切割成不同宽度的板材。而对现场的焊缝除重要的结构一般不加引弧板施焊，在计算时应加以注意。

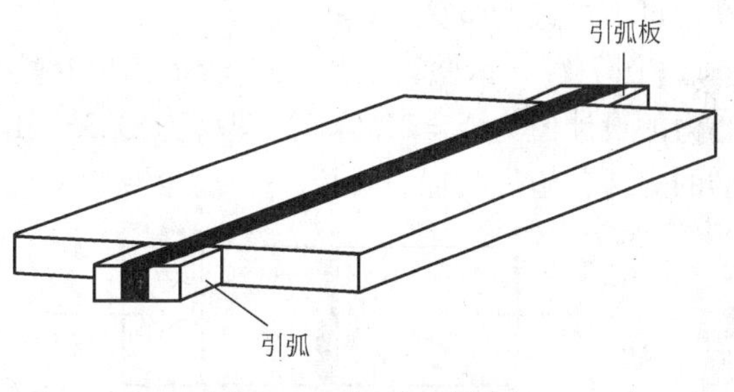

图7-11　引弧板示意图

当对接焊缝拼接处的焊件宽度不同或厚度相差4mm以上时，应将较宽或较厚的板件一侧或两侧，朝窄(薄)板方向加工成不大于1∶2.5（动力荷载且需验算疲劳1∶4）坡度的斜坡，以使截面过渡缓和，传力平顺，减小应力集中。如果两钢板厚度相差小于4mm时，也可不做斜坡，直接用焊缝表面斜坡来找坡，焊缝的计算厚度等于较薄板的厚度，如图7-12所示。

当钢板在纵横两个方向都进行对接焊时，可采用十字交叉焊缝或T形交叉焊缝；若为后者，两交叉点的距离口应不小于200mm。

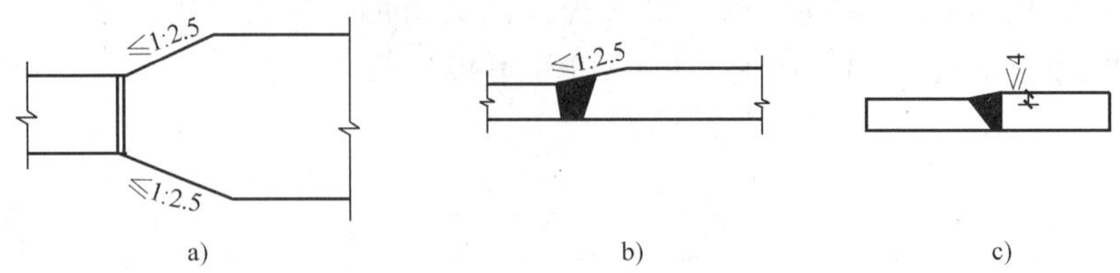

图 7-12　对接焊缝拼接处焊件宽度不同

2. 对接焊缝连接的计算

对接焊缝的截面与被焊构件截面相同，焊缝中的应力情况与被焊件原来的情况基本相同，故对接焊缝连接的计算方法与构件的强度计算相似。

（1）轴心受力对接焊缝的计算。轴心受力对接焊缝，可按下式计算

$$\sigma=\frac{N}{l_w t}\leqslant f_t^w \text{ 或 } f_c^w \tag{7-1}$$

式中　N——轴心拉力或压力(N)；

l_w——焊缝的计算长度(mm)，当未采用引弧板时，取实际长度减去 2tmm；

t——在对接接头中连接件的较小厚度(mm)，在 T 形接头中为腹板厚度；

f_t^w——对接焊缝的抗拉强度设计值(N/mm²)；

f_c^w——对接焊缝的抗压强度设计值(N/mm²)。

由于一、二级检验的焊缝与母材强度相等，故只有三级检验的焊缝才需按式(7-1)进行抗拉(抗压)强度验算。如果用直缝不能满足强度要求时，可采用如图 7-9 所示的斜对接焊缝。计算证明，焊缝与作用力间的夹解 θ 满足 $\tan\theta\leqslant1.5$ 时，斜焊缝的强度不低于母材强度，可不再进行验算。

【例 7-1】　试验算如图 7-13 所示钢板对接焊缝的强度，图中 $a=540$mm，$t=22$mm，轴心力的设计值为 $N=2150$kN。钢材为 Q235—B，焊条电弧焊，焊条为 E43 型，三级检验标准的焊缝，施焊时加引弧板。

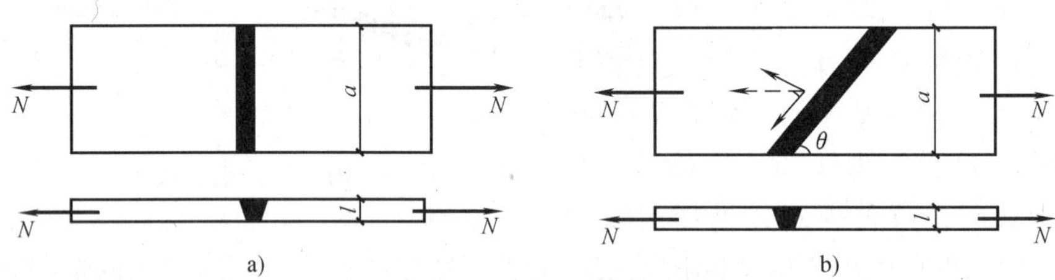

图 7-13　轴心受力对接焊缝的计算

【解】　直缝连接其计算长度 $l_w=540$mm。焊缝正应力

$$\sigma=\frac{N}{l_w t}=\frac{2150\times10^3}{540\times22}\text{N/mm}^2=181\text{N/mm}^2>f_t^w=175\text{N/mm}^2$$

不满足要求，改用斜对接焊缝，取截割斜度为 1.5∶1，即 $\theta=56°$。焊缝长度

$$l_w=\frac{a}{\sin\theta}=\frac{540}{\sin56°}=651\text{mm}$$

故此时焊缝的正应力

$$\sigma = \frac{N\sin\theta}{l_{w}t} = \frac{2150 \times 10^{3} \times \sin 56°}{651 \times 22}\text{N/mm}^{2} = 124\text{N/mm}^{2} < f_{t}^{w} = 175\text{N/mm}^{2}$$

剪应力

$$\tau = \frac{N\cos\theta}{l_{w}t} = \frac{2150 \times 10^{3} \times \cos 56°}{651 \times 22}\text{N/mm}^{2} = 84\text{N/mm}^{2} < f_{v}^{w} = 120\text{N/mm}^{2}$$

σ、τ 代入式（7-4），满足。这就说明当 $\tan\theta \leqslant 1.5$ 时，焊缝强度能够满足，可不必计算。

（2）对接焊缝在弯矩和剪力共同作用下的计算。

1）矩形截面焊缝。如图 7-14 所示对接接头焊缝受到弯矩和剪力的共同作用，由于焊缝截面是矩形，正应力与剪力图形分别为三角形与抛物线形，其最大值应分别满足下列强度条件

$$\sigma_{max} = \frac{M}{W_{w}} = \frac{6M}{l_{w}^{2}t} \leqslant f_{t}^{w} \tag{7-2}$$

$$\tau_{max} = \frac{VS_{w}}{I_{w}t_{w}} = \frac{3}{2}\frac{V}{l_{w}t} \leqslant f_{v}^{w} \tag{7-3}$$

式中 W_{w}——焊缝截面抵抗矩（mm^{3}）；

S_{w}——受拉部分截面到中和轴的面积矩（mm^{3}）；

I_{w}——焊缝截面惯性矩（mm^{4}）。

2）工字形截面焊缝。工字形截面梁的接头采用对接焊缝，焊缝截面是工字形，如图 7-15所示。

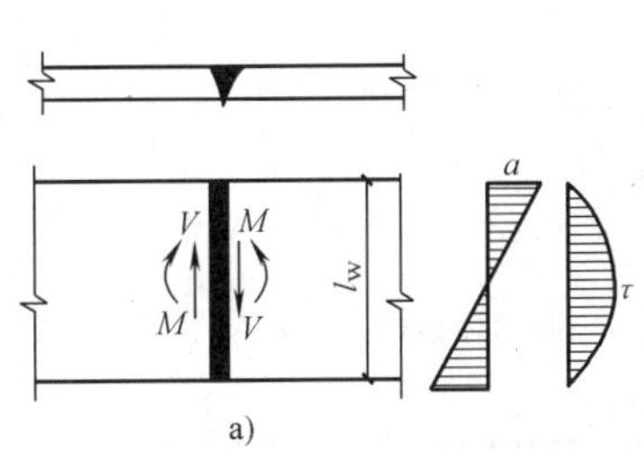

图 7-14 矩形截面对接焊缝应力示意图

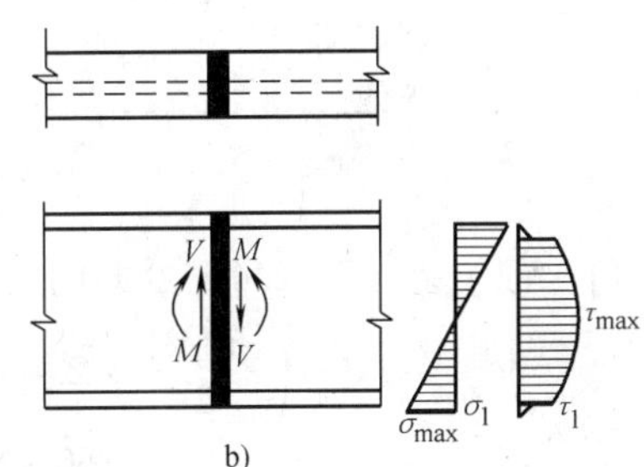

图 7-15 工字形截面对接焊缝应力示意图

对接焊缝的计算截面形心处同时作用有剪力和弯矩。取对接焊缝的计算截面同被连接件截面。除了验算最大正应力和最大剪应力处外，由于在翼缘和腹板的交接处，同时受较大的正应力和较大剪应力作用，因此对该点应验算其折算应力。

$$\sqrt{\sigma_{1}^{2} + 3\tau_{1}^{2}} \leqslant 1.1 f_{t}^{w} \tag{7-4}$$

式中 σ_{1}、τ_{1}——验算点处的焊缝正应力和剪应力（N/mm^{2}）；

1.1——考虑到最大折算应力只在局部出现，而将强度设计值适当提高的系数。

其中，$\sigma_{1} = \sigma_{max}\frac{h_{0}}{h} = \frac{M}{W_{w}}\frac{h_{0}}{h}$ （7-5）

$$\tau_{1} = \frac{VS_{w1}}{I_{w}t_{w}} \tag{7-6}$$

式中 W_{w}——工字形截面的抵抗矩（mm^{3}）；

I_{w}——工字形截面的惯性矩（mm^{4}）；

S_{w1}——工字形截面受拉翼缘对中和轴的面积矩(mm^3)；

t_w——腹板厚度(mm)。

(3) 对接焊缝在弯矩、剪力和轴心力共同作用下的计算。

当轴心力与弯矩、剪力共同作用时，焊缝的最大正应力，按下式计算：

$$\sigma_{max} = \frac{N}{l_w t} + \frac{M}{W_w} \leqslant f_t^w \tag{7-7}$$

剪应力按下式验算

$$\tau_{max} = \frac{VS_w}{I_w t_w} \leqslant f_v^w \tag{7-8}$$

折算应力仍按式(7-4)验算

$$\sqrt{\sigma_1^2 + 3\tau_1^2} \leqslant 1.1 f_t^w \quad 或$$

【例 7-2】 某 8m 跨简支梁截面和荷载(含梁自重)设计值如图 7-16 所示，在距支座 2.4m 处有翼缘和腹板的拼接连接，试验算其拼接的对接焊缝。已知钢材 Q235—BF，采用 E43 型焊条，焊条电弧焊。焊缝为三级检验标准，施焊时采用引弧板。

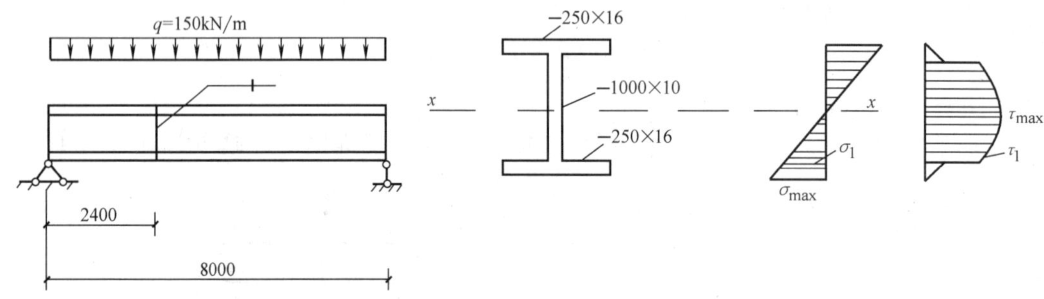

图 7-16 简支梁对接焊缝

【解】 (1) 距支座 2.4m 处的内力计算。

$$M = \left(\frac{150 \times 8}{2} \times 2.4 - \frac{150 \times 2.4^2}{2}\right) \text{kN} \cdot \text{m} = 1008 \text{kN} \cdot \text{m}$$

$$V = \left(\frac{150 \times 8}{2} - 150 \times 2.4\right) \text{kN} = 240 \text{kN}$$

(2) 焊缝计算截面的几何特征值计算。

$$I_w = \left(\frac{250 \times 1032^3}{12} - \frac{250 \times 1000^3}{12} + \frac{10 \times 1000^3}{12}\right) \text{mm}^4 = 2898 \times 10^6 \text{mm}^4$$

$$W_w = \frac{2898 \times 10^6}{\frac{1032}{2}} \text{mm}^3 = 5.6163 \times 10^6 \text{mm}^3$$

$$S_{w1} = 250 \times 16 \times \left(\frac{1000}{2} + \frac{16}{2}\right) \text{mm}^3 = 2.032 \times 10^6 \text{mm}^3$$

$$S_w = \left(2.032 \times 10^6 + 500 \times 10 \times \frac{500}{2}\right) \text{mm}^3 = 3.282 \times 10^6 \text{mm}^3$$

(3) 焊缝强度计算。

由表 5-2 查得，$f_t^w = 185 \text{N/mm}^2$，$f_v^w = 125 \text{N/mm}^2$。

$$\sigma_{max} = \frac{M}{W_w} = \frac{1008 \times 10^6}{5.6163 \times 10^6} \text{N/mm}^2 = 179.5 \text{N/mm}^2 < f_t^w = 185 \text{N/mm}^2$$

$$\tau_{\max}=\frac{VS_{\mathrm{w}}}{I_{\mathrm{w}}t_{\mathrm{w}}}=\frac{240\times10^{3}\times3.282\times10^{6}}{2898\times10^{3}\times10}\mathrm{N/mm^2}=27.2\mathrm{N/mm^2}<f_{\mathrm{v}}^{\mathrm{w}}=125\mathrm{N/mm^2}$$

$$\sigma_1=\sigma_{\max}\frac{h_0}{h}=179.5\times\frac{1000}{1032}\mathrm{N/mm^2}=173.9\mathrm{N/mm^2}$$

$$\tau_1=\frac{VS_{\mathrm{w1}}}{I_{\mathrm{w}}t_{\mathrm{w}}}=\frac{240\times10^{3}\times2.032\times10^{6}}{2898\times10^{6}\times10}\mathrm{N/mm^2}=16.8\mathrm{N/mm^2}$$

$$\sqrt{\sigma_1^2+3\tau_1^2}=\sqrt{173.9^2+3\times16.8^2}\mathrm{N/mm^2}=176.3\mathrm{N/mm^2}$$

$$<1.1f_{\mathrm{t}}^{\mathrm{w}}=1.1\times185\mathrm{N/mm^2}=203.5\mathrm{N/mm^2}$$

满足要求。

7.2.6 角焊缝连接的构造和计算

1. 角焊缝的形式

角焊缝是最常用的焊缝。角焊缝按其与作用力的关系可分为：焊缝长度方向与作用力垂直的正面角焊缝，焊缝长度方向与作用力平行的侧面角焊缝以及斜焊缝。焊缝沿长度方向的布置分为连续角焊缝和间断角焊缝，如图 7-17 所示。

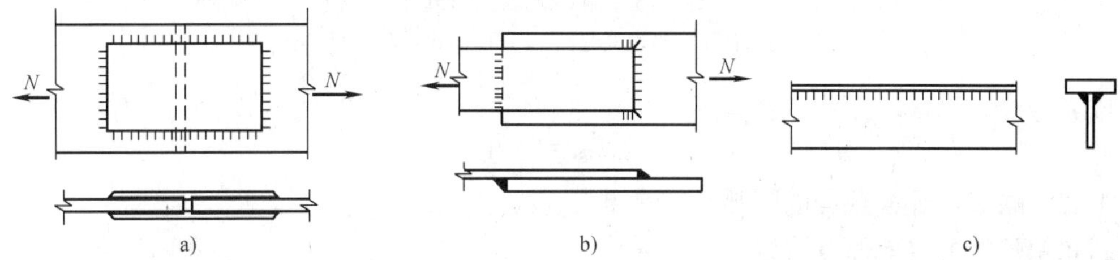

图 7-17　角焊缝示意图

a）围焊缝　b）正面焊缝　c）侧面角焊缝

连续角焊缝的受力性能较好，为主要的角焊缝形式。间断角焊缝的起、灭弧处容易引起应力集中，只能用于一些次要构件的连接或受力很小的连接，重要结构应避免采用。间断角焊缝的间断距离 l 不宜过长，以免连接不紧密，潮气侵入引起构件锈蚀。一般在受压构件中应满足 $l\leqslant15t$，在受拉构件中 $l\leqslant30t$，t 为较薄焊件的厚度。

角焊缝按截面形式可分为直角角焊缝和斜角角焊缝。

直角角焊缝通常做成表面微凸的等腰直角三角形截面(图 7-18a)。在直接承受动力荷载的结构中，为了减小应力集中，正面角焊缝的截面常采用如图 7-18b 所示的平坦式截面，侧面角焊缝的截面则作成凹面式(图 7-18c)。

两焊脚边的夹角 $\alpha>90°$或 $\alpha<90°$的焊缝称为斜角角焊缝(图 7-18d)。斜角角焊缝常用于钢漏斗和钢管结构中，对于夹角 $\alpha>120°$或 $\alpha<60°$的斜角角焊缝，除钢管结构外，不宜用作受力焊缝。

试验表明，等腰直角角焊缝常在沿 45°左右方向的截面破坏，因此计算时是以 45°方向的最小截面为危险截面，此危险截面称为角焊缝的计算截面或有效截面。平坦式、凹面式角焊缝的有效截面如图 7-18b、c 所示。

直角角焊缝的直角边也称为焊脚尺寸，其较小的焊脚尺寸以 h_{f} 表示。直角角焊缝的有

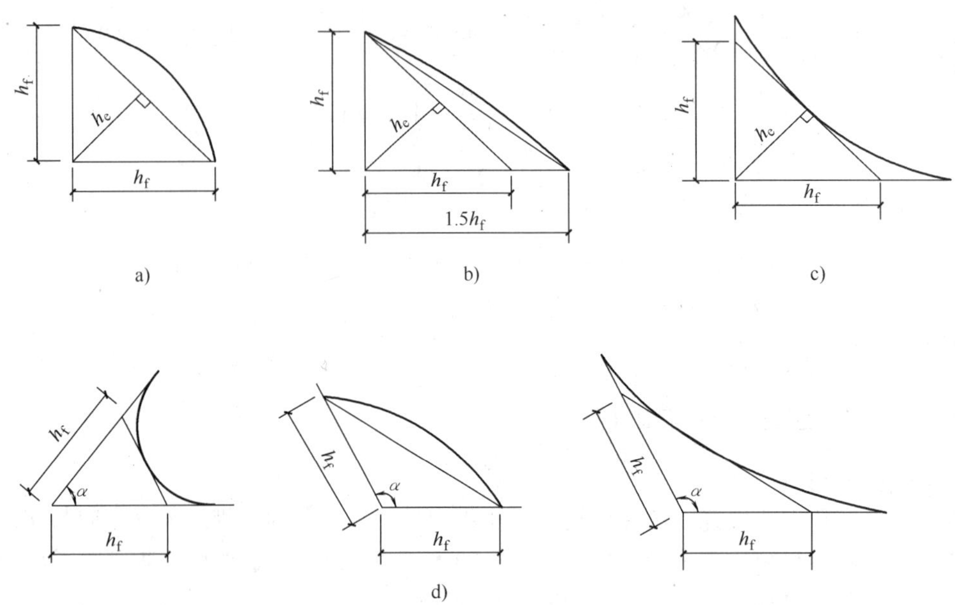

图 7-18　角焊缝截面形式

a）普通型截面　b）平坦式截面　c）凹面式　d）斜角角焊缝

效厚度 h_e 为

$$h_e = h_f\cos45° = 0.7h_f$$

上式中略去了焊缝截面的圆弧形加高部分。

斜角角焊缝的有效厚度按以下规定采用：

当 $\alpha > 90°$时，$h_e = h_f\cos\dfrac{\alpha}{2}$

当 $\alpha < 90°$时，$h_e = 0.7h_f$

2. 角焊缝的构造要求

（1）最大焊脚尺寸。角焊缝的 h_f 过大，焊接时热量输入过大，焊缝收缩时将产生较大的焊接残余应力和残余变形，且热影响区扩大易产生脆裂，较薄焊件易烧穿。板件边缘的角焊缝与板件边缘等厚时，施焊时易产生咬边现象。因此，角焊缝的 h_{fmax} 应符合以下规定

$$h_{fmax} \leqslant 1.2t_{min}$$

t_{min} 为较薄焊件厚度。对板件边缘(厚度为 t_1)的角焊缝尚应符合以下要求：

当 $t_1 > 6$mm 时，$h_{fmax} = t_1 - (1 \sim 2)$mm；

当 $t_1 \leqslant 6$mm 时，$h_{fmax} = t_1$。

（2）最小焊脚尺寸。如果板件厚度较大而焊缝焊脚尺寸过小，则施焊时焊缝冷却速度过快，可能产生淬硬组织，易使焊缝附近主体金属产生裂缝。因此，《钢结构设计规范》(GB 50017—2003)规定角焊缝的最小焊脚尺寸 h_{fmin} 应满足下式要求

$$h_{fmin} \geqslant 1.5\sqrt{t_{max}}$$

此处，t_{max} 为较厚焊件的厚度。自动焊的热量集中，因而熔深较大，故最小焊脚尺寸 h_{fmin} 可较上式减小 1mm。T 形连接单面角焊缝可靠性较差，应增加 1mm。当焊件厚度等于或小于 4mm 时，h_{fmin} 应与焊件同厚。

（3）最小焊缝长度。角焊缝的焊缝长度过短，焊件局部受热严重，且施焊时起落弧坑相距过近，再加上一些可能产生的缺陷使焊缝不够可靠。因此规定角焊缝的计算长度 $l_w \geqslant 8h_f$，且不小于 40mm。

（4）侧面角焊缝的最大计算长度。侧缝沿长度方向的剪应力分布很不均匀，两端大而中间小，且随焊缝长度与其焊脚尺寸之比的增大而更为严重。当焊缝过长时，其两端应力可能达到极限，而中间焊缝却未充分发挥承载力。因此，侧面角焊缝的计算长度应满足：$l_w \leqslant 60h_f$（承受静力荷载或间接承受动力荷载）或 $l_w \leqslant 40h_f$（直接承受动力荷载）。当侧缝的实际长度超过上述规定数值时，超过部分在计算中不予考虑。若内力沿侧缝全长分布时则不受此限，例如工字形截面柱或梁的翼缘与腹板的角焊缝连接。

（5）在搭接连接中，为减小因焊缝收缩产生过大的焊接残余应力及因偏心产生的附加弯矩，要求搭接长度 $l \geqslant 5t_1$（t_1 为较薄构件的厚度）且不小于 25mm，如图 7-19 所示。

（6）板件的端部仅用两侧缝连接时，如图 7-20 所示，为避免应力传递过于弯折而致使板件应力极不均匀，应使 $l_w \geqslant b$；同时为避免因焊缝收缩引起板件变形拱曲过大，尚应使 $b \leqslant 16t$（当 $t > 12$mm 时）或 190mm（当 $t \leqslant 12$mm 时）。若不满足此规定则应加焊端缝。

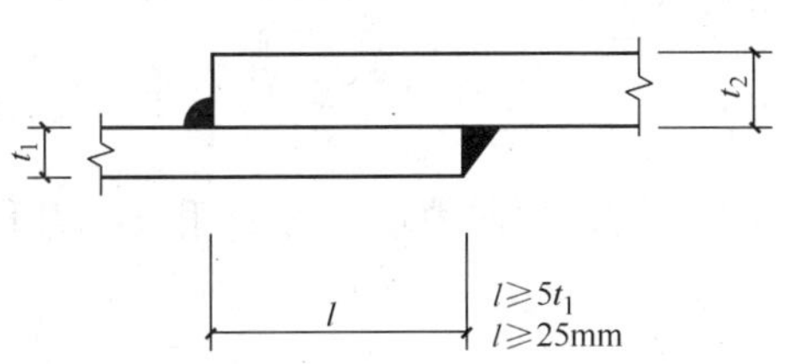

图 7-19　角焊缝搭接长度示意图

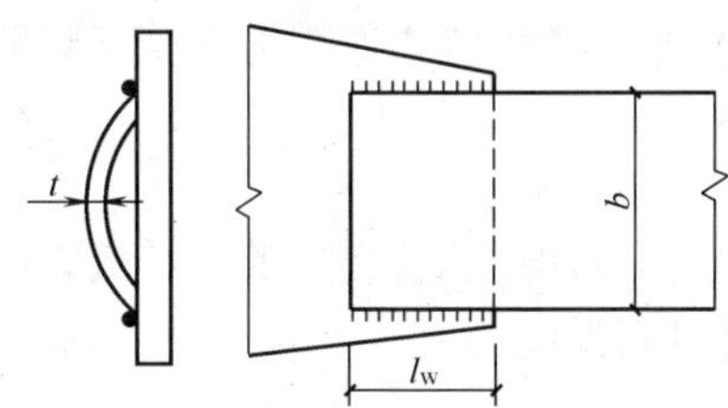

图 7-20　角焊缝两侧缝连接示意图

（7）当角焊缝的端部在构件的转角处时，为避免起落弧缺陷发生在应力集中较严重的转角处，宜作长度为 $2h_f$ 的绕角焊，如图 7-21 所示，且转角处必须连续施焊，以改善连接的受力性能。

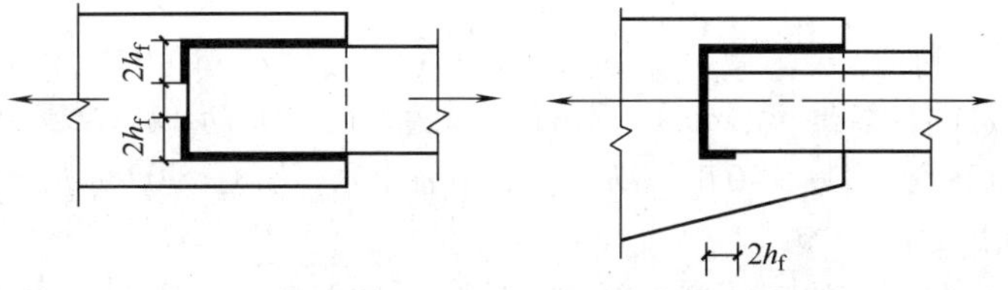

图 7-21　角焊缝绕角焊示意图

3. 角焊缝连接计算

角焊缝的应力状态十分复杂。对角焊缝的大量试验表明：通过角焊缝直角顶点如图7-22所示，任一辐射面都可能是破坏截面，但侧焊缝的破坏大多在 45°线的喉部，且正面角焊缝的破坏强度较高，一般是侧面角焊缝的 1.35～1.55 倍。在此试验分析的基础上建立角焊缝的计算公式，无论角焊缝受力方向如何，均假定其破坏截面在直角角平分线 45°线的喉部截面处，并忽略焊缝截面的圆弧形加高部分。

角焊缝的强度设计值就是根据对该截面的试验研究结果确定的。计算角焊缝强度时，假定有效截面上的应力均匀分布，并且不分抗拉、抗压或抗剪，都用同一强度设计值 f_f^w。

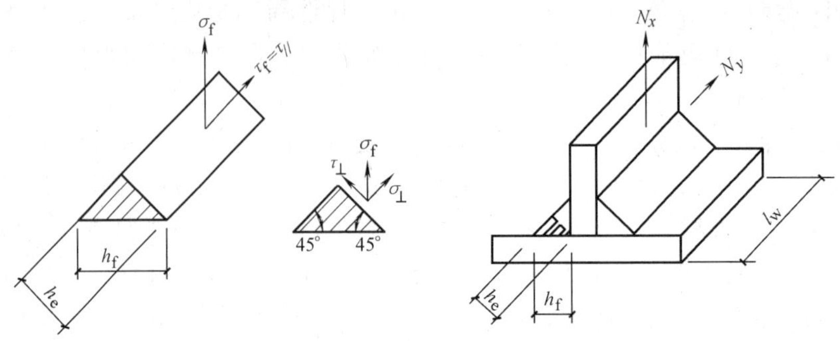

图 7-22 角焊缝破坏截面示意图

（1）角焊缝受轴心力作用时的计算。当作用力通过角焊缝或焊缝群形心时，认为焊缝沿长度方向的应力均匀分布，则角焊缝的强度按以下表达式计算：

1）侧面角焊缝或作用力平行于焊缝长度方向的角焊缝。

$$\tau_f = \frac{N}{h_e \sum l_w} \leqslant f_f^w \tag{7-9}$$

2）正面角焊缝或作用力垂直于焊缝长度方向的角焊缝。

$$\sigma_f = \frac{N}{h_e \sum l_w} \leqslant \beta_f f_f^w \tag{7-10}$$

3）两方向力综合作用的角焊缝，应分别计算各焊缝在两方向力作下的 σ_f 和 τ_f，然后按下式计算其强度

$$\sqrt{\left(\frac{\sigma_f}{\beta_f}\right)^2 + \tau_f^2} \leqslant f_f^w \tag{7-11}$$

4）由侧面、正面和斜向各种角焊缝组成的周围角焊缝，假设破坏时各部分角焊缝都达到各自的极限强度，则

$$\frac{N}{\sum \beta_f h_e l_w} \leqslant f_f^w \tag{7-12}$$

式中 N——轴心力(N)；

h_e——角焊缝的计算厚度(mm)，对直角焊缝，$h_e = 0.7h_f$（h_f 为较小焊脚尺寸）；对斜向角焊缝，当 $\alpha > 90°$时，$h_e = h_f\cos(\alpha/2)$，当 $\alpha < 90°$时 $h_e = 0.7h_f$（α 为两焊脚边的夹角）；

$\sum l_w$——连接一侧角焊缝的总计算长度(mm)，考虑角焊缝两端的起灭弧缺陷，每条焊缝取其实际长度减去 $2h_f$(mm)；

σ_f——按焊缝有效截面计算，垂直于焊缝长度方向的应力(N/mm²)；

τ_f——按焊缝有效截面计算，平行于焊缝长度方向的剪应力(N/mm²)；

β_f——正面角焊缝的强度设计值提高系数，对承受静力或间接承受动力荷载的结构取 $\beta_f = 1.22$，对直接承受动力荷载的结构取 $\beta_f = 1.0$；

f_f^w——角焊缝的强度设计值(N/mm²)。

【例 7-3】 试设计如图 7-23 所示一双盖板的对接接头。已知钢板截面为−250×14，盖板截面为 2−200×10，承受轴心力设计值为 700kN（静力荷载），钢材为 Q235，焊条 E43 型，焊条电弧焊。

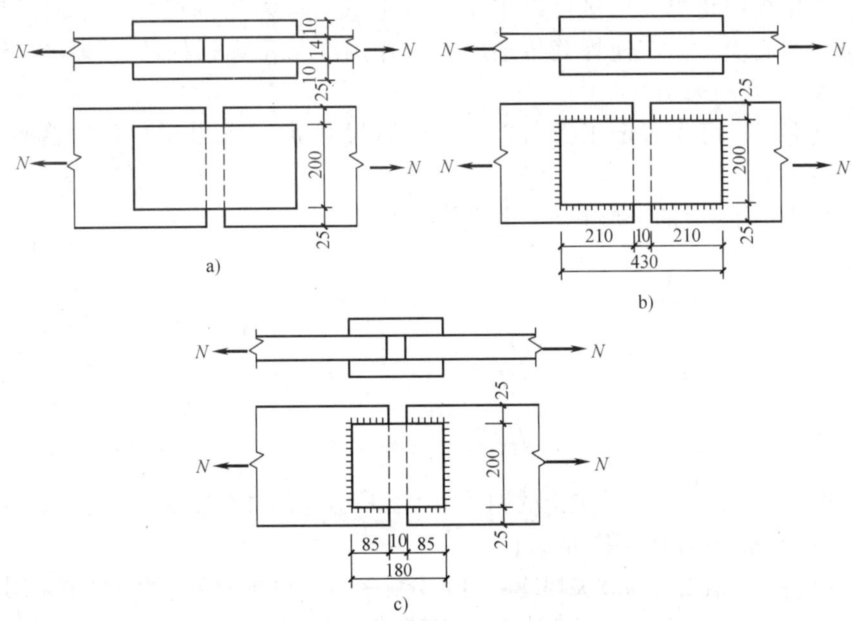

图 7-23　双盖板的对接接头

【解】 根据角焊缝的最大、最小焊脚尺寸要求，确定焊脚尺寸 h_f。

$$\text{取 } h_f = 8\text{mm} \begin{cases} \leqslant h_{f\max} = t - (1 \sim 2)\text{mm} = [10 - (1 \sim 2)]\text{mm} = 8 \sim 9\text{mm} \\ \leqslant 1.2t_{\min} = 1.2 \times 10\text{mm} = 12\text{mm} \\ > 1.5\sqrt{t_{\max}} = 1.5 \times \sqrt{14}\text{mm} = 5.6\text{mm} \end{cases}$$

查得角焊缝强度设计值 $f_f^w = 160\text{N/mm}^2$。

① 采用侧面角焊缝。

因采用双盖板，接头一侧共有 4 条焊缝，每条焊缝所需的计算长度

$$l_w = \frac{N}{4h_e f_f^w} = \frac{700 \times 10^3}{4 \times 0.7 \times 8 \times 160}\text{mm} = 195.3\text{mm}，\text{取 } l_w = 210\text{mm}$$

盖板总长

$$l = (210 \times 2 + 10)\text{mm} = 430\text{mm}$$

$$l_w = 210\text{mm} \begin{cases} < 60h_f = 60 \times 8\text{mm} = 480\text{mm} \\ > 8h_f = 8 \times 8\text{mm} = 64\text{mm} \end{cases}$$

$$l_w = 210\text{mm} > b = 200\text{mm}$$

$t = 10\text{mm} < 12\text{mm}$ 且 $b = 200\text{mm} > 190\text{mm}$，不满足构造要求。

② 采用三面围焊。

由式(7-10)得正面角焊缝所能承受的内力 N'

$$N' = 2 \times 0.7h_f l'_w \beta_f f_f^w = 2 \times 0.7 \times 8 \times 200 \times 1.22 \times 160\text{N} = 437284\text{N}$$

接头一侧所需侧缝的计算长度

$$l_w = \frac{N - N'}{4h_e f_f^w} = \frac{700000 - 437284}{4 \times 0.7 \times 8 \times 160}\text{mm} = 73.3\text{mm}$$

盖板总长　　$l = [(73.3 + 8) \times 2 + 10]\text{mm} = 172.6\text{mm}$，取 180mm。

5）角钢连接的角焊缝计算，轴心受力构件中，角钢与连接板的角焊缝连接较为常

用，角钢与连接板用角焊缝连接可以采用三种形式，即采用两侧缝、三面围焊和L形围焊。为避免偏心受力，应使焊缝传递的合力作用线与角钢杆件的轴线（在空间位置）相重合。

对于三面围焊，可先假定正面角焊缝的焊脚尺寸 h_{f3}，求出正面角焊缝所分担的轴心力 N_3。

当腹杆为双角钢组成的T形截面，且肢宽为 b 时

$$N_3 = 2 \times 0.7 h_{f3} b \beta_f f_f^w \tag{7-13}$$

由平衡条件（$\sum M = 0$）可得

$$N_1 = \frac{N(b-e)}{b} - \frac{N_3}{2} = K_1 N - \frac{N_3}{2} \tag{7-14}$$

$$N_2 = \frac{Ne}{b} - \frac{N_3}{2} = K_2 N - \frac{N_3}{2} \tag{7-15}$$

式中 N_1、N_2——角钢肢背和肢尖上的侧面角焊缝所分担的轴力（N）；

e——角钢的形心距（mm）；

K_1、K_2——角钢肢背和肢尖焊缝的内力分配系数，可按表7-2的近似值采用。

表7-2 角钢焊缝内力分配系数

角钢类型	连接形式	图形	分配系数	
			角钢肢背 k_1	角钢肢尖 k_2
等肢	—	⌐┌	0.70	0.30
不等肢	长肢相连	⌐┌	0.65	0.35
	短肢相连	⌐┌	0.75	0.25

对于两面侧焊如图7-24a所示，因 $N_3 = 0$，得

$$N_1 = K_1 N \tag{7-16}$$

$$N_2 = K_2 N \tag{7-17}$$

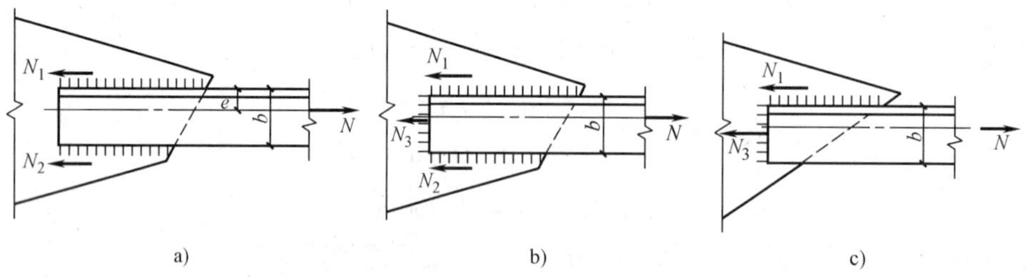

图7-24 角钢连接的角焊缝示意图

a）两侧缝连接 b）三面围焊连接 c）L形围焊连接

求得各条焊缝所受的内力后，按构造要求假定肢背和肢尖焊缝的焊脚尺寸，即可求出焊缝的计算长度。例如对双角钢组成的T形截面

$$l_{w1} = \frac{N_1}{2 \times 0.7 h_{f1} f_f^w} \tag{7-18}$$

$$l_{w2}=\frac{N_2}{2\times0.7h_{f2}f_f^w} \tag{7-19}$$

式中　h_{f1}、l_{w1}——一个角钢肢背上的侧面角焊缝的焊脚尺寸及计算长度(mm)；

h_{f2}、l_{w2}——一个角钢肢尖上的侧面角焊缝的焊脚尺寸及计算长度(mm)。

考虑到每条焊缝两端的起灭弧缺陷，实际焊缝长度为计算长度加$2h_f$mm；但对于三面围焊，由于在杆件端部转角处必须连续施焊，每条侧面角焊缝只有一端可能起灭弧，故焊缝实际长度为计算长度加$h_f$mm；对于采用绕角焊的侧面角焊缝实际长度等于计算长度(绕角焊缝长度$2h_f$,不进入计算)。

当杆件受力很小时，可采用L形围焊，如图7-24c所示。由于只有正面角焊缝和角钢肢背上的侧面角焊缝，令式(7-15)中的$N_2=0$，得

$$N_3=2K_2N \tag{7-20}$$

$$N_1=N-N_3 \tag{7-21}$$

角钢肢背上的角焊缝计算长度可按式(7-18)计算，角钢端部的正面角焊缝的长度已知，可按下式计算其焊脚尺寸

$$h_{f3}=\frac{N_3}{2\times0.7l_{w3}\beta_f f_f^w} \tag{7-22}$$

式中$l_{w3}=b-h_f$mm。

【例7-4】 试确定如图7-25所示承受轴心力(静荷载)的三面围焊连接的承载力及肢尖焊缝的长度。已知角钢为2∟125×10，其肢与厚度为8mm的节点板连接，搭接长度为300mm，焊脚尺寸$h_f=8$mm，钢材为Q235—BF，焊条电弧焊，焊条为E43型。

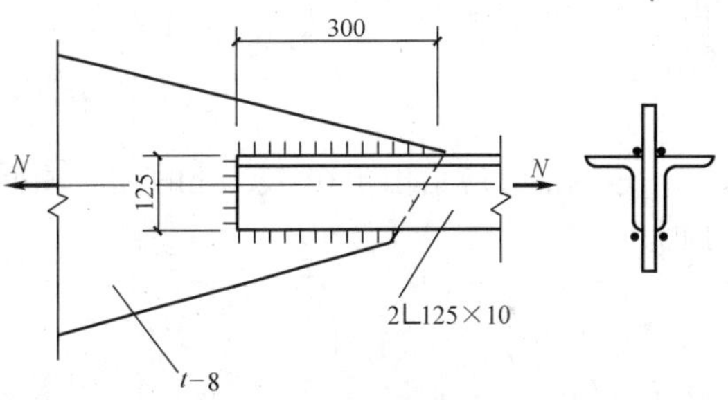

图7-25　三面围焊连接

【解】 角焊缝强度设计值$f_f^w=160\text{N/mm}^2$。焊接内力分配系数为$K_1=0.7$，$K_2=0.3$。正面角焊缝的长度等于相连角钢肢的宽度，即$l_{w3}=b=125$mm，则正面角焊缝所承受的内力

$$N_3=h_el_{w3}\beta_f f_f^w=(2\times0.7\times8\times125\times1.22\times160)\text{kN}=273.3\text{kN}$$

肢背角焊缝所能承受的内力

$$N_1=2h_el_wf_f^w=2\times0.7\times8\times(300-h_f)\times160\text{kN}=523.3\text{kN}$$

由式(7-14)知，

$$N_1=K_1N-\frac{N_3}{2}=\left(0.7N-\frac{273.3}{2}\right)\text{kN}=523.3\text{kN}$$

$$N=\frac{528.6+136.6}{0.7}\text{kN}=942.7\text{kN}$$

由式(7-15)计算肢尖焊缝承受的内力

$$N_2=K_2N-\frac{N_3}{2}=(0.3\times942.7-136.6)\text{kN}=146.2\text{kN}$$

由此可算出肢尖焊缝的长度

$$l'_{w2}=\frac{N_2}{2h_e f_f^w}+t=\left(\frac{146.2\times10^3}{2\times0.7\times8\times160}+h_f\right)\text{mm}=89.6\text{mm}$$

该构件采用三面围焊的承载力为942.7kN，肢尖焊缝长度取90mm。

承受弯矩、轴心力和剪力作用的角焊缝连接计算。如图7-26所示的双面角焊缝连接承受偏心斜拉力 N 作用，计算时，可将作用力 N 分解为 N_x 和 N_y 两个分力。角焊缝同时承受轴心力 N_x、剪力 N_y 和弯矩 $M=N_x e$ 的共同作用。

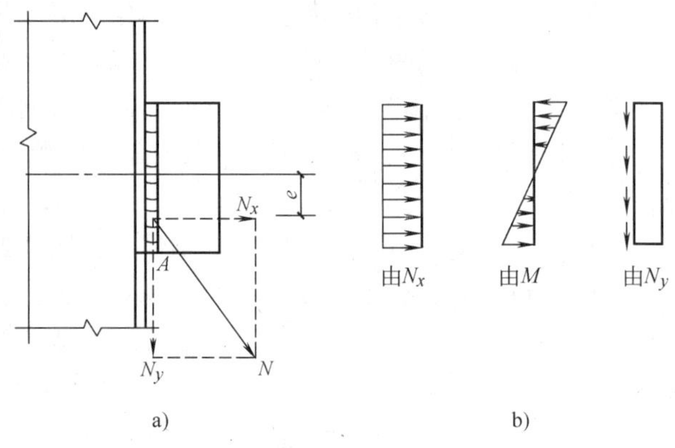

图7-26 角焊缝连接承受偏心力作用

焊缝计算截面上的应力分布如图7-26所示。图中 A 点应力最大，为控制设计点。此处垂直于焊缝长度方向的应力由两部分组成，即由轴心拉力 N_x 产生的应力

$$\sigma_f^N=\frac{N_x}{A_e}=\frac{N_x}{2h_e l_w} \tag{7-23}$$

由弯矩 M 产生的应力

$$\sigma_f^M=\frac{M}{W_e}=\frac{6M}{2h_e l_w^2} \tag{7-24}$$

这两部分应力由于在 A 点处的方向相同，可直接叠加，故 A 点垂直于焊缝长度方向的应力

$$\sigma_f=\sigma_f^N+\sigma_f^M=\frac{N_x}{2h_e l_w}+\frac{6M}{2h_e l_w^2} \tag{7-25}$$

剪力 N_y 在 A 点处产生平行于焊缝长度方向的应力

$$\tau_f^v=\frac{N_y}{A_e}=\frac{N_y}{2h_e l_w} \tag{7-26}$$

式中 l_w——焊缝的计算长度(mm)，为实际长度减10mm。

则焊缝的强度计算式

$$\sqrt{\left(\frac{\sigma_f^N+\sigma_f^M}{\beta_f}\right)+(\tau_f^v)^2}\leqslant f_f^w \tag{7-27}$$

当连接直接承受动力荷载时，取 $\beta_f=1.0$。

【例7-5】 如图7-27所示角钢与柱用角焊缝连接，焊脚尺寸 $h_f=10\text{mm}$，钢材为Q345，焊条E50型，焊条电弧焊。试计算焊缝所能承受的最大静力荷载设计值 F。

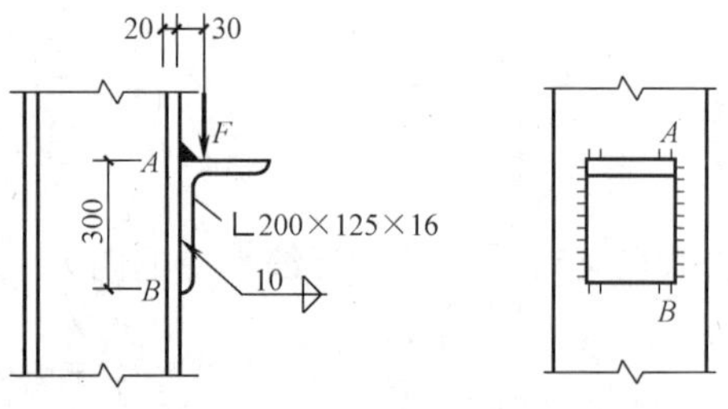

图7-27 角钢与柱用角焊缝连接

【解】 将偏心力 F 向焊缝群形心简化，则焊缝同时承受弯矩 $M=30F\text{kN}\cdot\text{mm}$ 及剪力 $V=F$，因转角处有绕角焊 $2h_f$，故焊缝计算长度不考虑起弧、

灭弧的影响，取 $l_w=200\text{mm}$。

（1）焊缝计算截面的几何参数。

$$A_w=(2\times0.7\times10\times200)\text{mm}^2=2800\text{mm}^2$$

$$W_w=\frac{2\times0.7h_fl_w^2}{6}=\left(\frac{2\times0.7\times10\times200^2}{6}\right)\text{mm}^3=93333\text{mm}^3$$

（2）求应力分量。

$$\sigma_f^w=\frac{M}{W_w}=\frac{30\times10^3F}{93333}\text{N/mm}^2=0.3214F\text{N/mm}^2$$

$$\tau_f^w=\frac{V}{A_w}=\frac{10^3F}{2800}\text{N/mm}^2=0.3571F\text{N/mm}^2$$

（3）求 F。

由角焊缝强度设计值表查得，$f_f^w=200\text{N/mm}^2$。

$$\sqrt{\left(\frac{\sigma_f^M}{\beta_f}\right)^2+(\tau_f^v)^2}=\sqrt{\left(\frac{0.3124F}{1.22}\right)^2+(0.3571F)^2}\leqslant f_f^w=200\text{N/mm}^2$$

$$F\leqslant450.7\text{kN}$$

该连接所能承受的最大静力荷载设计值 F 为 450.7kN。

7.2.7 焊接应力和焊接变形

钢结构在施焊过程中，会在焊缝及附近区域局部范围内加热至钢材熔化再冷却凝结，焊缝周围区域温度急剧升降。焊缝各部分之间热胀冷缩的不同步及不均匀，将使结构在受外力作用之前就在局部形成变形和应力，称为焊接残余变形和焊接残余应力，如图 7-28 所示。

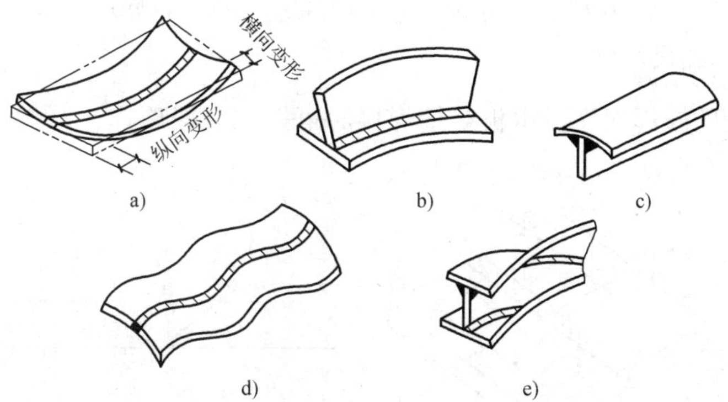

图 7-28 焊接残余变形

a）纵横向收缩 b）弯曲变形 c）角变形 d）波浪变形 e）扭曲变形

焊接变形和焊接应力将影响结构的工作，使构件安装困难，严重时甚至无法使用。焊接残余应力虽然对结构在静力荷载作用下的承载力不会降低，但它会使结构的刚度和稳定性下降，引起低温冷脆和抗疲劳强度降低。

例如两块钢板用 V 形坡口焊缝连接，在焊接连接过程中，焊缝金属被加热到熔融状态时，完全处于塑性状态，两块钢板处于一个平面。此后，熔融金属逐渐冷却、收缩，由于 V 形坡口焊缝靠外圈金属较长，收缩量较大，而靠内圈金属相对较短，其收缩量小，因此，冷却凝固后，钢板两端就会因外圈收缩较大而翘曲，钢板不再保持原有的平面。

为减少和限制焊接应力和焊接变形，在设计和制作过程中必须考虑残余变形和残余应力对结构的不利影响，在设计上和工艺制作上采取必要措施。

1. 设计上的措施

（1）焊接位置的合理安排。只要结构上允许，尽可能使焊缝对称于构件截面的中性轴，以减小焊接变形，如图 7-29a、c 所示。

（2）焊缝尺寸要适当。在保证安全的前提下，不得随意加大焊缝厚度，焊缝尺寸过大容易引起过大的焊接残余应力，且在施焊时有焊穿、过热等缺点，使连接强度降低。

（3）焊缝的数量宜少，不宜集中。当几块钢板交汇一处进行焊接时，应采用如图7-29e所示的方式。若采用如图 7-29f 所示的方式，则热量高度集中，会引起过大的焊接变形，同时焊缝及基本金属也会发生组织改变。

（4）应尽量避免两至三条焊缝垂直交叉。比如梁腹板加劲肋与腹板及翼缘的连接焊缝，就应中断，以保证主要的焊缝(翼缘与腹板的连接焊缝)连续通过，如图 7-29g 所示。

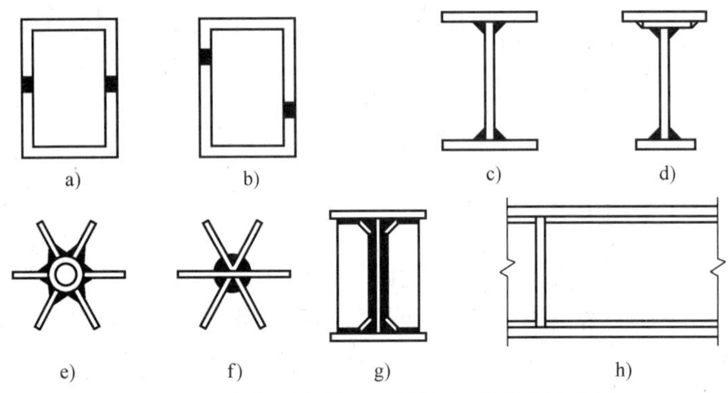

图 7-29　减小焊接应力和焊接变形的设计措施

2. 工艺制作上的措施

（1）采取合理的施焊次序。钢板对接焊接时可采用分段施焊，厚焊缝采用分层焊，工字形截面按对角跳焊等方法，如图 7-30 所示。

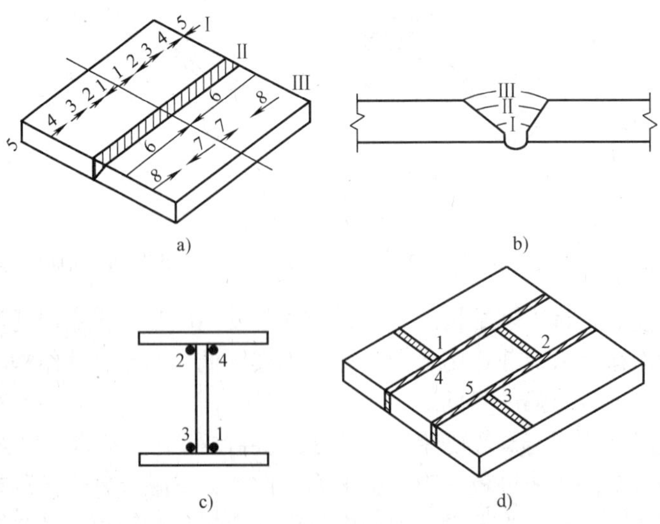

图 7-30　合理的施焊次序

a）分段退焊　b）沿厚度分层焊　c）对角焊　d）钢板分块拼接

（2）采用反变形。施焊前给构件以一个与焊接变形反方向的预变形，使之与焊接所引起的变形相抵消，从而达到减小焊接变形的目的，如图 7-31 所示。

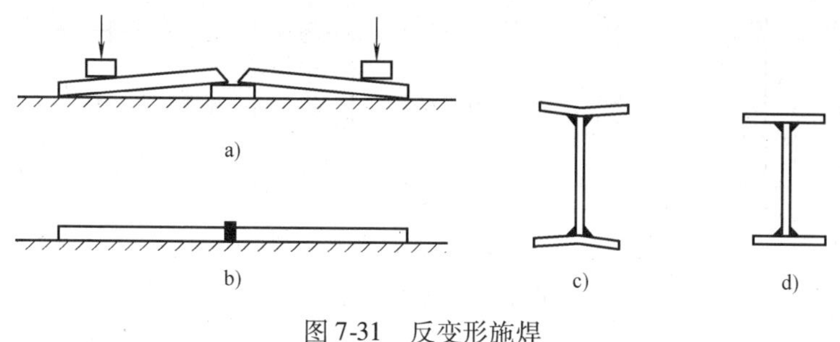

图 7-31　反变形施焊

a）、c）焊前反变形　b）、d）焊后正常

（3）小尺寸焊件。对于小构件可在焊前预热或焊后回火加热至 600℃左右，然后缓慢冷却，可以消除焊接应力和焊接变形。

（4）尽可能采用对称焊缝，焊缝厚度不宜太大。

7.3　螺栓连接

7.3.1　普通螺栓连接的构造和计算

1. 普通螺栓连接的构造

（1）螺栓的规格。钢结构采用的普通螺栓为大六角头型，其代号用字母 M 和公称直径的毫米数表示。为制造方便，一般情况下，同一结构中宜尽可能采用一种栓径和孔径的螺栓，需要时也可采用 2 ~ 3 种螺栓直径。螺栓直径 d 根据整个结构及其主要连接的尺寸和受力情况选定，受力螺栓一般采用 M16 以上螺栓，建筑工程中常用 M16、M20、M24 螺栓等。

钢结构施工图的螺栓和孔的制图应符合表 7-3 的要求。其中细“ + ”线表示定位线，同时应标注或统一说明螺栓的直径和孔径。

表 7-3　螺栓及螺栓孔图示

名　　称	永 久 螺 栓	高强度螺栓	安 装 螺 栓	圆形螺栓孔	长圆形螺栓孔
图例				ϕ	ϕ　b

（2）螺栓的排列。螺栓的排列有并列和错列两种基本形式，如图 7-32 所示。并列较简单，但栓孔对截面削弱较多；错列较紧凑，可减少截面削弱，但排列较繁杂。

螺栓在构件上的排列，螺栓间距及螺栓至构件边缘的距离不应太小，否则螺栓之间的钢板以及边缘处螺栓孔前的钢板可能沿作用力方向被剪断；同时，螺栓间距及边距太小，也不利扳手操作。另一方面，螺栓的间距及边距也不应太大，否则连接钢板不易夹紧，潮气容易侵入缝隙引起钢板锈蚀。对于受压构件，螺栓间距过大还容易引起钢板鼓曲。因此，《钢结构设计规范》（GB 50017—2003）根据螺栓孔直径、钢材边缘加工情况（轧制边、切割边）及受力方向，规定了螺栓中心间距及边距的最大、最小限制，见表 7-4。

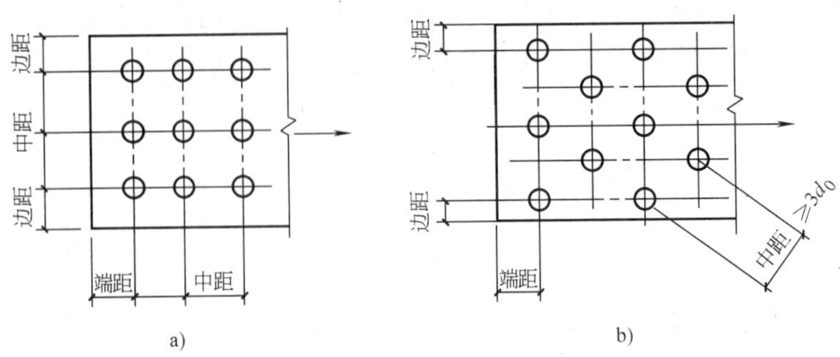

图 7-32　螺栓的排列

表 7-4　螺栓的最大、最小允许距离

<table>
<tr><th>名　称</th><th colspan="3">位置和方向</th><th>最大允许距离(取两者的较小值)</th><th>最小容许距离</th></tr>
<tr><td rowspan="5">中心间距</td><td colspan="3">外排(垂直内力方向或顺内力方向)</td><td>$8d_0$ 或 $12t$</td><td rowspan="5">$3d_0$</td></tr>
<tr><td rowspan="3">中间排</td><td colspan="2">垂直内力方向</td><td>$16d_0$ 或 $24t$</td></tr>
<tr><td rowspan="2">顺内力方向</td><td>压力</td><td>$12d_0$ 或 $18t$</td></tr>
<tr><td>拉力</td><td>$16d_0$ 或 $24t$</td></tr>
<tr><td colspan="3">沿对角线方向</td><td>—</td></tr>
<tr><td rowspan="4">中心至构件边缘距离</td><td colspan="3">顺内力方向</td><td rowspan="4">$4d_0$ 或 $8t$</td><td>$2d_0$</td></tr>
<tr><td rowspan="3">垂直内力方向</td><td colspan="2">剪切边或手工气割边</td><td rowspan="2">$1.5d_0$</td></tr>
<tr><td rowspan="2">轧制边自动精密气割或锯割边</td><td>高强度螺栓</td></tr>
<tr><td>其他螺栓或铆钉</td><td>$1.2d_0$</td></tr>
</table>

注：1. d_0 为螺栓或铆钉孔直径，t 为外层较薄板件的厚度。

2. 板边缘与刚性构件(如角钢、槽钢等)相连的螺栓的最大间距，可按中间的数值采用。

对于角钢、工字钢和槽钢上的螺栓排列，除应满足表 7-4 要求外，还应注意不要在靠近截面倒角和圆角处打孔，还应分别符合规定值的要求，如图 7-33 所示。

(3) 螺栓连接的构造要求。螺栓连接除了满足上述螺栓排列的允许距离外，根据不同

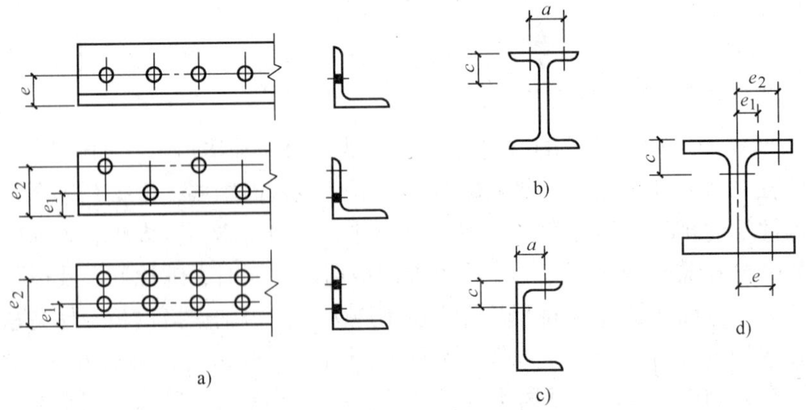

图 7-33　角钢、工字钢和槽钢上的螺栓排列

情况尚应满足下列构造要求：

1）为了使螺栓的传力更好，连接可靠，每一杆件在节点上以及拼接接头的一端，永久性螺栓数不宜少于两个，但根据实践经验，组合构件的缀条及钢梁的隅撑端部可采用一个螺栓。在螺栓设计中，螺栓的排列应使连接紧凑，节省材料，方便施工，间距宜为 5mm 的倍数。

2）对直接承受动力荷载的普通螺栓连接应采用双螺母或其他防止螺母松动的有效措施。例如采用弹簧垫圈，或将螺母和螺杆焊死等方法。

3）由于 C 级螺栓与孔壁有较大间隙，只宜用于沿其杆轴方向受拉连接。承受静力荷载结构的次要连接、可拆卸结构的连接和临时固定构件用的安装连接中，也可用 C 级螺栓受剪。但在重要的连接中，例如：制动梁或吊车梁上翼缘与柱的连接，由于传递制动梁的水平支承反力，同时受到反复动力荷载作用，不得采用 C 级螺栓。

2. 普通螺栓连接的受力性能和计算

（1）普通螺栓的抗剪承载力计算。抗剪螺栓连接达到极限承载力时，可能会发生以下五种破坏形式：

1）当栓杆直径较小，板件较厚时，栓杆可能先被剪断，如图 7-34a 所示。

2）当栓杆直径较大时，板件可能先被挤压破坏，如图 7-34b 所示。

3）板件可能因螺栓孔削弱太多而被拉断如图 7-34c 所示。

4）端距太小，端距范围内的板件有可能被栓杆冲剪破坏，如图 7-34d 所示。

5）当板件太厚，栓杆较长时，可能发生栓杆受弯破坏，如图 7-34e 所示。

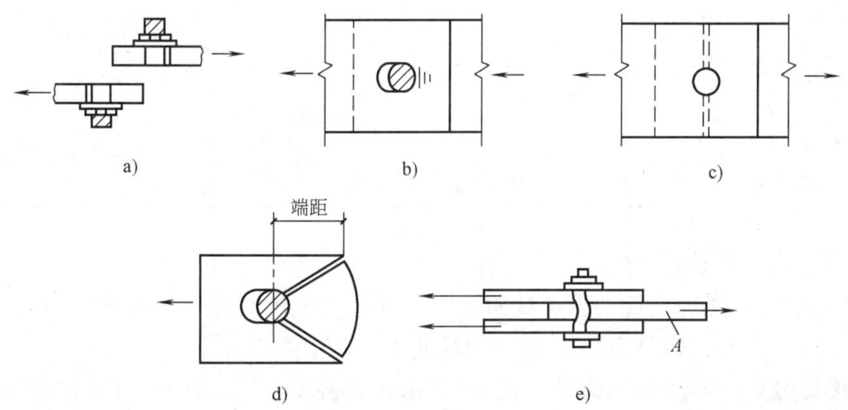

图 7-34　抗剪螺栓连接破坏形式

a）栓杆被剪断　b）板件被挤压破坏　c）板件被拉断　d）冲剪破坏　e）栓杆受弯破坏

上述五种破坏形式的前三种可通过相应的强度计算来防止，后两种破坏可采取相应的构造措施来保证。当构件上螺栓孔的端距大于 $2d_0$ 时，可避免端部冲剪破坏；当螺栓连接的板叠总厚度 $\sum t \leqslant 5d$（d 为栓杆直径）时，可避免栓杆受弯破坏。

普通螺栓连接的抗剪承载力，应考虑螺栓杆受剪和孔壁承压两种情况。假定螺栓受剪面上的剪力是均匀分布的，孔壁承压应力换算为沿栓杆直径投影宽度内板件面上均匀分布的应力，则：

单个抗剪螺栓的抗剪承载力设计值

$$N_{\rm v}^{\rm b}=n_{\rm v}\frac{\pi d^2}{4}f_{\rm v}^{\rm b} \tag{7-28}$$

单个抗剪螺栓的承压承载力设计值

$$N_{\rm c}^{\rm b}=d\sum tf_{\rm c}^{\rm b} \tag{7-29}$$

式中　$n_{\rm v}$——受剪面数目，单剪 $n_{\rm v}=1$，双剪 $n_{\rm v}=2$，四剪 $n_{\rm v}=4$；

d——螺栓杆直径(mm)；

$f_{\rm v}^{\rm b}$——螺栓抗剪强度设计值(N/mm^2)；

$\sum t$——同一受力方向承压构件的较小总厚度(mm)；

$f_{\rm c}^{\rm b}$——螺栓承压强度设计值(N/mm^2)。

（2）普通螺栓的抗拉承载力。抗拉螺栓连接在外力作用下，构件的接触面有脱开趋势。此时螺栓受到沿杆轴方向的拉力作用，故抗拉螺栓连接的破坏形式为栓杆被拉断。

单个抗拉螺栓的承载力设计值

$$N_{\rm t}^{\rm b}=A_{\rm e}f_{\rm t}^{\rm b}=\frac{\pi d_{\rm e}^2}{4}f_{\rm t}^{\rm b} \tag{7-30}$$

式中　$d_{\rm e}$——螺栓在螺纹处的有效直径(mm)，见表 7-5；

$A_{\rm e}$——螺栓在螺纹处的有效面积(mm^2)，见表 7-5；

$f_{\rm t}^{\rm b}$——螺栓抗拉强度设计值(N/mm^2)。

表 7-5　螺栓螺纹处的有效截面面积

公称直径/mm	12	14	16	18	20	22	24	27	30
螺栓有效截面积 $A_{\rm e}$/cm^2	0.84	1.15	1.57	1.92	2.45	3.03	3.53	4.59	5.61
螺栓有效直径 $d_{\rm e}$/cm	1.03	1.21	1.41	1.57	1.77	1.97	2.12	2.42	2.67
公称直径/mm	33	36	39	42	45	48	52	56	60
螺栓有效截面积 $A_{\rm e}$/cm^2	6.94	8.17	9.76	11.21	13.06	14.73	17.58	20.30	23.62
螺栓有效直径 $d_{\rm e}$/cm	2.97	3.23	3.53	3.78	4.08	4.33	4.73	5.08	5.48

（3）普通螺栓群连接计算。

1）普通螺栓群受剪连接计算。试验证明，螺栓群的抗剪连接承受轴心力时，螺栓群在长度方向受力不均匀，如图 7-35 所示，两端受力大，中间受力小。

当连接长度 $l\leqslant 15d_0$（d_0 为螺孔直径）时，由于连接工作进入弹塑性阶段后，内力发生重分布，螺栓群中各螺栓受力逐渐接近，故可认为轴心力 N 由每个螺栓平均承担，则连接一侧所需螺栓数为：

$$n=\frac{N}{N_{\min}^{\rm b}} \tag{7-31}$$

式中　$N_{\min}^{\rm b}$——一个螺栓抗剪承载力设计值与承压承载力设计值的较小值。

由于螺栓孔削弱了构件的截面，为防止构件在净截面上被拉断，因此尚应按下式验算构件的强度：

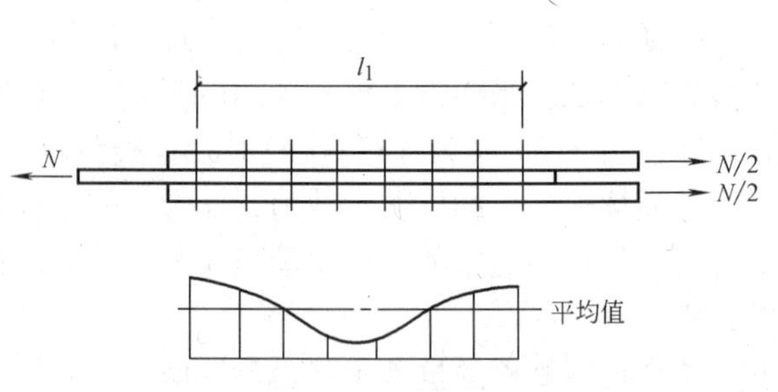

图 7-35　普通螺栓群受剪连接内力分布示意图

$$\sigma = \frac{N}{A_n} \leqslant f \tag{7-32}$$

式中　A_n——构件的净截面面积(mm^2)；

f——钢材的抗拉强度设计值(N/mm^2)。

当 $l > 15d_0$ 时，连接工作进入弹塑性阶段后，各螺杆所受内力也不易均匀，端部螺栓首先达到极限强度而破坏，随后由外向里依次破坏。如图 7-36 所示给出根据试验资料整理的连接抗剪强度与 l_1/d_0 的关系曲线。图中纵坐标为长连接抗剪螺栓的强度折减系数 η，横坐标为连接长度与螺栓孔直径的比值l_1/d_0。当 $l_1/d_0 > 15$ 时，连接强度明显下降，开始下降较快，以后逐渐缓和，并趋于常值。实线为我国现行《钢结构设计规范》(GB 50017—2003)所采用的曲线。由此曲线可知折减系数为：

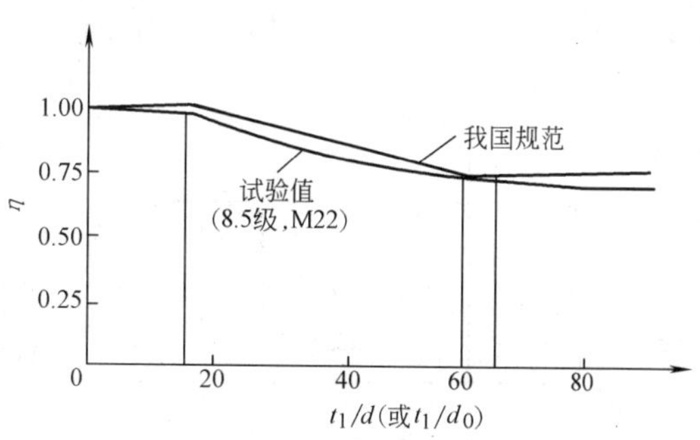

图 7-36　螺栓群受力曲线图

$$\eta = 1.1 - \frac{l_1}{150d_0} \geqslant 0.7 \tag{7-33}$$

则对长连接，所需抗剪螺栓数为：

$$n = \frac{N}{\eta N_{min}^b} \tag{7-34}$$

【例 7-6】　两截面为−360×8 的钢板，采用双盖板，C 级普通螺栓拼接，螺栓采用 M20，钢板为 Q235，承受轴心拉力设计值 $N = 325kN$，试设计此连接。

【解】（1）螺栓连接的计算。

一个螺栓抗剪承载力设计值

$$N_v^b = n_v \frac{\pi d^2}{4} f_v^b = \left(2 \times \frac{3.14 \times 20^2}{4} \times 140\right) kN = 87.9kN$$

一个螺栓承压承载力设计值

$$N_c^b = d \sum t f_c^b = (20 \times 8 \times 305) N = 48800N = 48.8kN$$

连接一侧所需螺栓数

$$n = \frac{325}{48.8} = 6.7$$

采用错列式排列，每侧用 8 个螺栓，按表 7-4 的规定排列如图 7-37 所示。

(2) 构件强度验算。

取螺栓孔径 $d_0 = 21.5mm$。由于是错列式排列，构件强度验算应验算最小净截面面积。

直线截面Ⅰ-Ⅰ净截面面积

$$A_{n1} = (360 \times 8 - 2 \times 21.5 \times 8) mm = 2536mm$$

齿状截面Ⅱ-Ⅱ净截面面积

$$A_{n2} = [(2 \times 80 + 2\sqrt{100^2 + 80^2}) \times 8 - 3 \times 21.5 \times 8] mm = 2813mm$$

$$\sigma = \frac{N}{A_{nmin}} = \frac{325 \times 10^3}{2536} N/mm^2 = 128N/mm^2 < f = 215N/mm^2$$

满足要求。

1）普通螺栓群受拉连接计算。如图 7-38 所示为螺栓群在轴心力作用下的抗拉连接，通常假定每个螺栓平均受力，则连接所需螺栓数为：

$$n = \frac{N}{N_t^b} \tag{7-35}$$

式中 N_t^b——一个螺栓的抗拉承载力设计值。

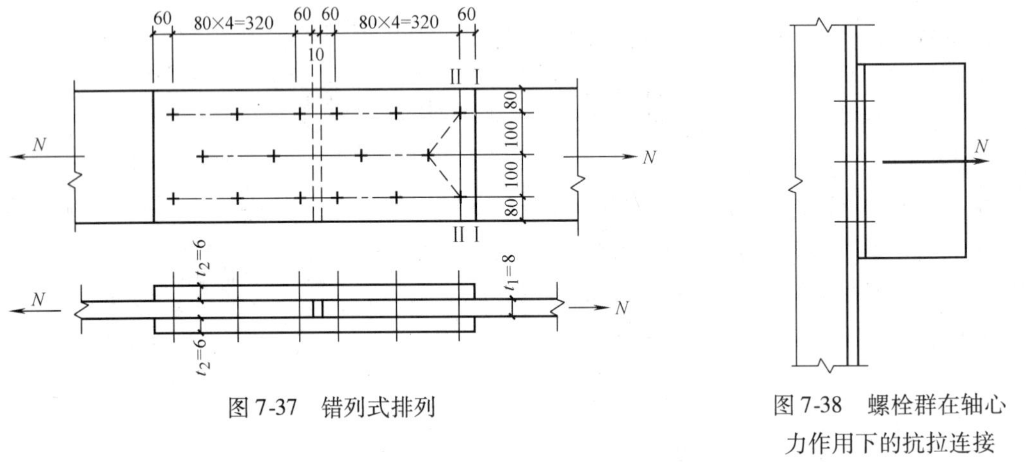

图 7-37 错列式排列

图 7-38 螺栓群在轴心力作用下的抗拉连接

2）普通螺栓群在弯矩作用下受拉。如图 7-39 所示为螺栓群在弯矩作用下的抗拉连接，剪力 V 通过承托板传递。

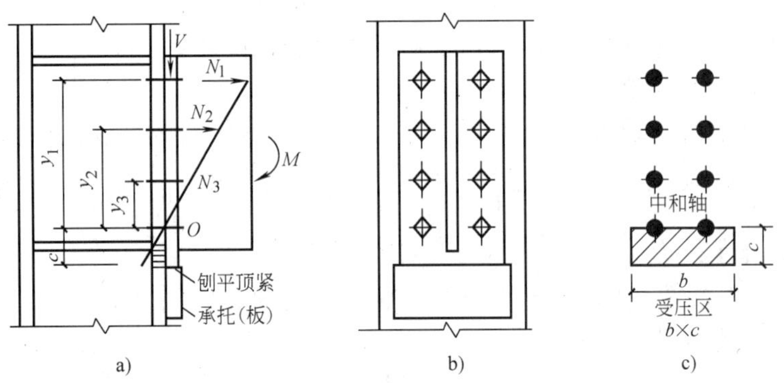

图 7-39 螺栓群在弯矩作用下的抗拉连接

在弯矩作用下，离中和轴越远的螺栓所受拉力越大，而压应力则由弯矩指向一侧的部分端板承受，设中和轴至端板受压边缘的距离为 c，如图 7-39c 所示。实际计算时可近似地取中和轴位于最下排螺栓 O 点处（弯矩作用方向如图 7-39a 所示），即认为连接变形为绕 O 点处水平轴转动，螺栓拉力与 O 点算起的纵坐标 y 成正比。对 O 点处取平衡方程时，偏于安全地忽略端板受压区部分的力矩，而只考虑受拉螺栓的力矩，各螺栓的 y 值均自 O 点算起，则：

$$N_1/y_1 = N_2/y_2 = \cdots N_i/y_i = N_n/y_n$$

$$\frac{M}{m} = N_1y_1 + N_2y_2 + \cdots + N_iy_i + \cdots + N_ny_n$$

$$= (N_1/y_1)y_1^2 + (N_2/y_2)y_2^2 + \cdots + (N_i/y_i)y_i^2 + \cdots + (N_n/y_n)y_n^2$$
$$= (N_i/y_i)\sum y_i^2$$

故螺栓 i 的拉力为：

$$N_i = \frac{My_i}{m\sum y_i^2} \tag{7-36}$$

设计时要求受力最大的最外排螺栓 1 的拉力不超过一个螺栓的抗拉承载力设计值，则

$$N_1 = \frac{My_1}{m\sum y_i^2} \leqslant N_t^b \tag{7-37}$$

式中 m——螺栓纵向列数，在图 7-39 中，$m=2$。

【例 7-7】 牛腿与柱用 C 级普通螺栓和承托连接，如图 7-40 所示，承受竖向荷载（设计值）$F=220$kN，偏心距 $e=200$mm，试设计其螺栓连接。已知构件和螺栓均用 Q235 钢，螺栓为 M20，孔径 21.5mm。

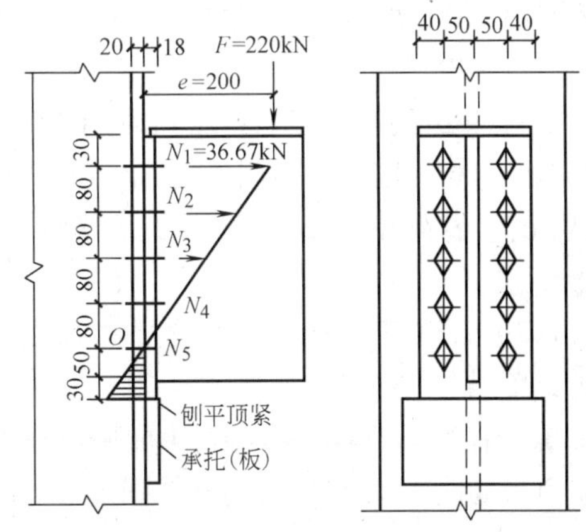

图 7-40 牛腿与柱用 C 级普通螺栓连接

【解】 牛腿的剪力 $V=F=220$kN 由端板刨平顶紧承托来传递，弯矩 $M=F_e=220\times200$kN·mm $=44\times10^3$kN·mm，由螺栓连接传递，使螺栓受拉。初步假定螺栓布置如图7-40所示。对最下排螺栓 O 轴取矩，最大受力螺栓（最上排 1）的拉力为：

$$N_1 = \frac{My_1}{m\sum y_i^2} = \frac{44\times10^3\times320}{2\times(80^2+160^2+240^2+320^2)}\text{kN} = 36.67\text{kN}$$

一个螺栓的抗拉承载力设计值为：

$$N_t^b = A_e f_t^b = 245\times170\text{N} = 41650\text{N} = 41.65\text{kN} > N_1 = 36.67\text{kN}$$

即假定螺栓连接满足设计要求，确定采用。

3）普通螺栓群同时受剪、受拉连接计算。

若不设支托，则剪力也由螺栓群承受，由于剪力通过栓群中心，可假定每个螺栓受的剪力均相同。在拉力作用下的螺栓受力不同，受拉力最大的为“1”，当螺栓同时受拉力和剪力作用时其强度要满足式（7-28）和式（7-29）的要求，同时，还应满足式（7-30）的要求。

7.3.2 高强度螺栓连接的构造和计算

（1）高强度螺栓连接的种类与构造。高强度螺栓连接按其受力特征分为摩擦型连接和承压型连接两种。摩擦型高强度螺栓连接是依靠连接件之间的摩擦阻力传递内力，设计时以剪力达到板件接触面间可能发生的最大摩擦阻力为极限状态。承压型高强度螺栓连接在受剪时允许摩擦力被克服并发生相对滑移，之后外力可继续增加，由栓杆抗剪或孔壁承压的最终破坏为极限状态。承压型的承载力比摩擦型高得多，但变形较大，不适用于承受动力荷载结构的连接，在受拉时，两者没有区别。我国在建筑工程常用摩擦型高强度螺栓连接。

高强度螺栓的构造和排列要求，除栓杆与孔径的差值较小外，与普通螺栓相同。高强度

螺栓的螺孔一般采用钻成孔，摩擦型高强度螺栓因受力时不产生滑移，其孔径比螺栓公称直径可稍大些，一般采用 1.5mm(≤M16)或 2mm(≥M20)；承压型高强度螺栓则应比摩擦型减少 0.5mm，一般为 1.0mm(≤M16)或 1.5mm(≥M20)。

1）高强度螺栓的材料和性能等级。高强度螺栓和与之配套的螺母和垫圈合称连接副，其所用材料一般为热处理低合金钢或优质碳素钢。根据材料抗拉强度和屈强比值的不同，高强度螺栓被分为 10.9 级和 8.8 级两种。其中整数部分(10 和 8)表示螺栓成品的抗拉强度 f_u 不低于 1000N/mm^2 和 800N/mm^2，小数部分(0.9 和 0.8)则表示其屈强比为 f_y/f_u 为 0.9 和 0.8。

10.9 级的高强度螺栓材料可用 20MnTiB(20 锰钛硼)、40B(40 硼)和 35VB(35 钒硼)钢；8.8 级的高强度螺栓材料则常用 45 钢和 35 钢。螺母常用 45 钢、35 钢和 15MnVTi(15 锰钒钛)钢；垫圈常用 45 钢和 35 钢。螺栓、螺母、垫圈制成品均应经过热处理以达到规定的指标要求。

2）高强度螺栓的预拉力。高强度螺栓是通过拧紧螺母，使螺杆受到拉伸，产生预拉力，而被连接板件之间则产生很大的预压力。高强度螺栓的预拉力值应尽可能高些，但需保证螺栓在拧紧过程中不会发生屈服或断裂，因此控制预拉力是保证连接质量的一个关键性因素。预拉力值 P 与螺栓的材料强度 f_y 和有效截面 A_e 等因素有关，按下式计算：

$$P=\frac{0.9\times0.9f_yA_e}{1.2}=0.675f_yA_e \tag{7-38}$$

式中，两个 0.9 系数是分别考虑到材料的不均匀性和为补偿螺栓紧固后有一定松弛引起预应力损失，系数 1.2 是考虑拧紧螺栓时扭矩对螺杆的不利影响。

各种规格高强度螺栓预应力的取值见表 7-6。

表 7-6　高强度螺栓的设计预应力值　（单位:kN）

螺栓的性能等级	螺栓公称直径/mm					
	M16	M20	M22	M24	M27	M30
8.8 级	80	125	155	175	230	280
10.9 级	100	155	190	225	290	355

3）高强度螺栓的紧固法。我国现有大六角头型(图 7-41a)和扭剪型(图 7-41b)两种型式的高强度螺栓。它们的预拉力是安装螺栓时通过紧固螺母来实现的，为确保其数值准确，施工时应严格控制螺母的紧固程度。通常有转角法、力矩法和扭掉螺栓尾部的梅花卡头三种紧固方法。大六角头型用前两种，扭剪型用后者。

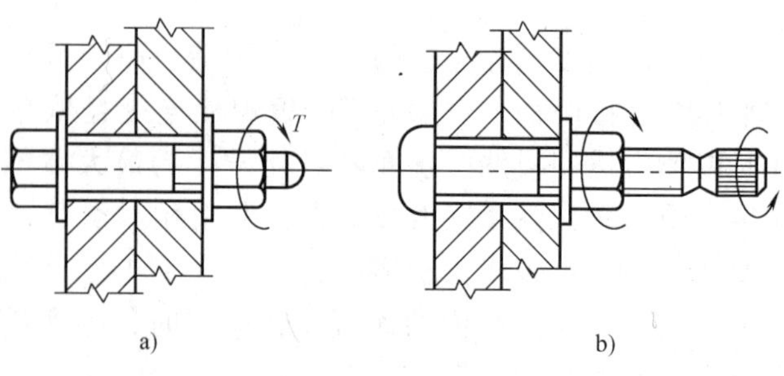

图 7-41　高强度螺栓
a）大六角头型　b）扭剪型

① 转角法：先用普通扳手进行初拧，使被连接板件相互紧密贴合，再以初拧位置为起点，按终拧角度，用长扳手或风动扳手旋转螺母，拧至该角度值时，螺栓的拉力即达到施工控制预拉力。此法实际上是通过螺栓的应变来控制预拉力，无需

专用扳手，工具简单但不够精确。

② 力矩法：先用普通扳手初拧(不小于终拧扭矩值的50%)，使连接件紧贴，然后按100%拧紧力矩用电动扭矩扳手终拧。拧紧力矩可由试验确定，务必使施工时控制的预拉力为设计预拉力的1.1倍。此法简单，易实施、费用少，但由于连接件和被连接件的表面质量和拧紧速度的差异，测得的预拉力值误差大且分散，一般误差为±25%。

③ 扭掉螺栓尾部梅花卡头法：利用特制电动扳手的内外套，分别套住螺杆尾部的卡头和螺母，通过内外套的相对旋转，对螺母施加扭矩，最后螺杆尾部的梅花卡头被剪断扭掉。由于螺栓尾部连接一个截面较小的带槽沟的梅花卡头，而槽沟的深度是按终拧扭矩和预拉力之间的关系确定的，故当这带槽沟的梅花卡头被扭掉时，即达到规定的预拉力值。此法安装简便，强度高，质量易于保证，可单面拧，对操作人员无特殊要求。

（2）高强度螺栓抗剪连接计算。

1）摩擦型高强度螺栓抗剪连接计算。摩擦型高强度螺栓主要用于抗剪连接中，如图7-42所示。

它是通过拧紧螺栓使栓杆产生预拉力，在预拉力的作用下，使被连接构件的接触面上产生强大的摩擦阻力来传递剪力的。外力趋近于被连接构件接触面上的极限摩擦力时，连接即处于承载能力极限状态。而每个螺栓产生的摩擦力大小与摩擦面的抗滑移系数 μ、螺栓杆中的预拉力 P 及摩擦面数 n_f 成正比，再考虑材料抗力分项系数 $\gamma_R=1.111$，则一个摩擦型高强度螺栓的抗剪承载力为

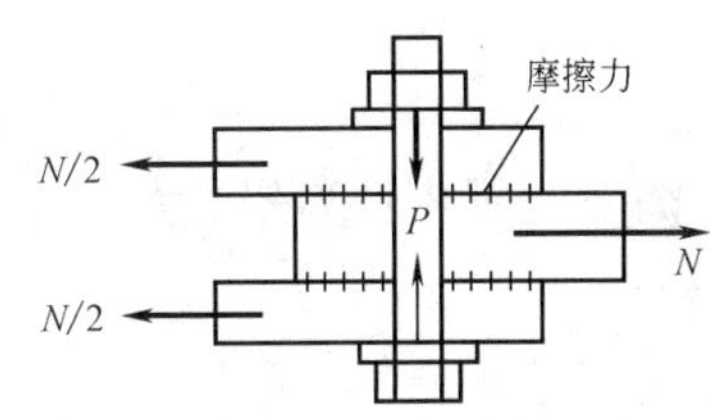

图7-42　摩擦型高强度螺栓抗剪连接

$$N_v^b=\frac{1}{1.111}n_f\mu P=0.9n_f\mu P \tag{7-39}$$

式中　n_f——传力摩擦面数目：单剪时 $n_f=1$，双剪时 $n_f=2$；

P——高强度螺栓的设计预拉力(N)，按表7-6采用；

μ——摩擦面的抗滑移系数，按表7-7采用；

0.9——螺栓抗拉力分项系数 γ_R 的倒数，即取 $\gamma_R=\frac{1}{0.9}=1.111$。

表7-7　摩擦面的抗滑移系数 μ 值

在连接处构件接触面的处理方法	构件钢号		
	Q235钢	Q345钢、Q390钢	Q420钢
喷砂	0.45	0.50	0.50
喷砂后涂无机富锌漆	0.35	0.40	0.40
喷砂后生赤锈	0.45	0.50	0.50
钢丝刷清除浮锈或未经处理的干净轧制表面	0.30	0.35	0.40

一个摩擦型高强度螺栓的承载力求得后，则连接一侧所需螺栓数可按下式计算

$$n\geqslant\frac{N}{N_v^b} \tag{7-40}$$

式中　N——连接承受的轴线拉力(N)。

高强度螺栓连接的净截面强度计算与普通螺栓连接不同。如图 7-43 所示，被连接钢板最危险截面在第一列螺栓孔处，但在这个截面上，每个螺栓所传递的一部分力已由摩擦作用在孔前传走(称为孔前传力)。试验结果表明，每个高强度螺栓孔前传力为 50%，即孔前传力系数为 0.5。

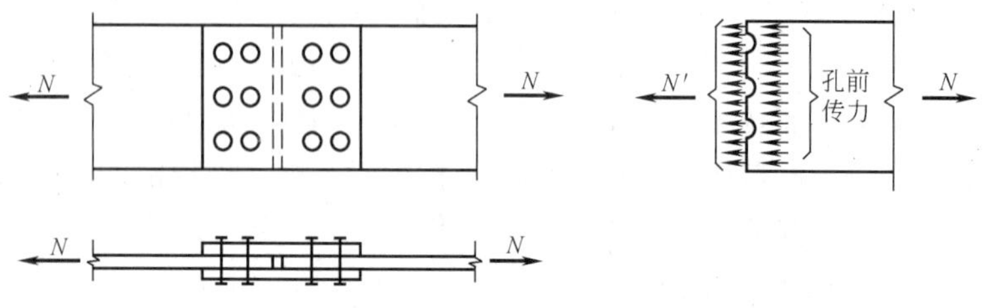

图 7-43　摩擦螺栓连接孔前传力

设连接一侧的螺栓数为 n，计算截面处的螺栓数为 n_1，则构件净截面受力为

$$N' = N - 0.5\frac{n_1}{n}N = \left(1 - 0.5\frac{n_1}{n}\right)N \tag{7-41}$$

净截面强度计算公式为

$$\sigma = \frac{N'}{A_n} = \left(1 - 0.5\frac{n_1}{n}\right)\frac{N}{A_n} \leqslant f \tag{7-42}$$

通过以上分析可以看出：采用摩擦型高强度螺栓连接时，开孔对截面的削弱影响较普通螺栓连接小，有时可能无影响。

2）承压型高强度螺栓抗剪连接计算。承压型高强度螺栓受剪时，极限承载力由螺栓杆抗剪和孔壁承压决定，摩擦力仅起延缓滑移的作用，因此计算和普通螺栓相同。一个受剪承压型高强度螺栓的承载力设计值按式(7-28)和式(7-29)计算，即

$$N_v^b = n_v \frac{\pi d^2}{4} f_v^b$$

$$N_c^b = d\sum t f_c^b$$

取二者中的较小值。式中 f_v^b 和 f_c^b 分别是承压型高强度螺栓的抗剪和承压强度设计值。则连接一侧所需高强度螺栓数为

$$n \geqslant \frac{N}{N_{min}^b}$$

式中　N——连接承受的轴心力(N)。

N_{min}^b 为 N_v^b 和 N_c^b 表达式算得的较小值，即分别按式(7-28)与式(7-29)计算。当剪切面在螺纹处时，式(7-28)中应将 d 改为 d_e。

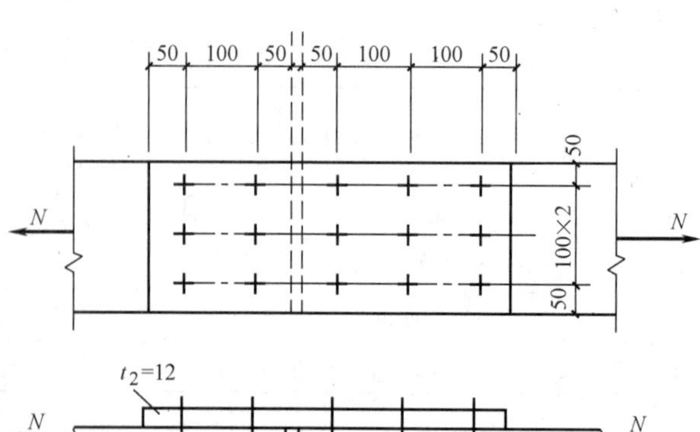

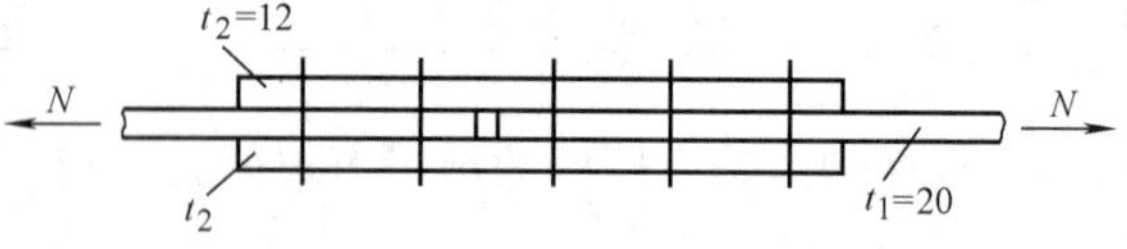

图 7-44　例 7-8 图

【例 7-8】　试设计一双盖板拼接的钢板连接，如图 7-44 所示。钢材 Q235，螺栓为 8.8 级的 M20 高强度螺栓，连接处构件接触面用喷砂处理，作

用在螺栓群形心处的轴心拉力设计值 $N=800\text{kN}$，试设计此连接。

【解】（1）采用摩擦型连接时，由表 7-6 查得：每个 8.8 级的 M20 高强度螺栓的预拉力 $P=125\text{kN}$；由表 7-7 查得：对于 Q235 钢材接触面作喷砂处理时，$\mu=0.45$。

一个螺栓的承载力设计值为

$$N_v^b=0.9n_f\mu P=(0.9\times2\times0.45\times125)\text{kN}=101.3\text{kN}$$

所需螺栓数
$$n=\frac{800}{101.3}=7.9\text{ 个}$$

螺栓排列如图 7-44 所示。

净截面面积：$A_n=(300\times20-3\times22\times20)\text{mm}^2=4680\text{mm}^2$

则
$$\sigma=\left(1-0.5\frac{n_1}{n}\right)\frac{N}{A_n}=\left(1-0.5\times\frac{3}{9}\right)\frac{800\times10^3}{4680}\text{N/mm}^2=143\text{N/mm}^2<f=205\text{N/mm}^2$$

满足要求。

（2）采用承压型连接时，一个螺栓的承载力设计值：

$$N_v^b=n_v\frac{\pi d^2}{4}f_v^b=\left(1\times\frac{3.14\times20^2}{4}\times250\right)\text{N}=157\times10^3\text{N}=157\text{kN}$$

$$N_c^b=d\sum tf_c^b=(20\times20\times470)\text{kN}=188\text{kN}$$

则所需螺栓数

$$n=\frac{N}{N_{min}^b}=\frac{800}{157}=5.1\text{，取 6 个}$$

螺栓排列如图 7-44 所示。

净截面强度：

$$\sigma=\frac{N}{A_n}=\frac{800\times10^3}{4680}\text{N/mm}^2=171\text{N/mm}^2<f=205\text{N/mm}^2$$

满足要求。

本章小结

1. 钢结构的连接方法有焊接连接、螺栓连接和铆钉连接三种。焊缝连接是通过电弧产生热量焊条和焊件局部熔融，再经冷却凝结形成焊缝，使被连接焊件成为一体。是钢结构最主要的连接方法。

螺栓连接是通过紧固件把被连接件连接成为一体。分普通螺栓连接和高强度螺栓连接两种。普通螺栓常用 Q235 钢制成，分为 A、B、C 三级，C 级在钢结构中应用较多。高强度螺栓用高强度钢材制成并经热处理，需用特制扳手把被连接件加紧，有两种类型：摩擦型连接和承压型连接，摩擦型连接适用于承受动力荷载的结构。

2. 焊接连接中常存在焊缝缺陷。《钢结构工程施工质量验收规范》(GB 50205—2001) 规定焊缝按其检验方法和质量要求分为一级、二级和三级。三级焊缝只要求对全部焊缝作外观检查且符合三级质量标准。一级、二级焊缝则除外观检查外，还应采用超声波探伤进行内部缺陷的检验。超声波探伤不能对缺陷作出判断时，应采用射线探伤。钢结构中一般采用三级焊缝。

3. 对接焊缝按所受力的方向分为正对接焊缝和斜对接焊缝，对接焊缝连接的计算方法与构件的强度计算相似。

4. 角焊缝是最常用的焊缝。角焊缝按其与作用力的关系可分为：焊缝长度方向与作用力垂直的正面角焊缝，焊缝长度方向与作用力平行的侧面角焊缝以及斜焊缝。

角焊缝的构造要求从七个方面考虑：最大焊脚尺寸；最小焊脚尺寸；最小焊缝长度；侧面角焊缝的最大计算长度；搭接连接中搭接长度要求；仅用两侧缝连接时的要求；绕角焊长度为 $2h_f$。

角钢与连接板的角焊缝连接较为常用，角钢与连接板用角焊缝连接可以采用三种形式，即采用两侧缝、三面围焊和 L 形围焊。

5. 螺栓连接的构造要求。螺栓连接除了满足螺栓的规格、螺栓的排列外，根据不同情况尚应满足构造要求。普通螺栓连接的受力性能和计算包括普通螺栓的抗剪承载力计算、抗拉承载力、构件强度验算、螺栓群连接计算。高强度螺栓的构造和排列要求，除栓杆与孔径的差值较小外，与普通螺栓相同。摩擦型高强度螺栓主要用于抗剪连接中，高强度螺栓连接的净截面强度计算与普通螺栓连接不同，有孔前传力现象。承压型高强度螺栓受剪时，极限承载力由螺栓杆抗剪和孔壁承压决定，摩擦力仅起延缓滑移的作用，因此计算和普通螺栓相同。

思考题与习题

1. 钢结构常用的连接方法有哪几种？试述各自特点。

2. 手工焊条型号根据什么选择？Q235、Q345 和 Q390 钢应分别采用哪种焊条？

3. 角焊缝的尺寸要求有哪些？

4. 螺栓的排列和构造要求有哪些？

5. 如何减小焊接残余应力和残余变形？

6. 普通螺栓和摩擦型高强螺栓的传力方式有何不同？

7. 计算如图 7-45 所示两块钢板的对接焊缝。已知钢板截面为−460mm×10mm，承受轴心拉力设计值为 930kN，钢材 Q235，采用焊条电弧焊，焊条 E43 型，焊缝质量三级。

8. 刚架工字形截面牛腿与钢柱翼缘用对接焊缝相连接，牛腿截面如图 7-46 所示。钢材为 Q235，采用 E43 焊条，焊条电弧焊，焊缝质量三级检验，施工时不用引弧板。试验算焊缝的强度。已知 $F=250\text{kN}$（静荷载的设计值），$e=200\text{mm}$。

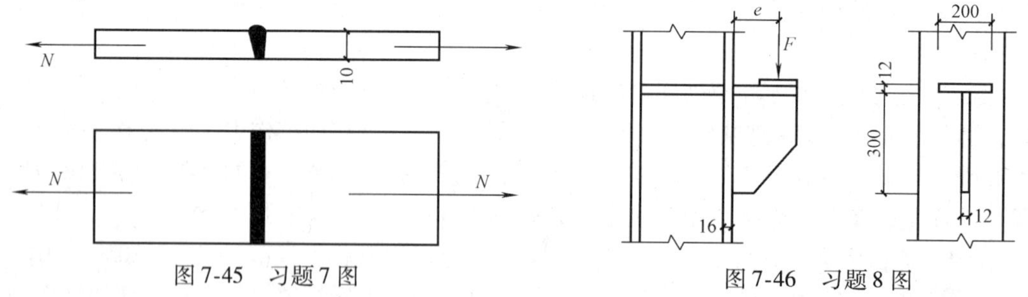

图 7-45　习题 7 图

图 7-46　习题 8 图

9. 如图 7-47 所示，连接采用双盖板，钢板截面为−360mm×16mm，双盖板为两块−360mm×8mm。构件材料 Q235，螺栓 8.8 级，M20 高强度螺栓。接触面采用喷砂处理，承受轴心拉力设计值 $N=1400\text{kN}$，该连接是否安全。

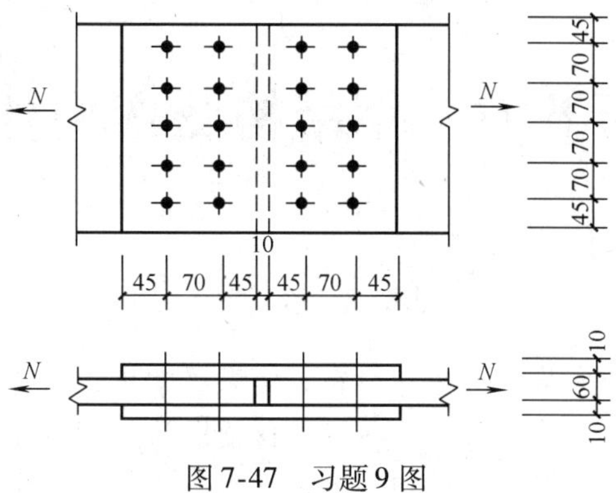

图 7-47　习题 9 图

第 8 章　钢结构受弯构件

本 章 要 点

本章主要学习钢结构受弯构件的基本内容。**要求**：掌握钢梁正常工作的基本要求，包括强度条件、刚度条件，特别是稳定条件；熟悉型钢梁、组合梁的设计内容和构造；掌握钢梁的拼接和主次梁的连接构造要求；了解钢和混凝土组合梁的构造知识。

8.1　概述

梁是典型的受弯构件，承受横向荷载作用。钢梁按照使用功能，可分为楼盖梁、屋盖梁、车间的工作平台梁及墙梁、吊车梁、檩条等；按照支承情况可分为简支梁、连续梁、伸臂梁和框架梁等；按受力不同可分单向弯曲梁和双向弯曲梁，平台梁、楼盖梁等属于单向弯曲梁，吊车梁、檩条、墙梁等则属于双向弯曲梁；按截面形式不同，可分为型钢截面梁和组合截面梁两大类，梁截面如图 8-1 所示。

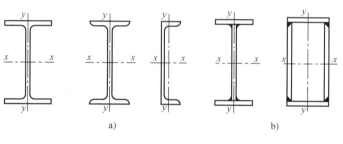

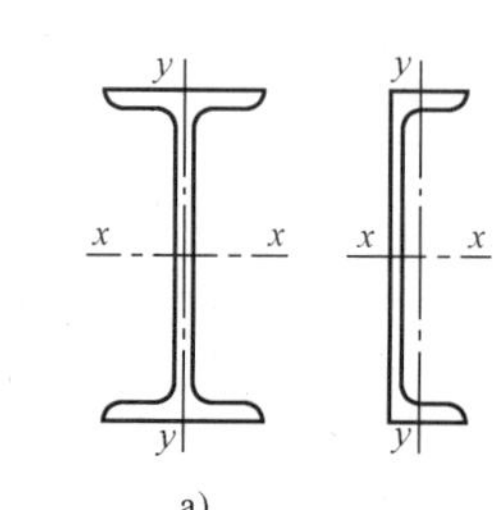
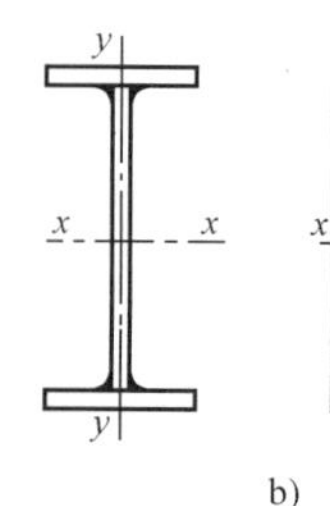
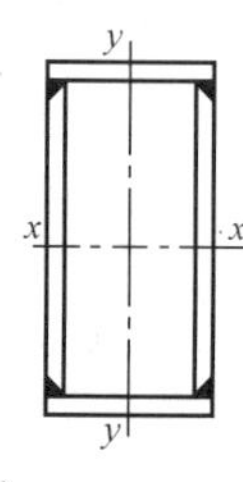

图 8-1　钢结构梁的截面

a）型钢截面　b）组合截面

型钢梁制造简单，成本较低，应优先采用。工字形钢、H 形钢常用于单向受弯构件，而槽钢、Z 形钢、C 形钢常用于墙梁、檩条等双向受弯构件。当梁的跨度或荷载过大时，现有的型钢规格将不能满足梁的强度和刚度要求，必须采用组合截面梁。大跨度的楼盖主梁、重型吊车梁等常采用钢板焊接组合成的工字形或封闭的箱形截面形式。

在钢结构中，常常采用纵横交叉的主、次梁组成梁格，再在梁格上铺设面板，形成承重结构体系，如屋盖、楼盖等。在这种结构中荷载的传递方式是由面板到次梁，次梁再传给主梁，主梁传给柱或墙，最后传给基础。梁格按主、次梁的排列方式不同可分为三种类型。

（1）简单梁格。仅有主梁。适用于小跨度的楼盖或平台结构，如图 8-2a 所示。

（2）普通梁格。主梁间距较大时，在主梁之间设置若干次梁，将板划分成较小区格，以减小面板的跨度和厚度，使梁格更经济，如图 8-2b

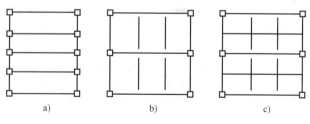

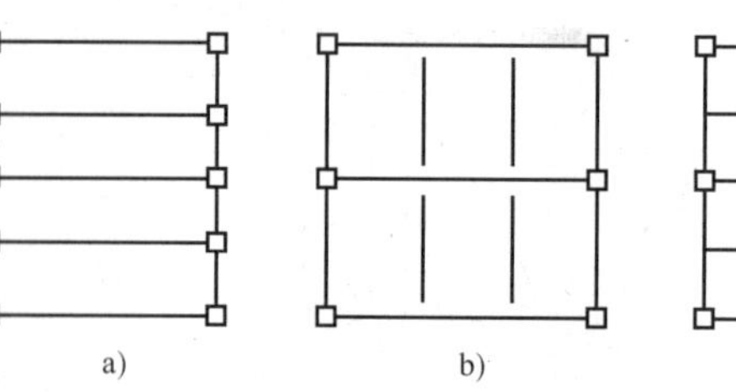

图 8-2　梁格布置

a）简单梁格　b）普通梁格　c）复杂梁格

所示。

（3）复杂梁格。在普通梁格的基础上再设置与主梁平行的次梁，或称小梁。使板的区格尺寸与厚度保持在经济合理的范围之内。这种梁构造复杂，传力层次较多，只在必要时才采用，如图 8-2c 所示。

8.2 梁的强度、刚度和整体稳定

在钢结构梁的设计中，强度、刚度和稳定性要求是其安全工作的基本条件。梁的承载能力极限状态包括强度和稳定两方面，稳定又包括整体稳定和局部稳定。梁的正常使用极限状态是控制梁在横向荷载作用下的最大挠度。

8.2.1 梁的强度

梁的截面上有弯矩、剪力存在，因此梁应该进行抗弯强度和抗剪强度的计算。当梁受有集中荷载作用时还要求考虑进行局部承压的计算。此外，对梁内有弯曲应力、剪应力和局部压应力共同作用的位置，还应验算其折算应力。

1. 抗弯强度

如图 8-3 所示工字形截面梁，在弯矩作用下，截面中的正应力发展过程可分为以下三个阶段：受较小弯矩 M 作用时，整个截面处于弹性工作状态，截面边缘处应力最大为 $\sigma=\dfrac{M}{W_n}\leqslant f_y$，$W_n$ 为梁的净截面弹性抵抗矩；当弯矩增加到 $M=M_e=f_yW_n$ 时，截面边缘处应力达到屈服强度 f_y 而将发展塑性，之后，弯矩 M 再增加，塑性区域逐渐向梁内扩展，梁处于弹塑性工作阶段，截面外边缘进入塑性状态，中间部分仍保持弹性，截面上的弯曲应力呈折线形分布；弯矩继续增大，当弹性区域消失，截面全部进入塑性工作阶段并形成塑性铰时，荷载不再增加，变形持续发展，梁达到极限承载状态，此时梁所承受的截面弯矩值称为塑性弯矩，塑性弯矩 $M_p=f_yW_{pn}$。W_{pn}为梁的净截面塑性抵抗矩。

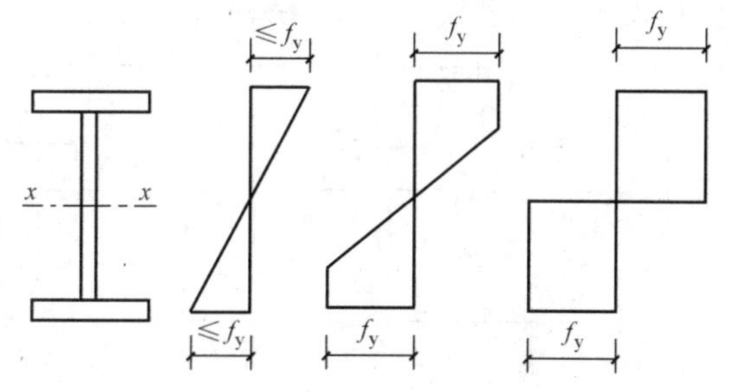

图 8-3 工字形截面梁的弯曲应力

按塑性设计钢结构梁具有一定的经济效益，但又可能会使梁的变形过大，《钢结构设计规范》(GB 50017—2003)规定用截面塑性发展系数进行控制。梁截面塑性抵抗矩与截面弹性抵抗矩之比 W_{pn}/W_n 称为截面形状系数，用 γ 表示。它的大小反映了利用塑性发展的承载力比弹性承载力提高的比例。如圆形截面 $\gamma=1.7$，矩形截面 $\gamma=1.5$，工字形截面 $\gamma=1.1\sim1.2$。

虽然塑性状态是梁强度承载能力的极限状态，但此时梁变形太大。因此《钢结构设计规范》(GB 50017—2003)规定：一般情况下，考虑截面部分发展塑性；对于直接承受动力荷载且需疲劳计算的梁，塑性发展对疲劳不利，以弹性极限弯矩作为梁可以承担的最大弯矩。在主平面内受弯的实腹构件，其抗弯强度的计算公式可写为：

双向受弯时

$$\frac{M_x}{\gamma_x W_{nx}}+\frac{M_y}{\gamma_y W_{ny}}\leqslant f \tag{8-1}$$

式中　M_x、M_y——绕 x 轴、y 轴的弯矩设计值(N · mm)；

γ_x、γ_y——截面塑性发展系数，对于直接承受动力荷载且需疲劳计算的梁，取 $\gamma_x=\gamma_y=1.0$；其他情况按表 8-1 取用；

W_{nx}、W_{ny}——对 x 轴、y 轴的净截面抵抗矩(mm^3)；

f——钢材的抗弯强度设计值(N/mm^2)。

对于梁的受压翼缘自由外伸宽度 b_1 与其厚度 t 之比大于 $13\sqrt{235/f_y}$ 但不超过 $15\sqrt{235/f_y}$ 的情况，考虑塑性发展对翼缘局部稳定不利，应取 $\gamma_x=\gamma_y=1.0$。

单向受弯时

$$\frac{M}{\gamma W_n}\leqslant f \tag{8-2}$$

表 8-1　截面塑性发展系数 γ_x、γ_y

<table>
<tr><th>项次</th><th>截 面 形 式</th><th>γ_x</th><th>γ_y</th></tr>
<tr><td>1</td><td>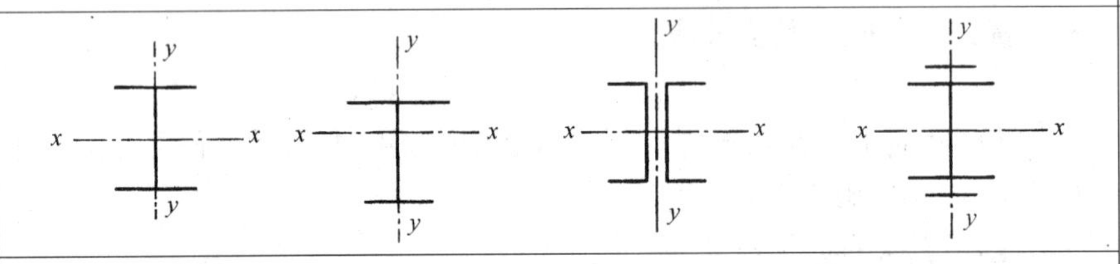</td><td rowspan="2">1.05</td><td>1.2</td></tr>
<tr><td>2</td><td>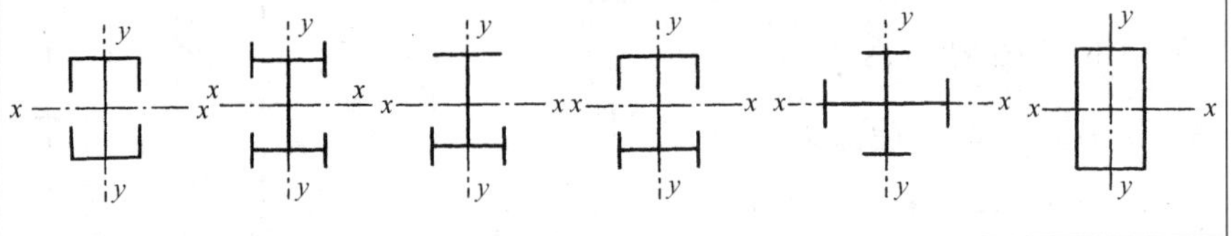</td><td>1.05</td></tr>
<tr><td>3</td><td>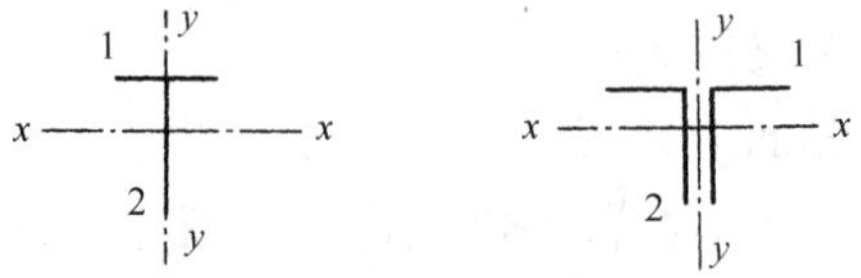</td><td rowspan="2">$\gamma_{x1}=1.05$
$\gamma_{x2}=1.2$</td><td>1.2</td></tr>
<tr><td>4</td><td>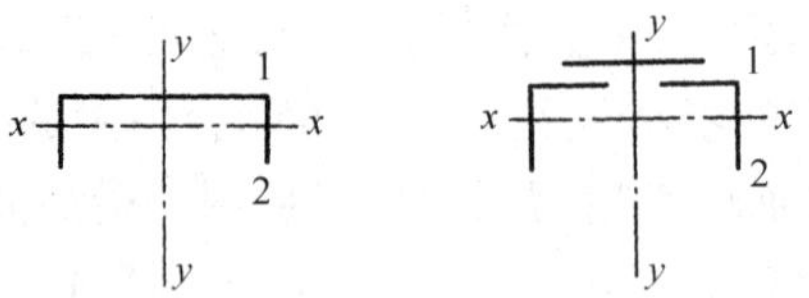</td><td>1.05</td></tr>
<tr><td>5</td><td>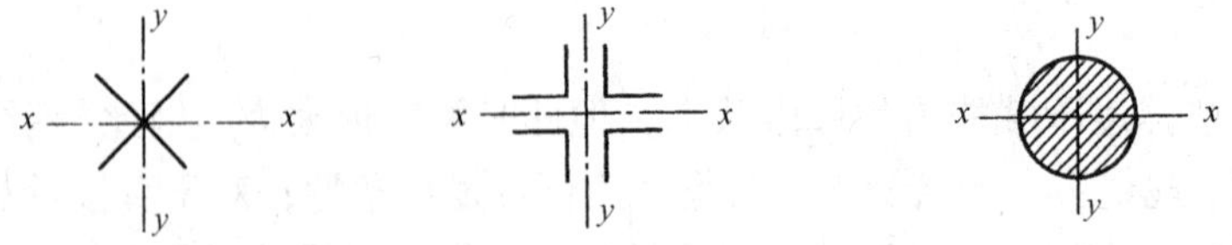</td><td>1.2</td><td>1.2</td></tr>
</table>

（续）

项次	截面形式	γ_x	γ_y
6	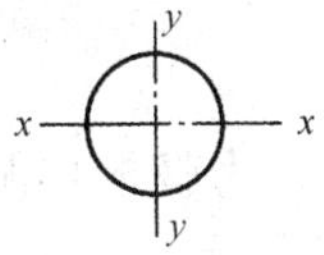	1.15	1.15
7	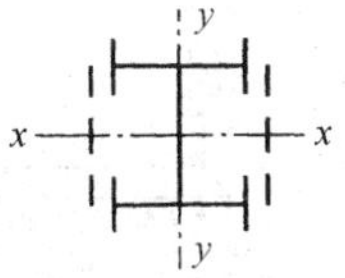 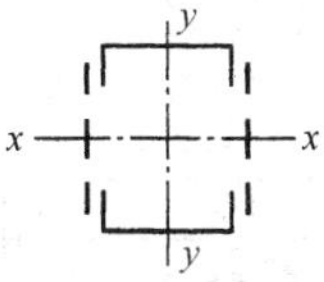	1.0	1.05
8	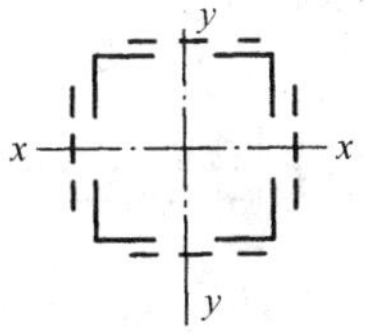 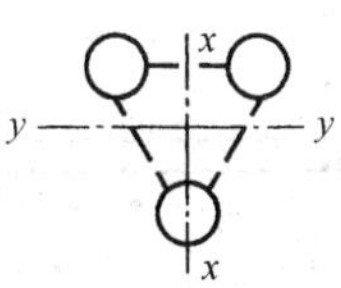	1.0	1.0

2. 抗剪强度

以截面最大剪应力达到所用钢材的剪应力屈服点作为抗剪承载能力的极限状态。在主平面内受弯的实腹构件，其抗剪强度应按下式计算

$$\tau=\frac{VS}{It_{\mathrm{w}}}\leqslant f_{\mathrm{v}} \tag{8-3}$$

式中 V——计算截面沿腹板平面作用的剪力设计值(N)；

S——计算剪应力处以上毛截面对中和轴的面积矩(mm^3)；

I——毛截面惯性矩(mm^4)；

t_{w}——腹板厚度(mm)；

f_{v}——钢材的抗剪强度设计值($\mathrm{N/mm^2}$)。

3. 局部承压强度

当梁翼缘受有固定集中荷载(支座反力、次梁对主梁压力等)作用且该处未设支承加劲肋或受有移动集中荷载(起重机轮压)作用时，在集中荷载作用点处腹板边缘存在很大的压应力，应验算该位置的局部承压强度是否满足要求。集中荷载从作用点开始到腹板计算高度边缘可扩散至一定长度范围内，假定压应力在该长度范围均匀分布，则腹板计算高度边缘的局部承压强度按下式计算

$$\sigma_{\mathrm{c}}=\frac{\psi F}{t_{\mathrm{w}}l_{\mathrm{z}}}\leqslant f \tag{8-4}$$

式中 F——集中荷载(N)，对动力荷载应考虑动力系数；

ψ——集中荷载增大系数，对重级工作制起重机梁取 $\psi=1.35$；对其他梁取 $\psi=1.0$；

l_{z}——集中荷载在腹板计算高度边缘的假定分布长度(mm)，集中荷载作用点位于梁中部时(图 8-4a)，$l_{\mathrm{z}}=a+5h_y+2h_{\mathrm{R}}$；集中荷载作用点距离梁外边缘的尺寸 $c<2.5h_y+h_{\mathrm{R}}$ 时(图 8-4b)，$l_{\mathrm{z}}=a+c+2.5h_y+h_{\mathrm{R}}$；其中 a 为集中荷载沿梁跨度方

向的支承长度，对吊车梁可取 50mm；h_y 为梁顶承载的边缘至腹板计算高度边缘处的距离；h_R 为轨道的高度，计算处无轨道时取 0；

t_w——腹板厚度(mm)；

f——钢材的抗压强度设计值(N/mm)。

腹板计算高度 h_0 的确定：对轧制型钢梁，为腹板与上、下翼缘相接处两内弧起点间的距离；对焊接组合梁，为腹板高度，如图 8-4 所示。

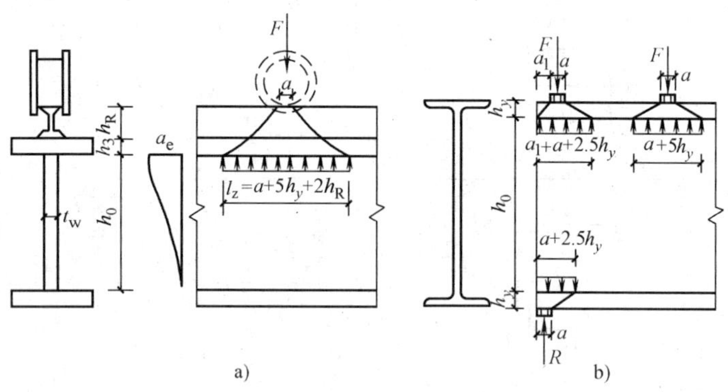

图 8-4 钢梁局部受压腹板压应力

若固定集中荷载处设有支承加劲肋，则认为集中荷载全部由加劲肋传递，可不进行局部承压强度验算。

4. 折算应力

在组合梁腹板计算高度边缘处，若同时受有较大的正应力、剪应力和局部压应力，或同时受有较大的正应力和剪应力(如连续梁支座处或梁的翼缘截面改变处等)，如图 8-5 所示，其折算应力应按下式计算

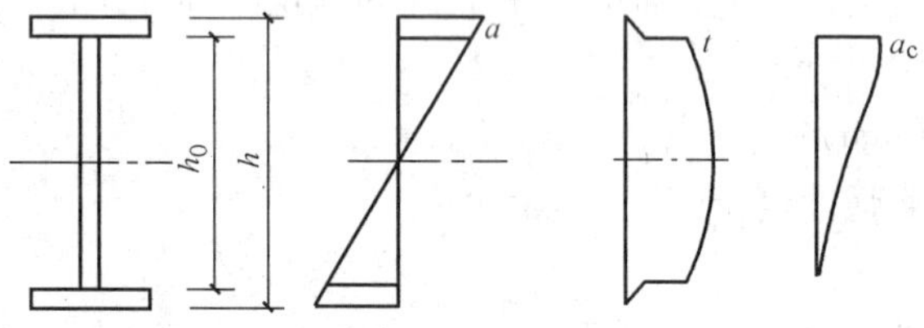

图 8-5 组合工字形截面梁的弯曲应力、剪应力及局部受压应力图形

$$\sqrt{\sigma^2+\sigma_c^2-\sigma\sigma_c+3\tau^2}\leqslant\beta_1 f \tag{8-5}$$

式中 σ、τ、σ_c——腹板计算高度边缘同一点上同时产生的正应力、剪应力和局部压应力(N/mm^2)。τ、σ_c 应按式(8-3)和式(8-4)计算；σ 应按式 $\sigma=My_1/I_n$ 计算；σ、σ_c 以拉应力为正值，压应力为负值；

I_n——梁净截面惯性矩(mm^4)；

y_1——所计算点至梁中和轴的距离(mm)；

β_1——计算折算应力的强度设计值增大系数，当 σ 与 σ_c 异号时取 $\beta_1=1.2$；当 σ 与 σ_c 同号或 $\sigma_c=0$ 时，取 $\beta_1=1.1$。

8.2.2 梁的刚度

梁的刚度不足时，在横向荷载作用下会产生较大的挠度，给人以不安全之感，还可能导致顶棚抹灰脱落，吊车梁挠度过大还会使吊车运行时产生剧烈振动，这些都会影响建筑的正常使用。《钢结构设计规范》(GB 50017—2003)规定：梁的刚度通过限制最大挠度值来保证，按下式计算

$$\nu \leqslant [\nu] \tag{8-6}$$

式中 ν——由荷载标准值(不乘荷载分项系数)产生的最大挠度(mm)。

对于等截面的简支梁最大挠度常用计算公式如下：

(1) 简支梁受均布荷载作用：$\nu = \dfrac{5q_k l^4}{384EI}$。

(2) 简支梁跨中受一个集中荷载作用：$\nu = \dfrac{P_k l^3}{48EI}$。

(3) 简支梁跨中等距离布置两个相等的集中荷载：$\nu = \dfrac{23P_k l^3}{648EI}$。

(4) 简支梁跨中等距离布置三个相等的集中荷载：$\nu = \dfrac{19P_k l^3}{384EI}$。

以上计算梁挠度的公式中，q_k 为均布荷载标准值，P_k 为一个集中荷载的标准值。

$[\nu]$——受弯构件的允许挠度(mm)，按表 8-2 取用。对可变荷载产生的挠度值和全部荷载(永久荷载 + 可变荷载)标准值产生的挠度应分别进行验算。

表 8-2 受弯构件挠度容许值

项次	构件类型	挠度允许值	
		$[\nu_T]$	$[\nu_Q]$
1	吊车梁和起重机桁架(按自重和起重量最大的一台起重机计算挠度) (1) 手动起重机和单梁起重机(含悬挂起重机) (2) 轻级工作制桥式起重机 (3) 中级工作制桥式起重机 (4) 重级工作制桥式起重机	 $l/500$ $l/800$ $l/1000$ $l/1200$	—
2	手动或电动葫芦的轨道梁	$l/400$	—
3	有重轨(重量≥38kg/m)轨道的工作平台梁 有重轨(重量≤24kg/m)轨道的工作平台梁	$l/600$ $l/400$	—
4	楼(屋)盖或桁架，工作平台梁(第 3 项除外)和平台板： (1) 主梁和桁架(包括设有悬挂起重设备的梁和桁架) (2) 抹灰顶棚的次梁 (3) 除(1)、(2)外的其他梁 (4) 屋盖檩条： 支承无积灰的瓦楞铁和石棉瓦者 支承压型金属板、有积灰的瓦楞铁和石棉瓦等屋面者 支承其他屋面材料者 (5) 平台板	 $l/400$ $l/250$ $l/250$ $l/150$ $l/200$ $l/200$ $l/150$	 $l/500$ $l/350$ $l/300$ — — — —

（续）

项次	构件类型	挠度允许值	
		$[\nu_T]$	$[\nu_Q]$
5	墙梁构件(风荷载不考虑阵风系数)： (1) 支柱 (2) 抗风桁架(作为连续支柱的支承时) (3) 砌体墙的横梁(水平方向) (4) 支承压型金属板、瓦楞铁和石棉瓦墙面的横梁(水平方向) (5) 带有玻璃窗的横梁(竖直和水平方向)	 $l/200$	 $l/400$ $l/1000$ $l/300$ $l/200$ $l/200$

注：1. l 为受弯构件的跨度(对悬臂梁和伸臂梁为悬伸长度的 2 倍)。

2. $[\nu_T]$为永久和可变荷载标准值产生的挠度(如有起拱应减去拱度)的容许值。

$[\nu_Q]$为可变荷载标准值产生的挠度容许值。

8.2.3 梁的整体稳定

1. 梁的临界弯矩

为了提高梁在强轴方向的抗弯强度和刚度，往往把梁截面设计得高而窄。对于截面高而窄的梁，由于两个方向的刚度相差悬殊，当在最大刚度平面内受弯时，若弯矩较小，梁仅在弯矩作用平面内弯曲，无侧向位移。随着弯矩增大到某一数值时，如果在其侧向没有足够的支撑，构件的侧向弯曲和扭转就会急剧增加，随之导致梁的承载能力丧失，这种现象称为梁的整体失稳(图 8-6)。保证梁的整体稳定是梁的正常工作的基本要求之一。弯扭破坏时梁的外荷载称为临界弯矩或临界荷载。

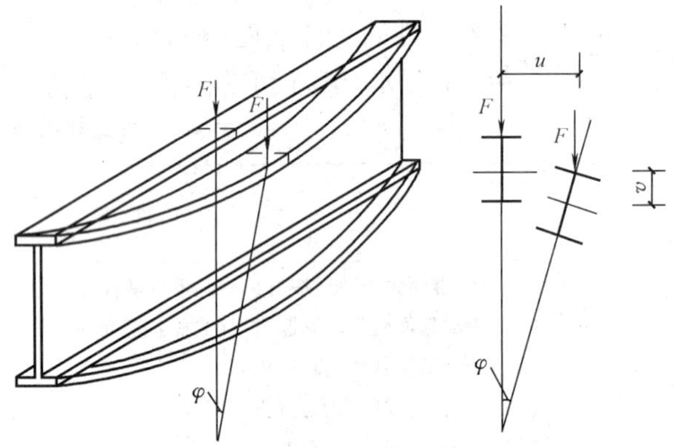

图 8-6　钢梁整体失稳示意图

临界弯矩是梁整体稳定的极限承载力。只有求解出临界弯矩，才可能解决梁的整体稳定问题。按弹性理论建立梁的平衡微分方程可解出双轴对称两端简支梁的临界弯矩 M_{cr}。

$$M_{cr} = k\frac{\sqrt{EI_yGI_t}}{l_1} \tag{8-7}$$

式中 k——梁的整体稳定屈曲系数，随荷载种类及作用点位置变化，按表 8-3 取用；

E——钢材的弹性模量(N/mm^2)；

I_y——梁截面对弱轴(y 轴)的惯性矩(mm^4)；

G——钢材的剪变模量(N/mm^2)；

I_t——截面的抗扭惯性矩(mm^4)；

l_1——梁侧向支承点间的距离(mm)。

表 8-3 梁的整体稳定屈曲系数 k

荷载种类	纯弯曲	均布荷载	跨中一个集中荷载
弯矩图形状			
荷载作用在截面形心上	$\pi\sqrt{1+\pi^2\psi}$	$3.54\sqrt{1+11.9\psi}$	$4.23\sqrt{1+12.9\psi}$
荷载作用在上、下翼缘上		$3.54(\sqrt{1+11.9\psi}\mp1.44\sqrt{\psi})$	$4.23(\sqrt{1+12.9^2\psi}\mp1.74\sqrt{\psi})$

通过对式(8-7)及 k 值分析可知：提高梁的侧向抗弯刚度 EI_y 和抗扭刚度 GI_t 可增强梁抵抗弯扭变形的能力，减小梁受压翼缘自由长度 l_1 可减小弯扭变形，这些措施都能提高梁的整体稳定承载能力。此外，系数 k 反映了荷载分布及作用点位置对临界弯矩 M_{cr}的影响。从表 8-3 的弯矩图形状可看出梁最大弯矩相同时，纯弯曲沿梁全长均匀分布，弯矩图面积最大，M_{cr}最低；均布荷载次之；而一个集中荷载作用下弯矩图面积最小，M_{cr}最高。荷载作用在上翼缘对构件产生的附加扭矩会加速梁的失稳，荷载作用在下翼缘可减小扭矩作用，对失稳有一定牵制作用，因此其稳定承载力高。

2. 梁的整体稳定计算

根据梁整体稳定临界弯矩 M_{cr}，可求出相应的临界应力 $\sigma_{cr}=M_{cr}/W_x$。并考虑钢材抗力分项系数 γ_R，对于在最大刚度主平面内单向弯曲的构件，其整体稳定的条件为

$$\sigma=\frac{M_x}{W_x}\leqslant\frac{\sigma_{cr}}{\gamma_R}=\frac{\sigma_{cr}}{f_y}\frac{f_y}{\gamma_R}$$

令 $\sigma_{cr}/f_y=\varphi_b$，则整体稳定计算公式可写为

$$\frac{M_x}{\varphi_b W_x}\leqslant f \tag{8-8}$$

式中 M_x——绕强轴(x 轴)作用的最大弯矩设计值(N·mm)；

φ_b——梁的整体稳定系数；

W_x——按受压纤维确定的梁毛截面抵抗矩(mm^3)。

(1) 焊接工字形等截面简支梁，按公式 $\varphi_b=\sigma_{cr}/f_y=M_{cr}/W_x f_y$ 计算，并考虑钢材牌号、初始缺陷及截面单轴对称等因素影响，规范给出了整体稳定系数 φ_b 的计算公式

$$\varphi_b=\beta_b\frac{4320}{\lambda_y^2}\frac{Ah}{W_x}\left[\sqrt{1+\left(\frac{\lambda_y t_1}{4.4h}\right)^2}+\eta_b\right]\frac{235}{f_y} \tag{8-9}$$

式中 β_b——梁整体稳定的等效弯矩系数，按表 8-4 取用；

λ_y——梁在侧向支承点间对截面弱轴 y—y 轴的长细比；$\lambda_y=l_1/i_y$，l_1 为受压翼缘的自由长度，对跨中无侧向支承点的梁，l_1 为其跨度；对跨中有侧向支承点的梁，l_1 为受压翼缘侧向支承点之间的距离(梁的支座处视为侧向支承)；i_y 为梁毛截面对 y 轴的回转半径；

A——梁的毛截面面积(mm^2)；

h，t_1——梁截面的全高和受压翼缘厚度(mm)；

η_b——截面不对称影响系数。双轴对称工字形截面，取 $\eta_b=0$；加强受压翼缘的单轴对称工字形截面，$\eta_b=0.8(2\alpha_b-1)$；加强受拉翼缘的单轴对称工字形截面，$\eta_b=2\alpha_b-1$；截面形式如图 8-7 所示；其中 α_b 为

$$\alpha_b=\frac{I_1}{I_1+I_2}$$

I_1，I_2——I_1 和 I_2 分别为受压翼缘和受拉翼缘对 y 轴的惯性矩。

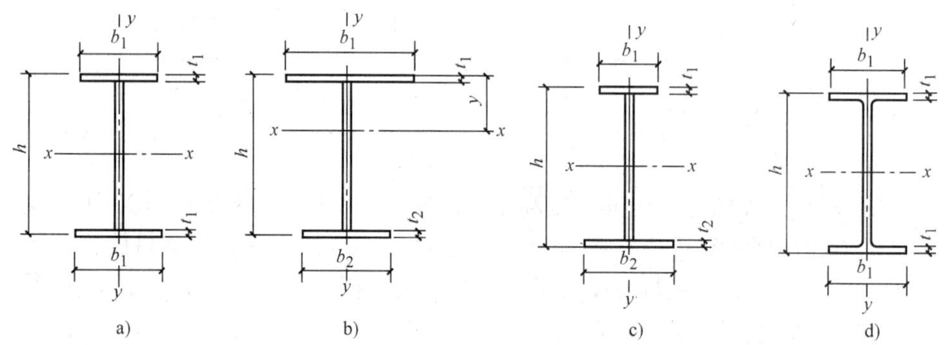

图 8-7　焊接工字形截面梁

a）双轴对称焊接工字形截面　b）加强受压翼缘的单轴对称焊接工字形截面　c）加强受拉翼缘的单轴对称焊接工字形截面　d）轧制 H 形钢截面

表 8-4　H 形钢和等截面工字形简支梁的系数 β_b

项次	侧向支承	荷载		$\xi\leq2.0$	$\xi>2.0$	适用范围
1	跨中无侧向支承	均布荷载作用在	上翼缘	$0.69+0.13\xi$	0.95	图 8-7a、b、d 的截面
2			下翼缘	$1.73-0.20\xi$	1.33	
3		集中荷载作用在	上翼缘	$0.73+0.18\xi$	1.09	
4			下翼缘	$2.23-0.28\xi$	1.67	
5	跨度中点有一个侧向支承点	均布荷载作用在	上翼缘	1.15		图 8-7 中的所有截面
6			下翼缘	1.40		
7		集中荷载作用在截面高度上任意位置		1.75		
8	跨中有不少于两个等距离侧向支承点	任意荷载作用在	上翼缘	1.20		
9			下翼缘	1.40		
10	梁端有弯矩，但跨中无荷载作用			$1.75-1.05\left(\frac{M_2}{M_1}\right)^2+0.3\left(\frac{M_2}{M_1}\right)^2$ 但≤2.3		

注：1. $\xi=l_1t_1/b_1h$，为参数，其中 b_1 和 t_1 如图 8-7 所示，l_1 同式(8-9)。

2. M_1、M_2 为梁的端弯矩，使梁产生同向曲率时 M_1 和 M_2 取同号，产生反向曲率时取异号，$|M_1|\geq|M_2|$。

3. 表中项次 3、4 和 7 的集中荷载是指一个或少数几个集中荷载位于跨中央附近的情况，对其他情况的集中荷载，应按表中项次 1、2、5、6 内的数值采用。

4. 表中项次 8、9 的 β_b，当集中荷载作用在侧向支承点处时，取 $\beta_b=1.20$。

5. 荷载作用在上翼缘系指荷载作用点在翼缘表面，方向指向截面形心；荷载作用在下翼缘系指荷载作用点在翼缘表面，方向背向截面形心。

6. 对 $\alpha_b>0.8$ 的加强受压翼缘工字形截面，下列情况的 β_b 值应乘以相应的系数。

项次 1：当 $\xi\leq1.0$ 时，0.95；

项次 3：当 $\xi\leq0.5$ 时，0.90；

当 $0.5L\xi\leq1.0$ 时，0.95。

由于残余应力等影响，按以上方法计算的 $\varphi_b > 0.6$ 时，梁的截面部分进入塑性工作状态，对整体稳定不利，为了考虑这一影响，规范规定用 φ'_b 代替 φ_b，φ'_b 可按下式计算：

$$\varphi'_b = 1.07 - 0.282/\varphi_b \leq 1.0 \tag{8-10}$$

H 形钢 φ_b 值的计算方法与双轴对称焊接工字形截面相同。

（2）轧制普通工字型钢简支梁整体稳定系数 φ_b 应按表 8-5 取用，当所得的 $\varphi_b > 0.6$ 时，也应按式(8-10)计算出相应的 φ'_b 代替 φ_b。

表 8-5　轧制普通工字钢简支梁的 φ_b

项次	荷载情况			工字形钢型号	自由长度 l_1/m								
					2	3	4	5	6	7	8	9	10
1	跨中无侧向支承点的梁	集中荷载作用于	上翼缘	10～20	2.00	1.30	0.99	0.80	0.68	0.58	0.53	0.48	0.43
				22～32	2.40	1.48	1.09	0.86	0.72	0.62	0.54	0.49	0.45
				36～63	2.80	1.60	1.07	0.83	0.68	0.56	0.50	0.45	0.40
2			下翼缘	10～20	3.10	1.95	1.34	1.01	0.82	0.69	0.63	0.57	0.52
				22～40	5.50	2.80	1.84	1.37	1.07	0.86	0.73	0.64	0.56
				45～63	7.30	3.60	2.30	1.62	1.20	0.96	0.80	0.69	0.60
3		均布荷载作用于	上翼缘	10～20	1.70	1.12	0.84	0.68	0.57	0.50	0.45	0.41	0.37
				22～40	2.10	1.30	0.93	0.73	0.60	0.51	0.45	0.40	0.36
				45～63	2.60	1.45	0.97	0.73	0.59	0.50	0.44	0.38	0.35
4			下翼缘	10～20	2.50	1.55	1.08	0.83	0.68	0.56	0.52	0.47	0.42
				22～40	4.00	2.20	1.45	1.10	0.85	0.70	0.60	0.52	0.46
				45～63	5.60	2.80	1.80	1.25	0.95	0.78	0.65	0.55	0.49
5	跨中有侧向支承点的梁(不论荷载作用在截面高度上的位置)			10～20	2.20	1.39	1.01	0.79	0.66	0.57	0.52	0.47	0.42
				22～40	3.00	1.80	1.24	0.96	0.76	0.65	0.56	0.49	0.43
				45～63	4.00	2.20	1.38	1.01	0.80	0.66	0.56	0.49	0.43

注：1. 同表 8-4 的注 3、5。

2. 表中数值适用于 Q235 钢材，对其他牌号，表中数值应乘以 $235/f_y$。

（3）轧制槽钢简支梁，轧制槽钢简支梁的整体稳定系数 φ_b，不论荷载的形式和荷载作用点在截面高度上的位置如何，均偏安全地按下式计算

$$\varphi_b = \frac{570bt}{l_1 h}\frac{235}{f_y} \tag{8-11}$$

式中　h，b，t——槽钢截面的高度、翼缘宽度和翼缘平均厚度(mm)。

按式(8-11)计算的 $\varphi_b > 0.6$ 时，也应按式(8-10)计算出相应的 φ'_b 代替 φ_b。

3. 保证钢梁整体稳定性的措施

影响钢梁失稳的因素很多，理论分析和计算较为复杂。《钢结构设计规范》(GB 50017—2003)对梁的整体稳定计算作出以下规定：

（1）符合下列情况之一者，可不计算梁的整体稳定性：

1）有铺板(各种钢筋混凝土板和钢板)密铺在梁的受压翼缘上并与其牢固相连、能阻止梁受压翼缘的侧向位移时。

2）H 型钢或工字形等截面简支梁受压翼缘的自由长度 l_1 与其宽度 b_1 之比不超过表 8-6 所规定的数值。

表 8-6　H 形钢和等截面工字形简支梁不需计算整体稳定性的最大 l_1/b_1

钢　号	跨中无侧向支承点的梁		跨中有侧向支承点的梁不论荷载作用于何处
	荷载作用在上翼缘	荷载作用在下翼缘	
Q235	13.0	20.0	16.0
Q345	10.5	16.5	13.0
Q390	10.0	15.5	12.5
Q420	9.5	15.0	12.0

（2）当不符合上述情况之一时，在最大刚度主平面内受弯的构件，其整体稳定性应按式(8-8)计算。

在两个主平面内受弯的工字形截面构件或 H 形钢，其整体稳定性应按下式计算

$$\frac{M_x}{\varphi_b W_x}+\frac{M_y}{\gamma_y W_y}\leqslant f \tag{8-12}$$

式中　W_x，W_y——按受压纤维确定的对 x 轴、y 轴毛截面抵抗矩（mm^3）；

φ_b——绕强轴（x 轴）弯曲所确定的梁整体稳定系数。

【例 8-1】 某焊接工字形等截面简支梁，跨度 $l=15m$，在支座及跨中三分点处各有一水平侧向支承，截面如图 8-8 所示。钢材为 Q345，承受均布恒荷载标准值为 12.5kN/m，均布活荷载标准值为 27.5kN/m，均作用在梁的上翼缘板。试验算梁的整体稳定性。

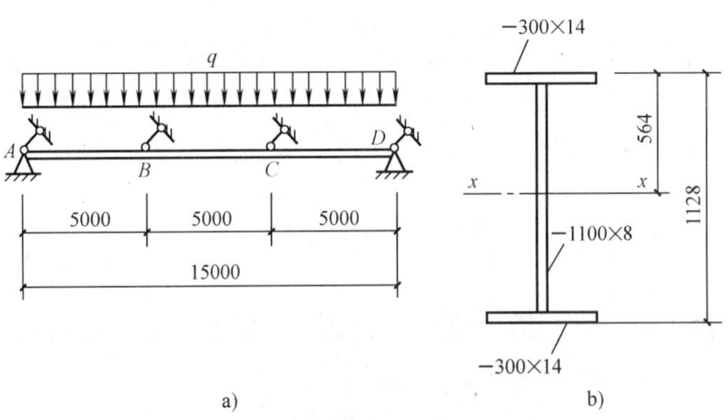

图 8-8　工字形等截面简支梁

【解】（1）梁截面几何特征。

$$A=(2\times30\times1.4+110\times0.8)cm^2=172cm^2$$

$$I_x=\frac{1}{12}(30\times112.8^3-29.2\times110^3)cm^4=349356cm^4$$

$$I_y=\left(2\times\frac{1}{12}\times1.4\times30^3\right)cm^4=6300cm^4$$

$$W_x=\frac{2I_x}{h}=\frac{2\times349356}{112.8}cm^3=6194cm^3$$

$$i_y=\sqrt{\frac{I_y}{A}}=\sqrt{\frac{6300}{172}}cm=6.05cm$$

$$\lambda_y=\frac{l_1}{i_y}=\frac{5\times10^2}{6.05}=82.6$$

$$\frac{l_1}{b_1}=\frac{500}{30}=16.7>13$$ 需验算梁的整体稳定性。

（2）验算。查表 8-4 得 $\beta_b=1.20$，双轴对称截面 $\eta_b=0$。

$$\begin{aligned}\varphi_b&=\beta_b\frac{4320}{\lambda_y^2}\frac{Ah}{W_x}\left[\sqrt{1+\left(\frac{\lambda_y t_1}{4.4h}\right)^2}+\eta_b\right]\frac{235}{f_y}\\&=1.20\times\frac{4320}{82.6^2}\times\frac{172\times10^2\times1128}{6194\times10^3}\left[\sqrt{1+\left(\frac{82.6\times14}{4.4\times1128}\right)^2}+0\right]\times\frac{235}{345}\\&=1.665\end{aligned}$$

$$\varphi_b'=1.07-0.282/\varphi_b=0.9$$

$$M_x=\left[\frac{1}{8}\times(1.2\times12.5+1.4\times27.5)\times15^2\right]\text{kN}\cdot\text{m}=1504.7\text{kN}\cdot\text{m}$$

$$\frac{M_x}{\varphi_b'W_x}=\frac{1504.7\times10^6}{0.9\times6194\times10^3}\text{N/mm}^2=269.9\text{N/mm}^2<f=310\text{N/mm}^2$$

整体稳定性满足要求。

8.2.4 梁的局部稳定

1. 梁的局部失稳现象

钢结构组合梁一般由翼缘板和腹板等板件组成，薄板在压应力、剪应力作用下会产生平面的波形鼓曲，这种现象称为板的屈曲。

在组合梁设计中应以安全经济为原则，为了提高梁的强度和刚度，把腹板设计得尽可能高而薄；为了提高梁的整体稳定性，把翼缘设计得尽可能宽而薄。因此，组成梁的都是宽而薄的钢板，在梁发生强度破坏或丧失整体稳定性之前，组成梁的板件可能首先屈曲，称为梁局部失稳，如图 8-9 所示。

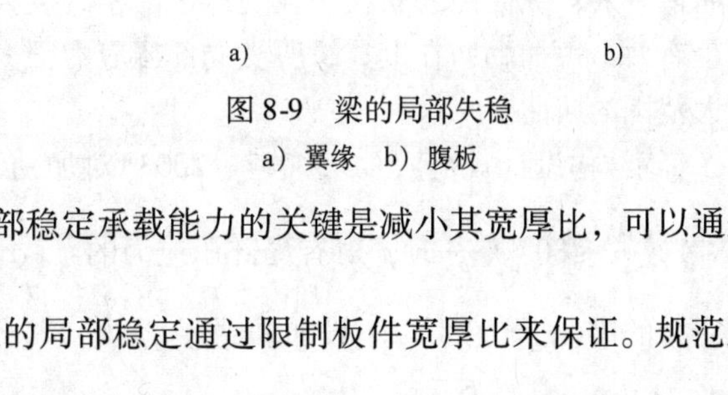

热轧型钢由于其板件宽厚比较小，都能满足局部稳定的要求，不需要计算。对冷弯薄壁型钢梁的受压或受弯板件，宽厚比未超过规定的限值时，认为板件全部有效；否则只考虑一部分宽度有效（也称为有效宽度），应按现行《冷弯薄壁型钢结构技术规范》（GB 50018—2002）计算。

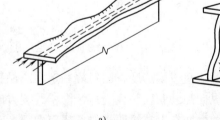

a) b)

图 8-9 梁的局部失稳

a）翼缘 b）腹板

2. 保证梁局部稳定的措施

当板件支承条件一定时，提高板件局部稳定承载能力的关键是减小其宽厚比，可以通过增大板的厚度或减小板的周界尺寸实现。

（1）保证翼缘局部稳定的措施。翼缘的局部稳定通过限制板件宽厚比来保证。规范对翼缘的宽厚比作了以下规定

梁弹性工作（$\gamma_x=1.0$）

$$\frac{b_1}{t}\leqslant 15\sqrt{\frac{235}{f_y}} \tag{8-13}$$

式中 b_1——梁受压翼缘自由外伸宽度（mm）；

t——翼缘厚度（mm）。

考虑梁塑性发展（$\gamma_x>1.0$）

$$\frac{b_1}{t}\leqslant 13\sqrt{\frac{235}{f_y}} \tag{8-14}$$

箱形截面梁受压翼缘板在两腹板之间的宽度 b_0 与其厚度 t 之比，应符合下式要求：

$$\frac{b_0}{t}\leqslant 40\sqrt{\frac{235}{f_y}} \tag{8-15}$$

当箱形截面梁受压翼缘板设有纵向加劲肋时，则式（8-15）中的 b_0 取腹板与纵向加劲肋之间的翼缘板宽度。

（2）保证腹板局部稳定的措施。对腹板的局部稳定，通过增加厚度来减小高厚比，以提高其局部稳定承载能力的方法显然不够经济。通常采用设置加劲肋的方法将腹板划分成若干个小区格，以减小板的周边尺寸来提高抵抗局部失稳的能力。加劲肋有横向加劲肋、纵向加劲肋和短加劲肋，如图 8-10 所示。

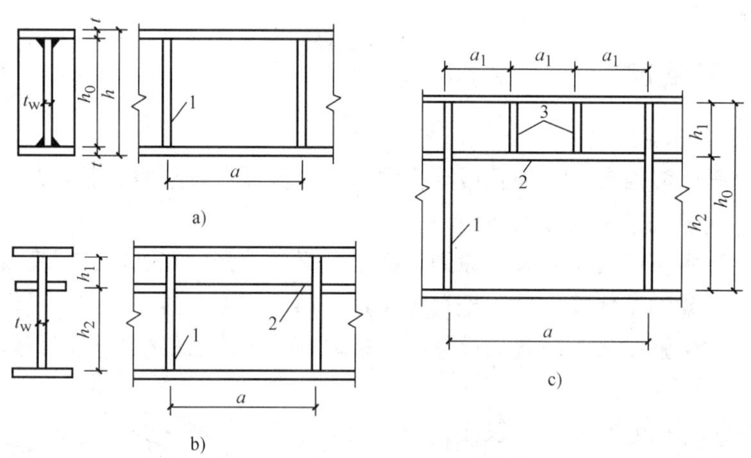

图 8-10 腹板加劲肋布置形式

1—横向加劲肋 2—纵向加劲肋 3—短加劲肋

横向加劲肋应垂直梁跨度方向每隔一定距离设置，它对防止剪应力和局部压应力引起的屈曲最有效；纵向加劲肋在腹板受压区沿梁跨度方向布置，它的设置对弯曲压应力引起的屈曲最有效；短加劲肋在上翼缘所受局部压应力很大时才需设置，作用是防止局部压应力引起较大范围的屈曲。

《钢结构设计规范》（GB 50017—2003）对加劲肋的设置作出了以下规定：

1）$\frac{h_0}{t_w}\leqslant 80\sqrt{\frac{235}{f_y}}$时，对有局部压应力的梁（$\sigma_c\neq 0$）应按构造设置横向加劲肋；对无局部压应力的梁（$\sigma_c=0$）可以不设加劲肋。

2）$\frac{h_0}{t_w}>80\sqrt{\frac{235}{f_y}}$时，应配置横向加劲肋，并应满足构造和计算要求。其中，$\frac{h_0}{t_w}>$

$170\sqrt{\frac{235}{f_y}}$(受压翼缘受到约束,例如连有刚性铺板、制动板或焊有钢轨时)或$\frac{h_0}{t_w}>150\sqrt{\frac{235}{f_y}}$(受压翼缘扭转未受到约束时)，或按计算需要时，应在弯曲应力较大区格的受压区增加配置纵向加劲肋。

任何情况下，h_0/t_w 均不应超过 250。

此处，h_0 为腹板的计算高度(对单轴对称梁,当确定是否要配置纵向加劲肋时,应取腹板受压区高度 h_c 的 2 倍)，t_w 为腹板的厚度。

3）梁的支座处和上翼缘受有较大固定集中荷载处，宜设置支承加劲肋。支承加劲肋可兼起保证腹板稳定的作用。

3. 加劲肋的一般构造要求

加劲肋一般用钢板制成，对于大型梁也可用角钢做成。加劲肋宜在钢板两侧成对配置，也可单面配置。但支承加劲肋和重级工作制吊车梁的加劲肋不应单侧配置。

横向加劲肋的最小间距应为 $0.5h_0$，最大间距应为 $2h_0$，对无局部压应力的梁，当 $h_0/t_w\leqslant 100\sqrt{235/f_y}$时，可采用 $2.5h_0$。纵向加劲肋至腹板计算高度受压边缘的距离应在 $h_c/2.5\sim h_c/2.0$ 范围内。

在腹板两侧成对配置的钢板横向加劲肋，其截面尺寸应符合下列公式要求：

外伡宽度

$$b_s\geqslant\frac{h_0}{30}+40\text{mm} \tag{8-16}$$

厚度

$$t_s\geqslant\frac{b_s}{15} \tag{8-17}$$

在腹板一侧配置的钢板横向加劲肋，其外伸宽度应大于按式(8-17)算得数值的 1.2 倍，厚度不应小于其外伸宽度的 1/15。

在同时用横向加劲肋和纵向加劲肋加强的腹板中，横向加劲肋的截面尺寸除应符合上述规定外，其截面惯性矩 I_z 尚应符合下式要求：

$$I_z\geqslant 3h_0t_w^3 \tag{8-18}$$

纵向加劲肋的截面惯性矩 I_y，应符合下列公式要求：

当 $a/h_0\leqslant 0.85$ 时

$$I_y\geqslant 1.5h_0t_w^3 \tag{8-19}$$

当 $a/h_0>0.85$ 时

$$I_y\geqslant\left(2.5-0.45\frac{a}{h_0}\right)\left(\frac{a}{h_0}\right)^2h_0t_w^3 \tag{8-20}$$

在腹板两侧成对配置的加劲肋，其截面惯性矩应按梁腹板中心线为轴线进行计算。在腹板一侧配置的加劲肋，其截面惯性矩应按与加劲肋相连的腹板边缘为轴线进行计算。

短加劲肋的最小间距为 $0.75h_1$。h_1 为纵向加劲肋中心线至上翼缘下边线的距离。短加劲肋外伸宽度应取为横向加劲肋外伸宽度的 0.7～1.0 倍，厚度不应小于短加劲肋外伸宽度的 1/15。

焊接梁的横向加劲肋与翼缘板相接处应切宽约 $b_s/3$(但不大于 40mm)、高约 $b_s/2$(但不大于 60mm)的斜角，如图 8-11 所示，以方便翼缘焊缝通过，b_s 为加劲肋的宽度。在纵、横肋相交时，为保证横向加劲肋与腹板的连接焊缝通过，应将纵向加劲肋相应切斜角。

4. 支承加劲肋的构造和计算

梁跨中的支承加劲肋应用成对两侧布置的钢板做成普通加劲肋的形式，梁端的支承加劲

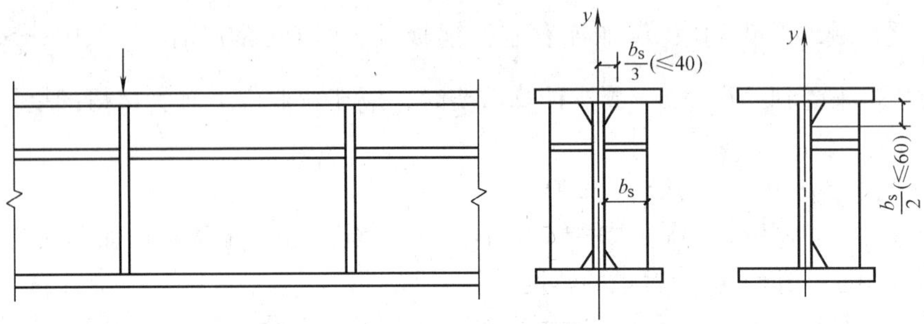

图 8-11 加劲肋的构造

肋可以做成普通加劲肋的形式，也可以做成突缘加劲肋的形式，如图 8-12 所示。其中突缘加劲板的伸出长度不得大于其厚度的 2 倍。加劲肋与腹板焊接连接，并应与翼缘、支座板刨平顶紧。

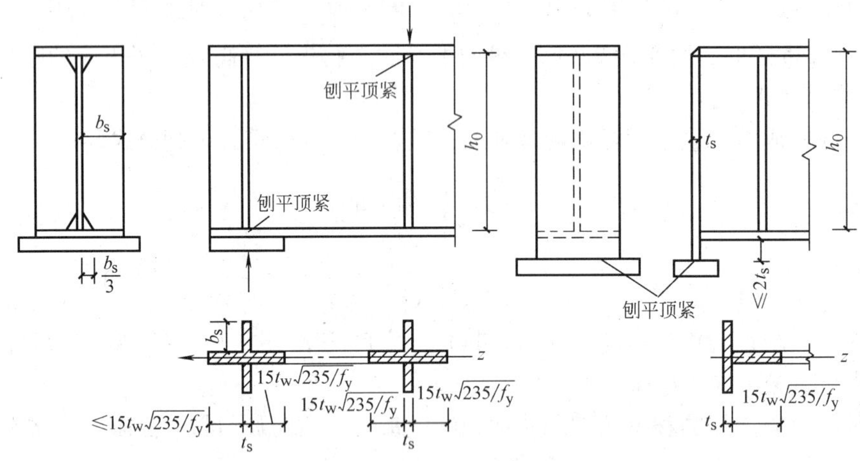

图 8-12 支承加劲肋的构造

支承加劲肋起着传递梁支座反力或集中荷载的作用。其构造除与上述横向加劲肋相同外，还应按承受梁支座反力或固定集中荷载的轴心受压构件计算其在腹板平面外的稳定性和端面承压强度验算，对焊接处应进行焊缝强度验算。计算腹板平面外的稳定性时，受压构件的截面面积 A 应包括加劲肋及加劲肋两侧 $15t_w\sqrt{235/f_y}$范围内的腹板面积，梁端部腹板长度不足时，应按实际情况取值，如图 8-12 所示阴影部分面积。计算长度取腹板高度 h_0。

8.3 型钢梁设计

在工程中应用最多的型钢梁是普通热轧工字型钢和 H 型钢，设计中要及时了解市场情况，一些大型号的型钢往往可能会供货困难，给施工带来影响。型钢梁的设计应满足强度、刚度和稳定性的要求。受轧制条件限制，型钢梁翼缘和腹板的宽厚比都不太大，局部稳定一般都可满足，不必进行验算。下面以普通工字型钢和 H 型钢为例简述型钢梁的设计步骤和设计方法。

8.3.1 单向受弯型钢梁的设计步骤

（1）计算梁的内力。在设计计算之前首先根据梁格布置和梁的荷载设计值、梁的跨度及支承条件，计算梁的最大弯矩设计值 M_{max}。次梁间距不宜过大，以免楼板变形过大。对梁自重的处理，可以预估一个数值加入恒载中或暂且忽略，待梁截面验算时再按所选截面准确计算。

（2）初选型钢截面。根据梁的内力设计值大小、跨度和支承情况，先选定钢材品种，确定其抗弯强度设计值 f。根据抗弯强度或整体稳定性要求，计算梁所需截面抵抗矩为 $W_x = M_{max}/\gamma_x f$。若最大弯矩截面处开有孔洞，则应将算得的 W_x 增大 10%~15%。然后，从型钢表中选择与 W_x 值相适应的型钢。

（3）截面强度验算。根据选择的型钢，考虑其自重，重新计算梁的最大弯矩设计值 M_{max}和最大剪力设计值 V_{max}。然后按相应公式进行强度验算。

（4）整体稳定性的验算。当梁上有刚性铺板或梁的受压翼缘自由长度 l_1，与其宽度 b_1 之比满足规定限值时，认为梁的整体稳定有保证，否则应按相应公式验算梁的整体稳定性条件。

（5）刚度验算。钢梁的刚度验算应按荷载标准值计算，并按材料力学所述梁的挠度计算方法进行刚度验算。

在上述几项验算中如有某一项不能满足要求，应重新选择型钢规格再进行验算，直到满足各项要求为止。

8.3.2 双向受弯型钢梁的设计步骤

双向受弯型钢梁的设计步骤与单向受弯型钢梁的设计步骤基本相同。只是在选择截面时先按 M_{xmax}（或 M_{ymax}）计算所需 W_x（或 W_y）。然后考虑另一方向弯矩的影响，适当加大 W 选定型钢，最后用双向受弯构件的相关公式进行验算。

【例 8-2】 一工作平台梁格，如图 8-13 所示。平台无动力荷载，永久荷载标准值为 2.5kN/m^2，可变荷载标准值为 6kN/m^2，钢材为 Q235，假定平台板刚性连接在次梁上，试选择中间次梁 A 的型号。若平台铺板不能保证次梁的整体稳定，试重新选择型钢型号。

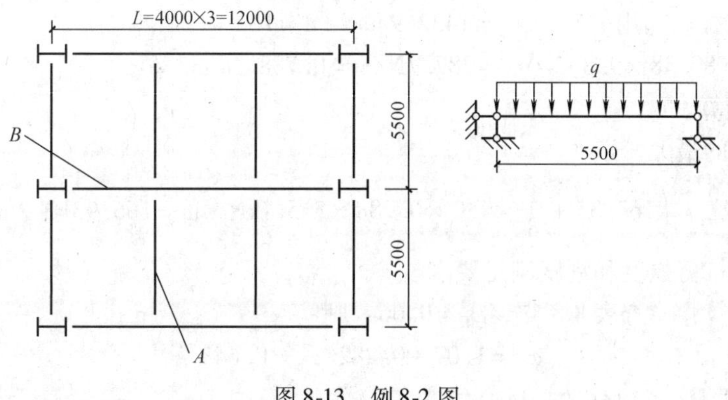

图 8-13 例 8-2 图

【解】 1. 平台板刚性连接在次梁上(可保证梁的整体稳定)

（1）截面选择。次梁计算简图，如图 8-13 所示，所受均布荷载标准值、设计值分别为

$$q_k = [(2.5+6)\times4]\,\text{kN/m} = 34\,\text{kN/m}$$

$$q = [(1.2\times2.5+1.3\times6)\times4]\,\text{kN/m} = 43.2\,\text{kN/m}$$

最大弯矩设计值 $M_{\max} = \left(\frac{1}{8}\times43.2\times5.5^2\right)\text{kN}\cdot\text{m} = 163.35\,\text{kN}\cdot\text{m}$

型钢所需截面抵抗矩 $W = \frac{M_{\max}}{\gamma_x f} = \frac{163.35\times10^6}{1.05\times215}\text{mm}^3 = 723588\,\text{mm}^3 = 723.588\,\text{cm}^3$

选用 I36a，$W_x = 877.6\,\text{cm}^3$ $A = 76.44\,\text{cm}^2$ $I_x = 15796\,\text{cm}^4$ $S_x = 508.8\,\text{cm}^3$

自重 $g_k = (60.0\times9.8)\,\text{N/m} = 588\,\text{N/m} = 0.588\,\text{kN/m}$ $t_w = 10\,\text{mm}$

（2）截面验算（考虑自重后的最大弯矩）。

$$M_{\max} = \left(163.35+\frac{1}{8}\times1.2\times0.588\times5.5^2\right)\text{kN}\cdot\text{m} = 166.02\,\text{kN}\cdot\text{m}$$

最大剪力值 $V_{\max} = \frac{ql}{2} = \frac{(43.2+1.2\times0.588)\times5.5}{2}\text{kN} = 120.74\,\text{kN}$

抗弯强度

$$\frac{M_{\max}}{\gamma_x W_x} = \frac{166.02\times10^6}{1.05\times877.6\times10^3}\text{N/mm}^2 = 180.2\,\text{N/mm}^2 < f = 215\,\text{N/mm}^2$$

满足抗剪强度。

$$\tau = \frac{VS_x}{I_x t_w} = \frac{120.74\times10^3\times508.8\times10^3}{15796\times10^4\times10}\text{N/mm}^2 = 38.9\,\text{N/mm}^2 < f_v = 125\,\text{N/mm}^2$$

满足要求。

型钢梁腹板较厚，抗剪强度一般不起控制作用。

刚度验算

$$v = \frac{5q_k l^4}{384EI} = \frac{5\times(34+0.588)\times10^3\times5.5\times5500^3}{384\times206000\times15796\times10^4}\text{mm} = 12.7\,\text{mm} < [v] = l/250 = 22\,\text{mm}$$

满足要求。

综上所述，所选截面合适。

2. 平台铺板不能保证梁的整体稳定

（1）截面选择。选用 I45a，$W_x = 1432.9\,\text{cm}^3$ $A = 102.4\,\text{cm}^2$

自重 $g_k = (80.38\times9.8)\,\text{N/m} = 787.7\,\text{N/m} = 0.788\,\text{kN/m}$

（2）截面验算。

考虑自重后的最大弯矩

$$M_{\max} = \left(163.35+\frac{1}{8}\times1.2\times0.788\times5.5^2\right)\text{kN}\cdot\text{m} = 166.93\,\text{kN}\cdot\text{m}$$

抗弯强度、抗剪强度和刚度满足要求。

整体稳定验算： 查表 8-5 得，$\varphi_b = 0.66$，则

$$\varphi_b' = 1.07 - 0.282/\varphi_b = 0.643$$

$$\frac{M_x}{\varphi_b' W_x} = \frac{166.93\times10^6}{0.643\times1432.9\times10^3}\text{N/mm}^2 = 181.2\,\text{N/mm}^2 < f = 215\,\text{N/mm}^2$$

满足要求。

所选截面合适。

通过对情况 1、2 比较可知，情况 1 通过构造措施保证了梁的整体稳定性，因此用钢量比情况 2 少。

8.4 组合钢梁设计

由于型钢规格有限，当荷载较大或梁的跨度较大，采用型钢梁不能满足设计要求时，应改用组合梁。钢板组合梁的设计内容包括：选择材料牌号；选择截面形式并初步确定各部分尺寸；根据初选的截面进行强度、刚度、整体稳定性的验算，局部稳定验算及加劲肋设置；确定翼缘与腹板的焊缝；钢梁支座加劲肋设计及其他构造设计等。

8.4.1 组合梁设计步骤

用钢板焊接组成的工字形截面梁是一种较常见的组合梁形式。组合梁的截面设计要同时考虑安全和经济两个因素。在满足安全可靠的前提下，一般截面抵抗矩与截面面积的比值 W/A 越大，越合理、经济。具体设计步骤如下：

1. 确定组合梁的截面尺寸

组合梁的截面尺寸包括：截面高度 h、腹板厚度 t_w、翼缘宽度 b 和厚度 t。

（1）梁的截面高度 h。梁的截面高度的确定应考虑建筑高度、刚度条件和经济条件三个因素。建筑高度是根据建筑要求和梁格结构布置方案所确定的梁的最大可能高度 h_{max}。刚度条件决定梁的最小高度 h_{min}，以保证梁的挠度不超过容许挠度。最小高度 h_{min} 可按下式计算：

$$h_{min} = 0.16\frac{fl^2}{E[v]} \tag{8-21}$$

式(8-21)是以受均布荷载作用的简支梁导出的。但对集中荷载作用、非简支梁、变截面梁等情况一般也可按此式估算最小梁高。

梁的经济高度 h_e 取决于梁用钢量最少这一经济条件。经分析计算，梁的经济高度可按下式估算：

$$h_e = 2W_x^{0.4} \text{ 或 } h_e = 7\sqrt[3]{W_x} - 300 \tag{8-22}$$

式中 W_x——由梁抗弯强度确定的所需截面抵抗矩（mm^3）。

梁的高度取值应在满足最大、最小梁高要求的基础上接近经济梁高。考虑钢板规格因素的影响，一般先选择腹板高度 h_0，h_0 取值宜略小于截面高度 h 并取为 50mm 的倍数。

（2）腹板厚度 t_w。腹板的计算厚度主要根据梁的抗剪能力确定。假定剪力只由腹板承担，且最大剪应力为腹板平均剪应力的 1.5 倍，则腹板厚度应满足：

$$t_w \geqslant \frac{1.5V}{hf_V} \tag{8-23}$$

考虑腹板局部稳定要求，腹板厚度 t_w 可按下列经验公式估算：

$$t_w = \frac{\sqrt{h_0}}{3.5} \tag{8-24}$$

腹板厚度应符合钢板现有规格，除轻型钢结构外，一般不小于 6mm。

（3）翼缘尺寸。翼缘尺寸的确定，应根据所选截面抵抗矩不小于按抗弯强度确定的截面抵抗矩的原则而定。经计算整理后可得翼缘面积 A_f 为：

$$A_f = bt \geqslant \frac{W_x}{h_0} - \frac{t_w h_0}{\sigma} \tag{8-25}$$

根据翼缘面积 A_f，考虑钢板的规格即可确定 b、t 值。一般 b 值在$(1/5 \sim 1/3)h$ 之间取值。b 取 10mm 的倍数，t 不宜小于 8mm。考虑翼缘局部稳定的要求，应满足 $b/t \leqslant 30\sqrt{235/f_y}$；若 $b/t \leqslant 26\sqrt{235/f_y}$，则允许部分截面发展塑性。

2. 截面验算

计算试选截面的几何特征，然后按相应公式验算梁的强度、刚度、整体稳定和局部稳定。

3. 翼缘与腹板的连接焊缝

翼缘与腹板所受弯曲应力不同使两者有相对滑移的趋势而产生剪力，如图 8-14 所示，这一剪力由翼缘与腹板的连接焊缝承担。

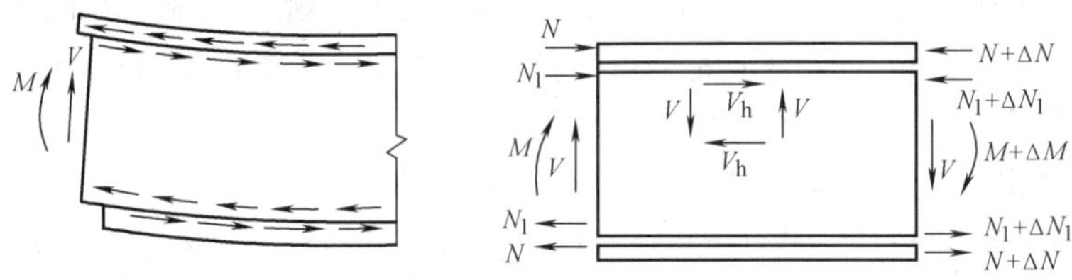

图 8-14 翼缘与腹板的连接焊缝

由材料力学知翼缘与腹板之间的剪应力为 $\tau_1 = VS_1/I_x t_w$，则沿梁长度方向单位长度的剪力：

$$V_h = \tau_1 t_w = \frac{VS_1}{I_x t_w} t_w = \frac{VS_1}{I_x} \tag{8-26}$$

式中 S_1——一个翼缘对中和轴的面积矩(mm^3)；

V——截面上的最大剪力设计值(N)；

I_x——梁截面对中和轴的毛截面惯性矩(mm^4)。

一般采用双面角焊缝形式，焊缝强度按下式验算：

$$\tau_f = \frac{V_h}{2 \times 0.7 h_f \times 1} = \frac{V_h}{1.4 h_f} \leqslant f_f^w \tag{8-27}$$

式中 τ_f——剪力 V_h 产生的平行于焊缝长度方向的应力(N)。

当梁上同时受有固定集中荷载而未设加劲肋或受有移动集中荷载作用时，翼缘与腹板的连接焊缝还应承担集中荷载的作用。竖向集中荷载在焊缝上产生垂直于焊缝长度方向的应力 σ_f：

$$\sigma_f = \frac{\psi F}{2 \times 0.7 h_f l_z} = \frac{\psi F}{1.4 h_f l_z} \tag{8-28}$$

式中 l_z——集中荷载在焊缝处的假定分布长度(mm)，按式(8-4)中方法计算。

此时焊缝强度应满足下式要求：

$$\sqrt{\left(\frac{\psi F}{1.4 h_f \beta_f l_z}\right)^2 + \left(\frac{V_h}{1.4 h_f}\right)^2} \leqslant f_f^w \tag{8-29}$$

8.4.2 梁截面沿长度的改变

一般梁的弯矩沿长度方向是变化的，我们按梁的最大弯矩设计值确定截面尺寸，必然会使钢材存在浪费。为了节约钢材，我们考虑随弯矩图的变化对梁的截面进行改变。截面改变会增加制造工作量，所以对跨度较小的梁经济效益并不明显，一般仅对跨度较大的梁每半跨改变一次截面，这种做法可节约钢材10%~20%，效果显著。常见的截面改变有改变翼缘宽度、改变翼缘厚度(或层数)和改变腹板高度三种形式，如图8-15所示。梁截面沿长度的改变应满足计算与构造要求，具体做法可查阅相关规范。

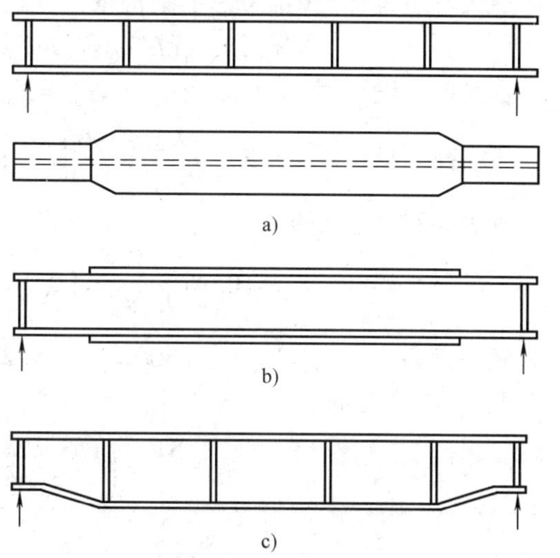

图8-15　梁截面沿长度的改变

a）改变翼缘宽度　b）改变翼缘厚度(层数)　c）改变腹板高度

【例8-3】　设计工作平台中的主梁 B，次梁按 I36a 考虑，钢材为Q235。采用E43焊条系列。

【解】（1）主梁的计算简图，如图8-16所示。

主梁按简支梁设计，承受两侧次梁传来的集中力作用，集中力标准值 F_k 和设计值 F_q 为：

$$F_k = 2 \times \left[\frac{1}{2} \times (2.5+6) \times 4 \times 5.5 + \frac{1}{2} \times 0.588 \times 5.5\right] \text{kN} = 190.2\text{kN}$$

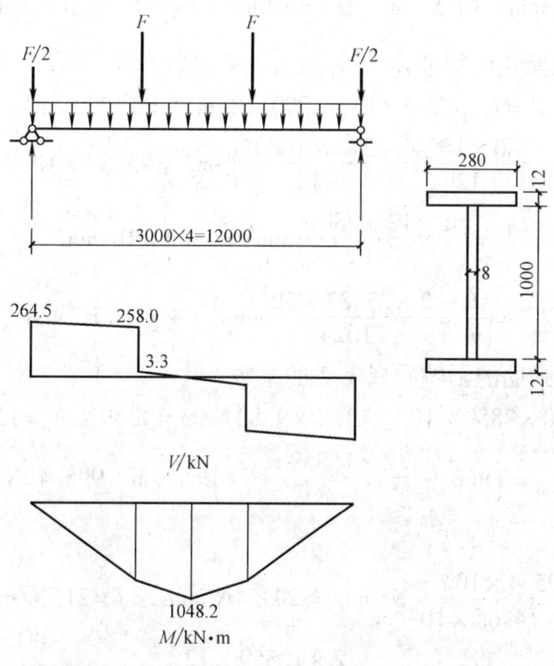

图8-16　主梁计算简图

$$F_q = 2 \times \left[\frac{1}{2} \times (1.2 \times 2.5 + 1.3 \times 6) \times 4 \times 5.5 + \frac{1}{2} \times 1.2 \times 0.588 \times 5.5\right] \text{kN} = 241.5\text{kN}$$

（2）截面尺寸确定。

最大弯矩设计值(不考虑主梁自重)

$$M_{max} = F_q(l/3) = (241.5 \times 4)\text{kN} \cdot \text{m} = 966\text{kN} \cdot \text{m}$$

最大剪力设计值 $V_{max} = F_q = 241.5\text{kN}$

所需截面抵抗矩 $W_x = \frac{M_{max}}{\gamma_x f} = \frac{966 \times 10^6}{1.05 \times 215}\text{mm}^3 = 4.28 \times 10^6 \text{mm}^3$

查表 8-2 知主梁的容许挠度$[v] = l/400$

梁的最小梁高 $h_{min} = 0.16 \frac{f l^2}{E[v]} = \left(0.16 \times \frac{215 \times 12000^2 \times 400}{206000 \times 12000}\right)\text{mm} = 801.6\text{mm}$

经济梁高 $h_e = 7\sqrt[3]{W_x} - 300 = (7\sqrt[3]{4.28 \times 10^6} - 300)\text{mm} = 836.5\text{mm}$

取 $h_0 = 1000\text{mm}$。

腹板厚度 t_w $t_w \geqslant \frac{1.5V}{h_0 f_v} = \left(\frac{1.5 \times 241.5 \times 10^3}{1000 \times 125}\right)\text{mm} = 2.9\text{mm}$

$$t_w = \frac{\sqrt{h_0}}{3.5} = \frac{\sqrt{1000}}{3.5}\text{mm} = 9\text{mm}$$

取 $t_w = 8\text{mm}$。

翼缘面积 $A_f = \frac{W_x}{h_0} - \frac{t_w h_0}{6} = \left(\frac{4.28 \times 10^6}{1000} - \frac{8 \times 1000}{6}\right)\text{mm} = 2946.7\text{mm}^2$

$$b = \left(\frac{1}{3} \sim \frac{1}{5}\right)h = (200 \sim 333.3)\text{mm}，取\ b = 280\text{mm}$$

$t = \frac{2946.7}{280}\text{mm} = 10.5\text{mm}$，取 $t = 12\text{mm}$。截面尺寸如图 8-16 所示。

（3）截面验算。截面几何特征：

$$A = (2 \times 280 \times 12 + 1000 \times 8)\text{mm}^2 = 14720\text{mm}^2$$

$$I_x = \left(\frac{280 \times 1024^3}{12} - \frac{272 \times 1000^3}{12}\right)\text{mm}^4 = 23.87 \times 10^8 \text{mm}^4$$

$$I_y = \left(2 \times \frac{12 \times 280^3}{12}\right)\text{mm}^4 = 43.9 \times 10^6 \text{mm}^4$$

$$W_x = \frac{2I_x}{h} = \frac{2 \times 23.87 \times 10^8}{1024}\text{mm}^3 = 4.66 \times 10^6 \text{mm}^3$$

主梁自重，考虑加劲肋的影响乘以 1.2 的系数。

$$g_k = (14720 \times 7850 \times 10^{-6} \times 1.2 \times 9.8)\text{N/m} = 1359\text{N/m} = 1.359\text{kN/m}$$

跨中最大弯矩：$M_{max} = \left(966 + \frac{1.2 \times 1.359 \times 12^2}{8}\right)\text{kN} \cdot \text{m} = 995.4\text{kN} \cdot \text{m}$

梁的抗弯强度：

$$\frac{M_{xmax}}{\gamma_x W_x} = \frac{995.4 \times 10^6}{1.05 \times 4.66 \times 10^6}\text{N/mm}^2 = 203.4\text{N/mm}^2 < f = 215\text{N/mm}^2，满足。$$

支座处最大剪力 $V_{max} = \left(241.5 + \frac{1.2 \times 1.359 \times 12}{2}\right)\text{kN} = 251.3\text{kN}$

抗剪强度 $\tau = \dfrac{V_{\max}S_x}{I_x t_w}$

$$= \frac{251.3\times10^3\times(500\times8\times250+280\times12\times506)}{23.87\times10^8\times8}\text{N/mm}^2$$

$= 35.5\text{N/mm}^2 < f_v = 125\text{N/mm}^2$，满足。

次梁传给主梁集中力处设置支承加劲肋，不考虑局部承压强度验算。

整体稳定：次梁视为主梁的侧向支承，$l_1 = 4\text{m}$。

$$\frac{l_1}{b} = \frac{4000}{280} = 14.3 < 16$$

由表 8-6 得，主梁整体稳定能够满足，不用计算。

刚度验算，由表 8-2 知，$[v] = \dfrac{l}{400}$。

$$v = \frac{23P_k l^3}{648EI} + \frac{5g_k l^4}{384EI}$$

$$= \left[\frac{23\times190.2\times10^3\times12000^3}{648\times206000\times23.87\times10^8} + \frac{5\times1.359\times12000^4}{384\times20600\times23.87\times10^8}\right]\text{mm}$$

$= 24.47\text{mm} < [v] = \dfrac{l}{400} = 30\text{mm}$，满足。

所设计主梁截面尺寸符合要求。

【例 8-4】 试设计例 8-3 中主梁的端部支座加劲肋。材料为 Q235，采用 E43 焊条系列。

【解】 (1) 确定加劲肋截面尺寸。梁端支座加劲肋采用钢板成对布置于腹板两侧，取每侧宽 $b_s = 80\text{mm} > \dfrac{h_0}{30} + 40 = 73.3\text{mm}$，宽度方向切角 30mm，每侧净宽 50mm，取 $t_w = 10\text{mm} > \dfrac{b_s}{15} = 5.3\text{mm}$。加劲肋与下翼缘刨平顶紧。

(2) 稳定性计算。

支反力 $R = 251.3\text{kN}$

计算截面 $A = [(2\times80+8)\times10+2\times15\times8\times8]\text{mm}^2 = 3600\text{mm}^2$

绕 z 轴的惯性矩 $I_z = \dfrac{10\times(2\times80+8)^3}{12}\text{mm}^4 = 3.95\times10^6\text{mm}^4$

回转半径 $i_z = \sqrt{I_z/A} = \sqrt{3.95\times10^6/3600}\text{mm} = 33.1\text{mm}$

长细比 $\lambda_z = h_0/i_z = 1000/33.1 = 30.2 < 5.07b_s/t_s = 40.6$，取 40.6

按 b 类截面查附表得 $\varphi = 0.897$

$$\frac{R}{\varphi A} = \frac{251.3\times10^3}{0.897\times3600}\text{N/mm}^2 = 77.8\text{N/mm}^2 < f = 215\text{N/mm}^2$$

(3) 端面承压验算。

$$\sigma_{ce} = \frac{R}{A_{ce}} = \frac{251.3\times10^3}{2\times50\times10}\text{N/mm}^2 = 251.3\text{N/mm}^2 < f_{ce} = 320\text{N/mm}^2$$

(4) 支承加劲肋与腹板的焊缝连接。

按构造要求取 $h_f=6\text{mm}>1.5\sqrt{t_{max}}=1.5\times\sqrt{10}\text{mm}=4.7\text{mm}$ 且 $<1.2t_{min}=1.2\times8\text{mm}=9.6\text{mm}$

支承加劲肋高度方向切角 40mm

$$\tau_f=\frac{R}{0.7h_f\sum l_w}=\frac{251.3\times10^3}{0.7\times6\times4\times(1000-2\times40-2\times6)}\text{N/mm}^2$$

$$=16.5\text{N/mm}^2\leqslant f_f^w=160\text{N/mm}^2$$

8.5 梁的拼接和连接

8.5.1 梁的拼接

梁的拼接一般为接长，分为工厂拼接和工地拼接。

1. 工厂拼接

受钢板规格限制，需将钢板接宽、接长，这些工作一般在工厂完成，因此称为工厂拼接。为避免焊缝过于密集带来的不利影响，翼缘和腹板的拼接位置应错开，并且不得与加劲肋和次梁重合。腹板拼接焊缝与加劲肋的距离至少为 $10t_w$，如图 8-17 所示。工厂拼接的焊缝一般采用设置引弧板的对接直焊缝，三级受拉焊缝计算不满足时，可将拼接位置移到受力较小处或改用对接斜焊缝。

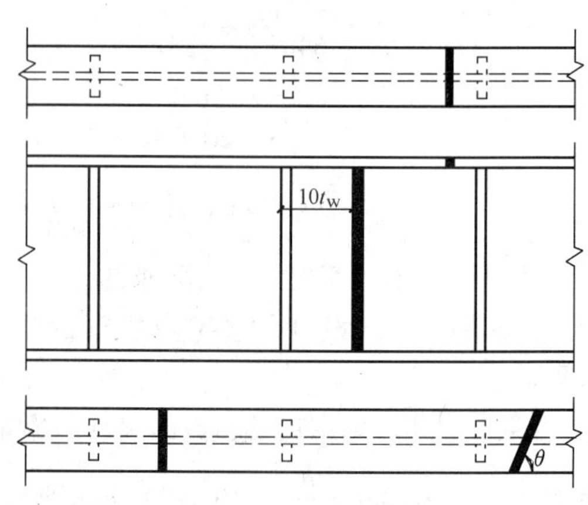

图 8-17　工厂拼接

2. 工地拼接

工地拼接受运输或安装条件限制，将大型梁在工厂做成几段(运输单元或安装单元)在工地再拼接成整体。工地拼接分为焊缝连接和高强度螺栓连接。

采用焊缝连接时，运输单元端部常做成如图 8-18 所示的形式。如图 8-18a 所示的形式便于运输，缺点是焊缝过于集中，易产生较大的应力集中。施焊时可采用跳跃施焊的顺序以缓解应力集中。如图 8-18b 所示，翼缘与腹板不在同一截面上，受力较好，但运输时端头突出部位易损坏，须加以保护。两种拼接的上、下翼缘对接焊缝应开坡口。运输单元端部翼缘与腹板间的焊缝留出约 500mm，待对接焊缝完成以后再焊。

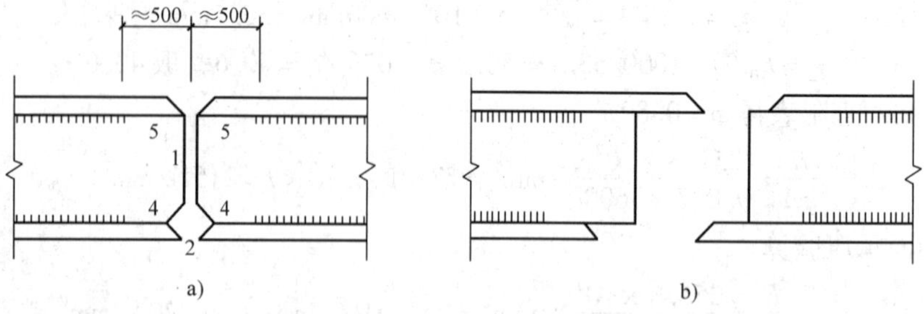

图 8-18　梁工地拼接中的焊接连接

焊缝连接受工地施焊条件限制，质量不宜保证。因此，对较重要的或直接承受动力荷载的梁易采用高强度螺栓连接，如图 8-19 所示。

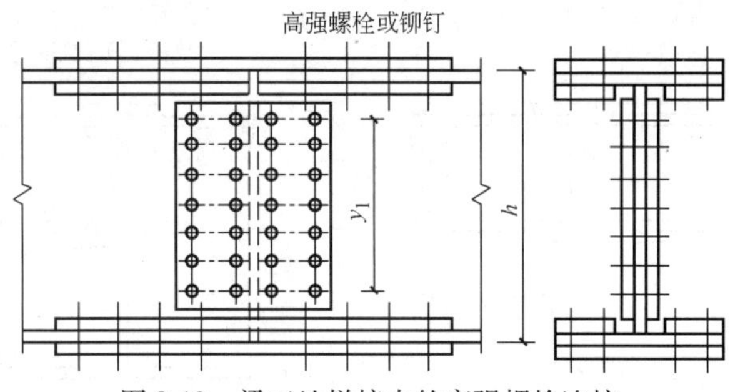

图 8-19　梁工地拼接中的高强螺栓连接

8.5.2　梁的连接

梁的连接必须遵循安全可靠、传力明确、制造简单、安装方便的原则。从受力角度区分，梁的连接分为铰接和刚接。按梁的相对位置可分为叠接和平接。

1. 次梁与主梁叠接

次梁与主梁叠接，是将次梁直接安放在主梁上，用焊缝或者螺栓相连。如图 8-20 所示是常见的叠接形式。这种连接构造简单，施工方便，次梁可以简支，也可以连续。但结构所占空间较大。

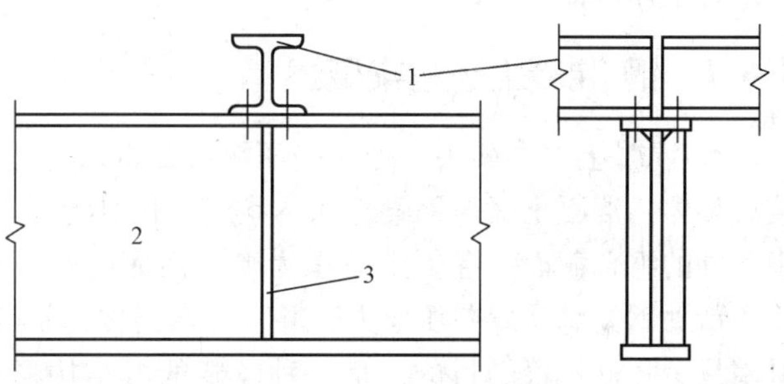

图 8-20　次梁与主梁叠接

1—次梁　2—主梁　3—加劲肋

2. 次梁与主梁平接

平接是将次梁从侧面连接于主梁上，可节约建筑空间。如图 8-21 所示为简支次梁与主梁平接的形式。如图 8-21a 所示为直接连接于加劲肋上，适用于次梁反力较小时，如图 8-21b 所示适用于次梁反力较大时，次梁放在焊于主梁的支托上。

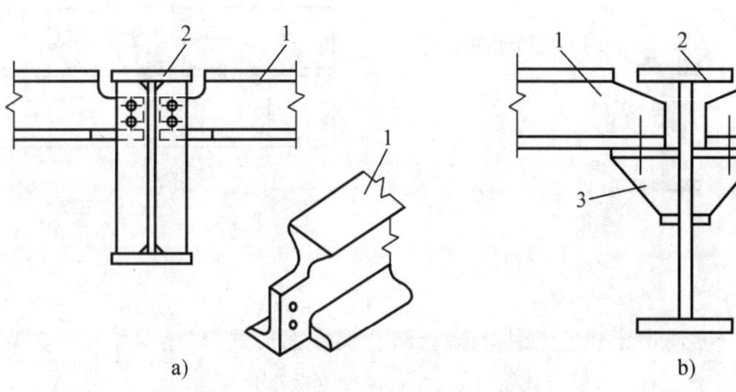

图 8-21　简支次梁与主梁平接

1—次梁　2—主梁　3—承托

如图 8-22 所示是连续次梁与主梁的平接。上下翼缘板通过连接板来传递弯矩 M 引起的弯曲应力。为便于俯焊，上翼缘的连接板略窄，下翼缘的连接板略宽。下翼缘的连接板可两块焊于腹板两侧。

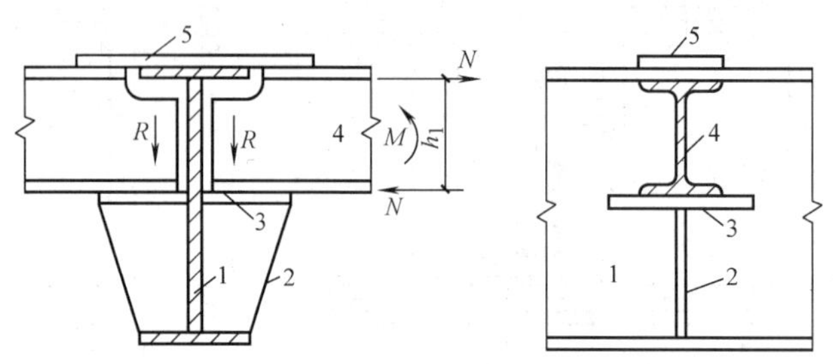

图 8-22 连续次梁与主梁平接

1—次梁 2—承托竖板 3—承托顶板 4—次梁 5—次梁上翼缘连接板

8.6 钢-混凝土组合梁

由混凝土翼缘板与钢梁通过抗剪连接件组成的梁称为钢-混凝土组合梁。下面对钢-混凝土组合梁作以简单介绍。

8.6.1 钢-混凝土组合梁概述

钢-混凝土组合梁中，处于受压翼缘的混凝土板通过抗剪连接件与处于受拉区的钢梁连接成整体，混凝土板与钢梁之间不能产生相对滑移，因此，混凝土板与钢梁是一个具有公共中和轴的组合截面。混凝土板作为组合截面的受压翼缘，可充分利用混凝土良好的抗压性能，帮助钢梁承受弯曲压应力，并可提高构件的承载力与刚度，达到降低梁的高度、减少钢材用量、降低造价的目的，是一种较新的梁结构形式，在工程中得到了广泛的应用。常用钢-混凝土组合梁截面形式如图 8-23 所示。

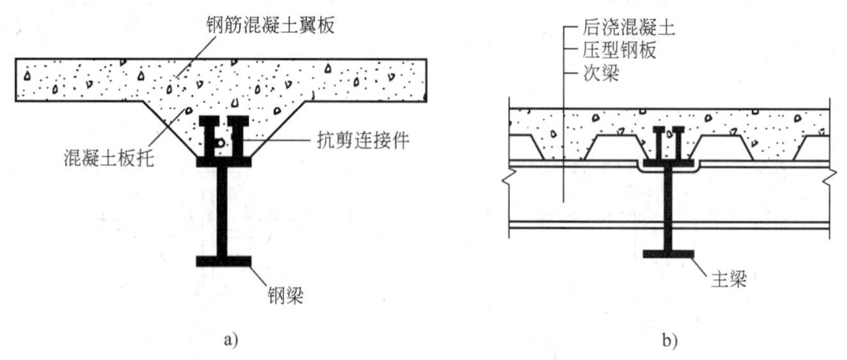

图 8-23 钢-混凝土组合梁截面形式

a）一般形式组合梁 b）压型钢板组合梁

组合梁的混凝土翼缘板可以现浇，也可以是预制，也可采用压型钢板作混凝土翼缘板底模的组合梁。组合梁中抗剪连接件是保证钢筋混凝土板和钢梁形成整体共同工作的基础，其作用是承受板与梁接触面之间的纵向剪力，防止板、梁的相对滑移。《钢结构设计规范》(GB 50017—2003)规定：组合梁的抗剪连接件宜采用栓钉，也可采用槽钢、弯筋或有可靠依据的其他类型连接件，其设置方式如图 8-24 所示。

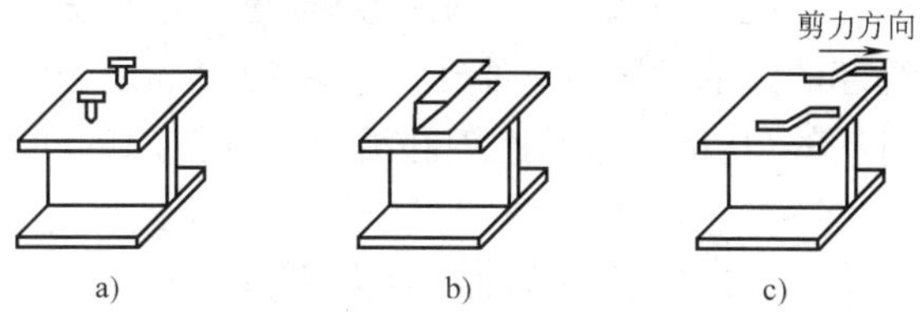

图 8-24　连接件的外形及设置方向

a）栓钉连接件　b）槽钢连接件　c）弯筋连接件

8.6.2　钢-混凝土组合梁的构造要求

1. 一般要求

（1）组合梁截面高度不宜超过钢梁截面高度的 2.5 倍；混凝土板托高不宜超过翼板厚度的 1.5 倍；托板的顶面宽度不宜小于钢梁上翼缘宽度与混凝土板托高之和。

（2）组合梁边梁混凝土翼板的构造应满足规范的要求。有托板时，伸出长度不宜小于混凝土板托高；无托板时，应同时满足伸出钢梁中心线不小于 150mm、伸出钢梁翼缘边不小于 50mm 的要求。

（3）连续组合梁在中间支座负弯矩区上部纵向钢筋及分布钢筋，应按现行国家标准《混凝土结构设计规范》(CB 50010—2010)的规定设置。

2. 抗剪连接件的设置要求

抗剪连接件的设置应符合以下规定：

（1）栓钉连接件钉头下表面或槽钢连接件上翼缘下表面高出翼板底部钢筋顶面不宜小于 30mm。

（2）连接件沿梁跨度方向的最大间距不应大于混凝土翼板(包括板托)厚度的 4 倍，且不大于 400mm。

（3）连接件的外侧边缘与钢梁翼缘边缘之间的距离不应小于 20mm。

（4）连接件的外侧边缘至混凝土翼缘板边缘的距离不应小于 100mm。

（5）连接件顶面的混凝土保护层厚度不应小于 15mm。

（6）栓钉连接件除应满足上述要求外，尚应符合以下规定：

1）当栓钉位置未正对钢梁腹板时，如钢梁翼缘承受拉力，则栓钉杆径不应大于钢梁上翼缘厚度的 1.5 倍；如钢梁上翼缘不承受拉力，则栓钉杆直径不应大于钢梁上翼缘厚度的 2.5 倍。

2）栓钉长度不应小于其杆径 4 倍。

3）栓钉沿梁轴线方向的间距不应小于杆径的 6 倍；垂直于梁轴线方向的间距不应小于杆径的 4 倍。

4）用压型钢板作底模的组合梁，栓钉杆直径不宜大于 19mm，混凝土凸肋宽度不应小于栓钉杆直径的 2.5 倍；栓钉高度 h_d 应符合 $(h_e+30)\leqslant h_d\leqslant(h_e+75)$ 的要求。

(7) 弯筋连接件除应符合(1)~(5)条要求外，尚应满足以下规定：弯筋连接件宜采用直径不小于12mm的钢筋成对布置，用两条长度不大于4倍(Ⅰ级钢筋)或5倍(Ⅱ级钢筋)钢筋直径的侧焊缝焊接于钢梁翼缘上，其弯起角度一般为45°，弯折方向应与混凝土翼板对钢梁的水平剪力方向相同。在梁跨中纵向水平剪力方向变化的区段，必须在两个方向均匀设置弯起钢筋。从弯起点算起的钢筋长度不宜小于其直径的25倍(Ⅰ级钢筋另加弯钩)，其中水平段长度不宜小于其直径的10倍。弯筋连接件沿梁长度方向的间距不宜小于混凝土翼板(包括板托)厚度的0.7倍。

(8) 槽钢连接件一般采用Q235钢，截面不宜大于[12.6，开口方向应与混凝土翼板对钢梁的水平剪力方向相同。

(9) 钢梁顶面不得涂刷油漆，在浇筑(或安装)混凝土翼板以前应清除铁锈、焊渣、冰层、积雪、泥土和其他杂物。

本 章 小 结

(1) 梁是典型的受弯构件，承受横向荷载作用。梁的截面上有弯矩、剪力存在，因此梁应该进行抗弯强度和抗剪强度的计算。当梁受有集中荷载作用时还要求考虑进行局部承压的计算。此外，对梁内弯曲应力、剪应力和局部压应力共同作用的位置还应验算折算应力。

(2) 梁的刚度不足时，在横向荷载作用下会产生较大的挠度，给人以不安全之感，还可能导致顶棚抹灰脱落，吊车梁挠度过大还会使吊车在运行时产生剧烈振动，这些都会影响建筑的正常使用。因此必须进行梁的刚度验算。

(3) 梁的整体稳定和局部稳定是梁正常工作的基本要求之一。即对于高而窄的钢梁，由于两个方向的刚度相差悬殊，当在最大刚度平面内受弯时，若弯矩较小，梁仅在弯矩作用平面内弯曲，无侧向位移。随着弯矩增大到某一数值，如果在其侧向没有足够的支撑，构件的侧向弯曲和扭转就会急剧增加，随之导致梁的承载能力丧失，这种现象称为梁的整体失稳。通过稳定性验算或构造措施保证梁的整体稳定和局部稳定。

(4) 梁的连接分为工厂拼接和工地拼接。受钢板规格限制，需将钢板接宽、接长，这些工作一般在工厂完成，因此称为工厂拼接；工地拼接是受运输或安装条件限制，将大型梁在工厂做成几段(运输单元或安装单元)在工地再拼接成整体。

次梁与主梁叠接，是将次梁直接安放在主梁上，用焊缝或者螺栓相连；平接是将次梁从侧面连接在主梁上，可节约建筑空间。

(5) 由混凝土翼缘板与钢梁通过抗剪连接件组成的梁称为钢-混凝土组合梁。处于受压翼缘的混凝土板通过抗剪连接件与处于受拉区的钢梁连接成整体，混凝土板与钢梁之间不能产生相对滑移，因此，混凝土板与钢梁是一个具有公共中和轴的组合截面。混凝土板作为组合截面的受压翼缘，可充分利用混凝土良好的抗压性能，帮助钢梁承受弯曲压应力，并可提高构件的承载力与刚度，达到降低梁的高度、减少钢材用量、降低造价的目的，是一种较新的梁结构形式，在工程中得到了广泛的应用。

思考题与习题

1. 简述钢梁的承载力、刚度和稳定性要求。

2. 试述提高梁的整体稳定性的方法。
3. 组合梁的翼缘不满足局部稳定性要求时，应如何处理？
4. 焊接组合梁腹板加劲肋如何布置？
5. 支座和中间支承加劲肋各按何种类型构件进行稳定验算？计算长度如何取值？
6. 例 8-2 中的次梁，已知条件不变，改用窄翼缘 H 型钢设计，并与例题进行用钢量比较。
7. 例 8-3 中的主梁，已知条件不变，改用 Q345 钢材设计，并与例题进行比较。

第 9 章　轴心受力构件和拉弯、压弯构件

本 章 要 点

本章主要学习钢结构轴心和偏心受力构件的基本内容。通过学习，要求掌握轴心受力构件正常工作的条件，熟悉实腹式轴心受压柱、格构式轴心受压柱的构造，掌握轴心受压柱的柱头和柱脚的构造和设计计算，熟悉拉弯、压弯构件的基本知识，了解钢框架柱的设计步骤。

9.1　概述

轴心受力构件是指作用力通过构件截面形心沿轴向作用的构件，可分为轴心受拉构件和轴心受压构件。拉(压)弯构件是指同时受到轴向拉(压)力和弯矩作用或受到偏心拉(压)力作用的构件。轴心受力构件是一种基本结构构件，在建筑钢结构中应用相当广泛。桁架、网架等平面或空间铰接杆件体系仅受节点荷载作用时，所有杆件均可视为轴心拉杆或轴心压杆；支撑体系中许多杆件也是轴心拉杆或轴心压杆；框架柱、工作平台柱是用于支承上部结构的受压构件，若只受轴心压力作用时，习惯上称为轴心受压柱。轴心受力构件示例如图 9-1 所示。

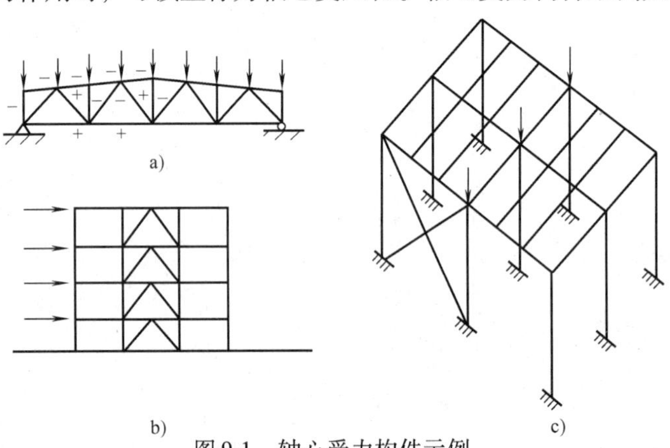

图 9-1　轴心受力构件示例

轴心受力构件的截面形式分为型钢截面和组合截面。型钢截面有圆钢、圆管、角钢、槽钢、工字形钢、H 型钢、剖分 T 形钢等。型钢截面制造简单，省时省工，适用于受力较小的构件。组合截面又可分为实腹式组合截面和格构式组合截面。组合截面形状、尺寸不受限制，可以节约用钢，但费工费时，适用于受力较大的构件。轴心受力构件常用截面形式如图 9-2 所示。

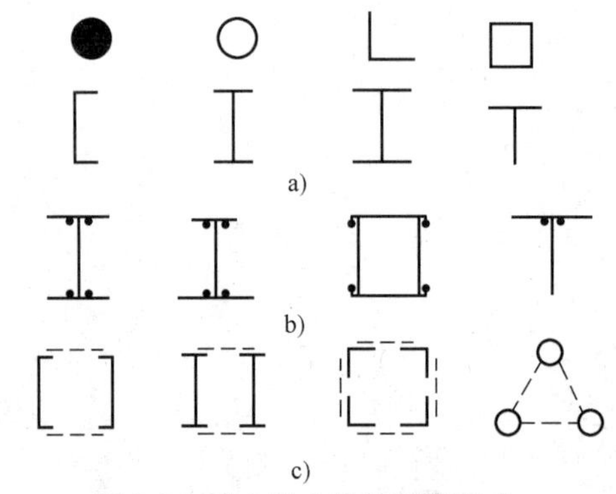

图 9-2　轴心受力构件截面形式
a）型钢截面　b）实腹式组合截面　c）格构式组合截面

9.2 轴心受力构件的强度、刚度和稳定性

轴心受力构件在荷载作用下正常工作必须满足承载能力和正常使用极限状态要求。承载能力极限状态主要包括轴心受力构件的强度和轴心受压构件的稳定性(整体稳定性、局部稳定性)要求；正常使用极限状态主要满足刚度要求。

9.2.1 轴心受力构件强度计算

轴心受力构件强度承载能力的极限状态是净截面的平均应力达到钢材的屈服强度 f_y。《钢结构设计规范》(GB 50017—2003)规定：轴心受拉构件和轴心受压构件的强度，除摩擦型高强度螺栓连接处外，应按下式计算

$$\sigma = \frac{N}{A_n} \leqslant f \tag{9-1}$$

式中 N——轴心拉力或轴心压力设计值(N)；

A_n——构件的净截面面积(mm^2)；

f——钢材的抗拉、抗压强度设计值(N/mm^2)，按钢材强度设计值表取用。

9.2.2 轴心受力构件的刚度

按正常使用极限状态的要求，轴心受力构件必须具有足够的刚度。当构件过于细长而刚度不足时，在运输安装过程中会产生过度的弯曲变形，从而改变构件的受力状态；在承受动力荷载的结构中还会引起较大振动。规范通过限制构件的长细比来保证轴心受力构件的刚度，计算公式为

$$\lambda \leqslant [\lambda] \tag{9-2}$$

式中 λ——构件最不利方向的长细比，一般取两主轴方向长细比的较大值。$\lambda = l_0/i$，其中 l_0 为相应方向的构件计算长度；i 为相应方向的截面回转半径；

$[\lambda]$——受压构件或受拉构件的允许长细比，按表 9-1 和表 9-2 取用。

表 9-1 受压构件的允许长细比

项次	构件名称	允许长细比
1	柱、桁架和天窗架中的杆件	150
	柱的缀条、吊车梁或吊车桁架以下的柱间支撑	
2	支撑(吊车梁或吊车桁架以下的柱间支撑除外)	200
	用以减少受压构件长细比的杆件	

注：1. 桁架(包括空间桁架)的受压腹杆，当其内力等于或小于承载能力的 50% 时，允许长细比值可取为 200。

2. 计算单角钢受压构件的长细比时，应采用角钢的最小回转半径，但在计算交叉杆件平面外的长细比时，可采用与角钢肢边平行轴的回转半径。

3. 跨度等于或大于 60m 的桁架，其受压弦杆和端压杆的允许长细比值宜取为 100，其他受压腹杆可取为 150(承受静力荷载或间接承受动力荷载)或 120(承受动力荷载)。

表 9-2 受拉构件的允许长细比

项次	构件名称	承受静力荷载或间接承受动力荷载的结构		直接承受动力荷载的结构
		一般建筑结构	有重级工作制吊车的厂房	
1	桁架的杆件	350	250	250
2	吊车梁或吊车桁架以下的柱间支撑	300	200	—
3	其他拉杆、支撑、系杆等（张紧的圆钢除外）	400	350	—

注：1. 承受静力荷载的结构中，可仅计算受拉构件在竖向平面内的长细比。
2. 在直接或间接承受动力荷载的结构中，计算单角钢构件长细比的方法同表 9-1 注 2。
3. 中、重级工作制吊车桁架下弦杆的长细比不宜超过 200。
4. 在设有夹钳吊车或刚性料耙吊车的厂房中，支撑(表中第 2 项除外)的长细比不宜超过 300。
5. 受拉构件在永久荷载与风荷载组合作用下受压时，其长细比不宜超过 250。
6. 跨度等于或大于 60m 的桁架，其受拉弦杆和腹杆的允许长细比不宜超过 300(承受静力荷载或间接承受动力荷载)或 250(承受动力荷载)。

9.2.3 轴心受压构件整体稳定性

对于轴心受压构件，除了粗短杆或截面有较大削弱的杆可能因强度承载力不足而破坏外，一般情况下轴心受压构件的承载力受稳定性控制。理想轴心受压构件丧失整体稳定是以屈曲形式表现的。屈曲变形分为弯曲屈曲、扭转屈曲和弯扭屈曲三种形式，如图 9-3 所示。一般双轴对称截面的轴心受压构件多发生弯曲屈曲，薄壁十字形等某些特殊截面可能发生扭转屈曲，而单轴对称或无对称轴的截面可能发生弯扭屈曲。

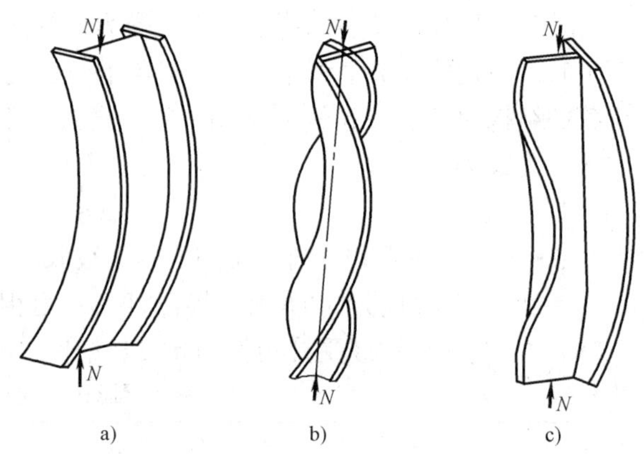

图 9-3 轴心受压构件屈曲形式
a）弯曲屈曲 b）扭转屈曲 c）弯扭屈曲

1. 理想轴心受压构件的弯曲屈曲

轴心受压构件的条件是杆件本身是两端铰接的绝对直杆，材料为匀质、各向同性的线弹性体，压力作用线与杆件形心轴重合，内部不存在初始应力，如图 9-4 所示。

当压力 N 小于临界荷载 N_{cr} 时，压杆只在竖向缩短，杆件没有侧向位移，处于直线平衡状态，此时，如果杆件受到轻微的横向干扰而偏离原来的平衡位置发生弯曲，当撤除干扰时杆件会回到原来的直线状态，这时杆件处于直线平衡状态。

当压力 N 等于临界荷载 N_{cr} 时，如果杆件受到轻微的横向干扰发生弯曲，当撤除干扰时杆件不会回到原来的直线状态，而是在微小弯曲状态下保持平衡，这时杆件保持弯曲状态平衡。

当压力 N 大于临界荷载 N_{cr} 时，轻微的横向干扰将使杆件发生很大的弯曲变形，随之发生破坏，使杆件原来的直线平衡状态成为不稳定，因此属不稳定平衡状态。

理想轴心受压构件弯曲屈曲时的临界承载力，即为欧拉临界力 N_{cr}

$$N_{cr}=\frac{\pi^2 EI}{l_0^2}=\frac{\pi^2 EA}{\lambda^2} \tag{9-3}$$

式中 E——钢材的弹性模量(N/mm^2)；

I——构件截面绕屈曲方向中性轴的惯性矩(mm^4)；

l_0——构件的计算长度(mm)；

A——构件的毛截面面积(mm^2)；

λ——构件对屈曲方向的长细比。

相应的欧拉临界应力 σ_{cr} 为

$$\sigma_{cr}=\frac{N_{cr}}{A}=\frac{\pi^2 E}{\lambda^2} \tag{9-4}$$

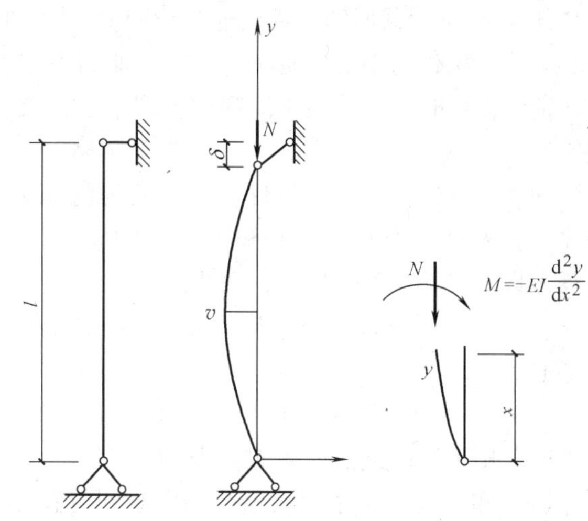

图 9-4　两端铰接等截面轴心受压构件弯曲屈曲

式(9-3)、式(9-4)只适用于钢材在弹性阶段发生整体失稳的情况，此时 $\sigma_{cr}\leqslant f_p$，则

$$\lambda\geqslant\lambda_p=\sqrt{\frac{\pi^2 E}{f_p}} \tag{9-5}$$

对于细长杆，一般长细比能满足式(9-5)要求。但对中长杆或短粗杆可能 $\lambda\leqslant\lambda_p$，此时截面应力在屈曲前已超过比例极限 f_p 进入弹塑性阶段。这种情况下的屈曲问题可以采用切线模量理论解决。

切线模量理论假定杆件进入弹塑性阶段后，应力、应变将随切线模量 E_t 变化而变化。E_t 是个变量，则弯曲屈曲临界应力为

$$\sigma_{crt}=\frac{\pi^2 E_t}{\lambda^2} \tag{9-6}$$

理论分析和试验研究表明，切线模量理论确定的弯曲屈曲临界力能较好地反映轴心受压构件在弹塑性阶段屈曲时的承载能力，并偏于安全。

通过以上理论公式可知，理想轴心受压构件在弹性阶段 E 为常量，各类钢材的 E 值基本相同，故其临界应力 σ_{cr} 只是长细比 λ 的函数，与材料强度无关。因此，细长杆采用高强度钢材并不能提高稳定承载力。而在弹塑性阶段，临界应力 σ_{crt} 是长细比 λ 和切线模量 E_t 的函数，E_t 与材料强度有关。材料强度不同时，长细比 λ 越小，临界应力 σ_{crt} 差别越大，直至 λ 趋近于 0 时，临界应力 σ_{crt} 达到各自的抗压屈服强度 f_y 而发生强度破坏。

2. 理想轴心受压构件的弹性扭转屈曲和弯扭屈曲

在横向荷载作用下的构件会产生弯曲剪应力，可以认为开口薄壁截面构件的剪应力 τ 沿壁厚 t 是均匀分布的，沿薄壁的中心线方向单位长度的剪力是 τ_t，其方向与各板长边方向平行，称为剪力流。两种常见截面的剪力流分布如图 9-5 所示。截面上剪力流的合力作用点(即剪力流在两个形心主轴方向合力的交点)称为剪切中心，如图 9-5 中 A 点。

当构件所受横向荷载通过剪切中心时，构件只发生弯曲而无扭转，因此剪切中心又称为弯曲中心。反之，当构件所受横向荷载不通过剪切中心时，构件在弯曲的同时伴随有扭转。

例如图9-5b所示截面的构件受通过形心 Ox 方向的横向外荷载作用，外荷载同时穿过了剪切中心 A 点，构件将绕非对称轴(y 轴)弯曲而不会发生扭转；当构件受通过形心 Oy 方向的横向外荷载作用时，外荷载不能穿过剪切中心 A 点，构件在绕对称轴(x 轴)弯曲的同时会发生扭转。

剪切中心的位置只与构件截面的几何特征有关。根据剪切中心的定义和剪力流的概念，可得出以下剪切中心位置的一般规则：

(1) 双轴对称截面及Z形截面的剪切中心与形心重合。

(2) 截面由两狭长矩形组成，且只有一个交点时，则中线的交点就是剪切中心。

(3) 单轴对称工字形截面剪切中心的位置在截面的对称轴上并偏近较大翼缘一侧。

(4) 槽形截面剪切中心的位置在腹板外侧的对称轴上。

工程中一些常用截面的剪切中心位置，如图9-6所示。

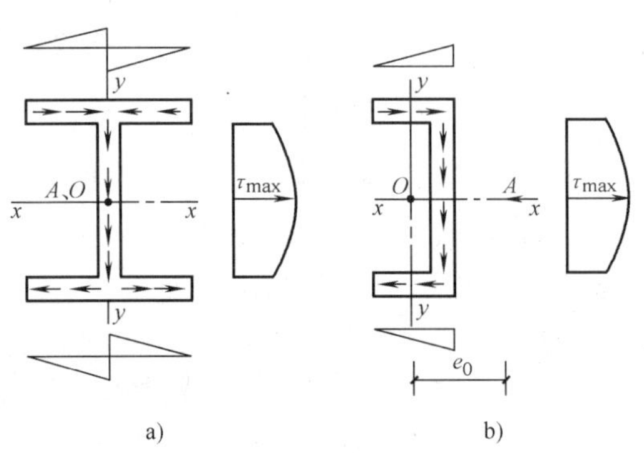

图9-5 剪力流分布图
a）工字形截面 b）槽形截面

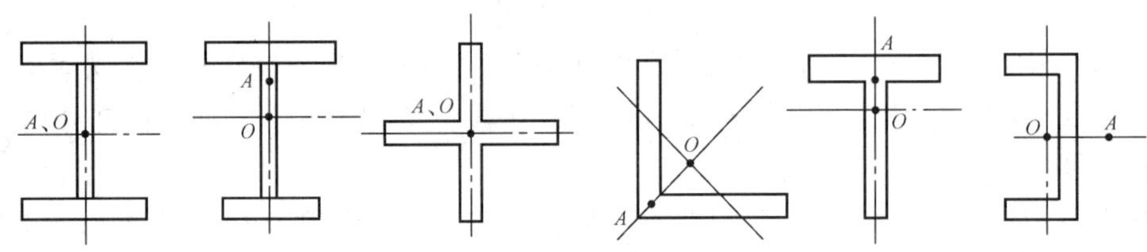

图9-6 常用截面的剪切中心位置

当构件在弹性阶段以扭转屈曲和弯扭屈曲的形式丧失整体稳定性时，因为扭转变形的存在，使构件的临界荷载比弯曲屈曲的临界荷载要低。但是通过理论分析可知，对弹性扭转屈曲和弯扭屈曲，只要用换算长细比 λ_z、λ_{yz} 代替欧拉公式中的长细比 λ，仍可以利用式(9-3)计算弹性扭转屈曲和弯扭屈曲构件的临界力。

3. 实际轴心受压构件的屈曲性能

实际轴心受压构件与理想轴心受压构件相比，其屈曲性能受许多因素影响。主要影响因素有截面残余应力、构件初弯曲、荷载初偏心及杆端约束。

钢结构构件经过轧制、焊接等工艺加工后，不可避免地在构件中产生自相平衡的残余应力，残余应力的存在会降低轴心受压构件屈曲失稳时的临界力。残余应力分布不同，影响也不同，一般残余应力对弱轴稳定极限承载力的影响比对强轴的影响严重得多。

受加工制造、运输和安装等过程的影响，不可避免地会使实际轴心受压构件产生初弯曲，荷载产生初偏心。构件初弯曲与荷载初偏心的影响在本质上是相同的，都会降低构件的稳定极限承载能力。

轴心受压构件的屈曲临界力还与杆端约束情况有关，杆端约束越强，构件的稳定极限承载能力越高。对于这种影响，用计算长度 l_0 代替实际长度 l 的方法来反映，即

$$l_0 = \mu l \tag{9-7}$$

式中 μ——构件的计算长度系数，按表 9-3 取用；

l——构件的长度或侧向支撑点间的距离(mm)。

表 9-3 轴心受压构件计算长度系数 μ

端部支承示意	无转动、无侧移 自由转动、无侧移			无转动、自由侧移 自由转动、自由侧移		
构件屈曲时挠曲线形状						
理论 μ 值	0.5	0.7	1.0	1.0	2.0	2.0
建议 μ 值	0.65	0.8	1.2	1.0	2.1	2.0

4. 实际轴心受压构件的稳定性计算

（1）稳定性计算公式。对实际轴心受压构件，只要能够合理确定其稳定极限承载力 N_u，就可得到轴心受压构件整体稳定性的计算公式

$$\sigma = \frac{N}{A} \leqslant \frac{N_u}{A\gamma_R}\frac{f_y}{f_y} = \frac{N_u}{Af_y}\frac{f_y}{\gamma_R} = \varphi f$$

即
$$\frac{N}{\varphi A} \leqslant f \tag{9-8}$$

式中 N——轴心压力设计值(N)；

A——构件的毛截面面积(mm^2)；

γ_R——钢材的抗力分项系数；

φ——轴心受压构件的整体稳定系数；

f_y——钢材的屈服强度(N/mm^2)；

f——钢材的抗压强度设计值(N/mm^2)。

（2）整体稳定系数 φ。整体稳定系数 $\varphi = N_u/Af_y$，通过对理想和实际轴心受压构件屈曲临界力的讨论可知，N_u 除与杆件的长细比 λ 有关外，构件的初始缺陷对其影响也不容忽视。《钢结构设计规范》(GB 50017—2003)中取各种截面形式、不同加工方法及各种典型残余应力分布的实际轴心受压构件，考虑了杆件具有 $v_0 = l/1000$ 呈正弦曲线分布的初弯曲，忽略初偏心，以大量试验实测数据为基础，并对原始条件作出了合理的计算假定，共计算出 200 多种杆件的 N_u 及 φ 值，绘出了 200 多条 $\varphi - \lambda\sqrt{f_y/235}$ 关系曲线，俗称柱子曲线。最后以满

足可靠度为前提，将200多条曲线中数值相近的曲线进行归并，给出了 a、b、c、d 四条曲线(图9-7)。其中每条曲线代表一类截面，截面分类按表9-4采用。

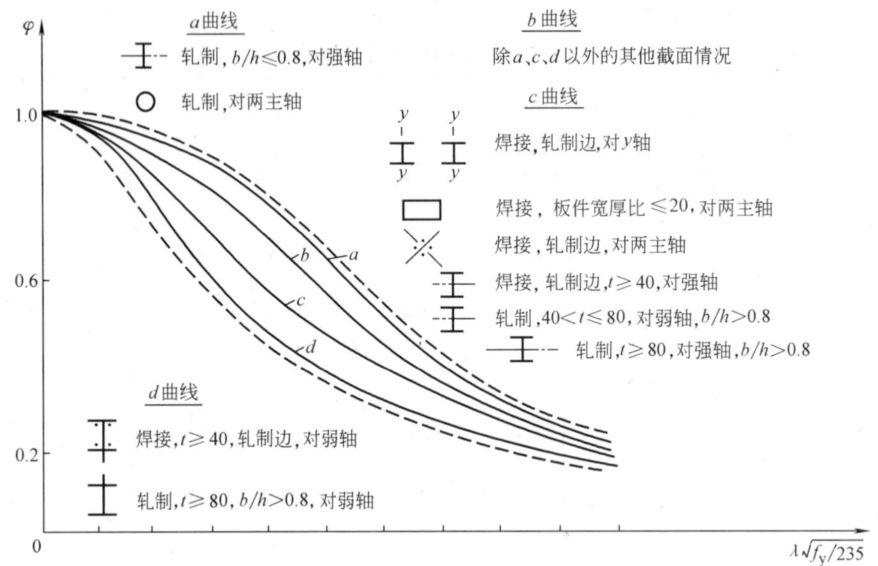

图9-7 柱子曲线图

表9-4a 轴心受压构件的截面分类(板厚 $t<40$mm)

截面形式	对 x 轴	对 y 轴
轧制	a类	a类
轧制，$b/h\leq0.8$	a类	b类
轧制 $b/h>0.8$；焊接，翼缘为焰切边；焊接；轧制；轧制，等边角钢	b类	b类

（续）

截面形式		对 x 轴	对 y 轴
轧制，焊接(板件宽厚比大于20) 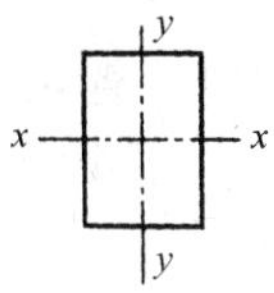	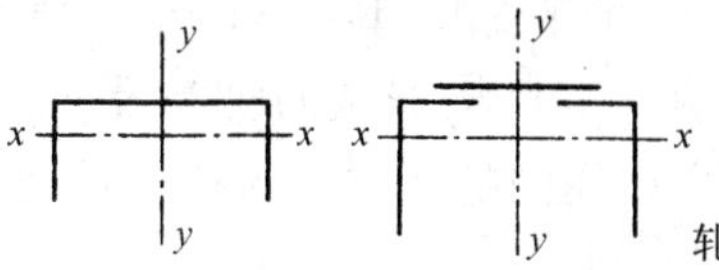 轧制或焊接	b类	b类
焊接 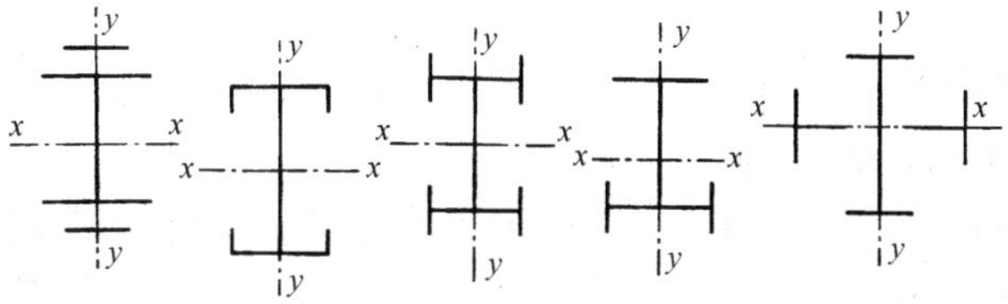	轧制截面和翼缘为焰切边的焊接截面 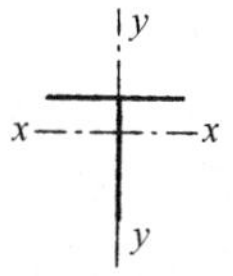	b类	b类
格构式 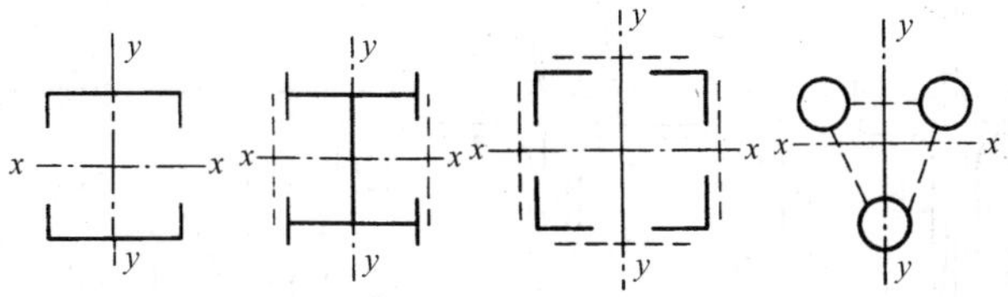	焊接，板件边缘焰切 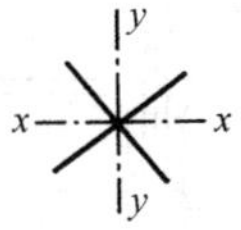		
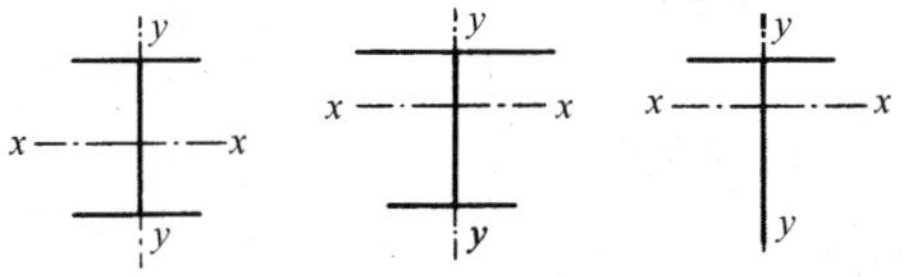 焊接，翼缘为轧制或剪切边		b类	c类
焊接，板件边缘轧制或剪切	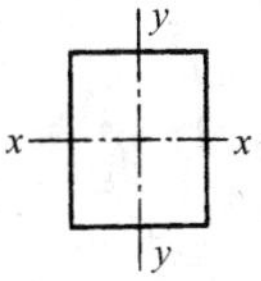 焊接，板件宽厚比≤20	c类	c类

表 9-4b　轴心受压构件的截面分类(板厚 $t \geqslant 40$mm)

截面形式		对 x 轴	对 y 轴
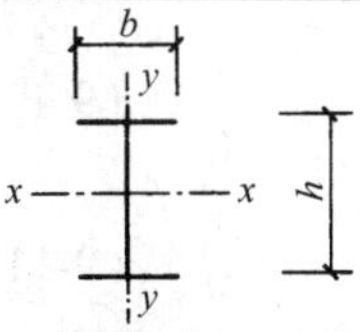 轧制工字形或H形截面	$t < 80$mm	b类	c类
	$t \geqslant 80$mm	c类	d类
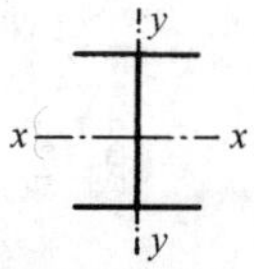 焊接工字形截面	翼缘为焰切边	b类	b类
	翼缘为轧制或剪切边	c类	d类
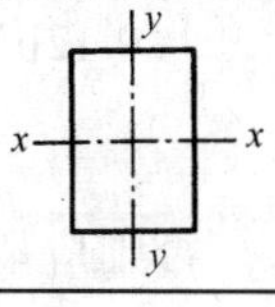 焊接箱形截面	板件宽厚比大于20	b类	b类
	板件宽厚比小于等于20	c类	c类

$\lambda\sqrt{f_y/235}$一定时，a 类截面残余应力影响最小，φ 值最大；d 类截面残余应力影响最严重，φ 值最小。这样，只要知道构件长细比 λ、构件截面种类、钢材牌号就可由图 9-7 确定整体稳定系数 φ。为便于应用，《钢结构设计规范》(GB 50017—2003)将 a、b、c、d 四条曲线分别编制成四个表格，见附表 A，可根据截面种类及 $\lambda\sqrt{f_y/235}$的数值直接查表确定整体稳定系数 φ。考虑扭转屈曲及弯扭屈曲的影响，对构件长细比 λ 的计算作如下规定：

1）双轴对称截面的实腹式构件。

$$\lambda_x = \frac{l_{0x}}{i_x} \quad \lambda_y = \frac{l_{0y}}{i_y} \tag{9-9}$$

式中　l_{0x}、l_{0y}——构件对主轴 x、y 轴的计算长度(mm)；

i_x、i_y——构件截面对主轴 x、y 轴的回转半径(mm)。

2）单轴对称截面的实腹式构件，绕非对称主轴的长细比 λ_x 仍按式(9-9)计算。但绕对称轴的长细比采用换算长细比 λ_{yz}代替 λ_y。换算长细比 λ_{yz}的计算可参阅相关规范。对如图 9-8 所示截面的换算长细比 λ_{yz}可按下列简化方法计算：

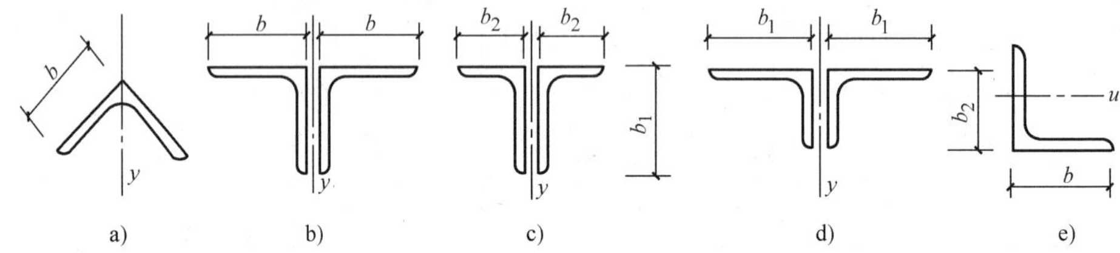

图 9-8　单角钢和双角钢组成的 T 形截面

等边单角钢截面

当 $b/t \leqslant 0.54 l_{0y}/b$ 时　$\lambda_{yz} = \lambda_y \left(1 + \frac{0.85 b^4}{l_{0y}^2 t^2}\right)$　(9-10a)

当 $b/t > 0.54 l_{0y}/b$ 时　$\lambda_{yz} = 4.78 \frac{b}{t} \left(1 + \frac{l_{0y}^2 t^2}{13.5 b^4}\right)$　(9-10b)

式中　b——等边角钢肢宽(mm)；

t——角钢肢厚度(mm)。

等边双角钢截面

当 $b/t \leqslant 0.58 l_{0y}/b$ 时，$\lambda_{yz} = \lambda_y \left(1 + \frac{0.475 b^4}{l_{0y}^2 t^2}\right)$　(9-11a)

当 $b/t > 0.58 l_{0y}/b$ 时，$\lambda_{yz} = 3.9 \frac{b}{t} \left(1 + \frac{l_{0y}^2 t^2}{18.6 b^4}\right)$　(9-11b)

长肢相连的不等边双角钢截面

当 $b_2/t \leqslant 0.48 l_{0y}/b_2$ 时，$\lambda_{yz} = \lambda_y \left(1 + \frac{1.09 b_2^4}{l_{0y}^2 t^2}\right)$　(9-12a)

当 $b_2/t > 0.48 l_{0y}/b_2$ 时，$\lambda_{yz} = 5.1 \frac{b_2}{t} \left(1 + \frac{l_{0y}^2 t^2}{17.4 b_2^4}\right)$　(9-12b)

式中　b_2——不等边角钢短肢宽度(mm)。

短肢相连的不等边双角钢截面，当 $b_1/t \leqslant 0.56 l_{0y}/b_1$ 时，可近似取 $\lambda_{yz} = \lambda_y$，否则应取

$\lambda_{yz}=3.7\dfrac{b_1}{t}\left(1+\dfrac{l_{0y}^2t^2}{52.7b_1^4}\right)$。

3）单轴对称截面的轴心压杆在绕非对称主轴以外的任何一轴失稳时，应按弯扭屈曲计算其稳定性。当计算如图 9-8e 所示等边单角钢绕轴 u 轴的稳定时，可按下式计算其换算长细比 λ_{uz}，并按 b 类截面查表得出 φ 值。

$$\text{当 } b/t\leqslant 0.69l_{0u}/b \text{ 时，} \lambda_{uz}=\lambda_u\left(1+\frac{0.25b^4}{l_{0u}^2t^2}\right) \tag{9-13a}$$

$$\text{当 } b/t>0.69l_{0u}/b \text{ 时，} \lambda_{uz}=5.4\frac{b}{t} \tag{9-13b}$$

式中，$\lambda_u=l_{0u}/i_u$。

单面连接的单角钢轴心受压构件（如格构柱的缀条），在考虑荷载偏心原因对材料强度进行折减后，可不考虑弯扭效应。

【例 9-1】 已知某轻工业厂房梯形钢屋架的下弦杆，截面为双角钢 2∟160×100×10，短肢相连，如图 9-9 所示。承受的轴心拉力设计值 $N=970\text{kN}$，两主轴方向计算长度分别为 $l_{0x}=6\text{m}$ 和 $l_{0y}=15\text{m}$，构件在同一截面上开有两个直径 $d=21.5\text{mm}$ 的螺栓孔，试验算此截面是否安全。钢材为 Q235。

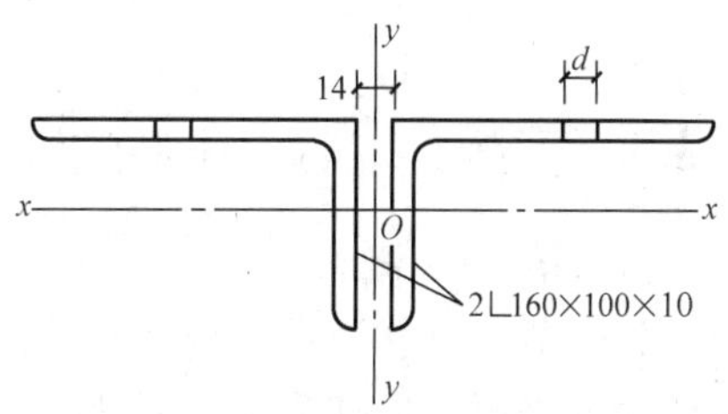

图 9-9 例 9-1 图

【解】 查得 $f=215\text{N/mm}^2$，由表 9-2 查得 $[\lambda]=350$，由型钢表查得截面几何特征：$A=50.64\text{cm}^2$，$i_x=2.85\text{cm}$，$i_y=7.86\text{cm}$。

强度验算

$$A_n=A-2dt=(50.64-2\times 2.15\times 1)\text{cm}^2=46.34\text{cm}^2$$

$$\sigma=\frac{N}{A_n}=\frac{970\times 10^3}{46.34\times 10^2}\text{N/mm}^2=209.3\text{N/mm}^2<f=215\text{N/mm}^2\text{，满足。}$$

刚度验算

$$\lambda_x=\frac{l_{0x}}{i_x}=\frac{6\times 10^2}{2.85}=210.5<[\lambda]=350\text{，满足。}$$

$$\lambda_y=\frac{l_{0y}}{i_y}=\frac{15\times 10^2}{7.86}=190.8<[\lambda]=350\text{，满足。}$$

此截面安全。

【例 9-2】 已知某钢屋架的端斜杆，截面为双角钢 2∟140×90×10，长肢相连，如图 9-10 所示。承受的轴心压力设计值 $N=655\text{kN}$，计算长度 $l_{0x}=l_{0y}=254\text{cm}$，试验算此截面的整体稳定性。钢材为 Q235。

【解】 查得 $f=215\text{N/mm}^2$，由型钢表查得截面几何特征：$A=44.52\text{cm}^2$，$i_x=4.47\text{cm}$，$i_y=3.74\text{cm}$。

长细比 $\lambda_x=\dfrac{l_{0x}}{i_x}=\dfrac{254}{4.47}=56.82$

$$\lambda_y=\frac{l_{0y}}{i_y}=\frac{254}{3.74}=67.91$$

绕 y 轴的长细比采用换算长细比 λ_{yz} 代替 λ_y，由式(9-12)

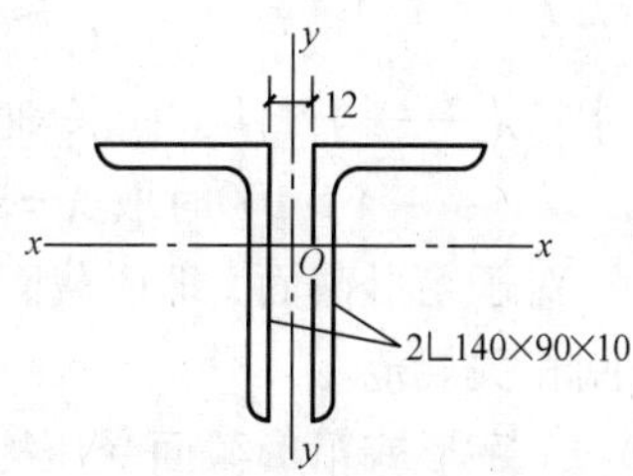

图 9-10 例 9-2 图

可得，

$$\frac{b_2}{t}=\frac{9}{1}=9<0.48\frac{l_{0y}}{b_2}=0.48\times\frac{254}{9}=13.55$$

$$\lambda_{yz}=\lambda_y\left(1+\frac{1.09b_2^4}{l_{0y}^2t^2}\right)=67.91\times\left(1+\frac{1.09\times9^4}{254^2\times1^2}\right)=75.44$$

查表9-4可知，对 x、y 轴均属b类截面，且 $\lambda_{yz}>\lambda_x$，由 $\lambda_{yz}\sqrt{f_y/235}$ 查附表A得，$\varphi_{yz}=0.717$。

验算整体稳定性

$$\frac{N}{\varphi_{yz}A}=\frac{655\times10^3}{0.717\times44.52\times10^2}\text{N/mm}^2=205.2\text{N/mm}^2<215\text{N/mm}^2$$

满足整体稳定性要求。

9.3 实腹式轴心受压柱

9.3.1 实腹式轴心受压柱的局部稳定

1. 局部失稳概念

为了节约钢材，提高构件的整体稳定承载力，在钢板焊接组成的截面中，我们往往选择宽而薄的钢板来增加截面的惯性矩。但这些板件如果过宽、过薄，就有可能在构件丧失整体稳定前产生局部凹凸鼓曲现象，如图9-11所示，我们把这种现象称为局部失稳(局部屈曲)。局部失稳不像整体失稳那样危险，但由于部分材料提前进入塑性而退出工作，降低了构件的承载能力。因此，轴心受压构件应保证其局部稳定性。

2. 板件宽厚比(高厚比)的限值

板件屈曲时的临界应力 σ_{cr} 与板的周边支承情况和板件宽厚比有关。按照板局部失稳不先于构件整体失稳的原则($\sigma_{cr}\geqslant\varphi_{min}f$)，以限制板件的宽厚比(高厚比)不能过大来保证轴心受压柱的局部稳定。工字形截面构件的具体规定如下：

翼缘板自由外伸宽度 b 与其厚度 t 之比，应符合

$$\frac{b}{t}\leqslant(10+0.1\lambda)\sqrt{\frac{235}{f_y}}\tag{9-14}$$

腹板计算高度 h_0 与其厚度 t_w(图9-12)之比，应符合

$$\frac{h_0}{t_w}\leqslant(25+0.5\lambda)\sqrt{\frac{235}{f_y}}\tag{9-15}$$

式中 λ——构件两方向长细比的较大值，当 $\lambda<30$ 时，取 $\lambda=30$，当 $\lambda>100$ 时取 $\lambda=100$。

对于箱形截面、T形截面构件翼缘、腹板的宽厚比或高厚比限值可查阅相关规范。

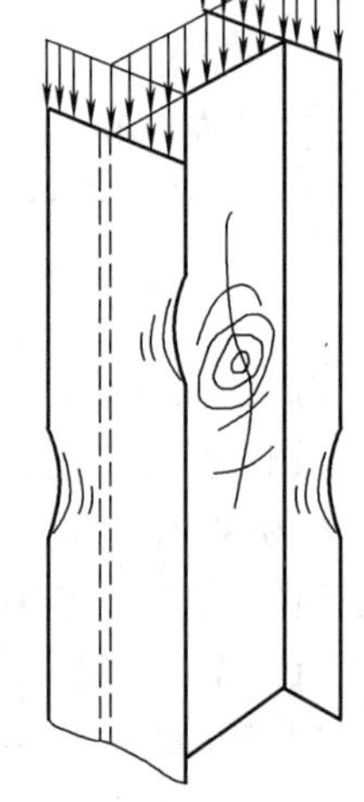

图9-11 轴心受压构件的局部失稳

工字形或箱形截面受压构件的腹板，其高厚比不符合要求时，可用纵向加劲肋加强，如图9-14所示。或在计算构件的强度和稳定性时，腹板的截面仅考虑计

算高度边缘范围内两侧宽度各$20t_w\sqrt{235/f_y}$的部分（计算构件的稳定系数时，仍用全部截面）。此截面称为有效截面，如图 9-13 所示。

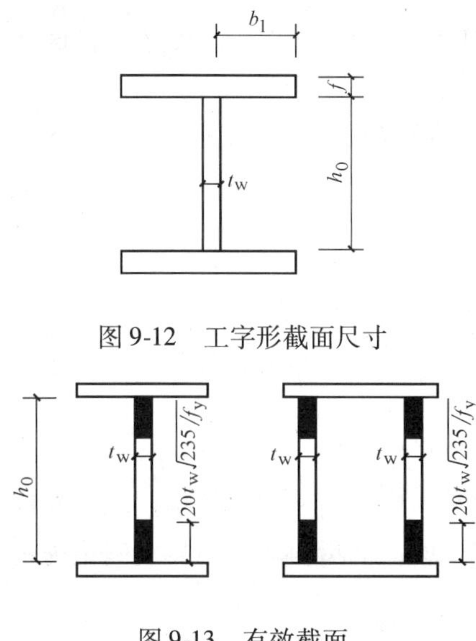

图 9-12　工字形截面尺寸

图 9-13　有效截面

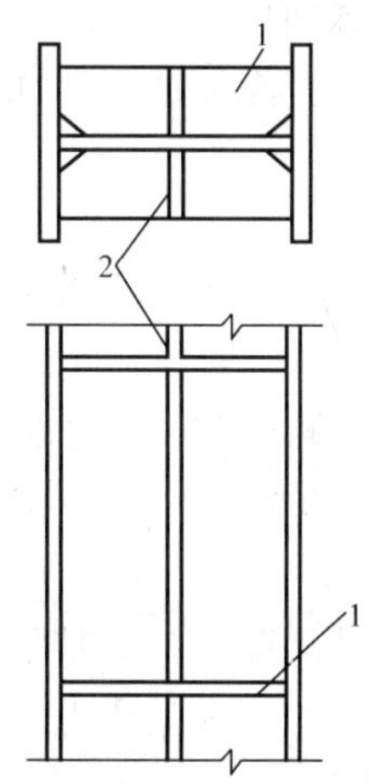

图 9-14　加劲肋的设置

1—横向加劲肋　2—纵向加劲肋

9.3.2　实腹式轴心受压柱截面设计

实腹式轴心受压柱截面设计包括截面形式、截面尺寸的确定及截面验算。

1. 轴心受压柱截面形式的确定

在确定截面形式时要考虑以下几个基本原则。

（1）宽肢薄壁原则。在满足板件局部稳定的前提下，截面应尽量开展，以增大截面惯性矩和回转半径，减小长细比，提高构件的整体稳定承载力和构件刚度，达到节约钢材的目的。

（2）等稳定性原则。使构件在两主轴方向的整体稳定承载力接近，以充分发挥其承载能力，因此尽可能使两主轴方向的长细比或稳定系数接近，即$\lambda_x \approx \lambda_y$。

（3）制造省工、连接方便的原则。截面形式的选择要便于采用现代化的制造方法和减少工作量，杆件应便于与其他构件连接。

实腹式轴心受压柱的截面形式一般选择双轴对称截面，其中工字型钢、H 型钢、钢板组合工字形截面较为常见。型钢截面制造省时、省工，但两主轴方向的回转半径相差较大、腹板相对较厚，多用于两主轴方向计算长度不等的小型构件。组合工字形截面能较好地做到等稳定性、宽肢薄壁，节约钢材，但制造费工，多用于受力较大的大中型构件。

2. 轴心受压柱截面尺寸的确定

（1）确定截面所需几何特征值。长细比 λ 凭经验假定，一般在 60 ~ 100 之间取值。轴力大而计算长度小时取小值，反之取大值。假定的长细比 λ 不能超过允许长细比。由$\lambda\sqrt{f_y/235}$查附表 A 得出整体稳定系数 φ，按稳定性要求确定截面需要的截面面积 A

$$A = \frac{N}{\varphi f} \tag{9-16}$$

按下列公式确定截面所需回转半径

$$i_x=\frac{l_{0x}}{\lambda}\quad i_y=\frac{l_{0y}}{\lambda} \tag{9-17}$$

（2）确定型钢型号或组合截面各板件尺寸。型钢截面，由 A、i_x、i_y 查型钢表直接选择合适的型钢型号即可。

组合截面，首先借助截面回转半径近似值，确定所需截面高度 h 和宽度 b

$$h\approx\frac{i_x}{\alpha_1}\quad b\approx\frac{i_y}{\alpha_2} \tag{9-18}$$

式中　α_1、α_2——系数，按附录 B 取用。

然后，根据 A、h、b，同时考虑制造省工、连接方便的原则，结合钢板规格确定板件尺寸。为便于采用自动焊，h 与 b 宜大致相等。腹板厚度 t_w 及翼缘厚度 t 均不小于 6mm，一般符合 $t_w=(0.4\sim0.7)t$。

3. 截面验算

计算出所选截面的几何特征，然后按相应公式进行强度、刚度、整体稳定和局部稳定的验算。验算过程中出现某方面不满足要求时，可直接调整截面后再验算，直至满足为止。

4. 构造规定

当实腹式柱的腹板计算高度 h_0 与厚度 t_w 之比大于 $70\sqrt{235/f_y}$ 时，应采用横向加劲肋加强，如图 9-14 所示，其间距不得大于 $3h_0$。横向加劲肋的尺寸和构造按第 8 章的有关规定采用。

格构式柱或大型实腹式柱，在受有较大水平力处和运送单元的端部应设置横隔（加宽的横向加劲肋），横隔的间距不得大于柱截面较大宽度的 9 倍或 8m。

在轴心受压柱板件间（如组合工字形截面翼缘与腹板）的纵向焊缝，只承受偶然弯曲和横向力作用引起的微小剪力，焊缝焊脚尺寸可按构造要求采用。

【例 9-3】 设计一两端铰接轴心受压柱。已知柱长 $l=7$m，在侧向（即 x 轴方向）有一支承点，如图 9-15 所示，承受的轴心压力设计值 $N=720$kN（包括柱自重），钢材为 Q235，焊条为 E43 系列。

【解】 1. 按轧制工字钢进行设计

（1）初选截面。由强度设计值表查得 $f=215\text{N/mm}^2$；由表 9-1 查得容许长细比 $[\lambda]=150$。

假定长细比 $\lambda=125$，初步确定 $b/h\leqslant0.8$。查表 9-4 知，对 x 轴属于 a 类截面，对 y 轴属于 b 类截面，查附表得出：$\varphi_x=0.463$，$\varphi_y=0.411$，则

$$A=\frac{N}{\varphi_{\min}f}=\frac{720\times10^3}{0.411\times215}\text{mm}^2=8148\text{mm}^2=81.48\text{cm}^2$$

$$i_x=\frac{l_{0x}}{\lambda}=\frac{7000}{125}\text{mm}=56\text{mm}=5.6\text{cm}$$

$$i_y=\frac{l_{0y}}{\lambda}=\frac{3500}{125}\text{mm}=28\text{mm}=2.8\text{cm}$$

查型钢表选择 I40a，$A=86.07\text{cm}^2$，$i_x=15.88$cm，

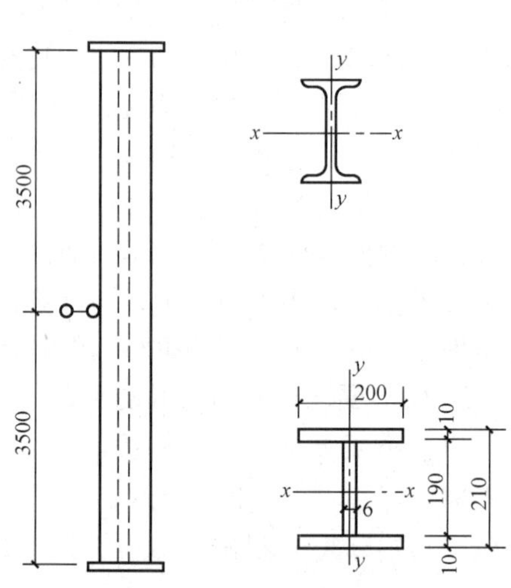

图 9-15　例 9-3 图

$i_y = 2.77\text{cm}$。

(2) 截面验算。截面无削弱，可不进行强度验算。

刚度验算 $\lambda_x = \dfrac{l_{0x}}{i_x} = \dfrac{700}{15.88} = 44.1 < [\lambda] = 150$，满足。

$$\lambda_y = \frac{l_{0y}}{i_y} = \frac{350}{2.77} = 126.4 < [\lambda] = 150\text{，满足。}$$

整体稳定验算 $b/h \leqslant 0.8$，由 λ_y 查附录 A 得出：$\varphi_y = 0.404$。

$$\frac{N}{\varphi_y A} = \frac{720 \times 10^3}{0.404 \times 86.07 \times 10^2}\text{N/mm}^2 = 207.1\text{N/mm}^2 < f = 215\text{N/mm}^2\text{，满足。}$$

型钢构件可不验算局部稳定。

所选截面满足要求。

2. 按焊接工字形组合截面(翼缘为轧制边)进行设计

(1) 初选截面。假定长细比 $\lambda = 70$，查表 9-4 知对 x 轴属于 b 类截面，对 y 轴属于 c 类截面，查附表得，$\varphi_x = 0.751$，$\varphi_y = 0.643$，则

$$A = \frac{N}{\varphi_{\min} f} = \frac{720 \times 10^3}{0.643 \times 215}\text{mm}^2 = 5208\text{mm}^2 = 52.08\text{cm}^2$$

$$i_x = \frac{l_{0x}}{\lambda} = \frac{7000}{70}\text{mm} = 100\text{mm} = 10\text{cm}$$

$$i_y = \frac{l_{0y}}{\lambda} = \frac{3500}{70}\text{mm} = 50\text{mm} = 5\text{cm}$$

由附表 B 查出 $\alpha_1 = 0.43$，$\alpha_2 = 0.24$。

$$h = \frac{i_x}{\alpha_1} = \frac{100}{0.43}\text{mm} = 233\text{mm} \quad b = \frac{i_y}{\alpha_2} = \frac{50}{0.24}\text{mm} = 208\text{mm}$$

取 $b = 200\text{mm}$，$h = 190\text{mm}$，$t = 10\text{mm}$。

$$t_w = \frac{A - 2bt}{h_0} = \frac{5208 - 2 \times 200 \times 10}{190}\text{mm} = 6.36\text{mm}\text{，取 } t_w = 6\text{mm}\text{。}$$

截面如图 9-15 所示。

(2) 截面验算。

几何特征 $A = (2 \times 20 \times 1 + 19 \times 0.6)\text{cm}^2 = 51.4\text{cm}^2$

$$I_x = \left(\frac{0.6 \times 19^3}{12} + 2 \times 20 \times 1 \times 10^2\right)\text{cm}^4 = 4343\text{cm}^4$$

$$I_y = \left(2 \times \frac{1 \times 20^3}{12}\right)\text{cm}^4 = 1333\text{cm}^4$$

$$i_x = \sqrt{\frac{I_x}{A}} = \sqrt{\frac{4343}{51.4}}\text{cm} = 9.19\text{cm}$$

$$i_y = \sqrt{\frac{I_y}{A}} = \sqrt{\frac{1333}{51.4}}\text{cm} = 5.09\text{cm}$$

截面无削弱，可不进行强度验算。

刚度验算 $\lambda_x = \dfrac{l_{0x}}{i_x} = \dfrac{700}{9.19} = 76.2 < [\lambda] = 150$，满足。

$$\lambda_y = \frac{l_{0y}}{i_y} = \frac{350}{5.09} = 68.8 < [\lambda] = 150，满足。$$

整体稳定验算：查附表得出：$\varphi_x = 0.713$，$\varphi_y = 0.650$。

$$\frac{N}{\varphi_y A} = \frac{720 \times 10^3}{0.650 \times 51.4 \times 10^2} \text{N/mm}^2 = 215.5 \text{N/mm}^2 \approx f = 215 \text{N/mm}^2，满足。$$

局部稳定验算 $\dfrac{b}{t} = \dfrac{97}{10} = 9.7 < (10 + 0.1\lambda) = 10 + 0.1 \times 76.2 = 17.62$，满足。

$$\frac{h_0}{t_w} = \frac{190}{6} = 31.7 < (25 + 0.5\lambda) = 25 + 0.5 \times 76.2 = 63.1，满足。$$

所选截面满足要求。

9.4 格构式轴心受压柱

9.4.1 格构式轴心受压柱的截面形式

格构式构件由肢件通过缀材连接成整体，如图 9-16 所示。缀材分为缀条和缀板，所以格构式构件又分为缀条式和缀板式。缀条常采用单角钢，一般只放置与构件轴线成 $\alpha = 40° \sim 70°$夹角的斜缀条。但为了减小分肢的计算长度也可同时设置横缀条。缀板常采用钢板且等距离垂直于构件轴线横放。

格构式轴心受压柱的截面形式有双肢柱、三肢柱和四肢柱等。一般翼缘朝内放置，既可增加截面惯性矩，又可以使柱外表面平整。在格构式构件截面上，穿过肢件腹板的轴线称为实轴（y-y 轴），穿过缀材平面的轴线称为虚轴（x-x 轴）。

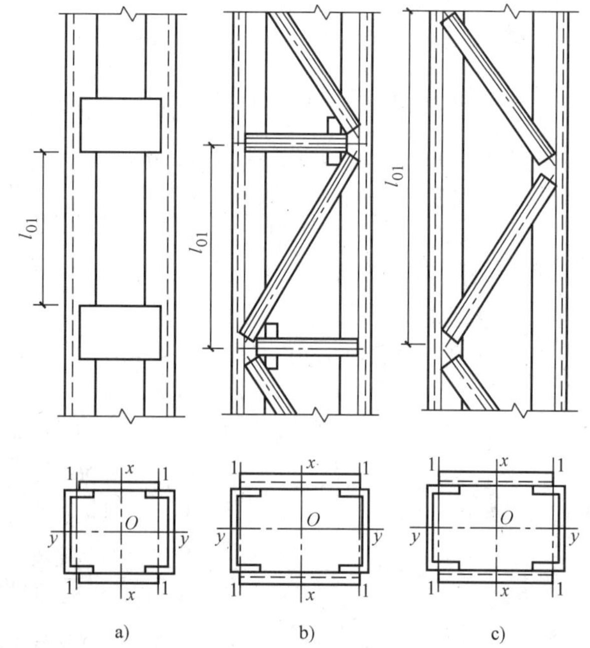

图 9-16 格构式构件的组成

9.4.2 换算长细比

格构式轴心受压柱的整体稳定性分为对实轴的稳定性和对虚轴的稳定性。对实轴的整体稳定性计算与实腹式轴心受压柱相同。格构式轴心受压柱绕虚轴发生弯曲屈曲（丧失稳定）时，因为缀材比较柔细，所以构件初弯曲或偶然横向干扰等因素下产生的横向剪力对构件的影响不容忽视。在这种横向剪力作用下构件会产生较大的附加剪切变形，从而降低稳定承载力。经分析研究，采用加大的换算长细比 λ_{0x}代替整个构件对虚轴的长细比 λ_x，既能考虑缀材剪切变形对稳定承载力的降低，又可利用实腹式轴压构件的整体稳定计算式（9-8），在计算中只要用换算长细比

λ_{0x}按 b 类截面查表求 φ 值即可。《钢结构设计规范》(GB 50017—2003)规定，双肢组合构件换算长细比应按下列公式计算

当缀件为缀板时

$$\lambda_{0x}=\sqrt{\lambda_x^2+\lambda_1^2} \tag{9-19a}$$

当缀件为缀条时

$$\lambda_{0x}=\sqrt{\lambda_x^2+27\frac{A}{A_{1x}}} \tag{9-19b}$$

式中 λ_x——整个构件对虚轴(x 轴)的长细比；

λ_1——单个分肢对最小刚度轴 1-1 轴的长细比。$\lambda_1=l_{01}/i_1$，其计算长度 l_{01} 的取值方法：对缀条柱，取相邻两节点之间的距离；对缀板柱，焊接时为相邻两缀板间的净距离，螺栓连接时为相邻两缀板边缘螺栓的距离；i_1 为分肢对 1-1 轴的回转半径，1-1 轴如图 9-16 所示；

A——构件的毛截面面积(mm^2)；

A_{1x}——构件截面中垂直于虚轴(x 轴)的各斜缀条毛截面面积之和(mm^2)。

三肢、四肢组合构件，其换算长细比见相关规范规定。

9.4.3 格构式轴心受压柱的设计步骤

1. 选择构件形式和钢材牌号

根据所受轴心压力大小、构件使用要求、材料供应情况，构件计算长度等条件决定采用缀条柱或缀板柱，并确定钢材牌号。大型构件宜采用缀条柱，中小型构件宜采用缀板柱。构件截面形式多采用双肢双轴对称截面。

2. 按实轴的稳定性确定肢件截面

假定长细比 λ，查附表 A 得到 φ_y，求构件所需截面面积 A 及回转半径 i_y。

$$A=\frac{N}{\varphi_y f} \tag{9-20}$$

$$i_y=\frac{l_{0y}}{\lambda} \tag{9-21}$$

由 A、i_y 查型钢表选分肢型号。之后用所选分肢的截面几何特征求 λ_y，再用实腹式轴心受压构件的稳定性公式验算构件对实轴的整体稳定性。

3. 按对虚轴的稳定性确定肢件间距

(1) 计算虚轴方向所需的长细比 λ_x。按等稳定性原则取 $\lambda_{0x}=\lambda_y$，代入式(9-19a)、式(9-19b)可得虚轴方向所需的长细比

缀条柱

$$\lambda_x=\sqrt{\lambda_{0x}^2-27\frac{A}{A_{1x}}} \tag{9-22a}$$

缀板柱

$$\lambda_x=\sqrt{\lambda_{0x}^2-\lambda_1^2} \tag{9-22b}$$

按上式计算时，应先假定 A_{1x}或 λ_1。A_{1x}可近似按 $A_{1x}/2\approx0.05A$ 及构造要求预选斜缀条角钢型号来确定。构造要求缀条的最小型号为∟45×4 或∟56×36×4。λ_1 按 $\lambda_1\leqslant0.5\lambda_y$ 且不大于 40 的要求取定一个数值。

(2) 确定肢件间距。对虚轴所需的回转半径 $i_x=l_{0x}/\lambda_x$。按附表 B 截面尺寸与回转半径的近似关系计算两肢间的距离

$$b = \frac{i_x}{\alpha_2} \tag{9-23}$$

根据 b 确定两肢间距，b 一般为 10mm 的倍数。

4. 截面验算

（1）对试选截面按实腹式轴心受压构件的公式进行强度、刚度及对虚轴整体稳定的验算。验算中注意对虚轴应采用换算长细比 λ_{0x}。

（2）分肢的稳定性验算。格构式轴心受压构件的分肢可视为在缀件相邻节间的单独轴心受压构件，为了保证单肢的稳定性不低于构件的整体稳定性，《钢结构设计规范》(GB 50017—2003)规定

缀条柱 $$\lambda_1 \leqslant 0.7\lambda_{max} \tag{9-24a}$$

缀板柱 $$\lambda_1 \leqslant 0.5\lambda_{max} 且 \leqslant 40 \tag{9-24b}$$

式中 λ_{max}——构件的最大长细比，取 λ_{0x} 和 λ_y 的较大值，在缀板柱中当 $\lambda_{max} < 50$ 时，取 $\lambda_{max} = 50$。

5. 缀材设计

（1）缀材的剪力。轴心受压构件屈曲时，因挠度的存在使柱轴力在水平方向产生分力，柱身即受横向剪力作用，如图 9-17a、b 所示。《钢结构设计规范》(GB 50017—2003)规定：剪力 V 可认为如图 9-17c 所示，沿构件全长不变，按下式计算

$$V = \frac{Af}{85}\sqrt{\frac{f_y}{235}} \tag{9-25}$$

格构式轴心受压构件绕虚轴屈曲时的剪力 V 应由承受该剪力的缀材面分担。

（2）缀条的计算。计算缀条内力时，格构式柱可视为如图 9-18 所示的平行弦桁架。斜缀条为桁架的腹杆，剪力 V 由前后两侧斜缀条承受，每侧斜缀条所受剪力 $V_1 = V/2$，每根斜缀条的内力 N_t 为

$$N_t = \frac{V_1}{n\cos\alpha} = \frac{V}{2n\cos\alpha} \tag{9-26}$$

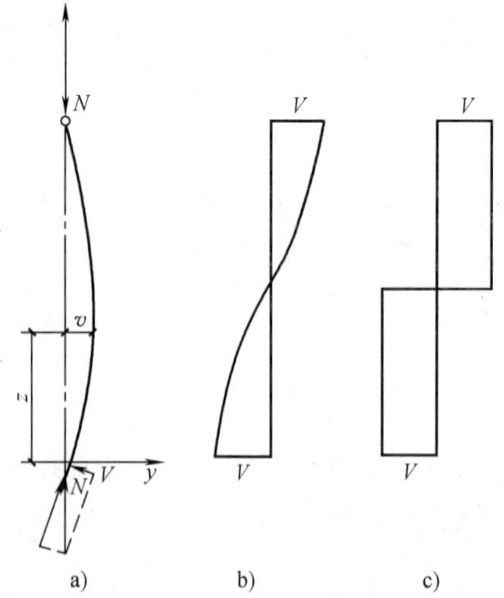

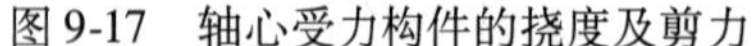

图 9-17 轴心受力构件的挠度及剪力

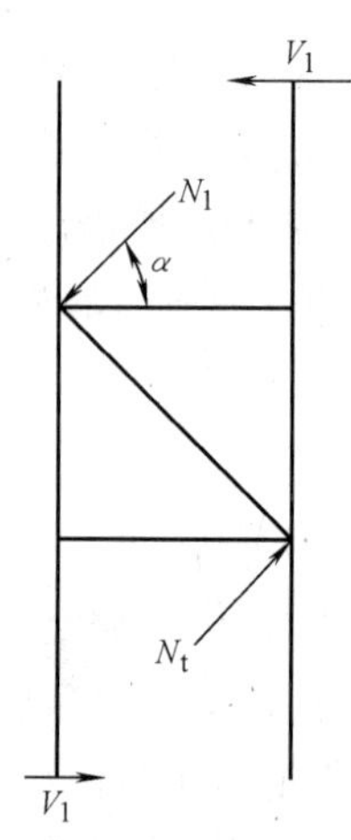

图 9-18 格构式柱缀条的计算简图

式中　n——承受剪力 V_1 的斜缀条数，单缀条时 $n=1$，双缀条时 $n=2$；

α——缀条的倾角(°)。

缀条内力可能受拉也可能受压，一般按不利情况即轴心受压构件来考虑。求出缀条内力后可按轴心受压构件进行强度、刚度、稳定性及连接节点的验算。缀条一般采用单面连接的单角钢形式，考虑偏心受力的影响，在计算时应将材料强度设计值和焊缝强度设计值乘以相应的折减系数 γ_f 予以降低，γ_f 的取值方法如下

计算强度和连接时：　$\gamma_f=0.85$

计算稳定性时：

等边角钢　$\gamma_f=0.6+0.0015\lambda$ 且不大于 1.0

短边相连的不等边角钢　$\gamma_f=0.5+0.0025\lambda$ 且不大于 1.0

长边相连的不等边角钢　$\gamma_f=0.70$

λ 为缀条的长细比，对中间无联系的单角钢压杆，应按最小回转半径计算，当 $\lambda<20$ 时，取 $\lambda=20$。

横缀条的作用是减小分肢的计算长度，其截面可与斜缀条相同，不用计算。

（3）缀板设计。缀板柱如同一多层刚架，假定其在受力弯曲时反弯点分布在缀板间单个分肢两节点的中点(图 9-19a)，该处弯矩为零，只考虑剪力，取如图 9-19b 所示隔离体，可得每一缀板的内力为

竖向剪力
$$T=\frac{V_1 l_1}{a} \tag{9-27}$$

缀板与分肢连接处的弯矩
$$M=T\frac{a}{2}=\frac{V_1 l_1}{2} \tag{9-28}$$

式中　l_1——相邻两缀板轴线间的距离(mm)；

a——分肢轴线间的距离(mm)。

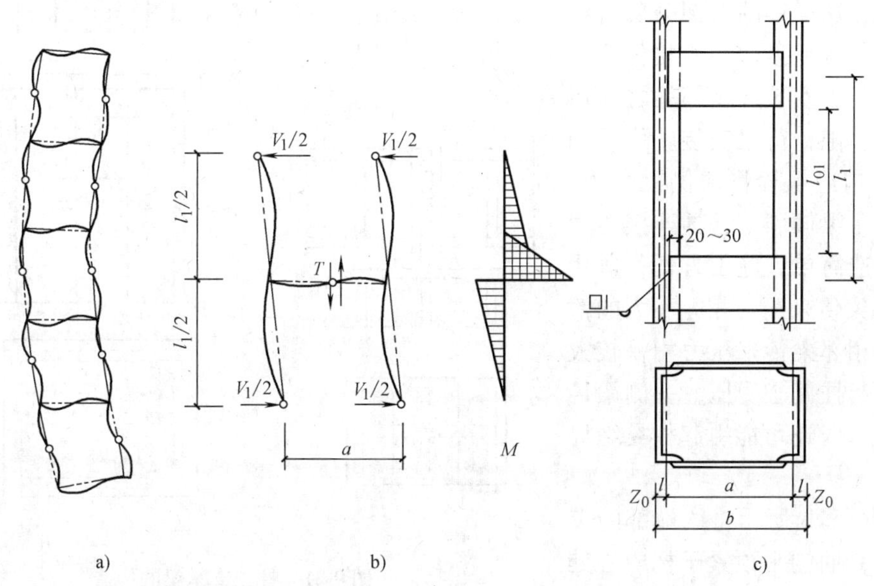

图 9-19　格构式柱缀板的计算简图

缀板除满足上述计算外，还应满足构造要求，《钢结构设计规范》(GB 50017—2003)规定：同一截面处缀板的线刚度之和(I_b/a)不得小于柱较大分肢线刚度(I_1/l_1)的6倍。缀板截面一般取宽度 $b \geqslant 2a/3$，厚度 $t \geqslant a/40$ 及6mm。缀板与分肢的连接角焊缝应进行相应计算。

6. 构造要求

为了增加格构式柱的抗扭刚度，避免截面变形，在受有较大水平力处和运输单元的端部应设置用钢板或角钢做的横隔，如图9-20所示，横隔的间距不得大于柱截面较大宽度的9倍或8m。

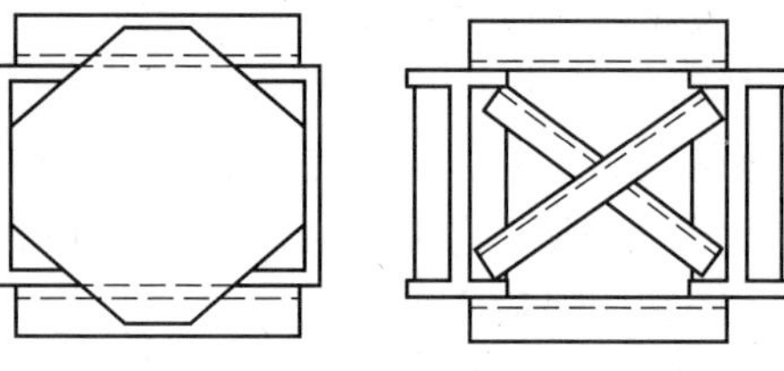

图9-20 格构式柱的横隔

9.5 柱头和柱脚

9.5.1 柱头的构造

柱头是指梁与柱的连接部分，承受梁传来的荷载并将其传给柱身。轴心受压柱的柱头只承受轴心压力而无弯矩作用，因此梁与柱采用铰接连接。下面介绍几种常见的柱头构造。

1. 柱顶支承梁的构造

如图9-21a所示是一种最简单的柱头形式。柱顶上焊接一矩形顶板(一般取16～20mm厚)，顶板上直接搁置梁，梁与顶板用普通螺栓连接。

应注意使梁端的支承加劲肋对准柱翼缘，这样梁的大部分反力将通过支承加劲肋及垫板直接传给柱翼缘。为便于安装，相邻梁之间留出一定的缝隙，待梁安装就位后用连接板与构造螺栓将两侧梁相连，以防止单个梁倾斜。这种连接传力明确，构造简单，施工方便，适用于两相邻梁传来压力相差不大的情况，当两相邻梁传来压力相差较大时，会引起柱偏心受压，一侧梁传来压力很大时还可能引起柱翼缘局部屈曲。

如图9-21b所示将梁端部的突缘支承加劲肋刨平顶紧于柱中心处的加劲肋支座板上，支座板与顶板用焊缝连接或刨平顶紧。两相邻梁

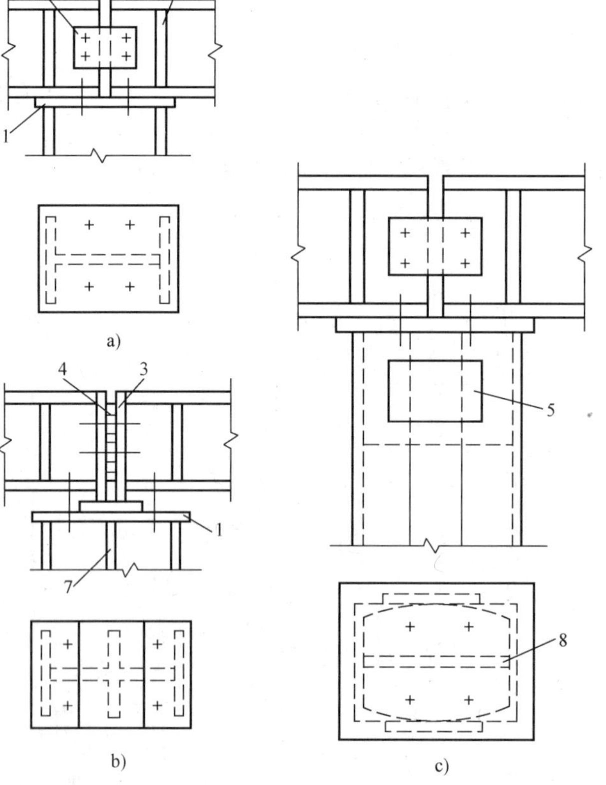

图9-21 柱顶支承梁的构造

1—顶板 2—连接板 3—突缘支承加劲肋 4—填板 5—缀板
6、7、8—梁端、柱腹板、分肢间的支承加劲肋

的空隙待梁调整好后嵌入填板，填板与两梁的加劲肋用构造螺栓相连。腹板两侧设加劲肋，加劲肋与腹板焊接连接，与顶板刨平顶紧，可以起到加强腹板并防止柱顶板弯曲的作用。这种连接形式即使两相邻梁传来的压力相差较大时，柱也能接近于轴心受压。

如图 9-21c 所示适用于格构式轴心受压柱，柱顶必须设置缀板，同时分肢间的顶板下面也应设置加劲肋。

柱的顶板应具有足够的刚度，厚度一般取 20mm 左右。顶板与柱身、加劲肋与柱身的连接焊缝应满足计算与构造要求，刨平顶紧处应满足局部承压要求。

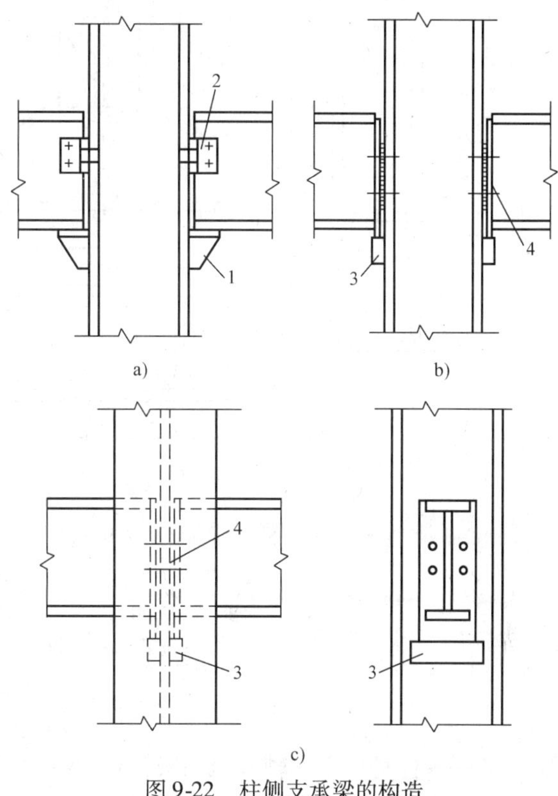

图 9-22　柱侧支承梁的构造

1—T 形牛腿　2—小角钢　3—承托　4—填板

2. 柱侧支承梁的构造

如图 9-22a 所示，柱两侧焊接 T 形牛腿，梁直接搁置在牛腿上，调整就位后，梁与柱身间缝隙嵌入填板，并用构造螺栓连接柱身与梁。或者梁与柱身用小角钢和构造螺栓连接，这种连接方式构造简单，适用于梁反力较小的情况。如图 9-22b 所示柱两侧焊接厚钢板做承托，梁的突缘支承加劲肋刨平顶紧于承托上，适用于梁反力较大的情况。

两梁反力相差较大时必须采用如图 9-22c 所示的形式，以保证柱轴心受压。

9.5.2　柱脚的计算与构造

1. 柱脚的形式及构造

柱脚的作用是将柱身的压力传给基础，并和基础牢固连接。轴心受压柱的柱脚主要采用铰接形式，如图 9-23 所示。如图 9-23a 所示为平板式柱脚，是一种最简单的构造形式，适用于柱轴力很小时，柱身的压力经过焊缝传给底板，底板将其传给基础。在图 9-23b、c 中除底板外，又增加了靴梁、隔板和肋板等构件，适用于柱轴力较大时，柱身的压力经过竖向焊缝传给靴梁后，再经过靴梁与底板的水平焊缝传给底板，最后底板将其传给基础。隔板和肋板起着将底板划分为较小区格以减小底板弯矩的作用。一般按构造要求设置两个柱脚锚栓，将柱脚固定于基础。为便于安装，柱脚锚栓孔径取为锚栓直径的 1.5 ~2 倍或做 U 形缺口，待柱调整就位后再用孔径比锚栓直径大 1 ~2mm 的垫板套住锚栓，并与底板焊牢。

2. 柱脚的计算

柱脚的计算包括底板、靴梁、隔板、肋板尺寸的确定及连接焊缝的计算。铰接柱脚一般剪力很小，由底板与基础的摩擦力承担，当剪力较大时可设置抗剪键。

（1）底板计算。底板平面面积 A 取决于基础材料的抗压强度，一般按下式计算

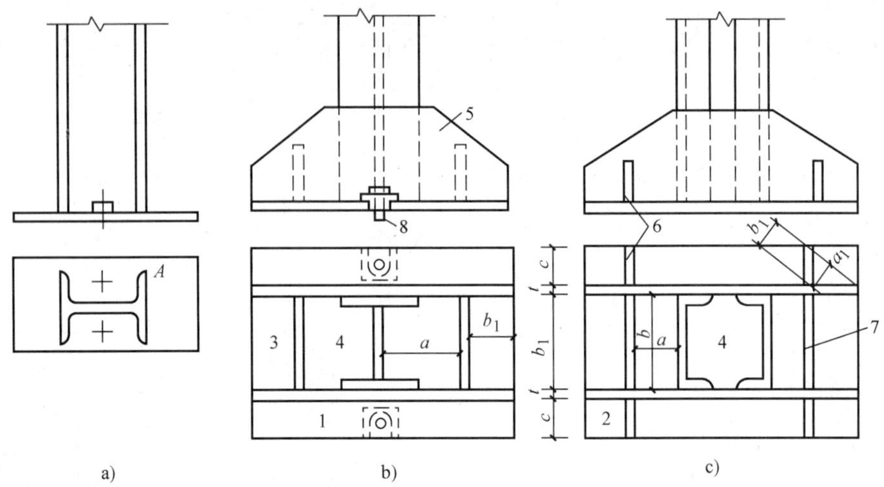

图 9-23　柱脚的构造

a）平板式柱脚　b）、c）靴梁与底板组合式柱脚

1—悬臂板　2—二边支承板　3—三边支承板　4—四边支承板

5—靴梁　6—肋板　7—隔板　8—锚栓

$$A = BL \geqslant \frac{N}{f_c} + A_0 \tag{9-29}$$

式中　N——柱身传来的轴心压力设计值(N)；

f_c——基础材料的抗压强度设计值(N/mm^2)；

A_0——锚栓孔面积(mm^2)；

B——底板宽度(mm)，对于如图 9-23 所示有靴梁的柱脚可按下列近似公式估算 $B = b + 2t + 2c$，其中 b 为柱子截面的宽度或高度；t 为靴梁厚度；c 为悬臂部分的长度，一般取 3 ~4 倍的锚栓直径；

L——底板长度(mm)，$L \geqslant A/B$。

B、L 应取为 10mm 的整数倍。

底板厚度取决于其抗弯强度和刚度。将底板视为支承在靴梁、隔板、肋板及柱身上的平板，承受均匀分布的基础反力 q。这样底板被划分成若干个四边支承板、三边支承板、二边支承板及悬臂板(图 9-23)，分别计算各区格板的弯矩值

四边支承板
$$M_4 = \alpha q a^2 \tag{9-30}$$

式中　α——系数，根据四边支承板长边 b 与短边 a 之比，按表 9-5 取用；

a——四边支承板短边长度(mm)；

q——基础传来的均匀反力(N/mm^2)，$q = N/(BL - A_0)$。

表 9-5　系数 α 值

b/a	1.0	1.1	1.2	1.3	1.4	1.5	1.6	1.7	1.8	1.9	2.0	3.0	≥4.0
α	0.048	0.055	0.063	0.069	0.075	0.081	0.086	0.091	0.095	0.099	0.101	0.119	0.125

三边支承板
$$M_3 = \beta q a_1^2 \tag{9-31}$$

式中　a_1——自由边长度(mm)；

β——系数，根据垂直于自由边的宽度 b_1 与自由边长度 a_1 之比，按表 9-6 取用。

表 9-6　系数 β 值

b_1/a_1	0.3	0.4	0.5	0.6	0.7	0.8	0.9	1.0	1.2	≥1.4
β	0.026	0.042	0.058	0.072	0.085	0.092	0.104	0.111	0.120	0.125

两邻边支承板：仍可用式(9-31)计算，a_1 取对角线长度，b_1 取支承边交点至对角线的距离。

悬臂板

$$M_1 = \frac{qc^2}{2} \tag{9-32}$$

各区格的弯矩计算出来后，取其中最大的弯矩 M_{max}，按下式确定底板厚度

$$t \geqslant \sqrt{\frac{6M_{max}}{f}} \tag{9-33}$$

式中　f——钢材的抗弯强度设计值(N/mm²)。

若按上式计算的厚度 t 较小时，可按刚度要求取 $t \geqslant 14$mm。

(2) 靴梁计算。靴梁的厚度宜取与连接的柱子翼缘厚度大致相等，靴梁的高度取决于柱身荷载传递给靴梁所需的焊缝长度。每条焊缝长度不宜超过 $60h_f$。

靴梁截面尺寸确定后，可将靴梁视为支承于底板上的两端悬挑梁进行受力验算，如图 9-24 所示。计算证明，跨中截面弯矩不起控制作用，每个靴梁上所受最大弯矩值和剪力值位于悬挑梁支座处，按下式计算

$$M = \frac{1}{4}qBl_1^2 \tag{9-34}$$

$$V = \frac{qB}{2}l_1 \tag{9-35}$$

(3) 隔板、肋板计算。隔板可视为简支梁，肋板可视为悬臂梁，其传递的力为如图 9-24 所示阴影部分的基础反力。在满足局部稳定的前提下先假定隔板、肋板的截面尺寸，然后验算隔板、肋板的强度，并用支反力对其与靴梁的连接焊缝进行计算，按基础反力对其与底板的连接焊缝进行计算。

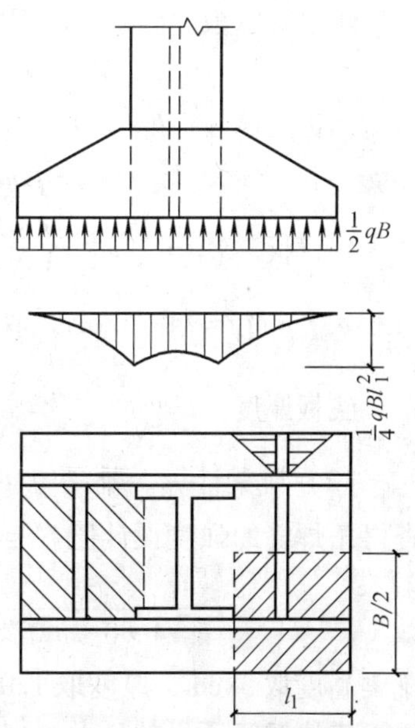

图 9-24　靴梁的受力及隔板、肋板的受力范围

【例 9-4】 试设计一轴心受压格构柱的柱脚。格构柱的分肢为[25a，截面形式如图 9-25 所示，采用两个 M20 的锚栓，受轴心压力设计值 $N = 1260$kN。钢材 Q235，焊条 E43 系列，焊条电弧焊，质量等级Ⅲ级。素混凝土基础，混凝土强度等级 C15。

【解】 (1) 底板尺寸确定。C15 混凝土的轴心抗压强度设计值 $f_c = 7.2\text{N/mm}^2$，锚栓孔直径取 40mm，简化计算锚栓孔面积 $A_0 = (2 \times 40 \times 40)\text{mm}^2 = 3200\text{mm}^2 = 32\text{cm}^2$。

底板需要面积

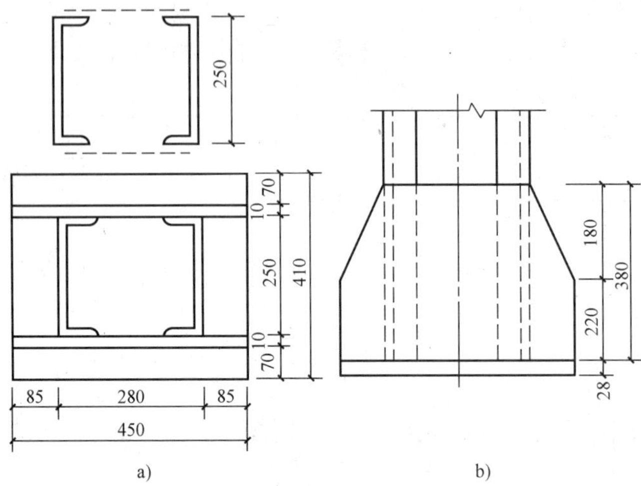

图 9-25　例 9-4 图

$$A=\frac{N}{f_c}+A_0=\left(\frac{1260\times10^3}{7.2}+3200\right)\text{mm}^2=178200\text{mm}^2=1782\text{cm}^2$$

取底板宽度　$B=b+2t+2c=(25+2\times1+2\times7)\text{cm}=41\text{cm}$　取 $B=41\text{cm}$

底板长度　$L\geqslant\frac{A}{B}=\frac{1782}{41}\text{cm}=43.46\text{cm}$ 取 $L=45\text{cm}$

$$q=\frac{1260\times10^3}{410\times450-3200}\text{N/mm}^2=6.95\text{N/mm}^2<f_c=7.2\text{N/mm}^2$$

四边支承板　$b/a=280/250=1.12$，查表 9-5 得 $\alpha=0.0566$，则

$$M_4=\alpha qa^2=(0.0566\times6.95\times250^2)\text{N}=24585.6\text{N}$$

三边支承板　$b_1/a_1=85/250=0.34$，查表 9-6 得 $\beta=0.0324$，则

$$M_3=\beta qa_1^2=(0.0324\times6.95\times250^2)\text{N}=14073.8\text{N}$$

悬臂板　$M_1=\frac{1}{2}qc^2=\left(\frac{1}{2}\times6.95\times70^2\right)\text{N}=17027.5\text{N}$

$M_{\max}=M_4=24585.6\text{N}$，取第二组钢材 $f=205\text{N/mm}^2$，$f_v=120\text{N/mm}^2$

底板厚度　$t=\sqrt{\frac{6M_{\max}}{f}}=\sqrt{\frac{6\times24585.6}{205}}\text{mm}=26.8\text{mm}$ 取 $t=28\text{mm}=2.8\text{cm}$

（2）靴梁计算。靴梁与柱身的连接角焊缝共 4 条，按构造要求确定焊脚尺寸 $h_f=8\text{mm}$，查得角焊缝的强度设计值 $f_f^w=160\text{N/mm}^2$，每条焊缝所需实际长度：

$$l_w=\frac{N}{4\times0.7h_f f_f^w}=\frac{1260\times10^3}{4\times0.7\times8\times160}\text{mm}=351.6\text{mm}<60h_f=480\text{mm}$$

靴梁高度取 38cm，厚度取 1.0cm。

每块靴梁承受的最大弯矩

$$M=\frac{1}{4}qBl_1^2=\left(\frac{1}{4}\times6.95\times410\times85^2\right)\text{N}\cdot\text{mm}=5146909.4\text{N}\cdot\text{mm}$$

抗弯强度　$\sigma=\frac{M}{W}=\frac{5146909.4\times6}{10\times380^2}\text{N/mm}^2=21.4\text{N/mm}^2<f=215\text{N/mm}^2$

每块靴梁承受的最大剪力　$V=\frac{qB}{2}l_1=\left(\frac{6.95\times410}{2}\times85\right)\text{N}=121103.8\text{N}$

抗剪强度

$$\tau=1.5\frac{V}{A}=\left(1.5\times\frac{121103.8}{10\times380}\right)\text{N/mm}^2=47.8\text{N/mm}^2<f_v=120\text{N/mm}^2$$

靴梁与底板的连接焊缝长度

$$\sum l_w=[2\times(450-10)+4\times(85-10)]\text{mm}=1180\text{mm}$$

所需焊角尺寸　$h_f=\frac{N}{0.7\sum l_w\beta_f f_f^w}=\frac{1260\times10^3}{0.7\times1180\times1.22\times160}\text{mm}=7.8\text{mm}$

取 $h_f=8\text{mm}$。

9.6　拉弯构件和压弯构件

9.6.1　概述

当作用在构件上的轴向力 N 作用线与构件的截面形心线不重合时，或既有轴向力 N 作用又有弯矩 M 作用时，构件将受到偏心力的作用，拉弯和压弯构件是指同时承受轴心拉力或压力，以及弯矩作用的构件，也称偏心受拉和偏心受压构件。其弯矩可能是由横向荷载作用产生的(图 9-26a)，也可能是由纵向荷载的偏心作用产生的(图 9-26b)。本章主要介绍单向拉弯和单向压弯构件。

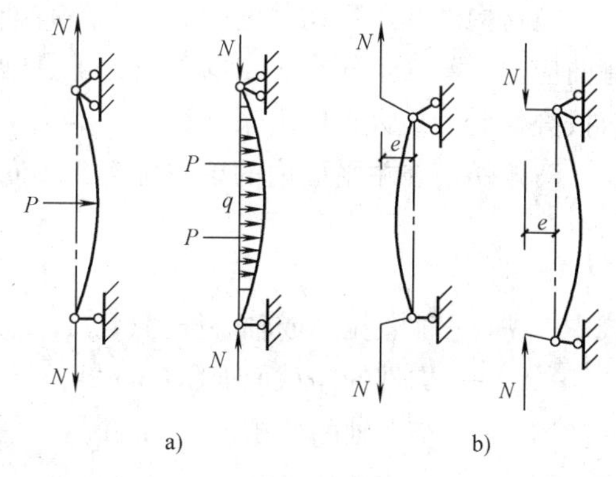

图 9-26　拉弯构件和压弯构件

拉弯构件在钢结构中应用较少，如钢屋架下弦节间有吊挂荷载时属于拉弯构件(图 9-27)。拉弯构件当承受的弯矩不大时，主要受轴心拉力作用，其截面形式可采用轴心受拉构件的截面形式；当承受的弯矩较大时，应采用在弯矩作用平面内高度较大的截面。

压弯构件在钢结构中应用十分广泛，如有节间荷载的屋架上弦杆，有起重机的单层厂房排架柱，多层和高层房屋的框架柱，以及海洋作业平台的立柱、塔架、桅杆等都是压弯构件。压弯构件，当承受的弯矩较小时，可采用轴心受压构件的截面形式；当承受的弯矩较大时，除采用高度较大的双轴对称截面外，还可采用单轴对称的截面形式。如图 9-28 所示为常见压弯构件的截面形式。

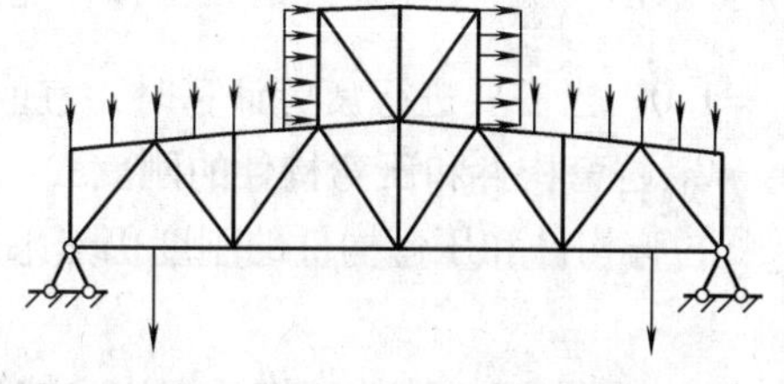
图 9-27　钢屋架中的拉弯和压弯构件

在拉弯构件和压弯构件设计中，对拉弯构件应计算其强度和刚度，一般不考虑稳定性问题，弯矩很大而拉力很小时，才应计算其稳定性；对压弯构件应计算其强度、刚度和稳定性。

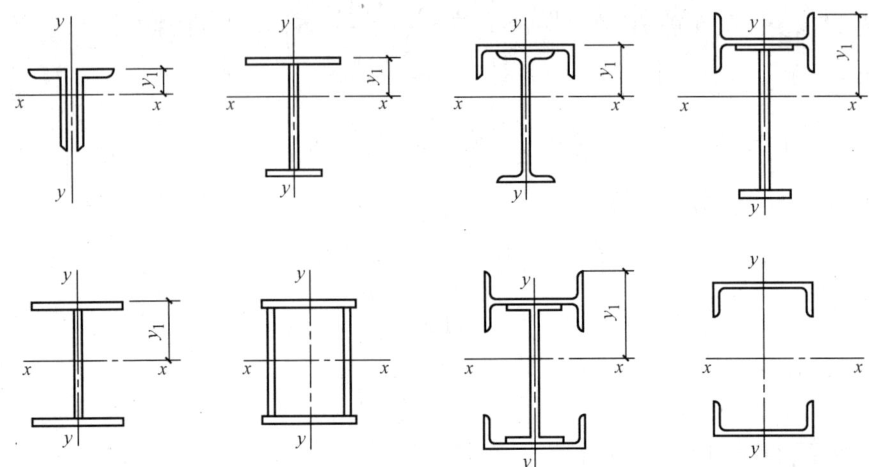

图 9-28 常见压弯构件的截面形式

9.6.2 拉弯构件和压弯构件的强度和刚度

1. 拉弯构件和压弯构件的强度

拉弯构件和压弯构件的截面上，除有轴向力产生的拉应力或压应力外，还有弯矩产生的弯曲应力。截面上任意一点的正应力正是轴向力和弯矩产生的应力叠加，因此在截面设计时应按叠加后的最大正应力来计算。

弯矩作用在主平面内的单向拉弯或单向压弯构件，其强度应按下式计算

$$\frac{N}{A_n} \pm \frac{M_x}{\gamma_x W_{nx}} \leqslant f \tag{9-36}$$

式中 N——轴心拉力或轴心压力(N)；

A_n——构件的净截面面积(mm^2)；

M_x——绕 x 轴的弯矩(N · mm)；

W_{nx}——对 x 轴的净截面模量(mm^3)；

γ_x——截面塑性发展系数，按表 8-1 选用。

当压弯构件受压翼缘的自由外伸宽度与其厚度之比大于 $13\sqrt{\frac{235}{f_y}}$ 而不超过 $15\sqrt{\frac{235}{f_y}}$ 时应取 $\gamma_x = 1.0$。当需要进行疲劳计算时，宜取 $\gamma_x = 1.0$。

2. 拉弯构件和压弯构件的刚度

拉弯构件和压弯构件的刚度仍然采用容许长细比条件控制，即

$$\lambda_{max} \leqslant [\lambda] \tag{9-37}$$

式中 $[\lambda]$——构件的容许长细比，按表 9-1 和表 9-2 采用。

9.6.3 压弯构件的整体稳定

1. 压弯构件的整体稳定

压弯构件在轴心压力和弯矩作用下可能在弯矩作用平面内弯曲屈曲(丧失稳定)，也可

能在弯矩作用平面外失稳，即产生侧向弯曲和扭转屈曲，失稳的可能形式与构件的侧向抗弯刚度和抗扭刚度有关。当构件截面绕长细比较大的轴受弯时，压弯构件不可能产生弯矩作用平面外的弯扭屈曲，此时只需验算弯矩作用平面内的稳定性。但一般压弯构件的设计都是使构件截面绕长细比较小的轴受弯，因此应分别验算弯矩作用平面内和弯矩作用平面外的稳定性。

（1）弯矩作用平面内的稳定。压弯构件在弯矩作用平面内的稳定承载能力与截面形状、截面尺寸、初始缺陷、残余应力等因素有关。根据理论推导和试验研究，弯矩作用在对称轴平面内（绕 x 轴）的实腹式压弯构件，其稳定性按下式计算

$$\frac{N}{\varphi_x A}+\frac{\beta_{mx}M_x}{\gamma_x W_{1x}\left(1-0.8\dfrac{N}{N_{Ex}}\right)}\leqslant f \tag{9-38}$$

式中 N——所计算构件段范围内的轴心压力（N）；

φ_x——弯矩作用平面内的轴心受压构件稳定系数；

M_x——所计算构件段内的最大弯矩（N·mm）；

N_{Ex}——考虑抗力分项系数的欧拉临界力（N），按下式计算：

$$N_{Ex}=\frac{\pi^2 EA}{1.1\lambda_x^2}$$

λ_x——对 x 轴的长细比；

W_{1x}——弯矩作用平面内截面的最大受压纤维的毛截面模量（mm^3）；

γ_x——截面塑性发展系数；

β_{mx}——等效弯矩系数，按下列规定采用：

框架柱和两端支承的构件：

1）无横向荷载作用时，$\beta_{mx}=0.65+0.35\dfrac{M_2}{M_1}$，$M_1$ 和 M_2 为端弯矩，使构件产生同向曲率（无反弯点）时取同号，使构件产生反向曲率（有反弯点）时取异号，$|M_1|\geqslant|M_2|$。

2）有端弯矩和横向荷载同时作用时，使构件产生同向曲率时，$\beta_{mx}=1.0$；使构件产生反向曲率时，$\beta_{mx}=0.85$。

3）无端矩但有横向荷载作用时，$\beta_{mx}=1.0$。

悬臂构件：$\beta_{mx}=1.0$。

对于单轴对称的T形、槽形截面压弯构件，由于其翼缘面积相差较大，当弯矩作用在对称平面内且使较大翼缘受压时，有可能在较小翼缘一侧因受拉区塑性发展过大而导致构件破坏，因此规定，对这类构件除按式（9-38）计算外，尚应对较小翼缘一侧按下式补充计算

$$\left|\frac{N}{A}-\frac{\beta_{mx}M_x}{\gamma_x W_{2x}\left(1-1.25\dfrac{N}{N_{Ex}}\right)}\right|\leqslant f \tag{9-39}$$

式中 W_{2x}——对较小翼缘的毛截面模量（mm^3）。

（2）弯矩作用平面外的稳定。当压弯构件的抗扭刚度较小，且在弯矩作用平面外长细比较大时，构件就可能首先在弯矩作用平面外失稳（图9-29）。这种失稳破坏的形式和理论与梁的弯扭屈曲类似，只是另计入轴心压力的影响。

《钢结构设计规范》（GB 50017—2003）规定，对实腹式压弯构件在弯矩作用平面外的稳

定性按下式计算

$$\frac{N}{\varphi_y A}+\eta\frac{\beta_{tx}M_x}{\varphi_b W_{1x}}\leqslant f \tag{9-40}$$

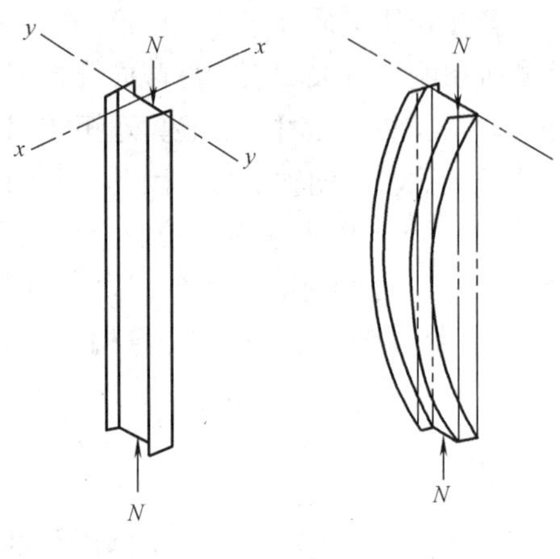

图 9-29　压弯构件在弯矩作用平面外失稳

式中　φ_y——弯矩作用平面外的轴心受压构件稳定系数；

φ_b——均匀弯曲的受弯构件整体稳定系数，对闭口截面 $\varphi_b=1.0$，其余情况按第 8 章所述确定，但对非悬臂的工字形（含 H 型钢）和 T 形截面构件，当 $\lambda_y\leqslant 120\sqrt{235/f_y}$ 时，可按下列近似公式计算：

工字形截面（含 H 型钢）：

双轴对称时　$$\varphi_b=1.07-\frac{\lambda_y^2}{44000}\frac{f_y}{235}\leqslant 1 \tag{9-41}$$

单轴对称时　$$\varphi_b=1.07-\frac{W_x}{(2\alpha_b+0.1)Ah}\frac{\lambda_y^2}{14000}\frac{f_y}{235}\leqslant 1 \tag{9-42}$$

T 形截面（弯矩作用在对称轴平面，绕 x 轴）：

弯矩使翼缘受压时：

双角钢 T 形截面　$$\varphi_b=1-0.0017\lambda_y\sqrt{\frac{f_y}{235}} \tag{9-43}$$

两板组合 T 形截面　$$\varphi_b=1-0.0022\lambda_y\sqrt{\frac{f_y}{235}} \tag{9-44}$$

弯矩使翼缘受拉且腹板宽厚比不大于 $18\sqrt{235/f_y}$ 时，$\varphi_b=1-0.005\lambda_f\sqrt{f_y/235}$

上述近似公式是针对 $\lambda_y\leqslant 120\sqrt{235/f_y}$ 的构件，即构件失稳时均处于弹塑性范围，因此按式（9-6）~式（9-9）算得 φ_b 值大于 0.6 时，不需换算成 φ_b' 值；

M_x——所计算构件段范围内（构件侧向支撑点之间）的最大弯矩设计值（N · mm）；

η——调整系数，闭口截面 $\eta=0.7$，其他截面 $\eta=1.0$；

β_{tx}——等效弯矩系数，应按下列规定采用：

在弯矩作用平面外有支承的构件，应根据两相邻支承点间构件段内的荷载和内力情况确定：

1）所考虑构件段无横向荷载作用时，$\beta_{tx}=0.65+0.35\frac{M_2}{M_1}$，$M_1$ 和 M_2 是在弯矩作用平面内的端弯矩，使构件段产生同向曲率时取同号，使构件产生反向曲率时取异号，$|M_1|>|M_2|$。

2）所考虑构件段内有端弯矩和横向荷载同时作用时，使构件段产生同向曲率时，$\beta_{tx}=1.0$；使构件段产生反向曲率时，$\beta_{tx}=0.85$。

3）所考虑构件段内无端弯矩但有横向荷载时，$\beta_{tx}=1.0$。

弯矩作用平面外为悬臂构件，$\beta_{tx}=1.0$。

2. 压弯构件的局部稳定

与轴心受压构件和受弯构件类似，实腹式压弯构件可能因强度不足或丧失整体稳定而破坏外，还可能因丧失局部稳定而降低其承载能力，因此设计时应保证其局部稳定。

（1）翼缘局部稳定。压弯构件的翼缘与轴心受压构件的翼缘类似，可近似视为承受均匀压应力作用，其局部稳定采用限制翼缘的宽厚比来保证。规定压弯构件翼缘板自由外伸宽度 b 与其厚度 t 之比，应满足下列要求

$$\frac{b}{t} \leqslant 13\sqrt{\frac{235}{f_y}} \tag{9-45}$$

当强度和稳定计算取 $\gamma_x = 1.0$ 时，可放宽至 $\frac{b}{t} \leqslant 15\sqrt{\frac{235}{f_y}}$。

（2）腹板局部稳定。实腹式压弯构件为工字形截面时，其腹板为四边支承的不均匀受压板，同时板件四边还受均布剪应力作用，如图 9-30 所示，其受力情况和支承条件与工字形截面梁腹板类似。因此对实腹式压弯构件腹板的局部稳定，可采用限制其宽厚比或采用加劲肋加强的方法来保证。

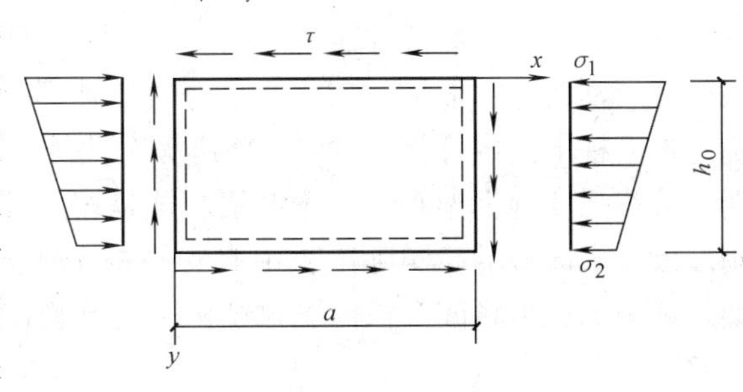

图 9-30　压弯构件腹板受力状态

《钢结构设计规范》（GB 50017—2003）规定，对工字形及 H 形截面的压弯构件，腹板计算高度 h_0 与其厚度 t_w 之比应符合下列要求

当 $0 \leqslant \alpha_0 \leqslant 1.6$ 时　$$\frac{h_0}{t_w} \leqslant (16\alpha_0 + 0.5\lambda + 25)\sqrt{\frac{235}{f_y}} \tag{9-46}$$

当 $1.6 \leqslant \alpha_0 \leqslant 2.0$ 时　$$\frac{h_0}{t_w} \leqslant (48\alpha_0 + 0.5\lambda - 26.2)\sqrt{\frac{235}{f_y}} \tag{9-47}$$

式中　α_0——应力梯度，$\alpha_0 = \frac{\sigma_{max} - \sigma_{min}}{\sigma_{max}}$；

σ_{max}——腹板计算高度边缘的最大应力（即图 9-30 中 σ_1），计算时不考虑构件的稳定系数和截面塑性发展系数（N/mm^2）；

σ_{min}——腹板计算高度另一边缘相应的应力（即图 9-30 中 σ_2），压应力取正值，拉应力取负值（N/mm^2）；

λ——构件在弯矩作用平面内的长细比，当 $\lambda < 30$ 时，取 $\lambda = 30$，当 $\lambda > 100$ 时，取 $\lambda = 100$。

当腹板的高厚比不满足式（9-46）或式（9-47）要求时，可设纵向加劲肋加强。用纵加劲肋加强的腹板，其在受压较大翼缘与纵向加劲肋之间的高厚比应满足式（9-46）或式（9-47）的要求。

纵向加劲肋宜在腹板两侧成对配置，如图 9-31 所示，其一侧外伸宽度不应小于 $10t_w$，厚度不应小于 $0.75t_w$。

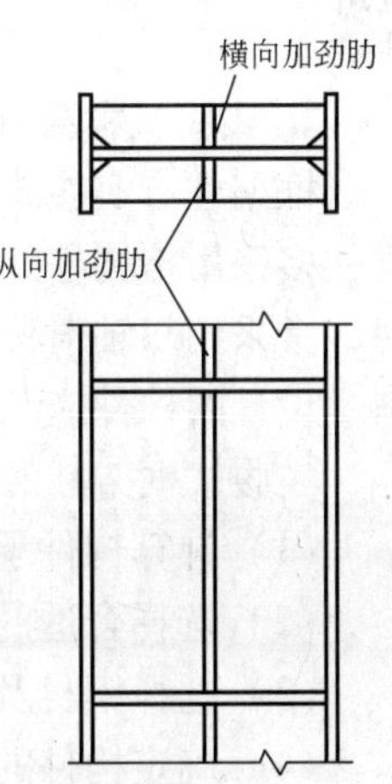

图 9-31　腹板的纵向加劲肋

9.6.4 框架柱的设计

1. 框架柱的计算长度

对于端部约束条件比较简单的压弯构件计算长度，可依据表9-3的计算长度系数求得。但对于框架柱，其支撑情况与柱两端相连的杆件刚度及基础情况密切相关，要精确计算其长度比较复杂。由于框架结构可能失稳的形式有两种：一种是有侧移的；另一种是无侧移的。无侧移的框架，其稳定承载力比连接条件与截面尺寸相同的有侧移框架的大很多。因此，确定框架柱的计算长度时应区分框架失稳时有无侧移。如果没有防止侧移的有效措施，则应按有侧移失稳的框架来考虑。

通常采用的方法是对框架简化后，按平面框架体系进行框架弹性整体稳定分析。

（1）框架柱在框架平面内的计算长度。《钢结构设计规范》(GB 50017—2003)规定：单层或多层框架等截面柱，在框架平面内的计算长度等于该层柱的高度乘以计算长度系数u。确定框架柱平面内计算长度时，将框架分为无支撑的纯框架和有支撑的框架，其中有支撑框架又分为强支撑框架和弱支撑框架。这是按支撑结构(如支撑桁架、剪力墙、电梯间)的侧移刚度大小来区分的。实际工程中有支撑框架大多为强支撑框架，由于框架中设置了支撑桁架、剪力墙、电梯间等横向支撑结构，其抗侧移刚度足够大，柱受横向力作用时柱顶无侧向位移。

1）对于无支撑纯框架：当采用一阶弹性分析方法计算内力时，框架柱的计算长度系数μ按《钢结构设计规范》(GB 50017—2003)中有侧移框架柱的计算长度系数确定；当采用二阶弹性分析方法计算内力且在每层柱顶附加考虑假想水平力时，框架柱的计算长度系数$\mu=1.0$。

2）有支撑框架：当为强支撑框架时，框架柱的计算长度系数μ按《钢结构设计规范》(GB 50017—2003)中无侧移框架柱的计算长度系数确定；当为弱支撑框架时，框架柱的轴压稳定系数φ按《钢结构设计规范》(GB 50017—2003)第5.3.3条确定。

（2）在框架平面外，柱的计算长度可取柱的全长。当有侧向支承时，取支承点之间的距离。

2. 实腹式框架柱截面设计

框架柱有实腹式压弯构件和格构式压弯构件两种类型。除了高度较大的厂房框架柱和独立柱多采用格构柱外，一般都采用实腹式截面。当弯矩较小或正负弯矩的绝对值相差较小时，常采用双轴对称截面。当正负弯矩绝对值相差较大时，常采用单轴对称截面以节约材料。设计的构件应该构造简单、制造方便、连接简单。

实腹式框架柱的截面设计步骤如下：

（1）计算构件承受的内力设计值，即弯矩、剪力和轴力的设计值。

（2）选择合适的截面形式。

（3）选择钢材及确定钢材强度设计值。

（4）确定构件的平面内和平面外的计算长度。

（5）根据经验或已有的资料初步确定截面尺寸。

（6）对所选的截面进行强度、刚度、整体稳定(包括弯矩平面内和平面外)和局部稳定验算。

（7）如果验算不满足要求，或截面过大，则应对所选截面调整并重新验算，直到满意为止。

9.6.5 压弯构件的柱头和柱脚

1. 柱头

框架柱的柱头同样有铰接和刚接两种，比较常用的是刚节点。这种连接要求能可靠地将梁的弯矩和剪力传给柱身，因此刚节点对制造和安装的要求都较高，施工复杂。如图 9-32 所示为几种常见的刚接连接。

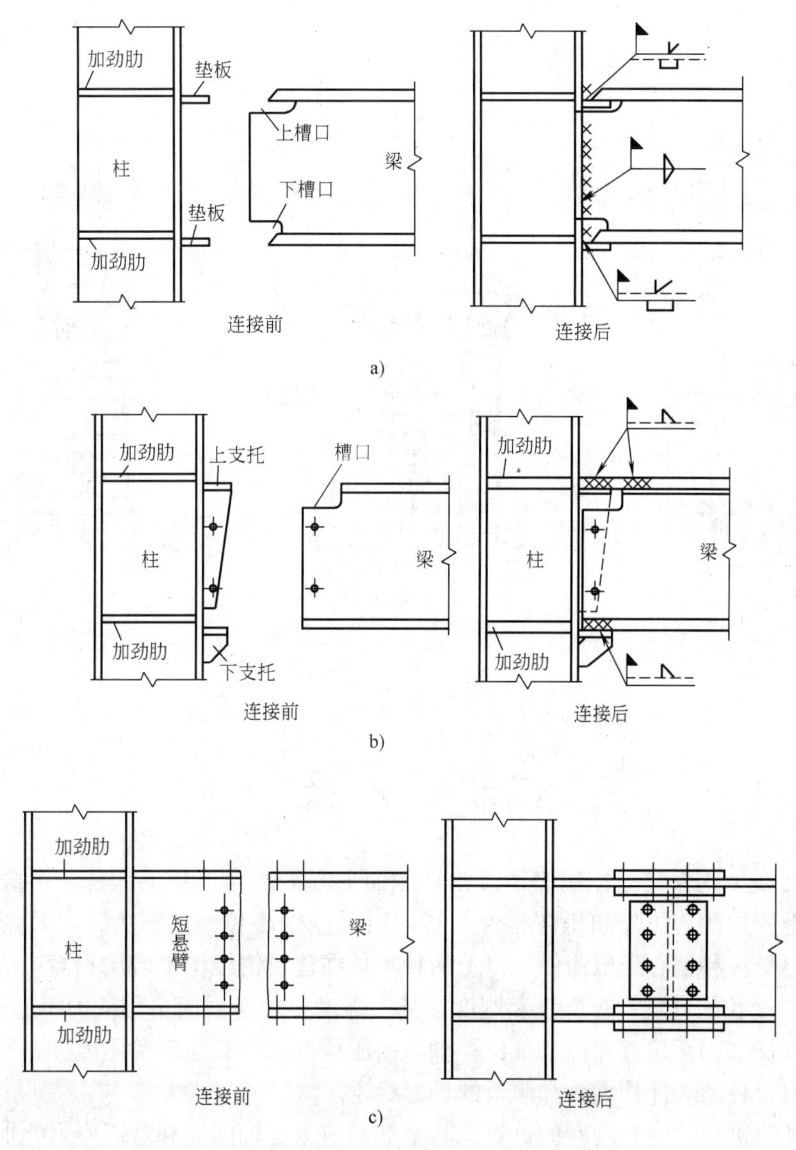

图 9-32 梁柱刚性连接

2. 柱脚

框架柱是典型的压弯构件，其柱脚根据受力情况可以作成铰接或刚接，铰接只传递轴心压力和剪力，其构造和计算同轴心受力柱。刚接柱脚分整体式和分离式，一般实腹柱或分肢间距小于1.5m的格构柱常采用整体式柱脚；分肢间距较大的格构柱采用分离式柱脚较为经济，分离式柱脚中，对格构柱各分支按轴心受压布置成铰接柱脚，然后用缀材将各分肢柱脚连接起来，以保证有一定的空间刚度。

刚接柱根据柱脚与地面的关系可分为露出式柱脚、埋入式柱脚和外包式柱脚（图9-33）三种类型。刚接柱脚在弯矩作用下产生的拉力由锚栓承受，锚栓承受较大的拉力，其直径和数量需经过计算确定。为了有效地将拉力传递给锚栓，锚栓不应直接固定在底板上，如底板刚度不足，不能保证锚栓受拉的可靠性，而应固定在焊接于靴梁上刚度较大的支托座上，使柱脚与基础形成刚接。

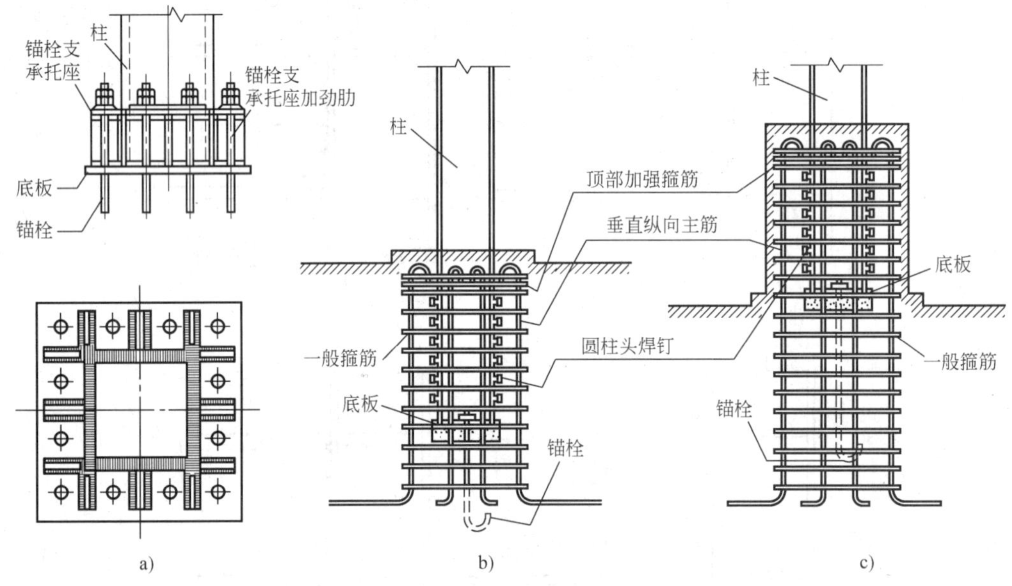

图9-33　刚性固定柱脚

a）露出式柱脚　b）埋入式柱脚　c）包脚式柱脚

本 章 小 结

（1）轴心受力构件是指作用力通过构件截面形心沿轴向作用的构件。可分为轴心受拉构件和轴心受压构件。拉弯和压弯构件是指同时承受轴心拉力或压力，以及弯矩作用的构件，也称偏心受拉和偏心受压构件。以上两种构件在建筑钢结构中应用相当广泛。

（2）轴心受拉构件应计算强度和刚度，其中强度要求净截面平均应力不超过设计强度，刚度要求构件长细比不超过容许长细比；轴心受压构件除计算强度和刚度外，还应计算整体稳定，其中组合柱还应计算翼缘和腹板的局部稳定。

拉弯构件应进行强度和刚度的计算，其中截面应力是轴向力和弯矩应力叠加，刚度仍然采用容许长细比条件控制；压弯构件除计算强度和刚度外，还应计算整体稳定性，包括弯矩作用平面内和弯矩作用平面外的稳定性，对实腹式压弯构件在设计时还应保证其局部稳定性，包括翼缘的局部稳定和腹板的局部稳定。

（3）轴心受力构件和拉弯、压弯构件分为实腹式和格构式，设计内容包括轴心受力构件的强度、刚度及整体稳定性、局部稳定性验算。

实腹式轴心受压柱设计内容包括：截面形式、截面尺寸的确定、截面验算及构造要求；格构式轴心受压柱设计内容包括：选择构件形式和钢材牌号，按实轴的稳定性确定肢件截面（假定长细比 λ），按对虚轴的稳定性确定肢件间距，然后进行截面验算及缀材设计。

（4）轴心受压柱与梁、地基(柱脚)的连接均为铰接，只承受剪力和轴心压力，其构造布置应保证传力要求，并进行必要的计算。

压弯和拉弯构件与梁、地基(柱脚)的连接，可分为铰接和刚接，其中铰接与轴心受压柱相同，刚接要传递剪力、轴力和弯矩，因此其构造要求和计算要求比铰接复杂。

思考题与习题

1. 轴心受压构件的整体稳定系数需要根据哪几个因素查表确定？
2. 轴心受压构件整体失稳时有哪几种屈曲形式？双轴对称截面的屈曲形式是怎样的？
3. 提高轴压受压柱的钢材抗压强度能否提高其稳定承载力？为什么？
4. 轴心受压柱的翼缘和腹板稳定的计算公式各是什么？
5. 实腹式轴心受压柱验算的主要内容有哪些方面？
6. 试述格构式轴心受压柱设计的步骤。
7. 实腹式偏心受压柱的验算内容有哪些方面？
8. 铰接柱脚与刚接柱脚中锚栓的作用有何区别？
9. 计算一屋架下弦杆所能承受的最大拉力 N，下弦截面为 2∟100×10(图 9-34)，有两个安装螺栓，螺栓孔径为 21.5mm，钢材为 Q235。
10. 如图 9-35 所示的两个轴心受压柱，截面面积相等，两端铰接。柱高 4.5m，材料用 Q235 钢，翼缘火焰切割以后又经过刨边。判断这两个柱的承载能力的大小，试验算截面局部稳定性。

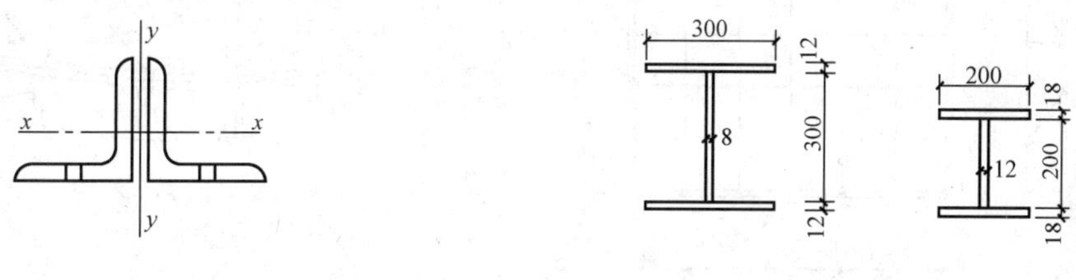

图 9-34　习题 9 图

图 9-35　习题 10 图

第 10 章　钢　屋　盖

本章要点

本章主要学习钢屋盖的组成、屋盖支撑、钢屋盖檩条形式和连接构造，普通钢屋架设计、门式刚架结构的基础知识以及钢结构施工图的识读。通过学习要求：掌握组成钢屋盖的结构体系，掌握屋盖支撑的布置原则和方法，掌握屋面檩条的设计和构造要求及连接方法，熟练掌握杆件截面选择的方法和原则，熟练掌握钢屋架节点的构造要求和设计，熟悉钢结构施工图的基本内容，了解门式刚架结构的一般知识。

10.1　钢屋盖结构的组成

钢屋盖结构一般由屋面承重结构、屋面围护系统、屋面支撑系统和辅助构件组成。主要包括：屋面板、檩条、屋架、天窗架、托架、水平支撑、垂直支撑等。钢屋盖结构按照受力模式不同可以分为空间结构体系和平面结构体系，空间结构体系（网架、网壳、悬索、膜结构等）常应用于大型公共建筑，如：大型体育场馆、会展中心等，如图 10-1 所示；平面结构体

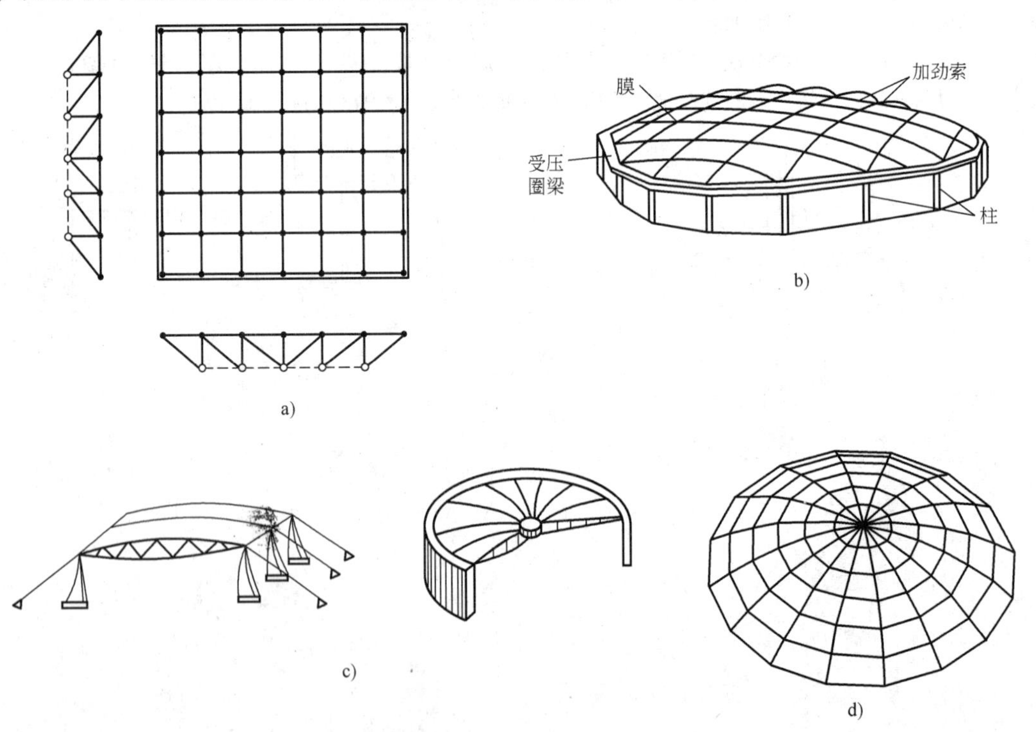

图 10-1　空间结构体系屋盖

a）正放四角锥体网架　b）球面网壳结构　c）悬索结构　d）空气膜结构

系(平面桁架结构、门式刚架结构)常用于单层工业厂房，本书主要学习平面结构体系。

平面结构体系根据屋面所用材料的不同和屋盖结构的布置情况，屋盖结构可分为有檩屋盖结构和无檩屋盖结构两种承重方案。有檩屋盖结构(图 10-2a)主要用于跨度较小的中小型厂房，其屋面常采用压型钢板、太空板、石棉水泥波形瓦、瓦楞铁和加气混凝土屋面板等轻型屋面材料，屋面荷载由檩条传给屋架。有檩屋盖的构件种类和数量较多，安装效率低；但其构件自重轻，用料省，运输和安装方便。

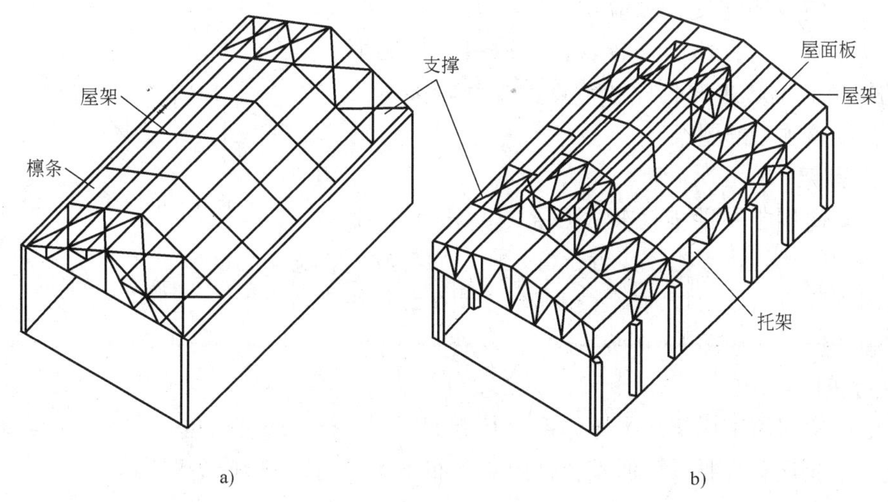

图 10-2　平面结构体系屋盖

a）有檩体系　b）无檩体系

无檩屋盖结构如图 10-2b 所示，主要用于跨度较大的大型厂房，其屋面常采用钢筋混凝土大型屋面板或太空板，屋面荷载由大型屋面板(或太空板)直接传递给屋架。无檩屋盖的构件种类和数量都较少，安装效率高，施工进度快，而且屋盖的整体性好，横向刚度大，耐久性好；但无檩屋盖的屋面板自重大，用料费，运输和安装不便。

屋架的跨度和间距取决于柱网布置，而柱网布置则根据建筑物工艺要求和经济合理等各方面因素而定。有檩屋盖的屋架间距和跨度比较灵活，不受屋面材料的限制。有檩屋盖比较经济的屋架间距为 4 ~6m。无檩屋盖因受大型屋面板尺寸的限制(大型屋面板的尺寸一般为 1.5m×6m)，故屋架跨度一般取 3m 的倍数，常用的有 18m、21m、…、36m 等，屋架间距为 6m；当柱距超过屋面板长度时，就必须在柱间设置托架，以支承中间屋架，如图 10-2b 所示。

在工业厂房中，为了采光和通风换气的需要，一般要设置天窗，天窗的主要结构是天窗架，天窗架一般都直接连接在屋架的上弦节点处。

10.1.1　常用的屋架形式

按外形不同可分为三角形屋架、梯形屋架和平行弦屋架三种形式。

1. 三角形屋架

三角形屋架适用于屋面坡度较大(i 在 1/6 ~ 1/2 之间)的有檩屋盖结构。三角形屋架的外形与均布荷载的弯矩图相差较大，因此弦杆内力沿屋架跨度分布很不均匀，弦杆内力在支座处最大，在跨中最小，故弦杆截面不能充分发挥作用。一般三角形屋架宜用于中、小跨度的轻型屋面结构。若屋面太重或跨度很大，采用三角形屋架不经济。三角形屋架的腹杆布置有芬克式(图 10-3a)、人字式(图 10-3b)和单斜式(图 10-3c)三种。芬克式屋架的腹杆受力合理(长腹杆受拉,短腹杆受压)，且可分为两小榀屋架制造，使运输方便，故应用较广。人字式的杆件和节点都较少，但受压腹杆较长，只适用于跨度小于 18m 的屋架。单斜式的腹杆和节点数量都较多，只适用于下弦设置顶棚的屋架。

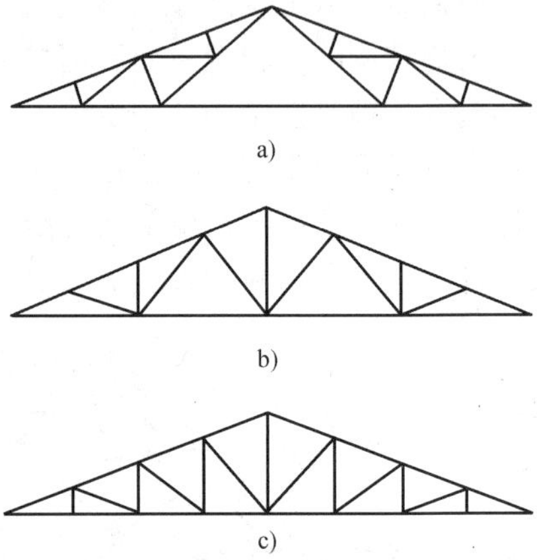

a)

b)

c)

图 10-3　三角形屋架

2. 梯形屋架

梯形屋架适用于屋面坡度较小($i<1/3$)的无檩屋盖结构。梯形屋架的外形比较接近于弯矩图，腹杆较短，受力情况较三角形屋架好。梯形屋架上弦节间长度应与屋面板的尺寸相配合，使荷载作用于节点上，当上弦节间太长时，应采用再分式腹杆形式，如图 10-4 所示。

3. 平行弦屋架

平行弦屋架多用于托架或支撑体系，其上、下弦平行，腹杆长度一致，杆件类型少，符合标准化、工业化制造要求，但其弦杆内力分布不够均匀，如图 10-5 所示。

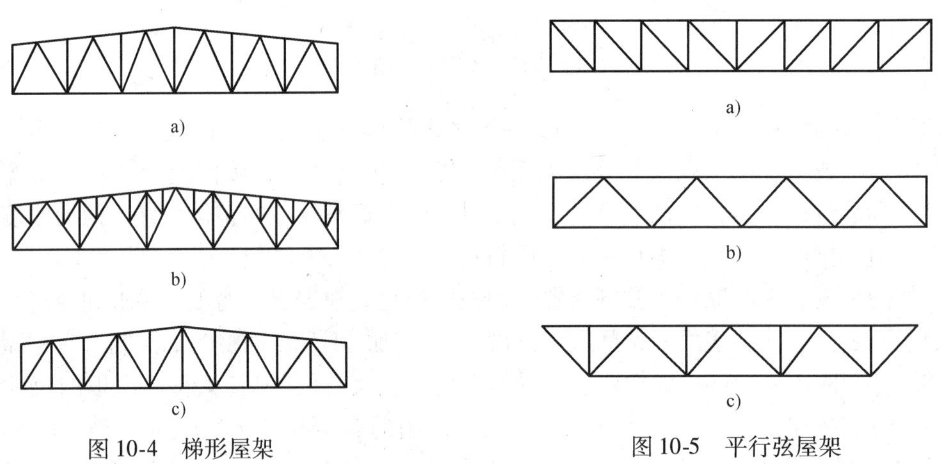

图 10-4　梯形屋架　　图 10-5　平行弦屋架

10.1.2　屋架的选形

钢屋架一般分为普通钢屋架和轻型钢屋架两种。普通钢屋架是由不小于∟45×4、∟56×36×4 的角钢采用节点板焊接而成的屋架。轻型屋架指由包括有小于∟45×4 或∟56×36×4 的角钢、圆钢和薄壁型钢组成的屋架。屋架的外形选择、弦杆节间的划分和腹杆布置，应根据房屋的使用要求、屋面材料、荷载、跨度、构件的运输条件以及有无天窗或悬挂式起重机等因素，按下列原则综合考虑：

1. 满足使用要求

主要满足排水坡度、建筑净空、天窗、顶棚以及悬挂吊车的要求。

2. 受力应合理

应使屋架外形与弯矩图相近，杆件受力均匀；短杆受压、长杆受拉；荷载尽量布置在节点上，以减少弦杆局部弯矩；屋架中部应有足够的高度，以满足刚度要求。

3. 便于施工

屋架杆件的类型和数量宜少，节点的构造应简单，各杆之间的夹角应控制在30°～60°之间。

4. 满足运输要求

当屋架的跨度或高度超过运输界限尺寸时，应将屋架分为若干个尺寸较小的运送单元。

以上各项要求往往难以同时满足，设计时应根据具体情况，全面分析，从而确定合理的结构形式。

10.1.3 屋架的主要尺寸

屋架的主要尺寸是指屋架的跨度和高度，对梯形屋架尚有端部高度。

1. 屋架的跨度

屋架的跨度应根据生产工艺和建筑使用要求确定，同时应考虑结构布置的经济合理性。常见的屋架跨度(标志跨度)为18m、21m、24m、27m、30m、36m等。简支于柱顶上的钢屋架，其计算跨度取决于屋架支座反力间的距离。根据房屋定位轴线及支座构造的不同，屋架计算跨度的取值应作如下考虑：当支座为一般钢筋混凝土排架柱，且定位轴线为封闭结合，屋架简支于柱顶时，其计算跨度一般取房屋标志跨度每端减去150～200mm；当柱的定位轴线与柱顶中轴线重合，且屋架简支于柱顶时，其计算跨度取房屋轴线跨度，即标志跨度。

2. 屋架的高度

屋架的高度取决于建筑要求，屋面坡度、运输界限、刚度条件和经济高度等因素。屋架的最小高度取决于刚度条件，最大高度取决于运输界限，经济高度则根据上、下弦杆及腹杆的重量为最小来确定。三角形屋架的跨中高度一般取$h=(1/6\sim1/4)L$，L为屋架跨度。梯形屋架的跨中高度一般取$h=(1/10\sim1/6)L$。梯形屋架的端部高度，若为平坡时，取1800～2100mm；为陡坡时，取500～1000mm，但不宜小于$L/18$。

设计屋架尺寸时，首先应根据屋架形式和工程经验确定端部尺寸；然后根据屋面坡度确定屋架跨中高度，最后综合各种因素考虑，确定屋架高度。屋架的跨度和高度确定之后，各杆件的轴线可根据几何关系求得。

10.1.4 檩条的形式与构造

檩条通常为双向弯曲构件，其常用形式为实腹式檩条。实腹式檩条一般用槽钢、角钢和薄壁型钢截面，如图10-6所示，其设计计算可按双向受弯构件计算。薄壁型钢檩条受力合理，用钢量少，应优先选用。槽钢檩条和角钢檩条的制作、运输和安装都较简单，但其壁厚，用钢量大，只适用于跨度、檩距及荷载都较小的情况。

檩条宜布置在屋架上弦节点处，由屋檐起沿上弦等距离设置。檩条一般用檩托与屋架上弦相连，檩托用短角钢或薄壁角钢制成，先焊在屋架上弦，然后用C级螺栓(不少于2个)或焊缝与檩条连接。用薄壁角钢制成的檩条，宜将上翼缘肢尖(或卷边)朝向屋脊方向，以减小屋面荷载偏心而引起的扭矩。

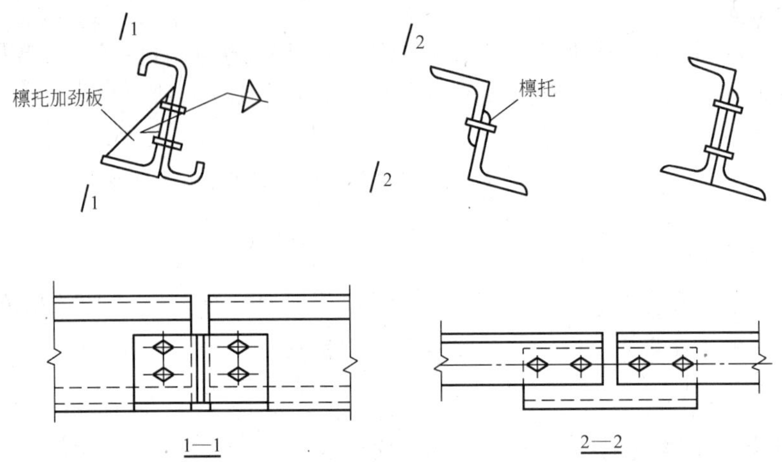

图 10-6　檩条与屋架的连接

为了减少檩条在安装和使用阶段的侧向变形和扭转，保证其整体稳定性，一般需在檩条间设置拉条和撑杆，如图 10-7 所示，作为其侧向支撑点。当檩条跨度为 4～6m 时，宜设置一道拉条；当檩条跨度为 6m 以上时，应布置两道拉条。拉条的直径为 10～16mm，可根据荷载和檩距大小选用。撑杆按支撑压杆要求($\lambda \leqslant 200$)选择截面，用角钢、钢管和方管制作。当檐口处有承重天沟或圈梁时，可只设拉条。

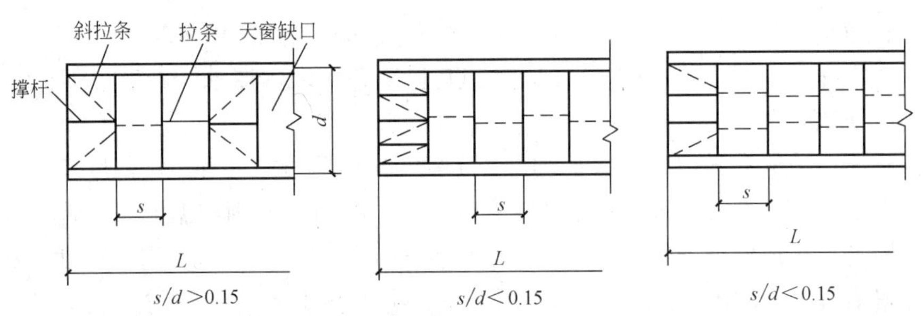

图 10-7　拉条和撑杆布置图

L—屋架跨度　d—屋架间距　s—檩距

10.1.5　支撑的布置与连接构造

1. 支撑的作用

无论是无檩屋盖还是有檩屋盖，仅将支承在柱顶的钢屋架用大型屋面板或檩条连系起来均是一种几何可变体系，在水平荷载作用下，屋架可能向侧向倾倒，如图 10-8a 所示。其次，由于屋架上弦侧向支承点间的距离过大，受压时容易发生侧向失稳现象(如图中虚线所示)，其承载能力极低。如果在房屋的两端相邻屋架之间布置上弦横向水平支撑和垂直支撑，如图 10-8b 所示，则整个屋盖形成一稳定的空间体系，其受力情况将明显改善。在这种情况下，上弦支撑与屋架上弦组成的平面桁架可传递水平荷载；同时，由于支撑节点可以阻止上弦的侧向位移，使其自由长度大大减小，故上弦的承载能力也可显著提高。

因此，必须在屋盖系统中设置支撑，使整个屋盖结构连成整体，形成一个空间稳定体系，保证结构整体空间作用，避免压杆侧向失稳，承担和传递水平荷载(风荷载、起重机荷载、地震荷载等）。此外，屋盖的安装一般从房屋温度区段的一端开始，先用支撑将相邻的屋架联系起来组成一个空间稳定体，保证结构安装的稳定和方便。

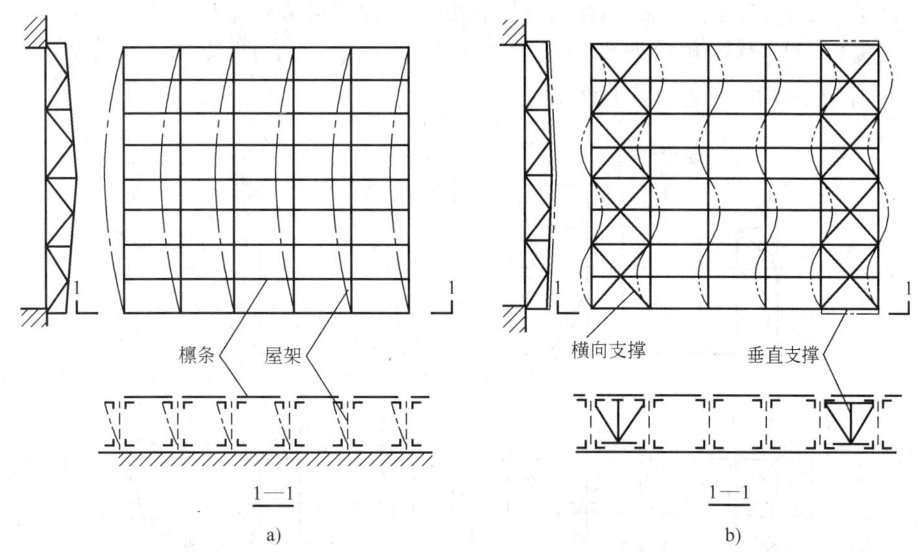

图 10-8　屋盖支撑作用示意图

a）无支撑时　b）有支撑时

2. 支撑的种类

钢屋盖的支撑分为：上弦横向水平支撑、下弦横向水平支撑、下弦纵向水平支撑、垂直支撑和系杆五种，如图 10-9 所示。一般钢屋盖都应设置上、下弦横向水平支撑、垂直支撑和系杆。

（1）上弦横向水平支撑一般布置在屋盖两端的第一柱间，和横向伸缝区段的两端；当需与第二柱间开始的天窗架上的支撑配合时，也可设在第二柱间，但必须用刚性系杆与端屋架连接，如图 10-9a 所示。支撑的间距不宜大于 60m，即当温度区段较长时，在区段中间应增设横向水平支撑。

（2）下弦横向水平支撑一般都和上弦横向水平支撑布置在同一柱间，以便组成稳定的空间结构体系。当下弦横向水平支撑布置在第二柱间时，同样应在第一柱间设置刚性系杆，如图 10-9b 所示。

（3）下弦纵向水平支撑一般只在对房屋的整体刚度要求较高时设置。当房屋内设有较大吨位的重级或中级工作制的桥式起重机，或有锻锤等较大振动设备，或有托架和中间屋架时，以及房屋较高，跨度较大时，均应在屋架下弦（三角形屋架可在上弦）端节间平面设置纵向水平支撑，并与下弦横向水平支撑形成封闭的支撑系统。

（4）垂直支撑。凡设有横向水平支撑的柱间都要设置垂直支撑，如图 10-9d、e 所示。当采用三角形屋架且跨度小于 24m 时，只在屋架跨度中央布置一道，当跨度大于 24m 时，宜在屋架大约 1/3 的跨度处各设置一道。当采用梯屋架且跨度小于 30m 时，在屋架两端及跨度中央均应设置垂直支撑；当跨度大于 30m 时，除两端设置外，应在跨中 1/3 处各设置一道。当屋架两端有托架时，可用托架代替。

（5）系杆。对于不和横向水平支撑相连的屋架，在垂直支撑平面内的屋架上、下弦节点处，沿房屋的纵向通长设置系杆。系杆分刚性系杆和柔性系杆两种。刚性系杆一般由两个角钢组成，能承受压力。柔性系杆则常由单角钢或圆钢组成，只能承受拉力。刚性系杆设置在第一柱间的上、下弦处，支座节点处和屋脊处，其余的可采用柔性系杆。

当有天窗时，应设置和屋架类似的支撑如图 10-9c、d、e 所示。当天窗宽度大于 12m 时，应在天窗架中间再加设一道垂直支撑。

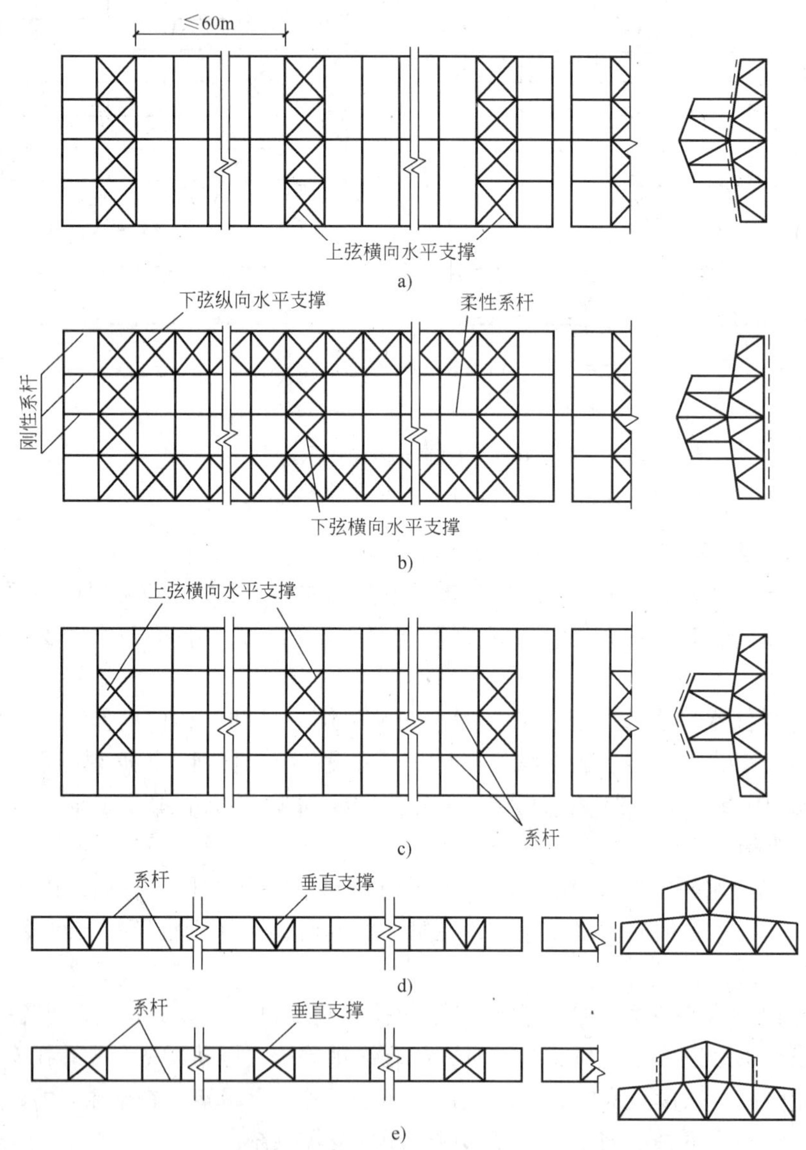

图 10-9　屋盖支撑布置

a）屋架上弦横向水平支撑　b）屋架下弦水平支撑　c）天窗上弦横向水平支撑
d）屋架跨中及支座处的垂直支撑　e）天窗架侧柱垂直支撑

3. 支撑的连接构造

屋盖支撑因受力较小一般不进行内力计算。其截面尺寸由杆件容许长细比和构造要求确定，交叉斜杆一般可按受拉杆件的容许长细比确定，非交叉斜杆、弦杆均按压杆的容许长细比确定。对于跨度较大且承受墙面传来较大风荷载的水平支撑，应按桁架体系计算其内力，并按内力选择截面，同时亦应控制其长细比。

屋盖支撑的连接构造应力求简单，安装方便。支撑与屋架的连接一般采用 M20 螺栓（C 级），支撑与天窗架的连接可采用 M16 螺栓（C 级）。有重级工作制吊车或有较大振动设备的厂房，支撑与屋架的连接宜采用高强度螺栓连接，或用 C 级螺栓再加安装焊缝的连接方法将节点固定。

上弦横向水平支撑的角钢肢尖宜朝下，交叉斜杆与檩条连接处中断，如图 10-10a 所示。如不与檩条相连，则一根斜杆中断，另一根斜杆可不断，如图 10-10b 所示。下弦支撑的交叉斜杆可以肢背靠肢背用螺栓加垫圈连接，杆件无需中断，如图 10-10c 所示。

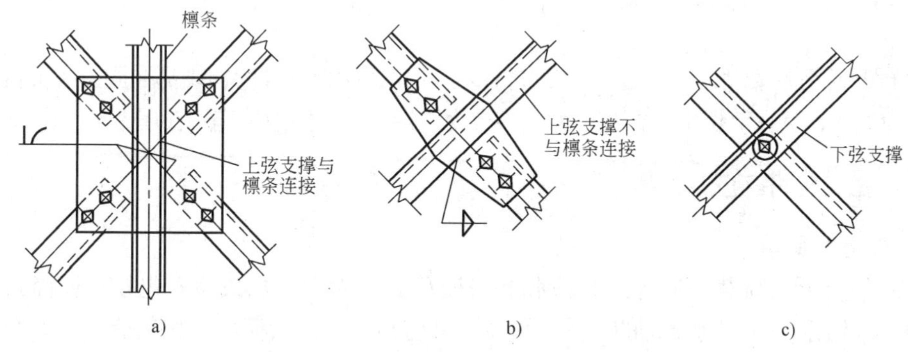

图 10-10　上、下弦支撑交叉点的构造

上弦横向支撑与屋架的连接如图 10-11 所示，连接时应使连接的杆件适当离开屋架节点，以免影响大型屋面板或檩条的安放。

垂直支撑与屋架上弦的连接如图 10-12 所示。图 10-12a 垂直支撑与屋架腹杆相连，构造简单，但传力不够直接，节点较弱，有偏心。图 10-12b 构造复杂，但传力直接，节点较强，适用于跨度较大的屋架。

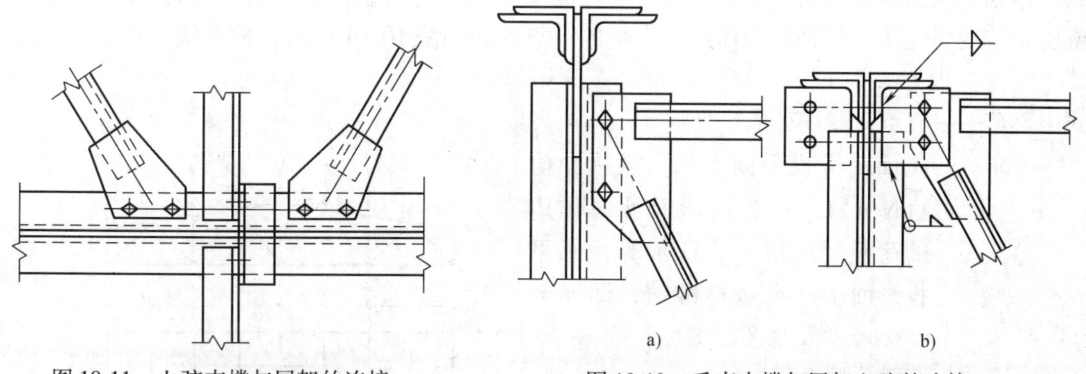

图 10-11　上弦支撑与屋架的连接

图 10-12　垂直支撑与屋架上弦的连接

垂直支撑与屋架下弦的连接如图 10-13 所示。这两种连接传力直接，节点较强，应优先采用。对屋面荷载较轻或跨度较小的屋架，也可采用类似图 10-12a 的连接方式，将垂直支撑与屋架竖腹杆连接。

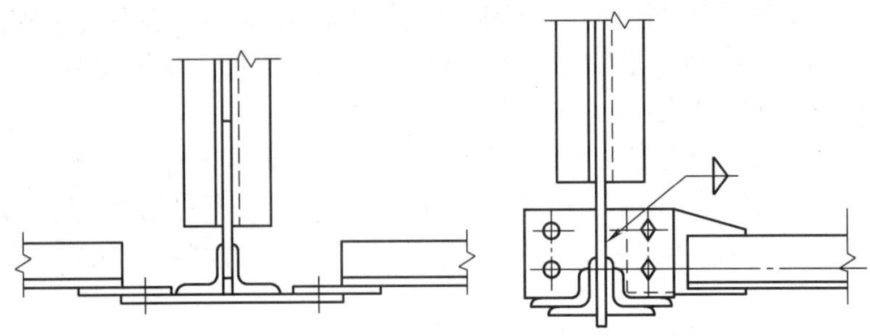

图 10-13　垂直支撑与屋架下弦的连接

10.2　普通屋架的杆件设计

在进行普通钢屋架设计时，通常需要进行以下简化：屋架杆件的轴线都在同一平面内，各杆的轴线都为直线，且在节点中心相交；节点均视为铰接；杆件内力按作用在屋架节点上计算。

10.2.1　屋架杆件内力计算

1. 屋架上的荷载

作用在屋架上的荷载一般为永久荷载和可变荷载两大类。永久荷载包括：屋面材料、檩条、支撑、天窗架、顶棚等结构的自重。可变荷载包括：屋面活荷载、积灰荷载、雪荷载、风荷载、悬挂起重机荷载等。其中屋面活荷载和雪荷载不会同时出现，可取两者中较大值计算。

屋架及支撑自重可按经验公式 $q_k = 0.12 + 0.011L$（L 为屋架跨度的标志尺寸，单位为 m）计算。q_k 的单位为 kN/m^2，按水平投影面积计算。对于有檩轻型屋盖，檩条、屋架及支撑的自重可取 $0.2kN/m^2$。当屋架仅作用有上弦节点荷载时，将 q_k 全部合并为上弦节点荷载；当屋架尚有下弦荷载（如顶棚、悬挂管道等）时，q_k 按上、下弦平均分配。

当屋面坡度 $\alpha \leqslant 30°$ 时，对一般屋面可不考风荷载的作用，但对轻型屋面应考虑吸风荷载的作用。因为风荷载引起的向上吸力有可能大于向下的荷载，使屋架某些杆件内力增大，或由受拉变为受压。各种荷载作用下产生的节点荷载如图 10-14 所示，按下式计算

$$F_i = \gamma_i p_i s d \tag{10-1}$$

式中　F_i——节点荷载设计值（kN）；

p_i——屋面水平投影面上的荷载标准值（kN/m^2），对于沿屋面坡向作用的荷载标准值 p_α，应换算为水平投影面上的荷载标准值，即 $p_i = p_\alpha / \cos\alpha$，$\alpha$ 为屋面坡度；

γ_i——荷载分项系数；

s——屋架间距（m）；

d——屋架弦杆节间水平长度（m）。

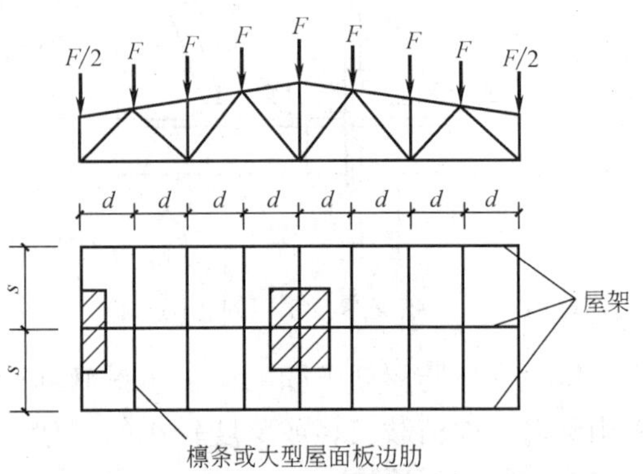

图 10-14　节点荷载汇集简图

2. 杆件内力计算及荷载组合

计算屋架杆件内力时，可采用理想平面桁

架假定。即假定屋架所有杆件都位于同一平面内，且杆件重心汇交于节点中心，所有荷载均作用在屋架节点上，各节点为理想铰接。实际上由于制造的偏差和运输安装的影响，各杆不可能完全汇交于节点中心，屋架杆件将产生次应力。但由于屋架杆件都较细长，次应力对屋架的承载影响较小，故设计时不予考虑。

屋架各杆内力可根据上述假定，用数解法或图解法求得。一般屋架(如梯形、三角形)用图解法较为方便。对一些常用形式的屋架，结构设计手册中有单位力作用下的内力系数表，可供设计时采用。

当有上弦节间荷载时，应先将其按比例分配到相邻的右、左节点上，再计算各杆内力。但在计算上弦杆时，应考虑局部弯矩的影响。局部弯矩的计算可采用如下近似计算法：对于端节点按铰接 $M=0$，当其悬挑时，取最大悬臂端弯矩 M_e；对端节间取正弯矩 $M=0.8M_0$；对其他节间正弯矩和节点负弯矩均取 $M_1=\pm0.6M_0$。M_0 为跨度等于节间长度的简支梁最大弯矩。设计钢屋架时，应尽量避免节间荷载的布置。

屋架杆件内力应根据使用和施工过程中可能出现的最不利荷载组合计算。在屋架设计时应考虑以下三种荷载组合：

(1) 全跨永久荷载 + 全跨可变荷载。

(2) 全跨永久荷载 + 半跨可变荷载。

(3) 全跨屋架、支撑和天窗架自重 + 半跨屋面板重 + 半跨屋面活荷载。

屋架上、下弦杆和靠近支座的腹杆按第一种荷载组合计算；而跨中附近的腹杆在第二、第三种荷载组合下可能内力为最大，且可能变号。一般情况下，屋架杆件截面受第一及第三种荷载组合控制；第二种组合往往因左右半跨的节点荷载相差不大，而且两者都比第一种组合小，不起控制作用。对于屋面坡度较小的轻型屋面，当风荷载较大时，还应考虑永久荷载和风荷载的组合。

10.2.2 屋架杆件的计算长度与容许长细比

1. 屋架杆件的计算长度

在理想铰接屋架中，受压杆件的计算长度可取节点中心间的距离。但实际上屋架各杆件是通过节点板焊接在一起的，由于节点板本身具有一定刚度，节点上还有受拉杆件的约束作用，故节点不是真正的铰接，而是介于刚接和铰接之间的弹性嵌固。因此，在设计时不能把这种节点视为铰接，而应考虑节点本身的刚度来确定各杆件的计算长度。

(1) 屋架平面内的计算长度。屋架各杆在屋架平面内的计算长度如图 10-15a 所示，对于弦杆，支座斜杆和支座竖杆，由于其内力较大，截面也大，其他杆件在节点处对它们的约束作用相对较小，同时考虑到这些杆件在屋架中比较重要，计算长度取 $l_{0x}=l$(l 为节间轴线长度)，对其他受压腹杆，其计算长度取 $l_{0x}=0.8l$。

(2) 屋架平面外的计算长度。弦杆在屋架平面外的计算长度 l_{0y}，应取侧向支承点之间的距离 l_1，即 $l_{0y}=l_1$。在有檩屋盖中，取横向支撑点间距离或取与支撑连接的檩条及系杆之间的距离(图 10-15b)；在无檩屋盖中，当屋面板与屋架有三点焊牢时，可取两块屋面板的宽度，但应不大于 3.0m；在天窗范围内取与横向支撑连接的系杆间距离。对下弦杆的计算长度应视有无纵向水平支撑确定，一般取纵向水平支撑节点与系杆或系杆与系杆间的距离。弦杆对腹杆在屋架平面外的约束很小，故可视为铰支承，因此腹杆在屋架平面外的计算长度

应取 $l_{0y}=l$。

当屋架弦杆侧向支承点之间的距离 l_1 为节间长度的两倍（图 10-16），且两节间弦杆内力 N_1 和 N_2 不等时，应取杆件内力较大值。计算弦杆在屋架平面外的稳定性，其计算长度应按下式确定

$$l_{0y}=l_1\left(0.75+0.25\frac{N_2}{N_1}\right) \quad (10\text{-}2)$$

式中 l_{0y}——平面外的计算长度(mm)，当 $l_{0y}<0.5l_1$ 时，取 $l_{0y}=0.5l_1$；

N_1——较大的压力(N)，计算时取正值；

N_2——较小的压力或拉力(N)，计算时压力取正值，拉力取负值。

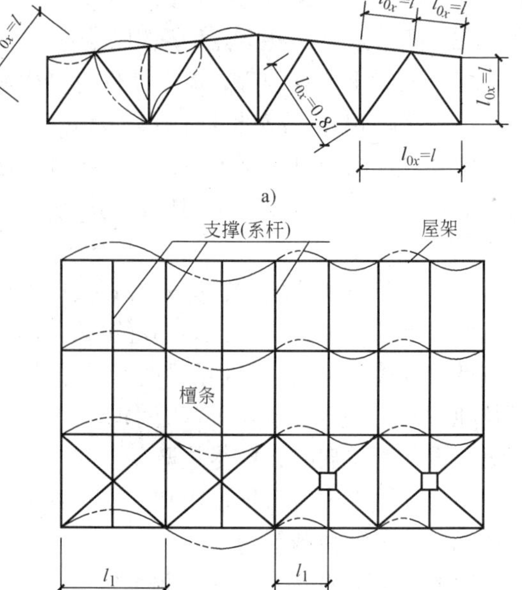

图 10-15 屋架杆件计算长度

屋架再分式腹杆体系的受压主斜杆及 K 形腹杆体系的竖杆，在屋架平面外的计算长度也应按式(10-2)确定（受拉主斜杆仍取 l_1）；在屋架平面内的计算长度应取节点中心间的距离（图 10-17）。

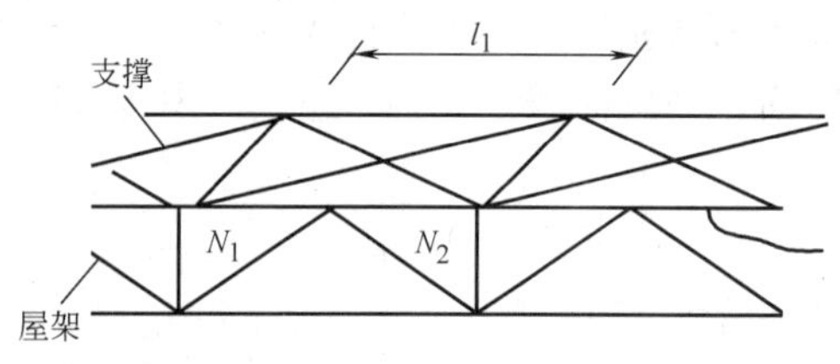

图 10-16 屋架弦杆的计算长度

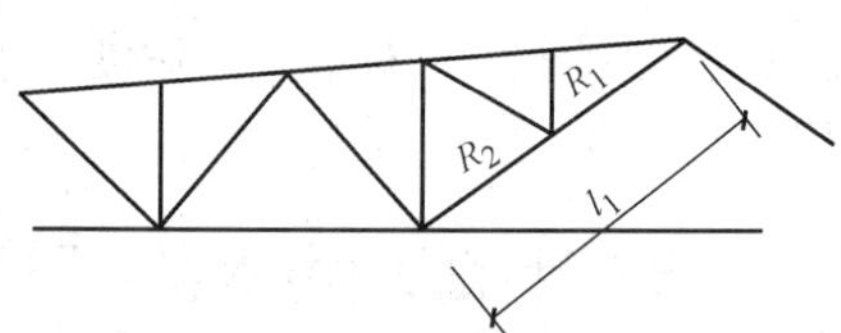

图 10-17 再分式屋架杆件的计算长度

(3) 斜平面的计算长度。单面连接的单角钢腹杆及双角钢组成的十字形截面腹杆，因截面的两主轴均不在屋架平面内，当杆件绕最小主轴失稳时，发生在斜平面内。此时，杆件两端节点对其两个方向均有一定的嵌固作用，因此可取腹杆斜平面内的计算长度 $l_0=0.9l$。

桁架弦杆和单系腹杆的计算长度按表 10-1 选用。

表 10-1 桁架弦杆和单系腹杆的计算长度 l_0

项次	弯曲方向	弦杆	腹杆	
			支座斜杆和支座竖杆	其他腹杆
1	在桁架平面内	l	l	$0.8l$
2	在桁架平面外	l_1	l	l
3	斜平面	—	l	$0.9l$

注：1. l 为构件的几何长度（节点中心间距离）；l_1 为桁架弦杆侧向支承之间的距离。

2. 斜平面系指与桁架平面斜交的平面，适用于构件截面两主轴均不在桁架平面内的单角钢腹杆和双角钢十字形截面腹杆。

3. 无节点板的腹杆计算长度在任意平面内取其等于几何长度 l（钢管结构除外）。

2. 容许长细比

屋架中有些杆件计算内力很小，甚至为零，由此确定的杆件截面较小，长细比较大，在自重荷载作用下会产生过大挠度，运输和安装过程中易产生弯曲，动荷作用下会引起较大的振动。因此在《钢结构设计规范》(GB 50017—2003)中对压杆和拉杆都规定了容许长细比，见表 10-2。

表 10-2 桁架杆件的容许长细比

项次	杆件名称	压杆	拉杆		
			承受静力荷载或间接承受动力荷载的结构		直接承受动力荷载的结构
			一般建筑结构	有重级工作制吊车的厂房	
1	桁架的杆件	150	350	250	250
2	天窗架杆件	150	—	—	—
3	支撑	200	400	350	—

注：1. 承受静力荷载的结构，可仅计算受拉构件在竖向平面内的长细比。
2. 在直接或间接承受动力荷载的结构中，计算单角钢受拉、受压构件的长细比时，应采用角钢的最小回转半径，但在计算交叉杆件平面外的长细比时，可采用与角钢肢边平行轴的回转半径。
3. 在设有夹钳起重机或刚性料耙吊车的厂房中，支撑的长细比不宜超过 300。
4. 受拉构件在永久荷载与风荷载组合作用下受压时，其长细比不宜超过 250。
5. 桁架(包括空间桁架)的受压腹杆，当其内力等于或小于承载能力的 50% 时，容许长细比值可取为 200。
6. 张紧的圆钢拉杆的长细比不受限制。
7. 跨度等于或大于 60m 的桁架，其受压弦杆和端压杆的容许长细比值宜取 100，其他受压腹杆可取 150(承受静力荷载)或 120(承受动力荷载)；其受拉弦杆和腹杆的长细比不宜超过 300(承受静力荷载)或 250(承受动力荷载)。

对于由双角钢组成的 T 形截面杆件(图 10-18a)，其截面的两个主轴分别在屋架平面内和屋架平面外，在这两个方向上杆件的长细比应按下式验算

$$\lambda_x = \frac{l_{0x}}{i_x} \leqslant [\lambda] \tag{10-3}$$

$$\lambda_{yz} \leqslant [\lambda] \tag{10-4}$$

式中 λ_{yz}——换算长细比，按第 7 章相关要求计算。

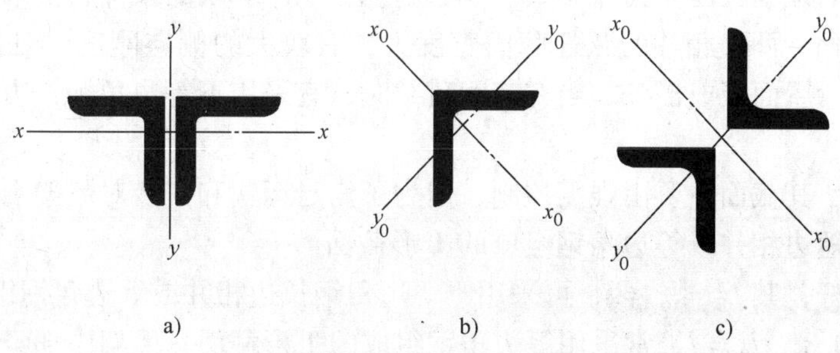

图 10-18 杆件截面的主轴

对于单角钢杆件和双角钢组成的十字形截面(图 10-18b、c)，应取截面的最小回转半径 $i_{min}(i_{y0})$ 验算杆件在斜平面上的最大长细比，即

$$\lambda = \frac{l_0}{i_{min}} \leqslant [\lambda] \tag{10-5}$$

10.2.3 屋架杆件截面选择

1. 屋架杆件截面形式

选择屋架杆件截面形式时，应考虑其是否构造简单、施工方便、取材容易，且易于连接，并尽可能增大屋架的侧向刚度。对轴心受力构件宜使杆件在屋架平面内、外的长细比或稳定性相近。屋架杆件一般采用双角钢组成的 T 形截面或十字形截面，受力较小的次要杆件可采用单角钢截面。表 10-3 为各种角钢组合的截面形式及其 i_y/i_x 的近似比值，供设计时参考选用。

表 10-3　普通钢屋架常用杆件的截面形式

序号	杆件截面的角钢类型	截 面 形 式	回转半径 i_y/i_x 比值
1	两个不等肢角钢短肢相连		2.0～2.5
2	两个不等肢角钢长肢相连		0.8～1.0
3	两个等肢角钢		1.3～1.5
4	两个等肢角钢十字形连接		1.0
5	一个等肢角钢对称于节点板		0.5

屋架上弦杆的计算长度多为 $l_{0y}=2l_{0x}$，为获得近于 $\lambda_x=\lambda_y$ 的条件，常采用不等边角钢短边相并的 T 形截面。两边相并的弦杆截面宽度大，有较大的侧向刚度，对运输、吊装十分有利，且便于放置屋面板或檩条。当有节间荷载时，宜采用不等边角钢长边相并或等边角钢组成的 T 形截面。

屋架下弦杆，其截面主要由强度控制，但为了满足运输和安装对屋架刚度的要求，仍宜采用不等边角钢短边相并或等边角钢组成的 T 形截面。

屋架支座腹杆，其 $l_{0x}=l_{0y}=l$，可采用不等边角钢长边相并或等边角钢组成的 T 形截面；其他腹杆，$l_{0x}=0.8l$，$l_{0y}=l$，常采用等边角钢组成的 T 形截面；屋架中部竖直腹件，通常要与垂直支撑连接，故采用等边角钢组成的十字形截面；对受力较小的个别腹杆，可采用单角钢对称于节点板的切槽连接。

双角钢 T 形或十字形截面是组合截面，应隔一定间距在两角钢间放置填板，如图 10-19所示，以保证两角钢共同工作。填板宽度一般取 40～60mm。填板长度，对于 T 形截面应伸出角钢肢边 10～15mm；对于十字形截面应从角钢肢尖缩进 10～15mm，以便施焊。填板的厚度应与节点板厚度相同。填板间距 l_d，对受压杆取 $l_d \leqslant 40i$；对受拉杆取 $l_d \leqslant 80i$，i 为回转半径。对 T 形截面，i 为一个角钢对平行于填板的自身形心轴的回转半径；对十字形截面，i 为一个角钢的最小回转半径。填板数在受压杆的两个侧向支承点间不应少于 2 块。

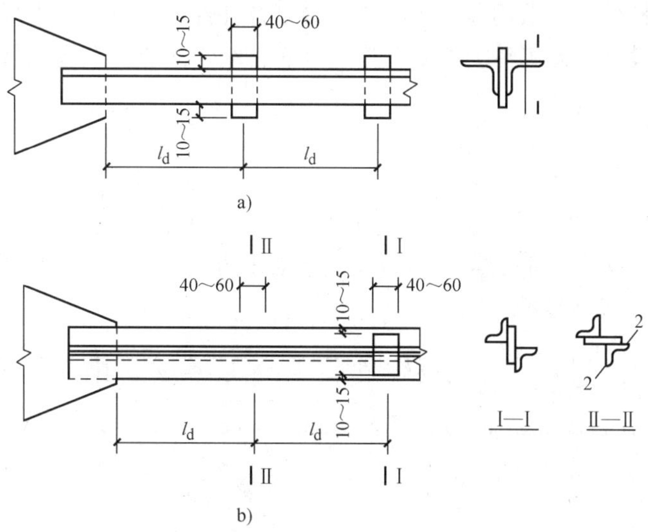

图 10-19　屋架杆件中的填板

2. 杆件截面选用的原则

杆件截面选用应满足以下要求：

(1) 应优先选用肢宽壁薄的角钢，以增大回转半径，但受压杆件应满足局部稳定的要求，一般肢厚为 5mm，小跨度屋架应不小于 4mm。

(2) 杆件截面尺寸应根据其不同的受力情况按计算确定。当屋架仅受节点荷载作用时，应按轴心受力构件计算选用杆件截面；当上、下弦杆有节间荷载作用时，应按拉弯、压弯构件选用上、下弦截面。屋架所有杆件截面都必须满足表 10-2 容许长细比的要求。

(3) 对受力很小的腹杆或因构造要求设置的杆件(如芬克式屋架跨中央竖杆)，其截面按刚度条件确定。

(4) 杆件截面计算一般采用验算的方法，即先按设计经验和构造要求选定各杆截面，然后再按受力情况逐一验算，如不满足要求，重新选择截面进行验算，直至合适为止。

(5) 对于跨度不大的屋架，其上、下弦杆的截面一般沿长度保持不变，按最大受力节间选择；如果跨度大于 24m，应根据弦杆内力的大小，从节点部位开始改变截面，但应改变肢宽而保持厚度不变，以利于拼接构造的处理。如改变弦杆截面，半跨内只能改变一次。

(6) 在一榀屋架中，应避免选用肢宽相同而厚度不同的角钢，厚度相差至少为 2mm，以防止制造时弄错。

(7) 为了防止杆件在运输和安装时产生弯扭和损坏，角钢最小尺寸不应小于∟45×4 或∟56×36×4；用于十字形截面的角钢不应小于∟63×5。

(8) 同一榀屋架中，杆件的截面规格不宜过多，在用钢量增加不多的情况下，宜将杆件截面规格相近的加以统一，即一榀屋架中杆件截面规格不宜超过 6 ~7 种。

10.3 普通屋架的节点设计

普通钢屋架的杆件一般采用节点板相互连接，各杆件内力通过节点板上的焊缝互相传递而达到平衡。节点设计应做到传力明确，连接可靠，制作简单，节省钢材。

10.3.1 节点的构造要求

节点构造应满足以下要求：

（1）为了避免杆件偏心受力，杆件的重心线应与屋架的轴线重合并在节点处相交于一点，为了制作方便，通常取角钢或 T 形钢肢背至轴线的距离为 5mm 的倍数。

（2）当弦杆沿长度改变截面时，截面改变的位置应设在节点处，并使角钢肢背齐平，以便拼接和放置屋面构件，此时应取两杆件重心线的中线为轴线；如偏心距 e 不超过较大杆件截面高度的 5%，可不考虑偏心产生的附加弯矩影响。节点各杆件的轴线如图 10-20 所示，图中 e_0 按 e_1 和 e_2 的平均数取 5mm 的倍数值，e_3、e_4 则按角钢重心距取 5mm 的倍数值。

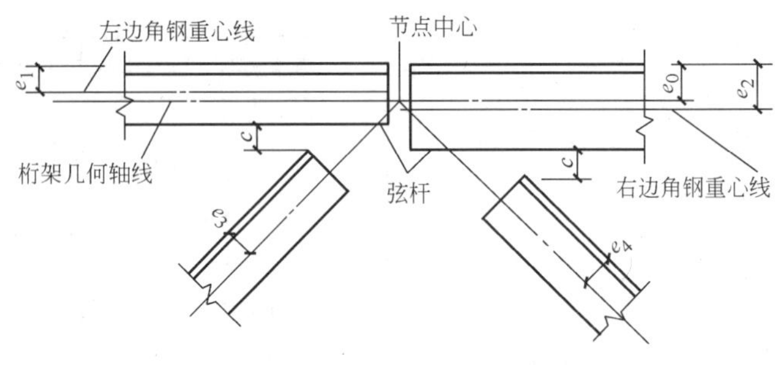

图 10-20　节点各杆件的轴线

（3）为了施焊方便和避免焊缝过于密集导致节点板材料变脆，屋架节点处腹杆与腹杆、腹杆与弦杆间焊缝的净距不宜小于 10mm，或杆件之间应满足 $c \geqslant 15 \sim 20$mm 之间的要求，如图 10-20 所示。节点板应伸出弦杆角钢肢背 10 ~15mm，以便于施焊。当屋面板或檩条支承于上弦节点时，也可将节点板缩进肢背 5 ~10mm，用塞焊焊接。

（4）角钢的切断面一般应与其轴线垂直，但为使节点紧凑时，可按图 10-21b 斜切肢尖，不能按图 10-21c 斜切肢背。

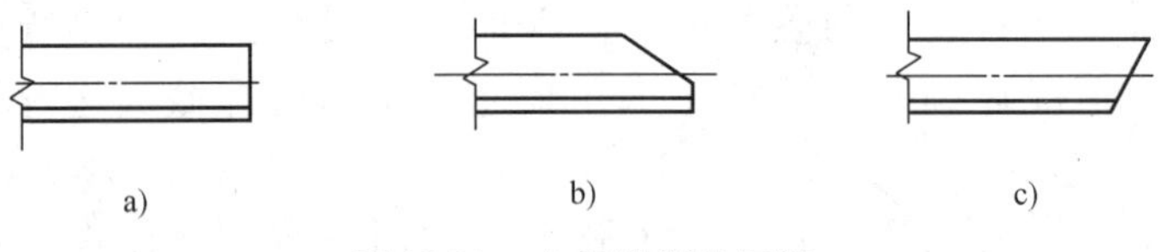

图 10-21　角钢端部的切割

（5）节点板的尺寸主要取决于所连杆件的大小和所需焊缝的长短，其形状一般采用有两条平行边的四边形，如矩形、梯形或平行四边形。节点板的外形还应考虑传力均匀，以免产生严重的应力集中现象。节点边缘与杆件边缘的夹角不应小于 15°，且节点板的外形应尽量使连接焊缝中心受力，如图 10-22a 所示。图 10-22b 的连接，焊缝受力有偏心，不宜采用。

（6）节点板应有适当的厚度，以确保节点中各杆内力的安全传递。节点板的受力较为复杂，一般可根据设计经验确定其厚度，然后再验算其强度和稳定性。普通钢屋架节点板的厚度可按表 10-4 选用。

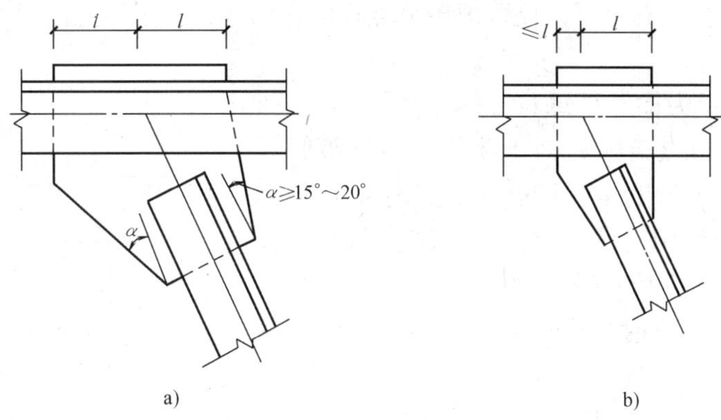

图 10-22　单斜杆与弦杆的节点构造

表 10-4　屋架节点板厚度选用表

梯形屋架腹杆最大内力或三角形屋架弦杆最大内力/kN	<180	181～300	301～500	501～700	700～950	951～1200	1201～1550	1551～2000
中间节点板厚度/mm	6	8	10	12	14	16	18	20
支座节点板厚度/mm	8	10	12	14	16	18	20	22

注：表列厚度系数按钢材为 Q235 钢考虑，当节点板为 Q345(16Mn)钢时，其厚度可按较表列数值减小 1～2mm 取用，但板厚度不得小于 6mm。

10.3.2　节点设计

节点设计应先按各杆的截面形式确定节点连接的构造形式，再根据杆件的内力确定连接焊缝的焊脚尺寸和长度，然后再根据焊缝长度确定节点板的合理形状和具体尺寸，最后验算弦杆与节点板的连接焊缝。节点设计应和屋架施工图的绘制结合进行。

1. 下弦中间节点

如图 10-23 所示为下弦中间节点。下弦杆采用通长角钢与节点板连接，因此弦杆中的内力主要通过角钢传递，和节点板连接的焊缝只传递弦杆的内力差 $\Delta N = N_1 - N_2$，由于 ΔN 很小，计算所需焊缝长度较短，故一般按构造要求将下弦杆焊缝沿节点板全长焊满即可。腹杆与节点板连接的焊缝长度，可先假定焊脚尺寸 h_f(肢尖处小于肢厚,肢背处约等于肢厚)，再计算出一个角钢肢背焊缝计算长度 l_{W1} 和肢尖焊缝计算长度 l_{W2}，即

$$l_{W1} \geqslant \frac{K_1 \frac{N}{2}}{h_e f_f^w} = \frac{K_1 N}{1.4 h_f f_f^w} \tag{10-6}$$

$$l_{W2} \geqslant \frac{K_2 \frac{N}{2}}{h_e f_f^w} = \frac{K_2 N}{1.4 h_f f_f^w} \tag{10-7}$$

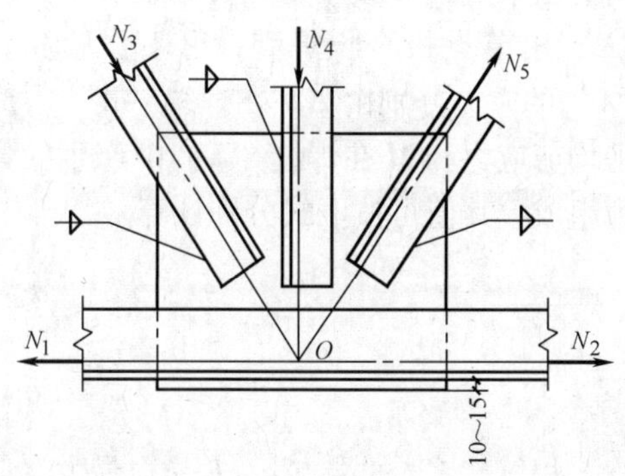

图 10-23　下弦中间节点

式中　K_1、K_2——角钢肢背与肢尖的焊缝内力分配系数；

h_f——直角角焊缝的焊脚尺寸(mm)。

各杆所需焊缝长度确定后，便可框出节点板的轮廓线，并量出它的尺寸。

2. 上弦节点

如图 10-24 所示为梯形屋架上弦一般节点。该上弦杆的坡度很小，且节点荷载 F 对上弦杆与节点板间焊缝的偏心较小，可认为该焊缝只承受节点荷载 F 与上弦杆内力差 ΔN 的作用。设计时先确定弦杆与节点板的脚尺寸 h_f，再按下列公式进行验算。

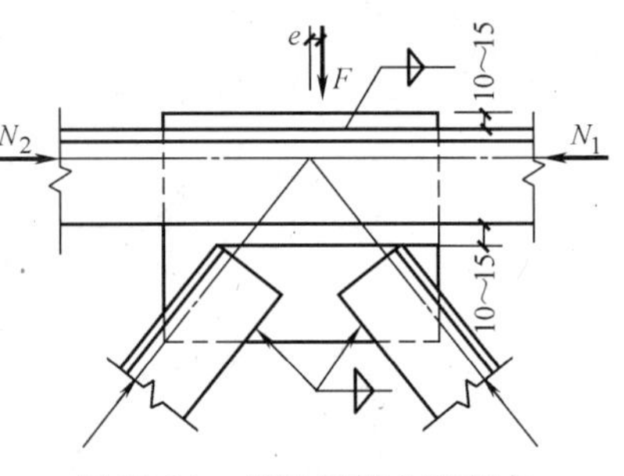

图 10-24　梯形屋架上弦节点

在 ΔN 作用下，角钢肢背与节点板间焊缝所受的剪应力为

$$\tau_{\Delta N}=\frac{K_1\Delta N}{2\times 0.7h_f l_W} \tag{10-8}$$

式中　K_1——角钢肢背焊缝内力分配系数；

l_W——每条焊缝的计算长度(mm)，取实际长度减去 10mm。

在荷载 F 的作用下，上弦杆与节点板间的四条焊缝平均受力(角钢肢背和肢尖的焊脚尺寸均取 h_f)，焊缝应力为

$$\sigma_F=\frac{F}{4\times 0.7h_f l_W} \tag{10-9}$$

因肢背焊缝受力最大，且 $\tau_{\Delta N}$ 与 σ_F 间夹角近于直角，故肢背焊缝应满足下式要求

$$\sqrt{\tau_{\Delta N}^2+\left(\frac{\sigma_F^2}{1.22}\right)}\leqslant f_f^w \tag{10-10}$$

如图 10-25 所示为三角形屋架上弦节点。该上弦杆的坡度较大，节点荷载 F 相对于上弦杆焊缝有较大的偏心，因此上弦杆与节点板焊缝除受 F 和 ΔN 作用外，还受偏心弯矩 $M=\Delta Ne'+Fe$ 的作用。考虑到角钢肢背与节点板间的塞焊缝不易保证质量，可采用如下近似方法验算，即假定荷载 F 由塞焊缝“K”承受，而角钢肢尖焊缝“A”承受 ΔN 和弯矩 M 的作用。由于荷载 F 较小，在实际设计中，将焊缝“K”沿节点板全长焊满，可不作验算。焊缝“A”的应力分别由 ΔN 在焊缝“A”中产生的平均剪应力和 M 在焊缝“A”中产生的弯曲应力组成，其值可按下式分别计算

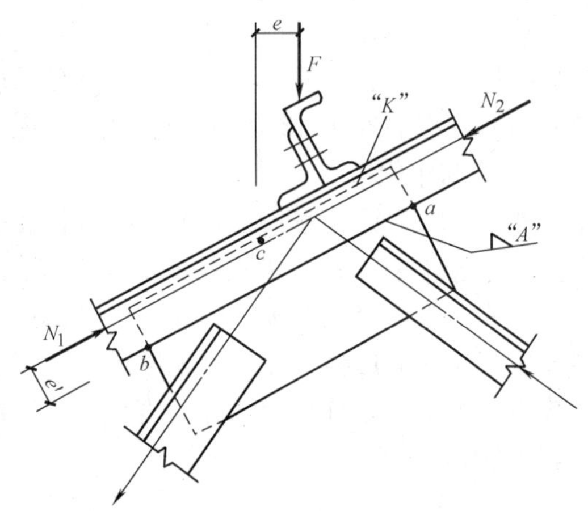

图 10-25　三角形屋架上弦一般节点

$$\tau_{\Delta N}=\frac{\Delta N}{2\times 0.7h_f l_W} \tag{10-11}$$

$$\sigma_M=\frac{6M}{2\times 0.7h_f l_W^2} \tag{10-12}$$

焊缝“A”的端点 a、b 受力最大，应按下式验算

$$\sqrt{\tau_{\Delta N}^{2}+\left(\frac{\sigma_{M}}{1.22}\right)^{2}}\leqslant f_{f}^{w} \tag{10-13}$$

3. 弦杆的拼接节点

屋架弦杆的拼接分为工厂拼接和工地拼接两种。前者是因为角钢不够长或截面改变时的接头，宜设在弦杆内力较小的节间。后者是由于运输条件的限制而设的安装接头，通常设在跨中节点处，如图 10-26 所示。

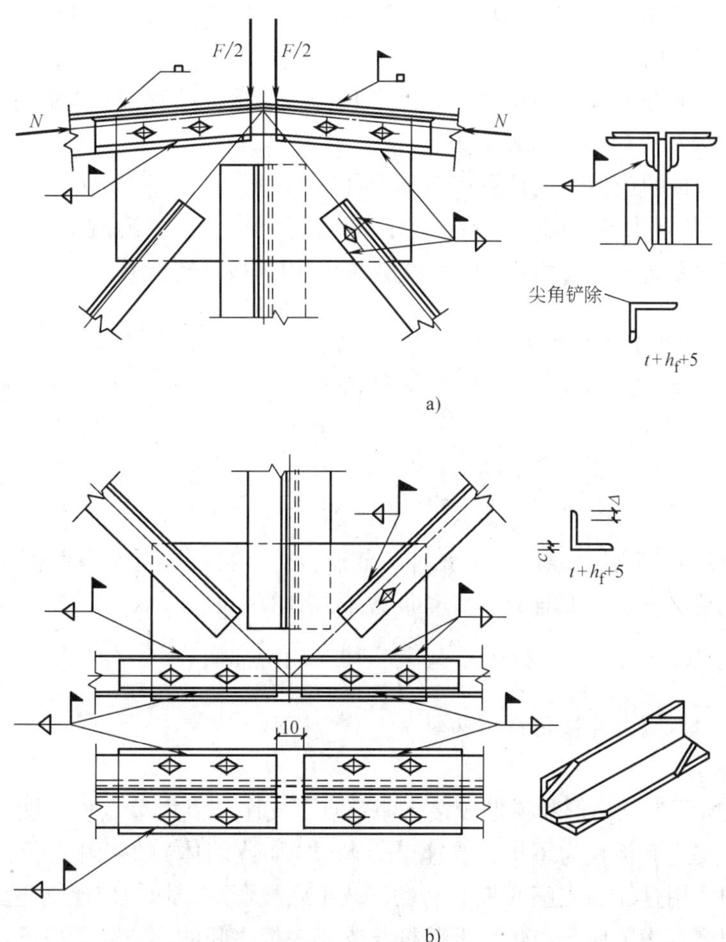

图 10-26 屋架弦杆拼接节点

a）屋脊节点 b）下弦中间节点

拼接角钢常采用与弦杆相同的截面，使弦杆在拼接处保持原有的强度和刚度。为了使拼接角钢与弦杆紧密贴合，以及便于在拼接角钢肢尖布置焊缝，应将拼接角钢铲去肢背棱角、切去竖肢 $\Delta=t+h_f+5\text{mm}$，t 为连接角钢的厚度，h_f 为拼接角钢肢尖的焊脚尺寸。屋脊节点处的拼接角钢，一般用热弯成形。当屋面坡度较大时，可将竖肢切成斜口，再热弯对齐焊牢（图 10-27）。安装接头要设安装螺栓定位、夹紧

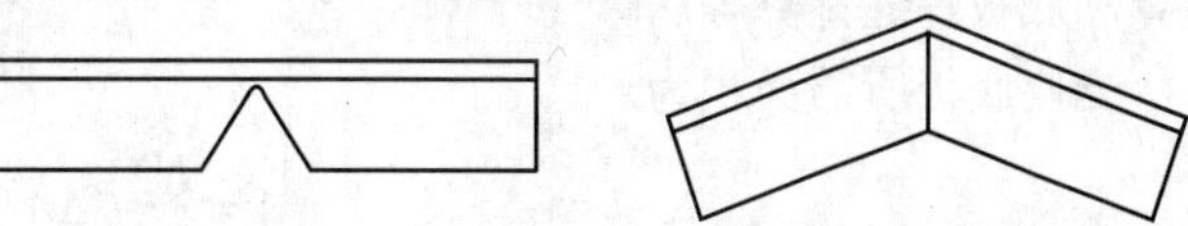

图 10-27 屋脊节点的拼接角钢

弦杆，以利于安装焊缝的施焊。

(1) 弦杆与拼接角钢连接焊缝的计算按等强度原则计算。一般取弦杆内力的较大值，或偏于安全地取弦杆截面的承载能力(受压弦杆取 $N=\varphi Af$,受拉弦杆取 $N=Af$)，并假定其平均分配于拼接角钢肢尖的四条焊缝上，则每条焊缝的长度为

$$l'_{\mathrm{W}}=\frac{N}{4\times0.7h_{\mathrm{f}}f_{\mathrm{f}}^{\mathrm{w}}}+10\mathrm{mm} \tag{10-14}$$

拼接角钢的长度为 $l=2l'_{\mathrm{W}}+a$，a 为空隙尺寸，一般取 $a=10\sim20\mathrm{mm}$，对上弦脊节点，应由构造要求确定 a 的具体尺寸。

(2) 弦杆与节点板连接焊缝的计算。下弦杆与节点板连接焊缝，按相邻弦杆内力差 ΔN 或弦杆内力的15%计算(两者取较大值)。

上弦杆与节点板的连接焊缝计算有以下两种情况：

1) 当上弦杆肢背为塞焊时，假设集中荷载由塞焊缝承担，其强度足够，可不必计算。肢尖处的焊缝按承受 $0.15N_{\max}$ 和 $M=0.15N_{\max}e$ 的作用，按下式验算

$$\tau=\frac{0.15N_{\max}}{2\times0.7h_{\mathrm{f}}l_{\mathrm{W}}} \tag{10-15}$$

$$\sigma=\frac{6M}{2\times0.7h_{\mathrm{f}}l_{\mathrm{W}}^{2}} \tag{10-16}$$

$$\sqrt{\tau^{2}+\left(\frac{\sigma}{1.22}\right)^{2}}\leqslant f_{\mathrm{f}}^{\mathrm{w}} \tag{10-17}$$

2) 当节点板伸出上弦肢背时，上弦杆与节点板的连接焊缝受节点两侧弦杆的竖向分力及节点荷载 F 的合力作用，其连接焊缝长度按下式计算

$$l'_{\mathrm{W}}=\frac{F-2N\sin\alpha}{8\times0.7h_{\mathrm{f}}f_{\mathrm{f}}^{\mathrm{w}}}+10\mathrm{mm} \tag{10-18}$$

上弦杆的水平分力，应由连接角钢传递。

4. 支座节点

如图10-28所示为三角形和梯形铰接支座节点。支座节点由节点板、加劲肋、支座底板和锚栓等组成。支座底板是为了扩大支座节点与柱顶(或墙体)的接触面积，均匀传递屋架荷载。加劲肋的作用是加强支座底板的刚度，减小底板弯矩，均匀传递支座反力，增强支座节点板的侧向刚度。为了便于施焊，下弦杆与支座底板之间的净空部分应不小于下弦角钢的水平肢宽，且不小于130mm。锚栓预埋于钢筋混凝土柱顶或混凝土垫块中，直径一般取20~25mm。底板上的锚栓孔直径一般为锚栓直径的2~2.5倍，并开成圆孔或半圆带矩形孔，以便安装和调整就位。屋架调整就位后，加垫板和螺母，并将垫板与底板焊牢。垫板厚度与底板相同，孔径稍大于锚栓直径。

支座节点的构造和计算与柱脚的构造和计算类似，其计算包括：底板计算、加劲肋焊缝计算和底板焊缝计算等。

支座底板所需面积为

$$A=\frac{N}{f_{\mathrm{c}}}+\Delta A \tag{10-19}$$

式中　N——屋架支座反力(N)；

f_c——混凝土抗压强度设计值(N/mm^2)；

ΔA——锚栓孔面积(mm^2)。

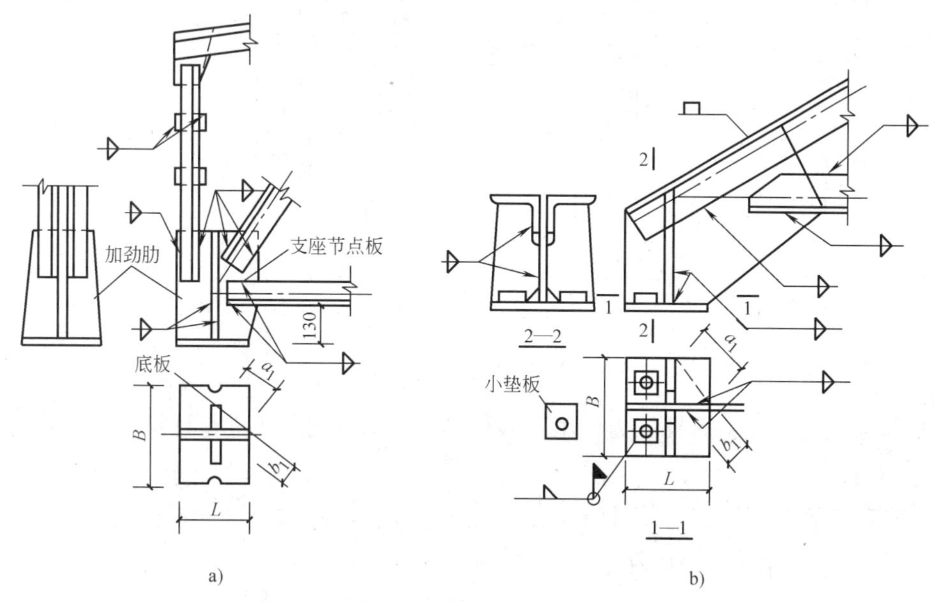

图 10-28　屋架支座节点

a）梯形屋架支座节点　b）三角形屋架支座节点

一般底板的面积可根据锚栓孔的构造要求确定。如采用矩形，平行于屋架方向的尺寸 L 取 250～300mm；垂直于屋架方向的尺寸 B(短边)取柱宽减去 20～40mm，且不小于 200mm。

底板厚度 t 按下式计算

$$t=\sqrt{\frac{6M}{f}} \tag{10-20}$$

式中　M——两边为直角支承板时，单位板宽的最大弯矩，$M=\beta q a_1^2$，(N/mm)。其中 q 为底板单位板宽承受的计算线荷载(N/mm)；a_1 为自由边长度(mm)，如图 10-28 所示；β 为系数，可由 b_1/a_1 根据表 9-6 查得。

底板不宜过薄，一般不小于 16mm。

加劲肋的厚度可取与节点板相同；高度，对于梯形屋架由节点板尺寸确定，对于三角形屋架应使加劲肋紧靠上弦杆角钢水平肋，并焊牢。每块加劲肋与节点板之间的垂直焊缝，可近似地取支座反力 R 的 1/4 计算，偏心距取支承加劲肋下端 $b/2$ 宽度(b 为加劲肋下端宽度)，则每块加劲肋两条垂直焊缝承受的内力 $V=R/4$ 和 $M=Rb/8$，然后按角焊缝强度条件验算。节点板、加劲肋与底板的水平焊缝可按均匀传递反力计算。

5. 屋架节点板的计算

屋架节点板在腹杆的轴向力作用下，有可能由于强度和稳定性不足而产生破坏。因此规定，对于屋架节点板应按以下条款进行验算：

(1) 屋架节点板的强度可采用有效宽度法按下式计算

$$\sigma=\frac{N}{b_e t}\leqslant f \tag{10-21}$$

式中　b_c——板件的有效宽度(mm)，如图 10-29 所示，θ 为应力扩散角，可取为 30°。

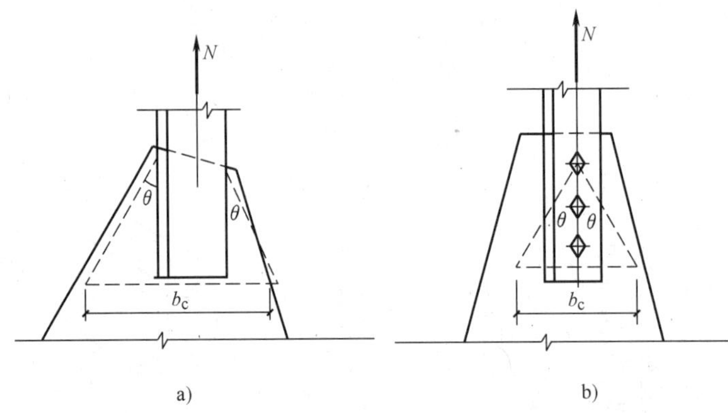

图 10-29　板件的有效宽度

(2) 屋架节点板在斜腹杆压力作用下的稳定性可用下列方法进行计算：

1) 对有竖腹杆的节点板，当 $a/t \leqslant 15\sqrt{235/f_y}$ 时(a 为受压腹杆连接肢端面中点沿腹杆轴线方向至弦杆的净距离)，可不计算稳定。否则，应按规范要求进行稳定计算，但在任何情况下，a/t 不得大于 $22\sqrt{235/f_y}$。

2) 对无竖腹杆的节点板，当 $a/t \leqslant 10\sqrt{235/f_y}$ 时，节点的稳定承载力可取为 $0.8b_c tf$。当 $a/t > 10\sqrt{235/f_y}$ 时，应按规范要求进行稳定计算，但在任何情况下，a/t 不得大于 $17.5\sqrt{235/f_y}$。

(3) 当用(1)、(2)方法计算时，尚应满足以下要求：

1) 节点板边缘与腹杆轴线之间的夹角应不小于 15°。

2) 斜腹杆与弦杆的夹角应在 30°~60°。

3) 节点板的自由边长度 l_1 与厚度 t 之比不得大于 $60\sqrt{235/f_y}$，否则应沿自由边设加劲肋予以加强。

10.4　门式刚架的基本知识

门式刚架结构是梁、柱单元构件组成的平面组合体，其形式多种多样。在单层工业与民用钢结构建筑中应用较多的为单跨、双跨或多跨的单、双坡门式刚架，如图 10-30 所示。根

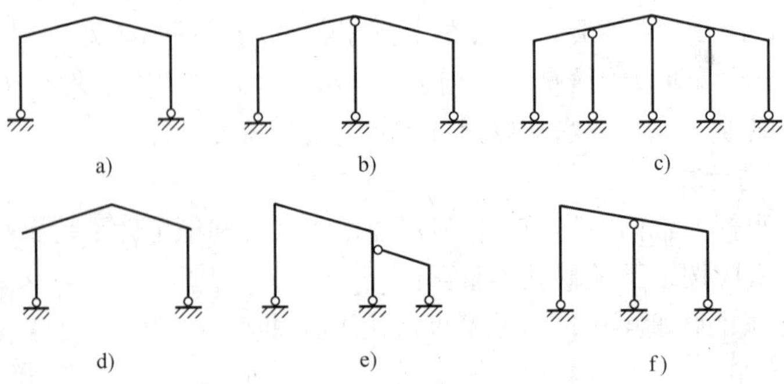

图 10-30　门式刚架的基本形式

据工程通风、采光的具体要求，刚架结构可设置通风口、采光带和天窗架。

檩条、墙梁和支撑系统使单独的平面刚架形成空间体系，增加了建筑物的整体性，提高了抵抗风荷载、地震荷载、吊车制动荷载等水平力的作用。与传统的以屋架刚性连杆的平面排架钢结构厂房比较，门式刚架的构件种类少，外形规则，施工现场整洁，其次刚架刚度较好，自重较轻，横梁与柱可以组装，为制作、运输、安装提供了有利条件。其用钢量仅为普通钢屋架用钢量的1/10～1/5，是一种经济可靠的结构形式。近年来已大量用于各类工业厂房、仓储车间及小型体育馆、会展厅、超市等建筑。

10.4.1 门式刚架结构房屋的组成

由屋面系统、柱子系统、吊车梁系统、墙架系统、支撑系统等部分组成，如图10-31所示。

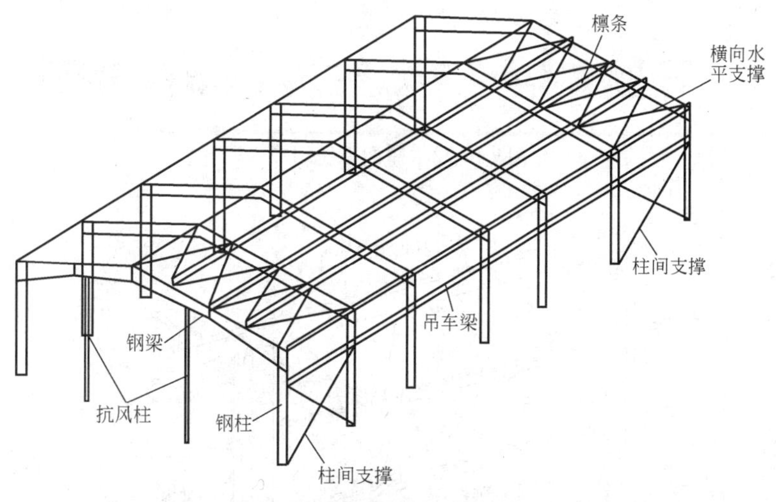

图10-31 门式刚架结构组成

屋面系统主要由檩条、拉条、撑杆、隅撑、屋面板等组成。檩条主要有C形和Z形两种截面形式，C形截面檩条适用于坡度较小的屋面，Z形截面檩条适用于坡度较大的屋面。檩条是由交替的撑杆和拉条支承的。在斜梁的下翼缘受压区设置隅撑，保证刚架平面外的稳定性，如图10-32所示。

柱子系统由承重钢柱和柱间支撑组成。柱间支撑的截面形式主要有：采用两个角钢组成的T形截面、圆钢管截面，一般布置在厂房两端第一开间或者是第二开间，若厂房长度较长(超过60m)，则需要在中部再加设一道支撑。柱间支撑根据厂房使用要求可以布置成十字形或者八字形。柱间支撑主要传递山墙传来的风荷载，如图10-33所示。

墙架系统主要由墙梁、拉条、斜拉条、撑杆及墙面板等组成。拉条的作用主要是承受墙梁竖向荷载，减小墙梁平面内竖向挠度。墙梁主要承受由墙板传递的风荷载。墙梁的截面主要有C形和Z形两种冷弯薄壁型钢截面形式。

屋面支撑体系主要由屋面横向水平支撑和系杆组成。水平支撑为圆钢，用花篮螺栓张紧；系杆用圆管。屋面横向水平支撑系统主要用来传递风荷载，以增强结构的整体稳定性。

门式刚架结构具有以下特点：

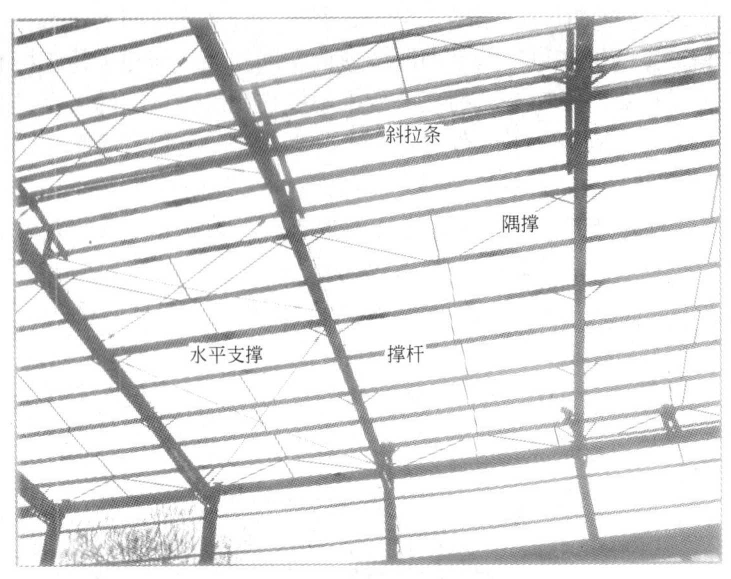

图 10-32　屋面系统组成

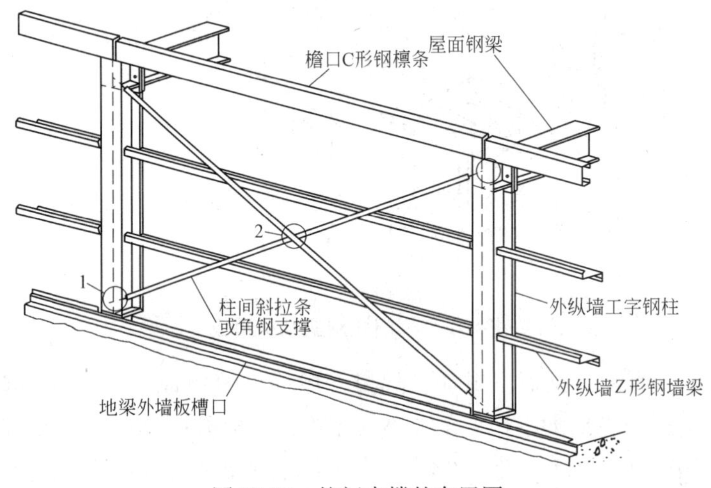

图 10-33　柱间支撑的布置图

（1）刚架的梁柱可以采用变截面。截面与弯矩成正比，变截面时根据需要可改变腹板的高度、厚度及翼缘的宽度，节约材料。

（2）采用轻型屋面，不仅可减小梁柱截面尺寸，基础也可相应减小。

（3）刚架的腹板可按有效宽度设计，即允许部分腹板失稳，并可利用其屈曲后的强度，故腹板的高厚比可较《钢结构设计规范》(GB 50017—2003) 规定为大，即可以减小腹板的厚度。

（4）竖向荷载通常是设计的控制荷载，但当风荷载较大或房屋较高时，风荷载的作用不应忽视，地震作用一般不起控制作用。

（5）支撑可做得比较轻便，将其直接或用水平节点板连接在腹板上，在非地震区或有 5t 及以下起重机时可采用张紧的圆钢。

（6）刚架的侧向刚度可借檩条的隅撑保证，省去纵向刚性构件。

（7）在多跨建筑中可做成一个屋脊的大双坡屋面，为屋面排水创作有利条件。设中间柱可减小横梁的跨度，从而降低造价。

（8）梁、柱等单元构件可全部在工厂制作，工业化程度高。构件单元可根据运输条件划分，单元之间用螺栓连接，安装方便快捷，施工周期短。

10.4.2 门式刚架的结构形式及有关要求

1. 结构形式

门式刚架的结构形式按构件的体系分，可分为实腹式与格构式，实腹式刚架的截面一般为工字形，格构式刚架的截面一般为矩形或三角形；按构件截面形式分，可分为等截面和变截面，变截面构件可适应弯矩变化的要求节约材料，但在构造连接及加工制造方面不如等截面方便，因此当刚架跨度较大或房屋较高时才设计成变截面构件；按结构选材分，可分为普通型钢、薄壁型钢和钢管等。

横梁与柱为刚接，柱脚与基础宜采用铰接，当水平荷载较大、有5t以上桥式起重机、檐口标高较大时，柱与基础应采用刚接。

2. 建筑尺寸

（1）门式刚架的跨度应取横向刚架轴线间的距离。刚架的高度，应取地坪至柱轴线与横梁轴线交点的高度，此高度应根据使用要求的室内净高确定，有起重机的厂房应根据轨顶标高和起重机净空要求确定。柱轴线取柱下端的截面形心线，工业建筑边柱的定位轴线取柱外皮，横梁的轴线取通过变截面梁段最小端的中心与横梁上表面平行的轴线。

（2）厂房常用跨度9～36m，一般以3m为模数，必要时可根据具体情况取非3m的模数跨度。当边柱截面宽度不等时，其外侧应对齐；柱网轴线间的纵向距离通常取6m，亦可取7.5m或9m，最大可取12m，跨度较小时也可取4.5m；门式刚架的柱高通常采用4.5～9.0m，当厂房有桥式吊车时不宜大于12m。

（3）门式刚架房屋的檐口高度，应取地坪至房屋外侧檩条上缘的高度，最大高度应取地坪至屋盖顶部檩条上缘的高度；门式刚架房屋的宽度，应取外侧墙墙梁外皮之间的距离，长度应取房屋两端山墙墙梁外皮之间的距离。屋面坡度宜取1/20～1/8，在雨水较多的区域取较大值。挑檐长度可根据使用要求确定，宜取0.5～1.2m，挑檐上翼缘的坡度应与刚架横梁的坡度相同。

3. 结构布置

门式刚架的结构有以下几个布置原则：

（1）伸缩缝。门式刚架轻钢厂房的纵向温度区段长度应不大于300mm，横向温度区段长度应不大于150m。当有计算依据时，温度区段长度可适当加大。当需要设置伸缩缝时，可采用两种作法：双柱法和长圆孔法。双柱法是在温度缝两侧各设置一排柱，间距一般取1.0m，且两者之间不用纵向构件相互联系，两侧柱可共用同一个基础，习惯上采用双柱较多。长圆孔法是一种房屋上部构造处理方法，即在温度缝所对应的位置搭接檩条或墙梁的螺栓连接处采用长圆孔，如图10-34所示，使屋面板或墙面板在构造上允许胀缩。吊车梁与柱的连接处也宜采用长圆孔法。

（2）在多跨刚架局部抽掉中间柱处可布置托梁或托架。

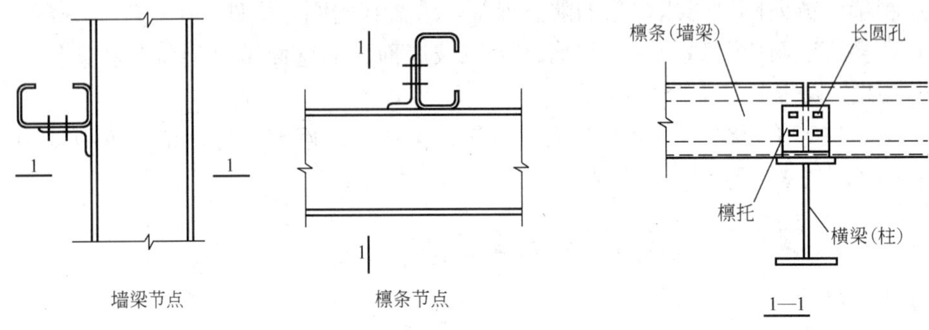

图 10-34　温度伸缩缝处的上部连接

（3）屋面檩条的布置应考虑天窗、通风屋脊、采光带、屋面材料、檩条供货规格等因素，根据计算确定檩条的间距及屋面板的规格、厚度。

（4）山墙可设置由刚架横梁、抗风柱、墙梁以及支撑组成的山墙墙架或仍采用门式刚架。

4. 围护材料

门式刚架轻钢厂房的屋面坡度取决于屋面材料以及屋面排水构造要求。屋面材料多采用压型钢板屋面板，有保温、隔热要求的广房宜采用夹芯钢板，此时屋面坡度宜取 1/20 ~ 1/8；如采用石棉瓦、瓦楞铁等短尺寸屋面材料，则坡度可取 1/6 ~ 1/4。在雨水较多的地区应取坡度范围中的较大值。

门式刚架房屋的外墙，当抗震设防烈度不高于 6 度时采用砖或砌块墙体，或压型钢板墙面板；当抗震设防烈度为 7 度、8 度时，可采用压型钢板墙面板或非嵌入式砌体；当抗震设防烈度为 9 度时，宜采用压型钢板墙面板或其他与柱柔性连接的轻质墙。

5. 构造要求

采用砖墙时，刚架柱应通过拉结筋与砖墙可靠拉结；当墙面板为压型钢板时，为防止室外地面积水和雨水的浸入，外墙下部宜设置一道高 1m 左右的砖墙或砌块墙，或设置高 0. 2m 的混凝土踢脚板，墙梁应选用冷弯薄壁型钢，墙梁的布置应考虑设置门窗、挑檐、雨篷构件和围护材料的要求。

当厂房的跨度较大时，为加强弯矩较大区域梁的承载能力且便于节点布置螺栓，宜在梁柱节点和其他弯矩较大处对梁进行加腋处理，加腋高度一般为横梁截面高度的 0. 5 ~ 1. 0 倍。加腋长度取 1/6 ~ 1/5 梁跨度。

在屋盖檩条的设计中，有檩体系厂房的檩条主要受刚度和侧向稳定性控制，因此檩条宜尽可能采用壁厚小而截面较高、宽的材料，在设计中可选用冷弯薄壁型钢，如卷边冷弯槽钢、卷边冷弯 Z 型钢等，可较大幅度地减少檩条的用钢量；檩条和墙梁与刚架横梁和柱通常采用 M12 普通螺栓连接。

10. 4. 3　门式刚架的计算简介

1. 计算模型的确定

门式刚架设计的计算单元一般取受力最大的单榀刚架并按平面计算方法进行。

在门式刚架的内力和位移计算中，各构件计算模型的定位轴线按以下原则确定：柱的轴线可取通过柱下端(较小端)中心的竖向轴线，横梁轴线可取通过变截面梁段最小端中心并与横梁上表面平行的轴线。其中，等截面梁门式刚架如图 10-35 所示，变截面梁门式刚架如图 10-36 所示。

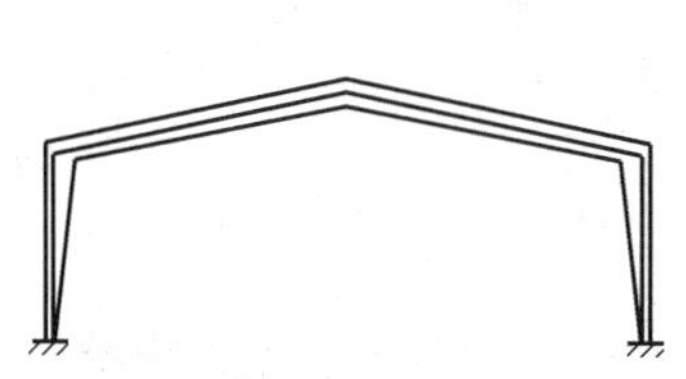

图 10-35　等截面梁门式刚架

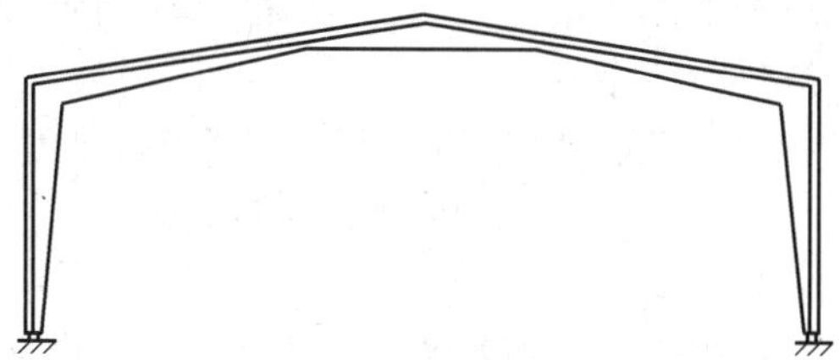

图 10-36　变截面梁门式刚架

2. 荷载与组合

(1) 荷载分类。门式刚架轻钢厂房的荷载由永久荷载和可变荷载组成，即永久荷载包括结构件(刚架、檩条、墙梁及支撑等)和围护材料(屋面板及墙面板等)的重量。一般情况下，门式刚架轻钢厂房的结构用钢量在 20 ~ 35kg/m^2，轻质围护材料的质量在 10kg/m^2 左右，故在初步设计时，永久荷载的标准值可按 0. 35 ~ 0. 50kN/m^2 估算；可变荷载包括屋面活荷载(轻钢厂房不上人屋面活荷载标准值一般取 0. 3kN/m^2)、屋面雪荷载、屋面积灰荷载、风荷载、吊车荷载以及地震荷载等。

门式刚架轻钢厂房的荷载，应根据《建筑结构荷载规范》(GB 50009—2012)、《建筑抗震设计规范》(GB 50011—2010)中的有关规定取值和计算，风荷载亦可按《门式刚架轻型房屋钢结构技术规程》(CECS102: 2002)规定计算。

根据设计经验和有关文献，在门式刚架轻钢厂房中，当地震烈度为 7 度而风荷载标准值大于 0. 35kN/m^2 或地震烈度为 8 度而风荷载标准值大于 0. 45kN/m^2 时，地震荷载及其组合一般不起控制作用，可不进行地震及其组合计算。

(2) 荷载组合。计算刚架内力时应取刚架荷载的设计值，并应考虑以下几种荷载组合：①永久荷载 + 竖向可变荷载；②永久荷载 + 风荷载；③永久荷载 + 0. 85(竖向可变荷载 + 风荷载 + 起重机竖向可变荷载 + 起重机水平可变荷载)；④永久荷载 + 0. 85(风荷载 + 邻跨起重机水平可变荷载)(此组合仅用于多跨有起重机刚架)。

上述组合中的永久荷载分项系数均取为 1. 2，可变荷载分项系数取 1. 4。当计算刚架的柱顶侧移及挠度时应取刚架荷载的标准值。

3. 内力与位移计算

(1) 内力计算。

1) 变截面门式刚架应采用弹性分析方法确定各种内力。只有在构件全部为等截面时才允许采用塑性分析方法，并应按现行国家标准《钢结构设计规范》(GB 50017—2003)中的有关规定进行设计计算。

2) 门式刚架的内力分析一般不考虑应力蒙皮效应。只有当有必要且有条件时才可考虑屋面板的蒙皮效应。蒙皮效应是将屋面板视为沿房屋全长伸展的受弯深梁，承受平面内的荷载，屋面板可视为平面内横向剪切的腹板，其边缘构件可视为承受轴向力的翼缘。考虑蒙皮效应可提高结构的整体刚度和承载能力，但难以利用，在目前的设计计算中多把其作为结构的承载能力储备。

3）当需考虑地震作用时，可采用底部剪力法确定。无起重机且高度不大的刚架可采用单质点简图，柱上半部及以上各种质量集中于横梁中点质点；有起重机时可采用3质点简图，屋盖质量和上柱的上半部质量集中于横梁中点质点，起重机、吊车梁及上柱的下半部、下柱的上半部质量(含墙体质量)集中于牛腿处质点。计算纵向地震作用时宜采用单质点柱列法进行计算。

4）变截面刚架的内力可按照等效刚度法进行计算。

（2）位移计算。刚架的位移计算可采用结构力学方法或由相关程序进行。

4. 构件设计

构件设计除刚架横梁和柱外，还有檩条、墙梁、加劲肋板、隅撑及节点和柱脚的设计，因篇幅所限在此不作详述。

10.5 金属拱形波纹屋盖结构

10.5.1 拱形波纹屋盖特点

近年来，一种新型轻钢屋盖——金属拱形波纹屋盖结构在我国兴起，这种屋盖结构是用彩色镀锌卷钢板在工地二次成型安装而成的。第一次成型将钢板轧制成U形(图10-37)或梯形波纹直槽板(图10-38)，第二次成型将直槽形轧成拱形槽板，再用自动锁边机将若干拱形槽板连成整体，吊装到屋顶圈梁安装就位而成轻钢屋盖结构。

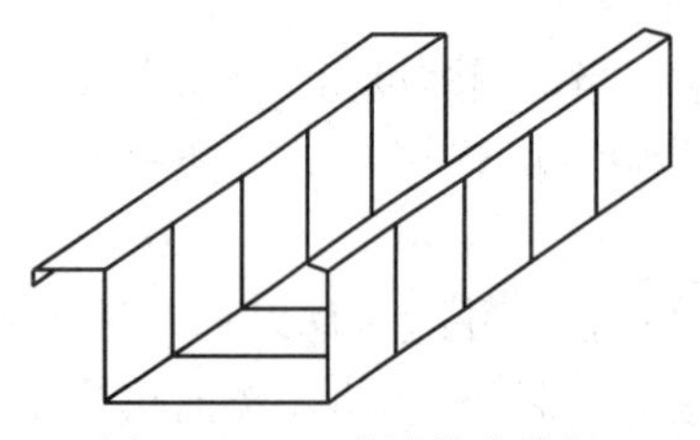

图10-37　U形波纹直槽板

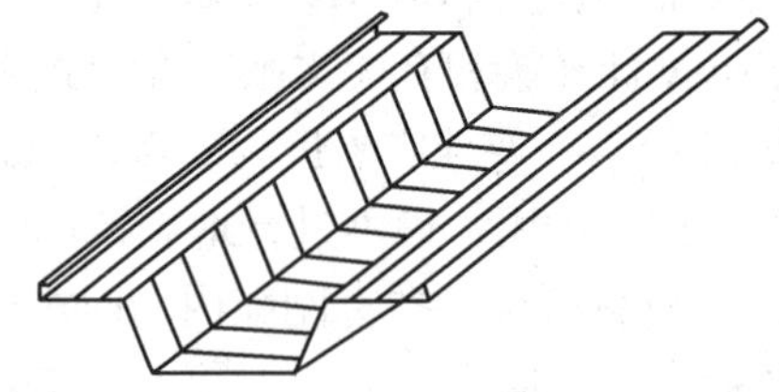

图10-38　梯形波纹直槽板

常用的彩色镀锌卷板材料有：热镀锌钢板、热镀锌合金钢板、热镀铝钢板及电镀锌钢板等，这种预涂层卷板可涂成五颜六色，其强度指标在210～550N/mm^{2}之间，使用寿命可达40～50年。彩色钢板厚度0.6～1.5mm，可轧制成截面高115～125mm、宽度300～450mm的槽板，适用于矢跨比为0.1～0.5、跨度为8～40m的屋盖。由于设备的不同，其轧制成型的尺寸也略有差异，施工时一部成型机采用液压传动，成型动力22kW，轧制线速度22m/min，每日可生产800m^{2}屋盖，成型设备可用车载至工地进行施工。自动锁边机连接两相邻槽板，自重仅35kg，将槽板连成不透风、不漏水的密封状态。

10.5.2 拱形波纹屋盖的优缺点

拱形波纹屋盖具有以下优点：

1. 工程造价低

采用0.6～1.2mm厚的镀锌钢板做成的围护和承重结构合二为一的屋盖结构，可跨越8～40m，重量只有14～25kg/m^2，不言而喻，这种屋盖是非常经济的。

2. 施工周期短

卷板和成型机都可直接运到现场加工，设备自动化，施工专业化，10000m^2 的屋盖仅用20d，比传统屋盖建筑要快很多。

3. 质量优异

镀锌钢板强度高，耐腐蚀，机械锁边连接不需焊接或螺栓，而其水密性和气密性都很好，安全可靠。

4. 造型优美

拱形屋面可任意设计，彩色钢板屋面绚丽多彩，室内无梁无檩，视野开阔，可随意分割房间不受限制，使用方便。这种金属拱形波纹屋盖适用于工业厂房、仓库、车库、冷库、展览厅、商场、集贸市场、体育馆、飞机库等。

5. 缺点

金属拱形波纹屋盖主要不足之处是造型单一，都是圆弧形，而且轧制的槽板截面只有一种，沿跨度都是等截面，而拱的受力沿跨度是变化的，其受力不很合理。

10.5.3 拱形波纹屋盖建筑构造

金属拱形波纹屋盖需要保温，可通过室内顶喷聚氨酯或粘敷复合硅酸盐，不同的厚度可满足不同的保温要求。

金属拱形波纹屋盖的采光和通风，可利用横向拱架间隔，或取高低差进行采光和通风，或两拱架间布置有机玻璃进行采光，如果屋盖不落地，屋盖纵向与下部结构连接处以下均可开设门窗进行采光和通风。由于整个屋盖的重量不大，所以对其下部结构要求不高，屋盖可通过下部的柱顶圈梁设预埋件或预留槽口进行连接。

10.5.4 拱形波纹屋盖力学分析

拱形波纹屋盖中拱形槽板是一种双曲拱形薄壳，细部带有很多波状褶皱，可提高拱壳的抗弯刚度和薄板的局部稳定。

带有波状褶皱的拱形槽板屋盖结构受载后的工作性能及破坏机理很复杂，采用有限元分析时，可按大挠度、弹塑性理论，建立一种广义协调的双非线性壳单元。

10.6 钢结构施工图

钢结构施工图编制分两个阶段：一是设计图阶段；二是施工详图阶段。设计图由设计单位负责编制，施工详图则由制造厂根据设计单位提供的设计图和技术要求编制。当制造厂技术力量不足无法承担编制工作时，也可委托设计单位进行。

设计图阶段是根据已批准的初步设计进行编制，内容以图纸为主，应包括：封面、图纸目录、设计说明、图纸、工程预算书等。施工图设计文件一般以子项为编排单位，各专业的工程计算书(包括计算机辅助设计的计算资料)应经校审、签字后，整理归档。

施工图设计文件的深度应满足能据以编制施工图预算，能据以安排材料、设备订货和非标准设备的制作，能据以进行施工和安装，能据以进行工程验收的要求。

10.6.1 设计图纸表达的内容

工程子项图纸的组成主要有：图纸目录、设计总说明、结构布置图、构件截面表、标准焊缝详图、标准节点图和钢材订货表。

1. 设计总说明

在设计总说明中首先应说明设计依据的规范、规程和规定，业主提供的设计任务书及工程概况，自然条件基本风压、基本雪压、地震基本烈度，本设计采用的抗震设防烈度、地基和基础设计依据的工程地质勘察报告、场地土类别、地下水位埋深等，以及材料要求，各部分构件选用的钢材牌号、标准及其性能要求，高强度螺栓连接形式、性能等级、摩擦系数值及预拉力值、焊接栓钉的钢号、标准及规格、楼板用压型钢板的型号、有关混凝土的强度等级等，并应注明本设计为钢结构设计图，施工前需依据本说明编制钢结构施工详图。

其次，需要说明设计计算中的主要要求，如：楼面活荷载及其折减系数、设备层主要荷载；抗震设计的计算方法、层间剪力分配系数、按两阶段抗震设计采用的峰值加速度、选用的输入地震加速度波等；地震作用下的侧移限值(层间侧移、整体侧移和扭转变形)。

还需要说明结构的主要参数与选型。结构的主要参数包括结构总高度、标准柱距、标准层高、最大层高、建筑物高宽比、建筑物平面；结构选型，包括结构的抗侧力体系，梁、柱截面形式，楼板结构做法。高层建筑钢结构设计中侧向位移是考虑的主要因素，必须有足够的刚度保证侧移在允许范围内。

最后需要明确制作与安装要求。钢结构的制作、安装及验收应符合《钢结构工程施工及验收规范》(GB 50205—2001)、《高层民用建筑钢结构技术规程》(JGJ 99—1998)，以及业主、设计、施工三方协议执行的企业标准和有关规定；制作要求，包括柱的修正长度、切割精度、焊接坡口、熔化极嘴电渣焊等；运输、安装要求；高强度螺栓摩擦面的处理方法及预拉力施拧方法；构件各部位焊缝质量等级及检验标准、焊接试验、焊前预热及焊后热处理要求等；涂装要求，构件表面处理采用的除锈方法、要求达到的除锈等级、涂料品种、涂装遍数及要求的涂膜总厚度；防火要求、建筑物防火等级、构件的耐火极限、要求采用的防火材料、采用的规程。

2. 结构布置图

结构布置图分结构平面布置图和结构立(剖)面布置图。它们分别表示高层钢结构水平和竖向构件的布置情况及其支撑体系。布置图应注明柱列轴线编号和柱距，在立(剖)面图中应注明各层的相对标高，与一般结构布置图没有太大的差别。高层钢结构中的梁、柱一般为实腹构件，对主梁和柱宜用双轴实线表示，次梁用单粗实线表示，平面布置图中的柱可按柱截面形式表示。立面布置图中的梁柱均用双细实线表示，布置图中应明确表示构件连接点的位置，柱截面变化处的标高。布置图中如部分为钢骨混凝土构件时，同样可以只表示钢结构部分的连接，混凝土部分另行出图配合使用。

结构平面布置相同的楼层(标准层)，可以合并绘制。平面布置较复杂的楼层，必要时应增加辅助剖面，以表示同一楼层中构件间的竖向关系。

各结构系统的布置图可单独编制，如支撑(剪力墙)系统、屋顶结构系统(包括透光厅)均需编制专门的布置图。其节点图可与布置图合并编制。

柱脚基础锚栓平面图，应标注各柱脚锚栓相对于柱轴线的位置尺寸、锚栓规格、基础顶面的标高。当锚栓用固定件固定时，应给出固定件详图，同时应表示出锚栓与柱脚的连接关系。

结构布置图中构件标号的编制原则与一般结构相比有以下特点：柱构件从下到上虽截面变化但仅标注一个符号，在钢结构施工详图构件编号时，仍可沿用此标号，如第4层C1柱表示为4C1；梁构件轴线位置相同，但每层截面不同者，也可标注一个标号，在钢结构施工详图构件编号时，同样可沿用此标号，如第8层的B1梁表示为8B1；结构立面布置图可不标注构件标号，仅表示构件间竖向关系和支撑系统，支撑系统和屋顶结构系统布置图，应标注构件标号。

3. 构件截面表

高层钢结构的构件截面一般采用列表表示，表的横向为构件标号，竖向为楼层号，这样可以很方便地查到每节柱所在楼层位置和截面尺寸，及各层在同一位置梁的截面尺寸。支撑系统的截面也可以在支撑系统布置图中列表表示。

4. 标准焊缝详图

高层钢结构大量采用焊接连接，为了统一焊接坡口和焊接尺寸，减少制图工作量，并便于施工图编制，一般均编制标准焊缝详图，分别适用手工电弧焊、自动埋弧焊、半自动气体保护焊等焊接工艺的要求，焊缝详图以焊缝的横剖面详图表示，图中应详细表示母材加工要求、坡口形式、焊缝形式及尺寸、垫板要求及规格和角焊缝的焊角尺寸等，所有标准焊缝均须按规定的焊缝符号绘制。

5. 标准节点图

节点图详细表示各构件间相互连接关系及其构造特点，图中应表明相关尺寸。常见的节点图有梁与柱的刚性连接、梁与柱的铰接连接、主梁与次梁的铰接连接、柱接头的连接、支撑与梁柱的连接、剪力墙板与梁柱的连接以及梁柱加劲肋板的焊接等。节点图中的连接板厚度、数量、螺栓的规格数量等一般可列表表示。

6. 钢材材料表

钢材材料表是供制造厂制定材料计划和订货使用的，应按钢材规格、材质、质量等项次列表。要求钢材定尺的应注明定尺长度，对材质有特殊要求的(如Z向性能)应在备注中注明。钢材用量系按设计图计算的，可能有一定的误差，准确的钢材用量应以施工大样图为准。

10.6.2 钢屋架施工图

钢屋架施工图是制作钢屋架的主要依据，一般按运输单元绘制，当屋架对称时，可仅绘制半榀屋架。钢屋架施工图内容主要包括屋架正面图，上、下弦杆平面图，各重要部分的侧面图、剖面图和屋架简图，某些特殊零件大样图，以及材料表和说明。

钢屋架施工图的绘制特点和要求说明如下：

(1) 首先应确定图纸绘制比例，一般轴线用1:20或1:30比例绘制，杆件截面和节点板尺寸用1:10或1:15比例绘制，零件图可适当放大，以便清楚地表达节点细部尺寸。在图纸的左上角绘制一屋架简图，它的左半跨注明屋架几何尺寸，右半跨注明杆件内力的设计值。梯形屋架跨度不小于24m、三角形屋架跨度不小于15m时，应在制造时起拱，拱度约为跨度的1/500，并标注在屋架简图中。

(2) 施工图的主要图面用以绘制屋架正面图，上、下弦平面图，必要的侧面图和剖面图以及某些安装节点或特殊零件大样图。上、下弦平面图分别绘制在屋架正面图的上、下弦杆的上方和下方，侧面图、剖面图、零件大样图分别绘制在屋架正面图的四周。

(3) 绘制施工图时，先按适当比例画出各杆轴线，再画出杆件廓线，使杆件截面重心线与屋架几何轴线重合，并在弦杆与腹杆、腹杆与腹杆之间留出 15～20mm 的间隙，最后根据节点构造和焊缝长度，绘出节点板尺寸。

(4) 绘制节点板伸出弦杆尺寸和角钢肢厚尺寸时，应以两条线表示清楚，可不按比例绘制。零件间的连接焊缝注明焊脚尺寸和焊缝长度。

(5) 施工图中应注明各杆件和零件的加工尺寸、定位尺寸、安装尺寸和孔洞位置。腹杆应注明杆端至节点中心的距离，节点板应注明上、下两边至弦杆轴线的距离以及左、右两边至通过节点中心的垂线距离。

(6) 在施工图中，各杆件和零件要详细编号，不同种类的杆件应在其编号前冠以不同的字母代号，如屋架用 W、天窗架用 TJ、支撑用 C。编号的次序按主次、上下、左右顺序逐一进行。完全相同的零件用同一编号。如果组成杆件的两角钢型号和尺寸相同，仅因孔洞位置或斜切角等原因而成镜面对称时，亦采用同一编号，并在材料表中注明正、反字样，以示区别。有支撑连接的屋架和无支撑连接的屋架可用一张施工图表示，但在图中应注明哪种编号的屋架有连接支撑的螺栓孔。

(7) 施工图的材料表包括：杆件和零件的编号、规格尺寸、数量、重量，以及整个屋架的总重量。不规则的节点板重量可按长宽组成的矩形轮廓尺寸计算，不必扣除斜切边。

(8) 施工图中的文字说明应包括：选用的钢号、焊条型号、焊接方法和质量要求，未注明的焊缝尺寸、螺栓直径、螺栓孔径，以及防锈处理、运输、安装和制造要求等。

10.6.3 钢结构的制作

1. 放样

放样是按照经审核的施工图以 1:1 的比例在样台板上画出实样，求取实长，根据实长制成样板。样板一般用变形比较小、又可手工剪切成型的薄板状材料(如镀锌薄钢板)等制造。放样应根据工艺要求预留制作和安装时的焊接收缩余量及切割、刨边、铣平等加工余量。

2. 号料

号料以样板为依据在原材料上画出实样，并打上各种加工记号。

3. 切割

将号料后的钢板按要求的形状和尺寸下料。常用的切割方法有机械切割、气割和等离子切割。气割是使用氧-乙炔丙烷等火焰加热融化金属并用压缩空气吹去融蚀的金属液，从而使金属分离，适合于曲线切割和多头切割；等离子切割利用等离子弧线流实现切割，适用于不锈钢等高熔点材料的切割。

4. 成型加工

成型加工主要包括弯曲、卷板、边缘加工、折边和模压五种方法。这五种方法又各自可分为热加工和冷加工。

5. 制孔

制孔分为钻孔和冲孔两类。钻孔孔壁损伤小，精度高，一般在钻床上进行，适用性较强；冲孔一般只能在较薄的钢板和型钢上进行，且孔径一般不小于钢材的厚度，可用于次要连接。冲孔效率高但孔壁质量差，冲孔一般用冲床。

6. 组装

将零件或半成品按施工图的要求装配为独立的成品构件。在工厂里将多个成品构件按设计要求的空间位置试组装成整体，以检验各部分之间的连接状况称为预总装。

7. 焊接

焊接应严格按照钢结构施工规程进行，满足验收规范的要求。详见第 7 章内容。

8. 矫正

矫正是通过外力和加热作用，迫使已发生变形的钢材反变形，以使材料或构件达到平直及设计的几何形状的工艺方法。钢结构的制作过程中要进行 3 ~4 次矫正，材料矫正、组装时矫正、焊接后矫正，有的还有热镀锌后矫正。

本 章 小 结

（1）钢屋盖结构一般由屋面承重结构、屋面围护系统、屋面支撑系统和辅助构件组成。主要包括屋面板、檩条、屋架、天窗架、托架、水平支撑和垂直支撑等。钢屋盖结构按照受力模式不同可以分为空间结构体系和平面结构体系。

无论是无檩屋盖还是有檩屋盖，仅将支承在柱顶的钢屋架用大型屋面板或檩条联系起来是一种几何可变体系，在水平荷载作用下，屋架可能向侧向倾倒；其次，由于屋架上弦侧向支承点间的距离过大，受压时容易发生侧向失稳现象，其承载能力极低。因此，必须在屋盖系统中设置支撑，使整个屋盖结构连成整体，形成一个空间稳定体系，保证结构整体空间作用，避免压杆侧向失稳，承担和传递水平荷载(风荷载、起重机荷载、地震荷载等)。此外，屋盖的安装一般从房屋温度区段的一端开始，先用支撑将相邻的屋架联系起来组成一个空间稳定体，保证结构安装的稳定和方便。

（2）门式刚架结构是梁、柱单元构件组成的平面组合体，其形式多种多样。在单层工业与民用钢结构建筑中应用较多的为单跨、双跨或多跨的单、双坡门式刚架，根据工程通风、采光的具体要求，刚架结构可设置通风口、采光带和天窗架。

檩条、墙梁和支撑系统使单独的平面刚架形成空间体系，增加了建筑物的整体性，提高了抵抗风荷载、地震荷载、起重机制动荷载等水平力的作用。与传统的以屋架刚性连杆平面排架的钢结构厂房比较，门式刚架的构件种类少，外形规则，施工现场整洁。近年来已大量用于各类工业厂房、仓储车间及小型体育馆、会展厅、超市等建筑。

（3）金属拱形波纹屋盖结构是用彩色镀锌卷钢板在工地二次成型安装而成的。第一次成型将钢板轧制成 U 形或梯形波纹直槽板，第二次成型将直槽形轧成拱形槽板，再用自动锁边机将若干拱形槽板连成整体，吊装到屋顶圈梁安装就位而成轻钢屋盖结构。其优点是工程造价低、施工周期短、质量优异、造型优美；金属拱形波纹屋盖主要的不足之处是造型单一，都是圆弧形，而且轧制的槽板截面只有一种，沿跨度都是等截面，而拱的受力沿跨度是变化的，其受力不是很合理。

（4）钢结构施工图编制分两个阶段：一是设计图阶段；二是施工详图阶段。设计图由设计单位负责编制，施工详图则由制造厂根据设计单位提供的设计图和技术要求编制。当制造厂技术力量不足，无法承担编制工作时，也可委托设计单位进行。

思考题与习题

1. 确定屋架形式需考虑哪些因素？常用的钢屋架形式有几种？

2. 钢屋盖有哪几种支撑？分别说明各在什么情况下设置，设置在什么位置？

3. 计算屋架内力时考虑哪几种荷载组合？为什么？当上弦节间作用有集中荷载时，怎样确定其局部弯矩？

4. 上弦杆、下弦杆和腹杆，各应采用哪种截面形式？其确定的原则是什么？

5. 屋架节点的构造应符合哪些要求？试述各节点的计算要点。

6. 钢屋架施工图包括哪些内容？

7. 何谓轻型刚架？轻型刚架有哪几种常用类型？与普通屋架相比，轻钢屋架在计算和构造上有何特点？

附　　录

附录 A　轴心受压构件稳定系数

a 类截面轴心受压构件稳定系数 φ

$\lambda\sqrt{\frac{f_y}{235}}$	0	1	2	3	4	5	6	7	8	9
0	1.000	1.000	1.000	1.000	0.999	0.999	0.998	0.998	0.997	0.996
10	0.995	0.994	0.993	0.992	0.991	0.989	0.988	0.986	0.985	0.983
20	0.981	0.979	0.977	0.976	0.974	0.972	0.970	0.968	0.966	0.964
30	0.963	0.961	0.959	0.957	0.955	0.952	0.950	0.948	0.946	0.944
40	0.941	0.939	0.937	0.934	0.932	0.929	0.927	0.924	0.921	0.919
50	0.916	0.913	0.910	0.907	0.904	0.900	0.897	0.894	0.890	0.886
60	0.883	0.879	0.875	0.871	0.867	0.863	0.858	0.854	0.849	0.844
70	0.839	0.834	0.829	0.824	0.818	0.813	0.807	0.801	0.795	0.789
80	0.783	0.776	0.770	0.763	0.757	0.750	0.743	0.736	0.728	0.721
90	0.714	0.706	0.699	0.691	0.684	0.676	0.668	0.661	0.653	0.645
100	0.638	0.630	0.622	0.615	0.607	0.600	0.592	0.585	0.577	0.570
110	0.563	0.555	0.548	0.541	0.534	0.527	0.520	0.514	0.507	0.500
120	0.494	0.488	0.481	0.475	0.469	0.463	0.457	0.451	0.445	0.440
130	0.434	0.429	0.423	0.418	0.412	0.407	0.402	0.397	0.392	0.387
140	0.383	0.378	0.373	0.369	0.364	0.360	0.356	0.351	0.347	0.343
150	0.339	0.335	0.331	0.327	0.323	0.320	0.316	0.312	0.309	0.305
160	0.302	0.298	0.295	0.292	0.289	0.285	0.282	0.279	0.276	0.273
170	0.270	0.267	0.264	0.262	0.259	0.256	0.253	0.251	0.248	0.246
180	0.243	0.241	0.238	0.236	0.233	0.231	0.229	0.226	0.224	0.222
190	0.220	0.218	0.215	0.213	0.211	0.209	0.207	0.205	0.203	0.201
200	0.199	0.198	0.196	0.194	0.192	0.190	0.189	0.187	0.185	0.183
210	0.182	0.180	0.179	0.177	0.175	0.174	0.172	0.171	0.169	0.168
220	0.166	0.165	0.164	0.162	0.161	0.159	0.158	0.157	0.155	0.154
230	0.153	0.152	0.150	0.149	0.148	0.147	0.146	0.144	0.143	0.142
240	0.141	0.140	0.139	0.138	0.136	0.135	0.134	0.133	0.132	0.131
250	0.130									

b 类截面轴心受压构件稳定系数 φ

$\lambda\sqrt{\frac{f_y}{235}}$	0	1	2	3	4	5	6	7	8	9
0	1.000	1.000	1.000	0.999	0.999	0.998	0.997	0.996	0.995	0.994
10	0.992	0.991	0.989	0.987	0.985	0.983	0.981	0.978	0.976	0.973
20	0.970	0.967	0.963	0.960	0.957	0.953	0.95	0.946	0.943	0.939
30	0.936	0.932	0.929	0.925	0.922	0.918	0.914	0.910	0.906	0.903
40	0.899	0.895	0.891	0.887	0.882	0.878	0.874	0.870	0.865	0.861
50	0.856	0.852	0.847	0.842	0.838	0.833	0.828	0.823	0.818	0.813
60	0.807	0.802	0.797	0.791	0.786	0.780	0.774	0.769	0.763	0.757
70	0.751	0.745	0.739	0.732	0.726	0.720	0.714	0.707	0.701	0.694
80	0.688	0.681	0.675	0.668	0.661	0.655	0.648	0.641	0.635	0.628
90	0.621	0.614	0.608	0.601	0.594	0.588	0.581	0.575	0.568	0.561
100	0.555	0.549	0.542	0.536	0.529	0.523	0.517	0.511	0.505	0.499
110	0.493	0.487	0.481	0.475	0.470	0.464	0.458	0.453	0.447	0.442
120	0.437	0.432	0.426	0.421	0.416	0.411	0.406	0.402	0.397	0.392
130	0.387	0.383	0.378	0.374	0.370	0.365	0.361	0.357	0.353	0.349
140	0.345	0.341	0.337	0.333	0.329	0.326	0.322	0.318	0.315	0.311
150	0.308	0.304	0.301	0.298	0.295	0.291	0.288	0.285	0.282	0.279
160	0.276	0.273	0.270	0.267	0.265	0.262	0.259	0.256	0.254	0.251
170	0.249	0.246	0.244	0.241	0.239	0.236	0.234	0.232	0.229	0.227
180	0.225	0.223	0.220	0.218	0.216	0.214	0.212	0.210	0.208	0.206
190	0.204	0.202	0.200	0.198	0.197	0.195	0.193	0.191	0.190	0.188
200	0.186	0.184	0.183	0.181	0.180	0.178	0.176	0.175	0.173	0.172
210	0.170	0.169	0.167	0.166	0.165	0.163	0.162	0.160	0.159	0.158
220	0.156	0.155	0.154	0.153	0.151	0.150	0.149	0.148	0.146	0.145
230	0.144	0.143	0.142	0.141	0.140	0.138	0.137	0.136	0.135	0.134
240	0.133	0.132	0.131	0.130	0.129	0.128	0.127	0.126	0.125	0.124
250	0.123									

c 类截面轴心受压构件稳定系数 φ

$\lambda\sqrt{\frac{f_y}{235}}$	0	1	2	3	4	5	6	7	8	9
0	1.000	1.000	1.000	0.999	0.999	0.998	0.997	0.996	0.995	0.993
10	0.992	0.990	0.988	0.986	0.983	0.981	0.978	0.976	0.973	0.970
20	0.966	0.959	0.953	0.947	0.940	0.934	0.928	0.921	0.915	0.909
30	0.902	0.896	0.890	0.884	0.877	0.871	0.865	0.858	0.852	0.846
40	0.839	0.833	0.826	0.820	0.814	0.807	0.801	0.794	0.788	0.781
50	0.775	0.768	0.762	0.755	0.748	0.742	0.735	0.729	0.722	0.715
60	0.709	0.702	0.695	0.689	0.682	0.676	0.669	0.662	0.656	0.649
70	0.643	0.636	0.629	0.623	0.616	0.610	0.604	0.597	0.591	0.584
80	0.578	0.572	0.566	0.559	0.553	0.547	0.541	0.535	0.529	0.523

（续）

$\lambda\sqrt{\frac{f_y}{235}}$	0	1	2	3	4	5	6	7	8	9
90	0.517	0.511	0.505	0.500	0.494	0.488	0.483	0.477	0.472	0.467
100	0.463	0.458	0.454	0.449	0.445	0.441	0.436	0.432	0.428	0.423
110	0.419	0.415	0.411	0.407	0.403	0.399	0.395	0.391	0.387	0.383
120	0.379	0.375	0.371	0.367	0.364	0.360	0.356	0.353	0.349	0.346
130	0.342	0.339	0.335	0.332	0.328	0.325	0.322	0.319	0.315	0.312
140	0.309	0.306	0.303	0.300	0.297	0.294	0.291	0.288	0.285	0.282
150	0.280	0.277	0.274	0.271	0.269	0.266	0.264	0.261	0.258	0.256
160	0.254	0.251	0.249	0.246	0.244	0.242	0.239	0.237	0.235	0.233
170	0.230	0.228	0.226	0.224	0.222	0.220	0.218	0.216	0.214	0.212
180	0.210	0.208	0.206	0.205	0.203	0.201	0.199	0.197	0.196	0.194
190	0.192	0.190	0.189	0.187	0.186	0.184	0.182	0.181	0.179	0.178
200	0.176	0.175	0.173	0.172	0.170	0.169	0.168	0.166	0.165	0.163
210	0.162	0.161	0.159	0.158	0.157	0.156	0.154	0.153	0.152	0.151
220	0.150	0.148	0.147	0.146	0.145	0.144	0.143	0.142	0.140	0.139
230	0.138	0.137	0.136	0.135	0.134	0.133	0.132	0.131	0.130	0.129
240	0.128	0.127	0.126	0.125	0.124	0.124	0.123	0.122	0.121	0.120
250	0.119									

d 类截面轴心受压构件稳定系数 φ

$\lambda\sqrt{\frac{f_y}{235}}$	0	1	2	3	4	5	6	7	8	9
0	1.000	1.000	0.999	0.999	0.998	0.996	0.994	0.992	0.990	0.987
10	0.984	0.981	0.978	0.974	0.969	0.965	0.960	0.955	0.949	0.944
20	0.937	0.927	0.918	0.909	0.900	0.891	0.883	0.874	0.865	0.857
30	0.848	0.840	0.831	0.823	0.815	0.807	0.799	0.790	0.782	0.774
40	0.766	0.759	0.751	0.743	0.735	0.728	0.720	0.712	0.705	0.697
50	0.690	0.683	0.675	0.668	0.661	0.654	0.646	0.639	0.632	0.625
60	0.618	0.612	0.605	0.598	0.591	0.585	0.578	0.572	0.565	0.559
70	0.552	0.546	0.540	0.534	0.528	0.522	0.516	0.510	0.504	0.498
80	0.493	0.487	0.481	0.476	0.470	0.465	0.460	0.454	0.449	0.444
90	0.439	0.434	0.429	0.424	0.419	0.414	0.410	0.405	0.401	0.397
100	0.394	0.390	0.387	0.383	0.380	0.376	0.373	0.370	0.366	0.363
110	0.359	0.356	0.353	0.350	0.346	0.343	0.340	0.337	0.334	0.331
120	0.328	0.325	0.322	0.319	0.316	0.313	0.310	0.307	0.304	0.301
130	0.299	0.296	0.293	0.290	0.288	0.285	0.282	0.280	0.277	0.275
140	0.272	0.270	0.267	0.265	0.262	0.260	0.258	0.255	0.253	0.251
150	0.248	0.246	0.244	0.242	0.240	0.237	0.235	0.233	0.231	0.229
160	0.227	0.225	0.223	0.221	0.219	0.217	0.215	0.213	0.212	0.210
170	0.208	0.206	0.204	0.203	0.201	0.199	0.197	0.196	0.194	0.192
180	0.191	0.189	0.188	0.186	0.184	0.183	0.181	0.180	0.178	0.177
190	0.176	0.174	0.173	0.171	0.170	0.168	0.167	0.166	0.164	0.163
200	0.162									

附录 B 各种截面回转半径的近似值

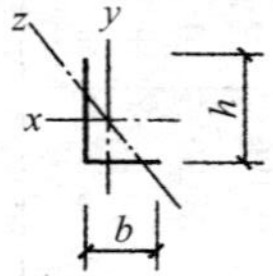	$i_x=0.30h$ $i_y=0.30b$ $i_z=0.195h$	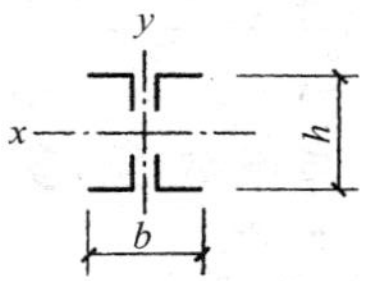	$i_x=0.40h$ $i_y=0.21b$	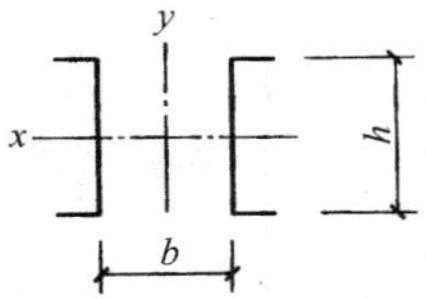	$i_x=0.38h$ $i_y=0.60b$	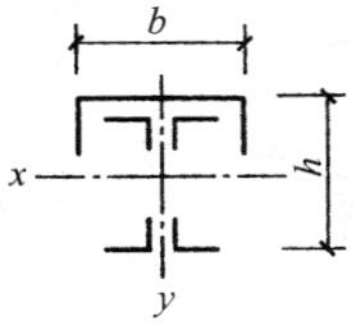	$i_x=0.41h$ $i_y=0.22b$
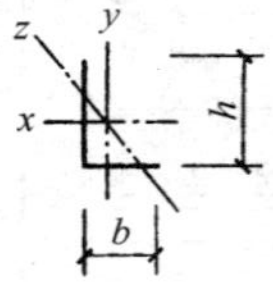	$i_x=0.32h$ $i_y=0.28b$ $i_z=0.18\frac{h+b}{2}$	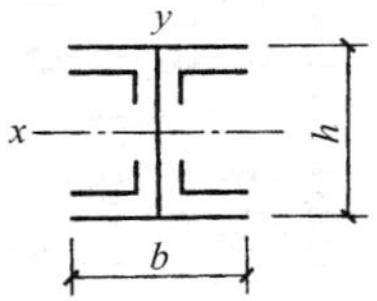	$i_x=0.45h$ $i_y=0.235b$	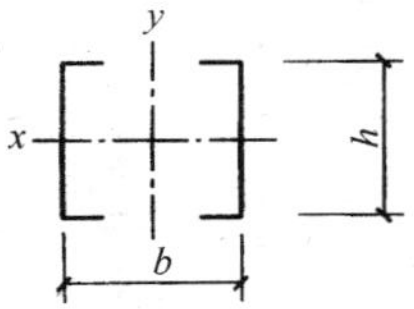	$i_x=0.38h$ $i_y=0.44b$	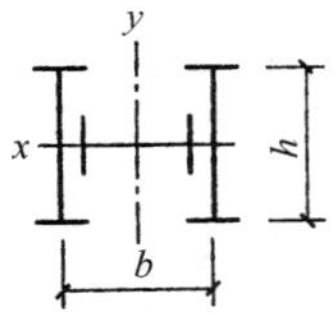	$i_x=0.32h$ $i_y=0.49b$
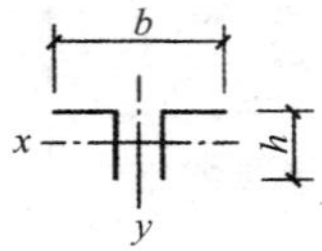	$i_x=0.30h$ $i_y=0.215b$	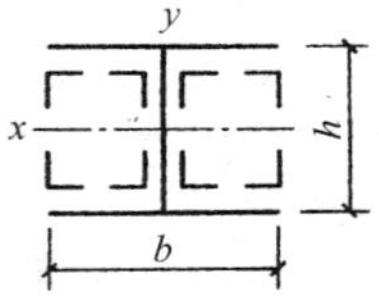	$i_x=0.44h$ $i_y=0.28b$	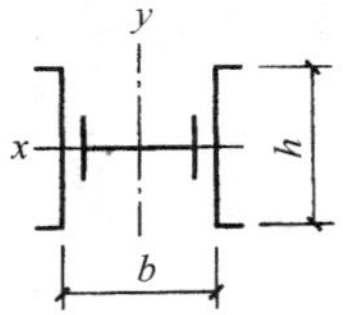	$i_x=0.32h$ $i_y=0.58b$	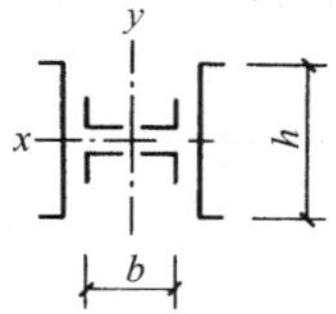	$i_x=0.29h$ $i_y=0.50b$
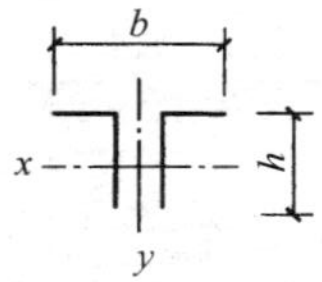	$i_x=0.32h$ $i_y=0.20b$	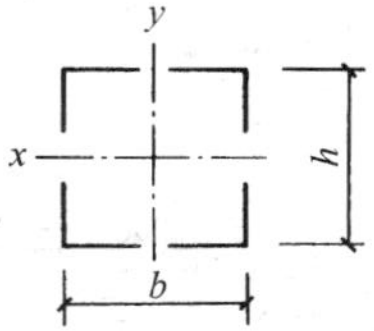	$i_x=0.43h$ $i_y=0.43b$	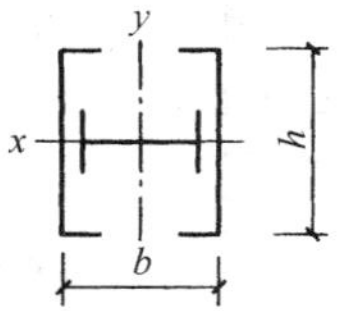	$i_x=0.32h$ $i_y=0.40b$	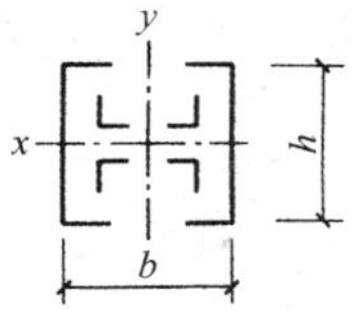	$i_x=0.29h$ $i_y=0.45b$
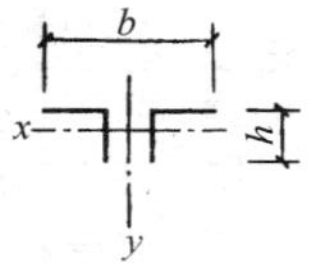	$i_x=0.28h$ $i_y=0.24b$	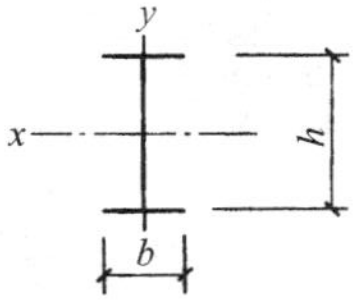	$i_x=0.39h$ $i_y=0.20b$	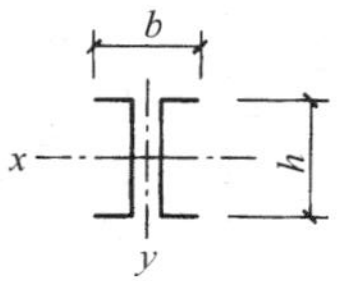	$i_x=0.32h$ $i_y=0.12b$	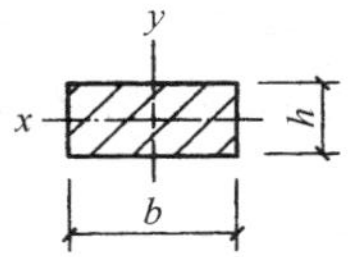	$i_x=0.29h$ $i_y=0.29b$

（续）

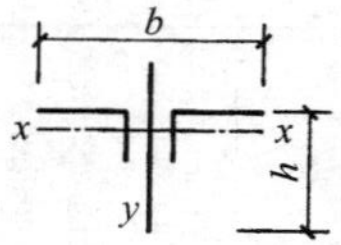 $i_x=0.30h$ $i_y=0.17b$	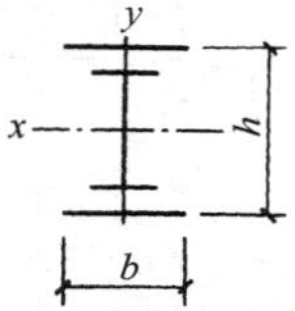 $i_x=0.42h$ $i_y=0.22b$	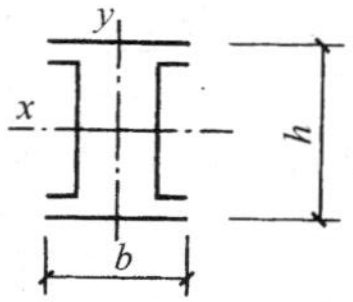 $i_x=0.44h$ $i_y=0.32b$	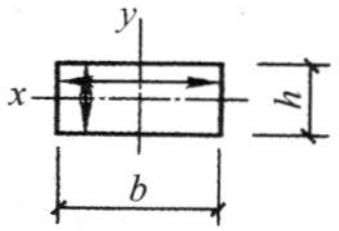 $i_x=0.24h_{平}$ $i_y=0.41b_{平}$
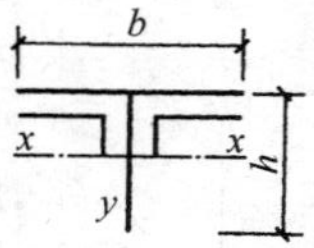 $i_x=0.28h$ $i_y=0.21b$	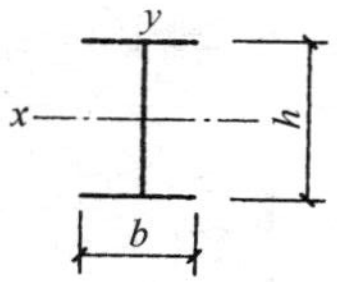 $i_x=0.43h$ $i_y=0.24b$	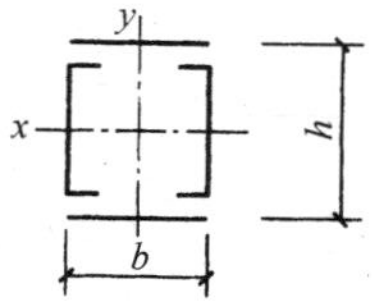 $i_x=0.44h$ $i_y=0.38b$	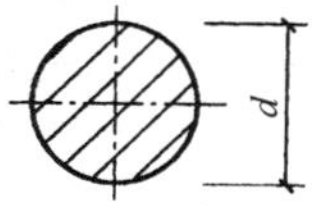 $i=0.25h$
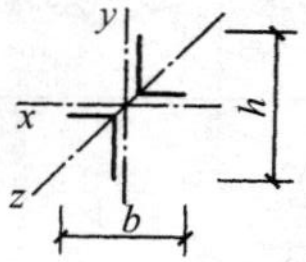 $i_x=0.21h$ $i_y=0.21b$ $i_z=0.185h$	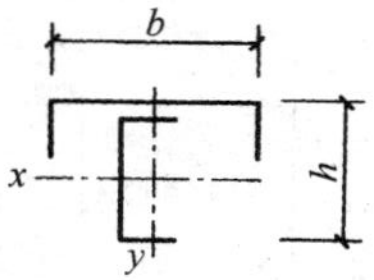 $i_x=0.365h$ $i_y=0.275b$	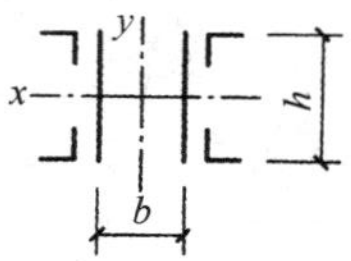 $i_x=0.37h$ $i_y=0.54b$	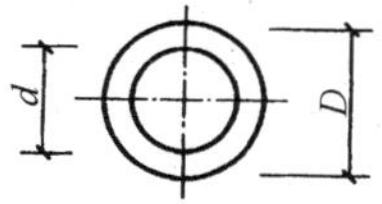 $i=0.35d_{平}$
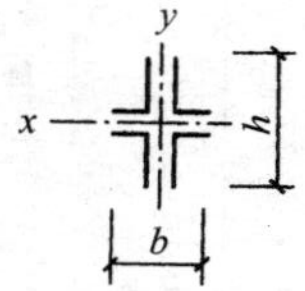 $i_x=0.21h$ $i_y=0.21b$	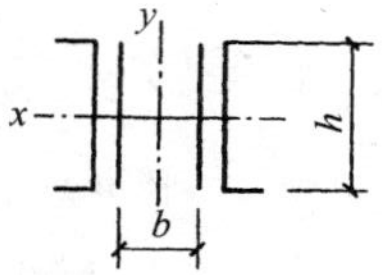 $i_x=0.35h$ $i_y=0.56b$	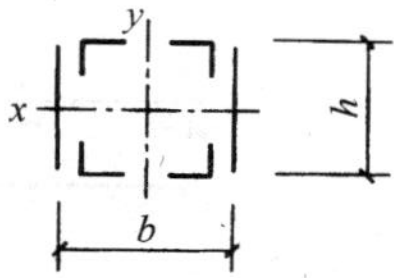 $i_x=0.37h$ $i_y=0.45b$	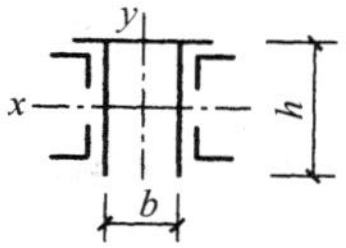 $i_x=0.39h$ $i_y=0.53b$
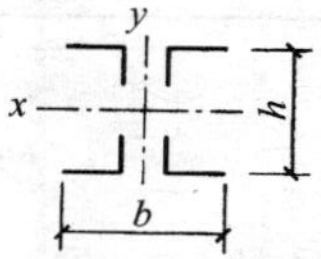 $i_x=0.45h$ $i_y=0.24b$	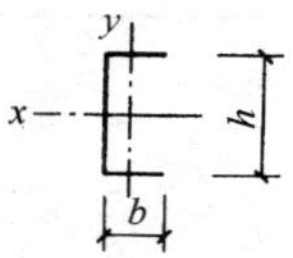 $i_x=0.39h$ $i_y=0.29b$	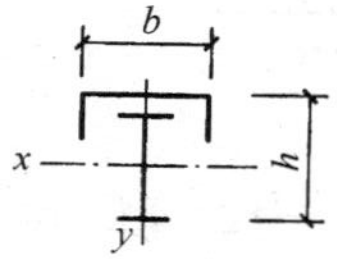 $i_x=0.40h$ $i_y=0.24b$	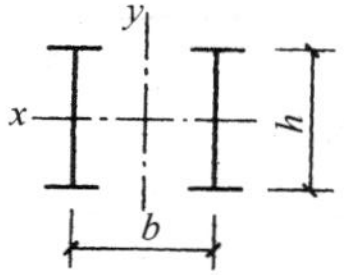 $i_x=0.40h$ $i_y=0.50b$

附录C 型钢规格

热轧等边角钢截面特性(按 GB/T 9787—1988)

型号	单角钢										双角钢			
	圆角 r/mm	形心距 z_0/mm	截面面积/cm^2	质量/(kg/m)	惯性矩 I_x/cm^4	截面抵抗矩/cm^3		回转半径/cm			i_y/cm，当 a 为下列数值			
						W_x^{max}	W_x^{min}	i_x	i_{x_0}	i_{y_0}	6mm	8mm	10mm	12mm
∟20×3	3.5	6.0	1.13	0.89	0.40	0.67	0.29	0.59	0.75	0.39	1.08	1.16	1.25	1.34
∟20×4		6.4	1.46	1.15	0.50	0.78	0.36	0.58	0.73	0.38	1.11	1.19	1.28	1.37
∟25×3	3.5	7.3	1.43	1.12	0.82	1.12	0.46	0.76	0.95	0.49	1.28	1.36	1.44	1.53
∟25×4		7.6	1.86	1.46	1.03	1.36	0.59	0.74	0.93	0.48	1.30	1.38	1.46	1.55
∟30×3	4.5	8.5	1.75	1.37	1.46	1.72	0.68	0.91	1.15	0.59	1.47	1.55	1.63	1.71
∟30×4		8.9	2.28	1.79	1.84	2.06	0.87	0.90	1.13	0.58	1.49	1.57	1.66	1.74
∟36×3		10.0	2.11	1.66	2.58	2.58	0.99	1.11	1.39	0.71	1.71	1.75	1.86	1.95
∟36×4		10.4	2.76	2.16	3.29	3.16	1.28	1.09	1.38	0.70	1.73	1.81	1.89	1.97
∟36×5		10.7	3.38	2.65	3.95	3.70	1.56	1.08	1.36	0.70	1.74	1.82	1.91	1.99
∟40×3	5	10.9	2.36	1.85	3.59	3.30	1.23	1.23	1.55	0.79	1.85	1.93	2.01	2.09
∟40×4		11.3	3.09	2.42	4.60	4.07	1.60	1.22	1.54	0.79	1.88	1.96	2.04	2.12
∟40×5		11.7	3.79	2.98	5.53	4.73	1.96	1.21	1.52	0.78	1.90	1.98	2.06	2.14

（续）

型号	单角钢									双角钢			
	圆角 r/mm	形心距 z_0/mm	截面面积/cm²	质量/(kg/m)	惯性矩 I_x/cm⁴	截面抵抗矩/cm³		回转半径/cm			i_y/cm，当 a 为下列数值			
						W_x^{max}	W_x^{min}	i_x	i_{x_0}	i_{y_0}	6mm	8mm	10mm	12mm
∟45×3	5	12.2	2.66	2.09	5.17	4.24	1.58	1.40	1.76	0.90	2.06	2.14	2.21	2.29
∟45×4		12.6	3.49	2.74	6.65	5.28	2.05	1.38	1.74	0.89	2.08	2.16	2.24	2.32
∟45×5		13.0	4.29	3.37	8.04	6.19	2.51	1.37	1.72	0.88	2.11	2.18	2.26	2.34
∟45×6		13.3	5.08	3.99	9.33	7.0	2.95	1.36	1.70	0.88	2.12	2.20	2.28	2.36
∟50×3	5.5	13.4	2.97	2.33	7.18	5.36	1.96	1.55	1.96	1.00	2.26	2.33	2.41	2.49
∟50×4		13.8	3.90	3.06	9.26	6.71	2.56	1.54	1.94	0.99	2.28	2.35	2.43	2.51
∟50×5		14.2	4.80	3.77	11.21	7.89	3.13	1.53	1.92	0.98	2.30	2.38	2.45	2.53
∟50×6		14.6	5.69	4.47	13.05	8.94	3.68	1.52	1.91	0.98	2.32	2.40	2.48	2.56
∟56×3	6	14.8	3.34	2.62	10.19	6.89	2.48	1.75	2.20	1.13	2.49	2.57	2.64	2.71
∟56×4		15.3	4.39	3.45	13.18	8.63	3.24	1.73	2.18	1.11	2.52	2.59	2.67	2.75
∟56×5		15.7	5.42	4.25	16.02	10.2	3.97	1.72	2.17	1.10	2.54	2.62	2.69	2.77
∟56×8		16.8	8.37	6.57	23.63	14.0	6.03	1.68	2.11	1.09	2.60	2.67	2.75	2.83
∟63×4	7	17.0	4.98	3.91	19.03	11.2	4.13	1.96	2.46	1.26	2.80	2.87	2.94	3.02
∟63×5		17.4	6.14	4.82	23.17	13.3	5.08	1.94	2.45	1.25	2.82	2.89	2.97	3.04
∟63×6		17.8	7.29	5.72	27.12	15.2	6.00	1.93	2.43	1.24	2.84	2.91	2.99	3.06
∟63×8		18.5	9.52	7.47	34.46	18.6	7.75	1.90	2.40	1.23	2.87	2.95	3.02	3.10
∟63×10		19.3	11.66	9.15	41.09	21.3	9.39	1.88	2.36	1.22	2.91	2.99	3.07	3.15

（续）

型号	单角钢										双角钢			
	圆角 r/mm	形心距 z_0/mm	截面面积/cm²	质量/(kg/m)	惯性矩 I_x/cm^4	截面抵抗矩/cm³		回转半径/cm			i_y/cm，当 a 为下列数值			
						W_x^{max}	W_x^{min}	i_x	i_{x_0}	i_{y_0}	6mm	8mm	10mm	12mm
4	8	18.6	5.57	4.37	26.39	14.2	5.14	2.18	2.74	1.40	3.07	3.14	3.21	3.28
5		19.1	6.88	5.40	32.21	16.8	6.32	2.16	2.73	1.39	3.09	3.17	3.24	3.31
∟70×6		19.5	8.16	6.41	37.77	19.4	7.48	2.15	2.71	1.38	3.11	3.19	3.26	3.34
7		19.9	9.42	7.40	43.09	21.6	8.59	2.14	2.69	1.38	3.13	3.21	3.28	3.36
8		20.3	10.7	8.37	48.17	23.8	9.68	2.12	2.68	1.37	3.15	3.23	3.30	3.38
5	9	20.4	7.41	5.82	39.97	19.6	7.32	2.33	2.92	1.50	3.30	3.37	3.45	3.52
6		20.7	8.79	6.91	46.95	22.7	8.64	2.31	2.90	1.49	3.31	3.38	3.46	3.53
∟75×7		21.1	10.16	7.98	53.57	25.4	9.93	2.30	2.89	1.48	3.33	3.40	3.48	3.55
8		21.5	11.50	9.03	59.96	27.9	11.2	2.28	2.88	1.47	3.35	3.42	3.50	3.57
10		22.2	14.13	11.09	71.98	32.4	13.6	2.26	2.84	1.46	3.38	3.46	3.53	3.61
5		21.5	7.91	6.21	48.79	22.7	8.34	2.48	3.13	1.60	3.49	3.56	3.63	3.71
6		21.9	9.40	7.38	57.35	26.1	9.87	2.47	3.11	1.59	3.51	3.58	3.65	3.72
∟80×7		22.3	10.86	8.53	65.58	29.4	11.4	2.46	3.10	1.58	3.53	3.60	3.67	3.75
8		22.7	12.30	9.66	73.49	32.4	12.8	2.44	3.08	1.57	3.55	3.62	3.69	3.77
10		23.5	15.13	11.87	88.43	37.6	15.6	2.42	3.04	1.56	3.59	3.66	3.74	3.81
6	10	24.4	10.64	8.35	82.77	33.9	12.6	2.79	3.51	1.80	3.91	3.98	4.05	4.13
7		24.8	12.30	9.66	94.83	38.2	14.5	2.78	3.50	1.78	3.93	4.00	4.07	4.15
∟90×8		25.2	13.94	10.95	106.47	42.1	16.4	2.76	3.48	1.78	3.95	4.02	4.09	4.17
10		25.9	17.17	13.48	128.58	49.7	20.1	2.74	3.45	1.76	3.98	4.05	4.13	4.20
12		26.7	20.31	15.94	149.22	56.0	23.6	2.71	3.41	1.75	4.02	4.10	4.17	4.25

（续）

型号	单角钢										双角钢			
	圆角 r/mm	形心距 z_0/mm	截面面积/cm²	质量/(kg/m)	惯性矩 I_x/cm⁴	截面抵抗矩/cm³		回转半径/cm			i_y/cm，当 a 为下列数值			
						W_x^{max}	W_x^{min}	i_x	i_{x_0}	i_{y_0}	6mm	8mm	10mm	12mm
∟100×6	12	26.7	11.93	9.37	114.95	43.1	15.7	3.10	3.90	2.00	4.30	4.37	4.44	4.51
∟100×7	12	27.1	13.80	10.83	131.86	48.6	18.1	3.09	3.89	1.99	4.31	4.39	4.46	4.53
∟100×8	12	27.6	15.64	12.28	148.24	53.7	20.5	3.08	3.88	1.98	4.34	4.41	4.48	4.56
∟100×10	12	28.4	19.26	15.12	179.51	63.2	25.1	3.05	3.84	1.96	4.38	4.45	4.52	4.60
∟100×12	12	29.1	22.80	17.90	208.90	71.9	29.5	3.03	3.81	1.95	4.41	4.49	4.56	4.63
∟100×14	12	29.9	26.26	20.61	236.53	79.1	33.7	3.00	3.77	1.94	4.45	4.53	4.60	4.68
∟100×16	12	30.6	29.63	23.26	262.53	89.6	37.8	2.98	3.74	1.94	4.49	4.56	4.64	4.72
∟110×7	12	29.6	15.20	11.93	177.16	59.9	22.0	3.41	4.30	2.20	4.72	4.79	4.86	4.92
∟110×8	12	30.1	17.24	13.53	199.46	64.7	25.0	3.40	4.28	2.19	4.75	4.82	4.89	4.96
∟110×10	12	30.9	21.26	16.69	242.19	78.4	30.6	3.38	4.25	2.17	4.78	4.86	4.93	5.00
∟110×12	12	31.6	25.20	19.78	282.55	89.4	36.0	3.35	4.22	2.15	4.81	4.89	4.96	5.03
∟110×14	12	32.4	29.06	22.81	320.71	99.2	41.3	3.32	4.18	2.14	4.85	4.93	5.00	5.07
∟125×8	14	33.7	19.75	15.50	297.03	88.1	32.5	3.88	4.88	2.50	5.34	5.41	5.48	5.55
∟125×10	14	34.5	24.37	19.13	361.67	105	40.0	3.85	4.85	2.48	5.38	5.45	5.52	5.59
∟125×12	14	35.3	28.91	22.69	423.16	120	41.2	3.83	4.82	2.46	5.41	5.48	5.56	5.63
∟125×14	14	36.1	33.37	26.19	481.65	133	54.2	3.80	4.78	2.45	5.45	5.52	5.60	5.67

（续）

型号	单角钢									双角钢			
	圆角 r/mm	形心距 z_0/mm	截面面积/ cm^2	质量/ (kg/m)	惯性矩 I_x/cm^4	截面抵抗矩/cm^3		回转半径/cm			i_y/cm，当 a 为下列数值			
						W_x^{max}	W_x^{min}	i_x	i_{x_0}	i_{y_0}	6mm	8mm	10mm	12mm
∟140×10	14	38.2	27.37	21.49	514.65	135	50.6	4.34	5.46	2.78	5.98	6.05	6.12	6.19
∟140×12		39.0	32.51	25.52	603.58	155	59.8	4.31	5.43	2.76	6.02	6.09	6.16	6.23
∟140×14		39.8	37.56	29.49	688.81	173	68.7	4.28	5.40	2.75	6.05	6.12	6.20	6.27
∟140×16		40.6	42.54	33.39	770.24	190	77.5	4.26	5.36	2.74	6.09	6.16	6.24	6.31
∟160×10	16	43.1	31.50	24.73	779.53	180	66.7	4.98	6.27	3.20	6.78	6.85	6.92	6.99
∟160×12		43.9	37.44	29.39	916.58	208	79.0	4.95	6.24	3.18	6.82	6.89	6.96	7.02
∟160×14		44.7	43.30	33.99	1048.36	234	90.9	4.92	6.20	3.16	6.85	6.92	6.99	7.07
∟160×16		45.5	49.07	38.52	1175.08	258	103	4.89	6.17	3.14	6.89	6.96	7.03	7.10
∟180×12		48.9	42.24	33.16	1321.35	271	101	5.59	7.05	3.58	7.63	7.70	7.77	7.84
∟180×14		49.7	48.90	38.38	1514.48	305	116	5.56	7.02	3.56	7.66	7.73	7.81	7.87
∟180×16		50.5	55.47	43.54	1700.99	338	131	5.54	6.98	3.55	7.70	7.77	7.84	7.91
∟180×18		51.3	61.96	48.63	1875.12	365	146	5.50	6.94	3.51	7.73	7.80	7.87	7.94
∟200×14	18	54.6	54.64	42.89	2103.55	387	145	6.20	7.82	3.98	8.47	8.53	8.60	8.67
∟200×16		55.4	62.01	48.68	2366.15	428	164	6.18	7.79	3.96	8.50	8.57	8.64	8.71
∟200×18		56.2	69.30	54.40	2620.64	467	182	6.15	7.75	3.94	8.54	8.61	8.67	8.75
∟200×20		56.9	76.51	60.05	2867.30	503	200	6.12	7.72	3.93	8.56	8.64	8.71	8.78
∟200×24		58.7	90.66	71.17	3338.25	570	236	6.07	7.64	3.90	8.65	8.73	8.80	8.87

热轧普通槽钢截面特性(按 GB/T 707—1988)

h——高度
b——翼缘宽度
d——腹板厚度
t——翼缘平均厚度
r——内圆弧半径
r_1——翼端圆弧半径

I——截面惯性矩
W——截面抵抗矩
S——半截面面积矩
i——回转半径
z_0——形心距离

型号	尺寸/mm						截面面积/cm^2	重量/(kg/m)	x-x				y-y				y_1-y_1	z_0/cm
	h	b	d	t	r	r_1			I_x/cm^4	W_x/cm^3	S_x/cm^3	i_x/cm	I_y/cm^4	W_{ymin}/cm^3	W_{ymax}/cm^3	i_y/cm	I_{y1}/cm^4	
5	50	37	4.5	7.0	7.0	3.5	6.92	5.44	26.0	10.4	6.4	1.94	8.3	3.5	6.2	1.10	20.9	1.35
6.3	63	40	4.8	7.5	7.5	3.75	8.45	6.63	51.2	16.3	9.8	2.46	11.9	4.6	8.5	1.19	28.3	1.39
8	80	43	5.0	8.0	8.0	4.0	10.24	8.04	101.3	25.3	15.1	3.14	16.6	5.8	11.7	1.27	37.4	1.42
10	100	48	5.3	8.5	8.5	4.25	12.74	10.00	198.3	39.7	23.5	3.94	25.6	7.8	16.9	1.42	54.9	1.52
12.6	126	53	5.5	9.0	9.0	4.5	15.69	12.31	388.5	61.7	36.4	4.98	38.0	10.3	23.9	1.56	77.8	1.59
14a	140	58	6.0	9.5	9.5	4.75	18.51	14.53	563.7	80.5	47.5	5.52	53.2	13.0	31.2	1.70	107.2	1.71
14b		60	8.0				21.31	16.73	609.4	87.1	52.4	5.35	61.2	14.1	36.6	1.69	120.6	1.67
16a	160	63	6.5	10.0	10.0	5.0	21.95	17.23	866.2	108.3	63.9	6.28	73.4	16.3	40.9	1.83	144.1	1.79
16b		65	8.5				25.15	19.75	934.5	116.8	70.3	6.10	83.4	17.6	47.6	1.82	160.8	1.75
18a	180	68	7.0	10.5	10.5	5.25	25.69	20.17	1272.7	141.4	83.5	7.04	98.6	20.0	52.3	1.96	189.7	1.88
18b		70	9.0				29.29	22.99	1369.9	152.2	91.6	6.84	111.0	21.5	60.4	1.95	210.1	1.84

（续）

型号	尺寸/mm						截面面积/cm^2	重量/(kg/m)	x-x				y-y				y_1-y_1	z_0/cm
	h	b	d	t	r	r_1			I_x/cm^4	W_x/cm^3	S_x/cm^3	i_x/cm	I_y/cm^4	W_{ymin}/cm^3	W_{ymax}/cm^3	i_y/cm	I_{y1}/cm^4	
20a	200	73	7.0	11.0	11.0	5.5	28.83	22.63	1780.4	178.0	104.7	7.86	128.0	24.2	63.8	2.11	244.0	2.01
20b		75	9.0				32.83	25.77	1913.7	191.4	114.7	7.64	143.6	25.9	73.7	2.09	268.4	1.95
22a	220	77	7.0	11.5	11.5	5.75	31.84	24.99	2393.9	217.6	127.6	8.67	157.8	28.2	75.1	2.23	298.2	2.10
22b		79	9.0				36.24	28.45	2571.3	233.8	139.7	8.42	176.5	30.1	86.8	2.21	326.3	2.03
25a	250	78	7.0	12.0	12.0	6.0	34.91	27.40	3359.1	268.7	157.8	9.81	175.9	30.7	85.1	2.24	324.8	2.07
25b		80	9.0				39.91	31.33	3619.5	289.6	173.5	9.52	196.4	32.7	98.5	2.22	355.1	1.99
25c		82	11.0				44.91	35.25	3880.0	310.4	189.1	9.30	215.9	34.6	110.1	2.19	388.6	1.96
28a	280	82	7.5	12.5	12.5	6.25	40.02	31.42	4752.5	339.5	200.2	10.90	217.9	35.7	104.1	2.33	393.3	2.09
28b		84	9.5				45.62	35.81	5118.4	365.6	219.8	10.59	241.5	37.9	119.3	2.30	428.5	2.02
28c		86	11.5				51.22	40.21	5484.3	391.7	239.4	10.35	264.1	40.0	132.6	2.27	467.3	1.99
32a	320	88	8.0	14.0	14.0	7.0	48.50	38.07	7510.6	469.4	276.9	12.44	304.7	46.4	136.2	2.51	547.5	2.24
32b		90	10.0				54.90	43.10	8056.8	503.5	302.5	12.11	335.6	49.1	155.0	2.47	592.9	2.16
32c		92	12.0				61.30	48.12	8602.9	537.7	328.1	11.85	365.0	51.6	171.5	2.44	642.7	2.13
36a	360	96	9.0	16.0	16.0	8.0	60.89	47.80	11874.1	659.7	389.9	13.96	455.0	63.6	186.2	2.73	818.5	2.44
36b		98	11.0				68.09	53.45	12651.7	702.9	422.3	13.63	496.7	66.9	209.2	2.70	880.5	2.37
36c		100	13.0				75.29	59.10	13429.3	746.1	454.7	13.36	536.6	70.0	229.5	2.67	948.0	2.34
40a	400	100	10.5	18.0	18.0	9.0	75.04	58.91	17577.7	878.9	524.4	15.30	592.0	78.8	237.6	2.81	1057.9	2.49
40b		102	12.5				83.04	65.19	18644.4	932.2	564.4	14.98	640.6	82.6	262.4	2.78	1135.8	2.44
40c		104	14.5				91.04	71.47	19711.0	985.6	604.4	14.71	687.8	86.2	284.4	2.75	1220.3	2.42

热轧 H 型钢截面特性

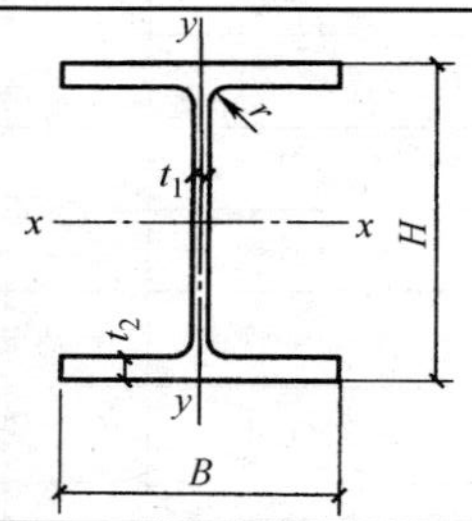

I——截面惯性矩
W——截面抵抗矩
i——截面回转半径

类别	型号（高度×宽度）	尺寸/mm				截面面积 /cm²	重量 /(kg/m)	x-x 轴			y-y 轴		
		$H\times B$	t_1	t_2	r			I_x /cm⁴	W_x /cm³	i_x /cm	I_y /cm⁴	W_y /cm³	i_y /cm
HW	100×100	100×100	6	8	10	21.90	17.2	383	76.5	4.18	134	26.7	2.47
	125×125	125×125	6.5	9	10	30.31	23.8	847	136	5.29	294	47.0	3.11
	150×150	150×150	7	10	13	40.55	31.9	1660	221	6.39	564	75.1	3.73
	175×175	175×175	7.5	11	13	51.43	40.3	2900	331	7.50	984	112	4.37
	200×200	200×200	8	12	16	64.28	50.5	4770	477	8.61	1600	160	4.99
		#200×204	12	12	16	72.28	56.7	5030	503	8.35	1700	167	4.85
	250×250	250×250	9	14	16	92.18	72.4	10800	867	10.8	3650	292	6.29
		#250×255	14	14	16	104.7	82.2	11500	919	10.5	3880	304	6.09
	300×300	#294×302	12	12	20	108.3	85.0	17000	1160	12.5	5520	365	7.14
		300×300	10	15	20	120.4	94.5	20500	1370	13.1	6760	450	7.49
		300×305	15	15	20	135.4	106	21600	1440	12.6	7100	466	7.24
	350×350	#344×348	10	16	20	146.0	115	33300	1940	15.1	11200	646	8.78
		350×350	12	19	20	173.9	137	40300	2300	15.2	13600	776	8.84

（续）

类别	型号（高度×宽度）	尺寸/mm				截面面积 /cm²	重量 /(kg/m)	x-x 轴			y-y 轴		
		$H\times B$	t_1	t_2	r			I_x /cm⁴	W_x /cm³	i_x /cm	I_y /cm⁴	W_y /cm³	i_y /cm
HW	400×400	#388×402	15	15	24	179.2	141	49200	2540	16.6	16300	809	9.52
		#394×398	11	18	24	187.6	147	56400	2860	17.3	18900	951	10.0
		400×400	13	21	24	219.5	172	66900	3340	17.5	22400	1120	10.1
		#400×408	21	21	24	251.5	197	71100	3560	16.8	23800	1170	9.73
		#414×405	18	28	24	296.2	233	93000	4490	17.7	31000	1530	10.2
		#428×407	20	35	24	361.4	284	119000	5580	18.2	39400	1930	10.4
		#458×417	30	50	24	529.3	415	187000	8180	18.8	60500	2900	10.7
		#498×432	45	70	24	770.8	605	298000	12000	19.7	94400	4370	11.1
HM	150×100	148×100	6	9	13	27.25	21.4	1040	140	6.17	151	30.2	2.35
	200×150	194×150	6	9	16	39.76	31.2	2740	283	8.30	508	67.7	3.57
	250×175	244×175	7	11	16	56.24	44.1	6120	502	10.4	985	113	4.18
	300×200	294×200	8	12	20	73.03	57.3	11400	779	12.5	1600	160	4.69
	350×250	340×250	9	14	20	101.5	79.7	21700	1280	14.6	3650	292	6.00
	400×300	390×300	10	16	24	136.7	107	38900	2000	16.9	7210	481	7.26
	450×300	440×300	11	18	24	157.4	124	56100	2550	18.9	8110	541	7.18
	500×300	482×300	11	15	28	146.4	115	60800	2520	20.4	6770	451	6.80
		488×300	11	18	28	164.4	129	71400	2930	20.8	8120	541	7.03
	600×300	582×300	12	17	28	174.5	137	103000	3530	24.3	7670	511	6.63
		588×300	12	20	28	192.5	151	118000	4020	24.8	9020	601	6.85
		#594×302	14	23	28	222.4	175	137000	4620	24.9	10600	701	6.90

（续）

类别	型号（高度×宽度）	尺寸/mm				截面面积 /cm²	重量 /(kg/m)	x-x 轴			y-y 轴		
		$H\times B$	t_1	t_2	r			I_x /cm⁴	W_x /cm³	i_x /cm	I_y /cm⁴	W_y /cm³	i_y /cm
HN	100×50	100×50	5	7	10	12.16	9.54	192	38.5	3.98	14.9	5.96	1.11
	125×60	125×60	6	8	10	17.01	13.3	417	66.8	4.95	29.3	9.75	1.31
	150×75	150×75	5	7	10	18.16	14.3	679	90.6	6.12	49.6	13.2	1.65
	160×90	160×90	5	8	10	22.46	17.6	999	125	6.67	97.6	21.7	2.08
	175×90	175×90	5	8	10	23.21	18.2	1220	140	7.26	97.6	21.7	2.05
	200×100	198×99	4.5	7	13	23.59	18.5	1610	163	8.27	114	23.0	2.20
		200×100	5.5	8	13	27.57	21.7	1880	188	8.25	134	26.8	2.21
	250×125	248×124	5	8	13	32.89	25.8	3560	287	10.4	255	41.1	2.78
		250×125	6	9	13	37.87	29.7	4080	326	10.4	294	47.0	2.79
	280×125	280×125	6	9	13	39.67	31.1	5270	376	11.5	294	47.0	2.72
	300×150	298×149	5.5	8	16	41.55	32.6	6460	433	12.4	443	59.4	3.26
		300×150	6.5	9	16	47.53	37.3	7350	490	12.4	508	67.7	3.27
	350×175	346×174	6	9	16	53.19	41.8	11200	649	14.5	792	91.0	3.86
		350×175	7	11	16	63.66	50.0	13700	782	14.7	985	113	3.93
	#400×150	#400×150	8	13	16	71.12	55.8	18800	942	16.3	734	97.9	3.21
	400×200	396×199	7	11	16	72.16	56.7	20000	1010	16.7	1450	145	4.48
		400×200	8	13	16	84.12	66.0	23700	1190	16.8	1740	174	4.54
	#450×150	#450×150	9	14	20	83.41	65.5	27100	1200	18.0	793	106	3.08
	450×200	446×199	8	12	20	84.95	66.7	29000	1300	18.5	1580	159	4.31
		450×200	9	14	20	97.41	76.5	33700	1500	18.6	1870	187	4.38

（续）

类别	型号（高度×宽度）	尺寸/mm				截面面积/cm^2	重量/(kg/m)	x-x 轴			y-y 轴		
		$H\times B$	t_1	t_2	r			I_x/cm^4	W_x/cm^3	i_x/cm	I_y/cm^4	W_y/cm^3	i_y/cm
HN	#500×150	#500×150	10	16	20	98.23	77.1	38500	1540	19.8	907	121	3.04
	500×200	496×199	9	14	20	101.3	79.5	41900	1690	20.3	1840	185	4.27
		500×200	10	16	20	114.2	89.6	47800	1910	20.5	2140	214	4.33
		#506×201	11	19	20	131.3	103	56500	2230	20.8	2580	257	4.43
	600×200	596×199	10	15	24	121.2	95.1	69300	2330	23.9	1980	199	4.04
		600×200	11	17	24	135.2	106	78200	2610	24.1	2280	228	4.11
		#606×201	12	20	24	153.3	120	91000	3000	24.4	2720	271	4.21
	700×300	#692×300	13	20	28	211.5	166	172000	4980	28.6	9020	602	6.53
		700×300	13	24	28	235.5	185	201000	5760	29.3	10800	722	6.78
	*800×300	*792×300	14	22	28	243.4	191	254000	6400	32.3	9930	662	6.39
		*800×300	14	26	28	267.4	210	292000	7290	33.0	11700	782	6.62
	*900×300	*890×299	15	23	28	270.9	213	345000	7760	35.7	10300	688	6.16
		*900×300	16	28	28	309.8	243	411000	9140	36.4	12600	843	6.39
		*912×302	18	34	28	364.0	286	498000	10900	37.0	15700	1040	6.56

注：1. “#”表示为非常用规格。

2. “*”表示的规格，目前国内尚未生产。

3. 型号属同一范围的产品，其内侧尺寸高度相同。

4. 截面面积计算公式为：$t_1(H-2t_2)+2Bt_2+0.858r^2$。

热轧不等边角钢截面特性(按 GB/T 9788—1988)

型号	圆角 r/mm	重心距/mm		截面面积 /cm²	质量/(kg/m)	惯性矩/cm⁴		回转半径/cm			i_{y1}/cm，当 a 为下列数值				i_{y2}/cm，当 a 为下列数值			
		z_x	z_y			I_x	I_y	i_x	i_y	i_{y0}	6mm	8mm	10mm	12mm	6mm	8mm	10mm	12mm
∟25×16×3	3.5	4.2	8.6	1.16	0.91	0.22	0.70	0.44	0.78	0.34	0.84	0.93	1.02	1.11	1.40	1.48	1.57	1.65
∟25×16×4	3.5	4.6	9.0	1.50	1.18	0.27	0.88	0.43	0.77	0.34	0.87	0.96	1.05	1.14	1.42	1.51	1.60	1.68
∟32×20×3	3.5	4.9	10.8	1.49	1.17	0.46	1.53	0.55	1.01	0.43	0.97	1.05	1.14	1.22	1.71	1.79	1.88	1.96
∟32×20×4	3.5	5.3	11.2	1.94	1.52	0.57	1.93	0.54	1.00	0.42	0.99	1.08	1.16	1.25	1.74	1.82	1.90	1.99
∟40×25×3	4	5.9	13.2	1.89	1.48	0.93	3.08	0.70	1.28	0.54	1.13	1.21	1.30	1.38	2.06	2.15	2.22	2.31
∟40×25×4	4	6.3	13.7	2.47	1.94	1.18	3.93	0.69	1.26	0.54	1.16	1.24	1.32	1.41	2.09	2.17	2.26	2.34
∟45×28×3	5	6.4	14.7	2.15	1.69	1.34	4.45	0.79	1.44	0.61	1.23	1.31	1.39	1.47	2.28	2.36	2.44	2.52
∟45×28×4	5	6.8	15.1	2.81	2.20	1.70	5.69	0.78	1.42	0.60	1.25	1.33	1.41	1.50	2.30	2.38	2.46	2.55
∟50×32×3	5.5	7.3	16.0	2.43	1.91	2.02	6.24	0.91	1.60	0.70	1.38	1.45	1.53	1.61	2.49	2.56	2.64	2.72
∟50×32×4	5.5	7.7	16.5	3.18	2.49	2.58	8.02	0.90	1.59	0.69	1.40	1.48	1.56	1.64	2.52	2.59	2.67	2.75
∟56×36×3	6	8.0	17.8	2.74	2.15	2.92	8.88	1.03	1.80	0.79	1.51	1.58	1.66	1.74	2.75	2.83	2.90	2.98
∟56×36×4	6	8.5	18.2	3.59	2.82	3.76	11.45	1.02	1.79	0.79	1.54	1.62	1.69	1.77	2.77	2.85	2.93	3.01
∟56×36×5	6	8.8	18.7	4.42	3.47	4.49	13.86	1.01	1.77	0.78	1.55	1.63	1.71	1.79	2.80	2.87	2.96	3.04
∟63×40×4	7	9.2	20.4	4.06	3.18	5.23	16.49	1.14	2.02	0.88	1.67	1.74	1.82	1.90	3.09	3.16	3.24	3.32
∟63×40×5	7	9.5	20.8	4.99	3.92	6.31	20.02	1.12	2.00	0.87	1.68	1.76	1.83	1.91	3.11	3.19	3.27	3.35
∟63×40×6	7	9.9	21.2	5.91	4.64	7.29	23.36	1.11	1.98	0.86	1.70	1.78	1.86	1.94	3.13	3.21	3.29	3.37
∟63×40×7	7	10.3	21.5	6.80	5.34	8.24	26.53	1.10	1.96	0.86	1.73	1.80	1.88	1.97	3.15	3.23	3.30	3.39

（续）

型号	单角钢									双角钢							
	圆角 r/mm	重心距/mm		截面面积/cm^2	质量/(kg/m)	惯性矩/cm^4		回转半径/cm			i_{y1}/cm，当 a 为下列数值				i_{y2}/cm，当 a 为下列数值			
		z_x	z_y			I_x	I_y	i_x	i_y	i_{y0}	6mm	8mm	10mm	12mm	6mm	8mm	10mm	12mm
∟70×45×4	7.5	10.2	22.4	4.55	3.57	7.55	23.17	1.29	2.26	0.98	1.84	1.92	1.99	2.07	3.40	3.48	3.56	3.62
∟70×45×5		10.6	22.8	5.61	4.40	9.13	27.95	1.28	2.23	0.98	1.86	1.94	2.01	2.09	3.41	3.49	3.57	3.64
∟70×45×6		10.9	23.2	6.65	5.22	10.62	32.54	1.26	2.21	0.98	1.88	1.95	2.03	2.11	3.43	3.51	3.58	3.66
∟70×45×7		11.3	23.6	7.66	6.01	12.01	37.22	1.25	2.20	0.97	1.90	1.98	2.06	2.14	3.45	3.53	3.61	3.69
∟75×50×5	8	11.7	24.0	6.13	4.81	12.61	34.86	1.44	2.39	1.10	2.05	2.13	2.20	2.28	3.60	3.68	3.76	3.83
∟75×50×6		12.1	24.4	7.26	5.70	14.70	41.12	1.42	2.38	1.08	2.07	2.15	2.22	2.30	3.63	3.71	3.78	3.86
∟75×50×8		12.9	25.2	9.47	7.43	18.53	52.39	1.40	2.35	1.07	2.12	2.10	2.27	2.35	3.67	3.75	3.83	3.91
∟75×50×10		13.6	26.0	11.6	9.10	21.96	62.71	1.38	2.33	1.06	2.16	2.23	2.31	2.40	3.72	2.80	3.88	3.96
∟80×50×5	8	11.4	26.0	6.88	5.01	12.82	41.96	1.42	2.56	1.10	2.02	2.09	2.17	2.24	3.87	3.95	4.02	4.10
∟80×50×6		11.8	26.5	7.56	5.94	14.95	49.49	1.41	2.55	1.08	2.04	2.12	2.19	2.27	3.90	3.98	4.06	4.14
∟80×50×7		12.1	26.9	8.72	6.85	16.96	56.16	1.39	2.54	1.08	2.06	2.13	2.21	2.28	3.92	4.00	4.08	4.15
∟80×50×8		12.5	27.3	9.87	7.75	18.85	62.83	1.38	2.52	1.07	2.08	2.15	2.23	2.31	3.94	4.02	4.10	4.18
∟90×56×5	9	12.5	29.1	7.21	5.66	18.32	60.45	1.59	2.90	1.23	2.22	2.29	2.37	2.44	4.32	4.40	4.47	4.55
∟90×56×6		12.9	29.5	8.56	6.72	21.42	71.03	1.58	2.88	1.23	2.24	2.32	2.39	2.46	4.34	4.42	4.49	4.57
∟90×56×7		13.3	30.0	9.88	7.76	24.36	81.01	1.57	2.86	1.22	2.26	2.34	2.41	2.49	4.37	4.45	4.52	4.60
∟90×56×8		13.6	30.4	11.18	8.78	27.15	91.03	1.56	2.85	1.21	2.28	2.35	2.43	2.50	4.39	4.47	4.55	4.62

（续）

型号	单角钢										双角钢							
	圆角 r/mm	重心距/mm		截面面积/cm²	质量/(kg/m)	惯性矩/cm⁴		回转半径/cm			i_{y1}/cm，当 a 为下列数值				i_{y2}/cm，当 a 为下列数值			
		z_x	z_y			I_x	I_y	i_x	i_y	i_{y0}	6mm	8mm	10mm	12mm	6mm	8mm	10mm	12mm
∟100×63×6	10	14.3	32.4	9.62	7.55	30.94	99.06	1.79	3.21	1.38	2.49	2.56	2.63	2.71	4.78	4.85	4.93	5.00
∟100×63×7		14.7	32.8	11.11	8.72	35.26	113.45	1.78	3.20	1.38	2.51	2.58	2.66	2.73	4.80	4.87	4.95	5.03
∟100×63×8		15.0	33.2	12.58	9.88	39.39	127.37	1.77	3.18	1.37	2.52	2.60	2.67	2.75	4.82	4.89	4.97	5.05
∟100×63×10		15.8	34.0	15.46	12.14	47.12	153.81	1.74	3.15	1.35	2.57	2.64	2.72	2.79	4.86	4.94	5.02	5.09
∟100×80×6		19.7	29.5	10.64	8.35	61.24	107.04	2.40	3.17	1.72	3.30	3.37	3.44	3.52	4.54	4.61	4.69	4.76
∟100×80×7		20.1	30.0	12.30	9.66	70.08	123.73	2.39	3.16	1.72	3.32	3.39	3.46	3.54	4.57	4.64	4.71	4.79
∟100×80×8		20.5	30.4	13.94	10.95	78.58	137.92	2.37	3.14	1.71	3.34	3.41	3.48	3.56	4.59	4.66	4.74	4.81
∟100×80×10		21.3	31.2	17.17	13.48	94.65	166.87	2.35	3.12	1.69	3.38	3.45	3.53	3.60	4.63	4.70	4.78	4.85
∟110×70×6		15.7	35.3	10.64	8.35	42.92	133.37	2.01	3.54	1.54	2.74	2.81	2.88	2.97	5.22	5.29	5.36	5.44
∟110×70×7		16.1	35.7	12.30	9.66	49.01	153.00	2.00	3.53	1.53	2.76	2.83	2.90	2.98	5.24	5.31	5.39	5.46
∟110×70×8		16.5	36.2	13.94	10.95	54.87	172.04	1.98	3.51	1.53	2.78	2.85	2.93	3.00	5.26	5.34	5.41	5.49
∟110×70×10		17.2	37.0	17.17	13.47	65.88	208.39	1.96	3.48	1.51	2.81	2.89	2.96	3.04	5.30	5.38	5.46	5.53
∟125×80×7	11	18.0	40.1	14.10	11.07	74.42	227.98	2.30	4.02	1.76	3.11	3.18	3.25	3.32	5.89	5.97	6.04	6.12
∟125×80×8		18.4	40.6	16.99	12.55	83.49	256.67	2.28	4.01	1.75	3.13	3.20	3.27	3.34	5.92	6.00	6.07	6.15
∟125×80×10		19.2	41.4	19.71	15.47	100.67	312.04	2.26	3.98	1.74	3.17	3.24	3.31	3.38	5.96	6.04	6.11	6.19
∟125×80×12		20.0	42.2	23.35	18.33	116.67	364.41	2.24	3.95	1.72	3.21	3.28	3.35	3.43	6.00	6.08	6.15	6.23

（续）

型号	单角钢										双角钢							
	圆角 r/mm	重心距/mm		截面面积/cm^2	质量/(kg/m)	惯性矩/cm^4		回转半径/cm			i_{y1}/cm，当 a 为下列数值				i_{y2}/cm，当 a 为下列数值			
		z_x	z_y			I_x	I_y	i_x	i_y	i_{y0}	6mm	8mm	10mm	12mm	6mm	8mm	10mm	12mm
└140×90×8	12	20.4	45.0	18.04	14.16	120.69	365.64	2.59	4.50	1.98	3.49	3.56	3.63	3.70	6.58	6.65	6.72	6.79
└140×90×10	12	21.2	45.8	22.26	17.46	146.03	445.50	2.56	4.47	1.96	3.52	3.59	3.66	3.74	6.62	6.69	6.77	6.84
└140×90×12	12	21.9	46.6	26.40	20.72	169.79	521.59	2.54	4.44	1.95	3.55	3.62	3.70	3.77	6.66	6.74	6.81	6.89
└140×90×14	12	22.7	47.4	30.47	23.91	192.10	594.10	2.51	4.42	1.94	3.59	3.67	3.74	3.81	6.70	6.78	6.85	6.93
└160×100×10	13	22.8	52.4	25.32	19.87	205.03	668.69	2.85	5.14	2.19	3.84	3.91	3.98	4.05	7.56	7.63	7.70	7.78
└160×100×12	13	23.6	53.2	30.05	23.59	239.06	784.91	2.82	5.11	2.17	3.88	3.95	4.02	4.09	7.60	7.67	7.75	7.82
└160×100×14	13	24.3	54.0	34.71	27.25	271.20	896.30	2.80	5.08	2.16	3.91	3.98	4.05	4.12	7.64	7.71	7.79	7.86
└160×100×16	13	25.1	54.8	39.28	30.84	301.60	1003.04	2.77	5.05	2.16	3.95	4.02	4.09	4.17	7.68	7.75	7.83	7.91
└180×110×10	14	24.4	58.9	28.37	22.27	278.11	956.25	3.13	5.80	2.42	4.16	4.23	4.29	4.36	8.47	8.56	8.63	8.71
└180×110×12	14	25.2	59.8	33.71	26.46	325.03	1124.72	3.10	5.78	2.40	4.19	4.26	4.33	4.40	8.53	8.61	8.68	8.76
└180×110×14	14	25.9	60.6	38.97	30.59	369.55	1286.91	3.08	5.75	2.39	4.22	4.29	4.36	4.43	8.57	8.65	8.72	8.80
└180×110×16	14	26.7	61.4	44.14	34.65	411.85	1443.06	3.06	5.72	2.38	4.26	4.33	4.40	4.47	8.61	8.69	8.76	8.84
└200×125×12	14	28.3	65.4	37.91	29.76	483.16	1570.90	3.57	6.44	2.74	4.75	4.81	4.88	4.95	9.39	9.47	9.54	9.61
└200×125×14	14	29.1	66.2	43.87	34.44	550.83	1800.97	3.54	6.41	2.73	4.78	4.85	4.92	4.99	9.43	9.50	9.58	9.65
└200×125×16	14	29.9	67.0	49.74	39.05	615.44	2023.35	3.52	6.38	2.71	4.82	4.89	4.96	5.03	9.47	9.54	9.62	9.69
└200×125×18	14	30.6	67.8	55.53	43.59	677.19	2238.30	3.49	6.35	2.70	4.85	4.92	4.99	5.07	9.51	9.58	9.66	9.74

热轧普通工字钢截面特性(按 GB/T 706—1988)

h——高度
b——翼缘宽度
t_w——腹板厚度
t——翼缘平均厚度
r——内圆弧半径
r_1——翼端圆弧半径

I——截面惯性矩
W——截面抵抗矩
S——半截面面积矩
i——回转半径

型号	尺寸/mm						截面面积/cm²	重量/(kg/m)	x-x				y-y		
	h	b	t_w	t	r	r_1			I_x/cm⁴	W_x/cm³	S_x/cm³	i_x/cm	I_y/cm⁴	W_y/cm³	i_y/cm
10	100	68	4.5	7.6	6.5	3.3	14.33	11.25	245	49.0	28.2	4.14	32.8	9.6	1.51
12.6	126	74	5.0	8.4	7.0	3.5	18.10	14.21	488	77.4	44.4	5.19	46.9	12.7	1.61
14	140	80	5.5	9.1	7.5	3.8	21.50	16.88	712	101.7	58.4	5.75	64.3	16.1	1.73
16	160	88	6.0	9.9	8.0	4.0	26.11	20.50	1127	140.9	80.8	6.57	93.1	21.1	1.89
18	180	94	6.5	10.7	8.5	4.3	30.74	24.13	1669	185.4	106.5	7.37	122.9	26.2	2.00
20a	200	100	7.0	11.4	9.0	4.5	35.55	27.91	2369	236.9	136.1	8.16	157.9	31.6	2.11
20b		102	9.0				39.55	31.05	2502	250.2	146.1	7.95	169.0	33.1	2.07
22a	220	110	7.5	12.3	9.5	4.8	42.10	33.05	3406	309.6	177.7	8.99	225.9	41.1	2.32
22b		112	9.5				46.50	36.50	3583	325.8	189.8	8.78	240.2	42.9	2.27
25a	250	116	8.0	13.0	10.0	5.0	48.51	38.08	5017	401.4	230.7	10.17	280.4	48.4	2.40
25b		118	10.0				53.51	42.01	5278	422.2	246.3	9.93	297.3	50.4	2.36
28a	280	122	8.5	13.7	10.5	5.3	55.37	43.47	7115	508.2	292.7	11.34	344.1	56.4	2.49
28b		124	10.5				60.97	47.86	7481	534.4	312.3	11.08	363.8	58.7	2.44

（续）

型号	尺寸/mm						截面面积/cm^2	重量/(kg/m)	x-x				y-y		
	h	b	t_w	t	r	r_1			I_x/cm^4	W_x/cm^3	S_x/cm^3	i_x/cm	I_y/cm^4	W_y/cm^3	i_y/cm
32a		130	9.5				67.12	52.69	11080	692.5	400.5	12.85	459.0	70.6	2.62
32b	320	132	11.5	15.0	11.5	5.8	73.52	57.71	11626	726.7	426.1	12.58	483.8	73.3	2.57
32c		134	13.5				79.92	62.74	12173	760.8	451.7	12.34	510.1	76.1	2.53
36a		136	10.0				76.44	60.00	15796	877.6	508.8	14.38	554.9	81.6	2.69
36b	360	138	12.0	15.8	12.0	6.0	83.64	65.66	16574	920.8	541.2	14.08	583.6	84.6	2.64
36c		140	14.0				90.84	71.31	17351	964.0	573.6	13.82	614.0	87.7	2.60
40a		142	10.5				86.07	67.56	21714	1085.7	631.2	15.88	659.9	92.9	2.77
40b	400	144	12.5	16.5	12.5	6.3	94.07	73.84	22781	1139.0	671.2	15.56	692.8	96.2	2.71
40c		146	14.5				102.07	80.12	23847	1192.4	711.2	15.29	727.5	99.7	2.67
45a		150	11.5				102.40	80.38	32241	1432.9	836.4	17.74	855.0	114.0	2.89
45b	450	152	13.5	18.0	13.5	6.8	111.40	87.45	33759	1500.4	887.1	17.41	895.4	117.8	2.84
45c		154	15.5				120.40	94.51	35278	1567.9	937.7	17.12	938.0	121.8	2.79
50a		158	12.0				119.25	93.61	46472	1858.9	1084.1	19.74	1121.5	142.0	3.07
50b	500	160	14.0	20.0	14.0	7.0	129.25	101.46	48556	1942.2	1146.6	19.38	1171.4	146.4	3.01
50c		162	16.0				139.25	109.31	50639	2005.6	1209.1	19.07	1223.9	151.1	2.96
56a		166	12.5				135.38	106.27	65576	2342.0	1368.8	22.01	1365.8	164.6	3.18
56b	560	168	14.5	21.0	14.5	7.3	146.58	115.06	68503	2446.5	1447.2	21.62	1423.8	169.5	3.12
56c		170	16.5				157.78	123.85	71430	2551.1	1525.6	21.28	1484.8	174.7	3.07
63a		176	13.0				154.59	121.36	94004	2984.3	1747.4	24.66	1702.4	193.5	3.32
63b	630	178	15.0	22.0	15.0	7.5	167.19	131.25	98171	3116.6	1846.6	24.23	1770.7	199.0	3.25
63c		180	17.0				179.79	141.14	102339	3248.9	1945.9	23.86	1842.4	204.7	3.20

参 考 文 献

[1] 唐岱新. 砌体结构[M]. 北京：高等教育出版社，2003.

[2] 熊丹安. 建筑结构[M]. 广州：华南理工大学出版社，2002.

[3] 杨鼎久. 建筑结构[M]. 北京：机械工业出版社，2006.

[4] 王祖华. 混凝土与砌体结构[M]. 广州：华南理工大学出版社，2005.

[5] 罗福午，等. 混凝土结构与砌体结构[M]. 北京：中国建筑工业出版社，1995.

[6] 侯治国，等. 建筑结构[M]. 武汉：武汉理工大学出版社，2004.

[7] 胡兴福. 建筑结构[M]. 北京：高等教育出版社，2003.

[8] 宋群，宗兰. 建筑结构：下册[M]. 北京：机械工业出版社，2004.

[9] 陈志华. 建筑钢结构设计[M]. 天津：天津大学出版社，2004.

[10] 轻型钢结构设计指南(实例与图集)编辑委员会. 轻型钢结构设计指南(实例与图集)[M]. 2 版. 北京：中国建筑工业出版社，2005.

[11] 王肇民. 建筑钢结构设计[M]. 上海：同济大学出版社，2001.

[12] 王新堂. 钢结构设计[M]. 上海：同济大学出版社，2005.

[13] 胡义红，洪淮舒. 钢结构[M]. 北京：化学工业出版社，2005.

[14] 姚谦峰，苏三庆. 地震工程[M]. 陕西：陕西科学技术出版社，2003.

[15] 苏永强，刘晓敏. 建筑结构抗震设计[M]. 北京：科学出版社，2006.

[16] 胡兴福，杜绍堂. 土木工程结构[M]. 北京：科学出版社，2004.

[17] 中华人民共和国住房和城乡建设部. GB 50017—2003 钢结构设计规范[S]. 北京：中国计划出版社，2003.

[18] 中华人民共和国住房和城乡建设部. GB 50011—2010 建筑抗震设计规范[S]. 北京：中国建筑工业出版社，2010.

[19] 中华人民共和国住房和城乡建设部. GB 50003—2011 砌体结构设计规范[S]. 北京：中国建筑工业出版社，2011.

教材使用调查问卷

尊敬的老师：

您好！欢迎您使用机械工业出版社出版的教材，为了进一步提高我社教材的出版质量，更好地为我国教育发展服务，欢迎您对我社的教材多提宝贵的意见和建议。敬请您留下您的联系方式，我们将向您提供周到的服务，向您赠阅我们最新出版的教学用书、电子教案及相关图书资料。

本调查问卷复印有效，请您通过以下方式返回：

邮寄：北京市西城区百万庄大街22号机械工业出版社建筑分社（100037）

张荣荣 （收）

传真：010-68994437（张荣荣收）　　Email：r.r.00@163.com

一、基本信息

姓名：________职称：________职务：________

所在单位：________

任教课程：________

邮编：________地址：________

电话：________电子邮件：________

二、关于教材

1. 贵校开设土建类哪些专业？

□建筑工程技术　□建筑装饰工程技术　□工程监理　□工程造价

□房地产经营与估价　□物业管理　□市政工程

2. 您使用的教学手段：□传统板书　□多媒体教学　□网络教学

3. 您认为还应开发哪些教材或教辅用书？________

4. 您是否愿意参与教材编写？希望参与哪些教材的编写？

课程名称：________

形式：□纸质教材　□实训教材（习题集）　□多媒体课件

5. 您选用教材比较看重以下哪些内容？

□作者背景　□教材内容及形式　□有案例教学　□配有多媒体课件

□其他________

三、您对本书的意见和建议（欢迎您指出本书的疏误之处）________

____

____

____

四、您对我们的其他意见和建议________

____

____

请与我们联系：

100037　北京百万庄大街22号

机械工业出版社·建筑分社　张荣荣　收

Tel：010—88379777（O），68994437（Fax）

E-mail：r.r.00@163.com

http://www.cmpedu.com（机械工业出版社·教材服务网）

http://www.cmpbook.com（机械工业出版社·门户网）

http://www.golden-book.com（中国科技金书网·机械工业出版社旗下网站）